都市環境学へ

都市環境学へ

尾島俊雄

序

「この道より我を生かす道なし、この道を歩む」（武者小路実篤）、「蒔かぬ種は生えぬ」（母）、「一人で生きる勇気」（父）、「乗り越えて、暴風驟雨の七十年」（義父）を座右の銘として、一九五六年から二〇〇八年までの五十二年間学んだ早稲田大学を卒業するに当たって、この間の記録を出版することにした。

現役時代の早大の恩師たちは、自分にはない別の能力を持っている先生方と考えていたので、真似ようとか、追従しようとはまったく考えなかった。しかし、これからのライフスタイルは、素直に先達の行動に学び、初心を貫徹したいと考えている。

私のライフステージを二十年周期で五年ごとに分けてみた。書き始めて気づいたことは、社会の大きな波を自分なりに乗り越えていたこと。父や母の与えてくれた言葉どおりに生きる大切さ、そして建築一途の人生は、私なりに幸せで充実していたこと。早稲田大学での仲間たちや自分の選んだ建築界の人たちに支えられてきたことを実感しながらの出版作業であった。

本書と同時に、卒業生たちが『尾島研究室の軌跡』と題して出版作業をしているのを見るにつけ、やり残した研究やプロジェクトのことが気になる。古稀記念や最終講義の打ち合わせに当たっても、「人生稀なり」まで生き、有終の美を飾る気になれず、体力とは反対に気持ちは高揚する。この五十余年間は建築の「かた」を学んできたから、いよいよ「かたち」を創る時期ではないかと考えると気持ちが楽になった。そこで十一章には最終講義の予講を記して、最終章に「未完のプロジェクトX」として書けるだけ書くことにしたのが本書である。

これまでお世話になった皆様のご多幸を祈り、今後ともご支援、ご指導をお願いする次第です。

尾島俊雄

目次

か・かた・かたち

6

11 か・かた・かたち

12

か・かた・かたち

建築の「力・家」に憧れた時期

——戦前・戦後の物欲時代

「三つ子の魂百まで」といわれるように、日本国が浮沈の瀬戸際にあった戦時下の「すり込み」が、私の人生に大きな影響を与えた。

生まれ育ったのは富山市の中心市街地、西町と山王神社を結ぶ太田口通りである。幼少の頃から身体の弱かった私は、本当の勉強をするためには強く生きることが大切だと医者から教えられた。

一九四五年八月、戦災で店も家も土蔵も全焼した。しかし、三日市（現黒部市）での疎開生活では、自然の豊かさと友情の大切さを満喫した。

一九四七年、焼け跡に仮設住宅を再建、その後、バラックづくりの自宅の奥の土蔵跡に、祖父が驚くほど立派な離れ座敷を建てた。その時に米田大工に出会い、建築への執着と、物をつくることの喜びを教えられ、大工を、そして建築家を志すことになった。

一九五四年、「早大建築学科、ブラジル・ビエンナーレで世界を征す」という新聞記事を見て、進学は早大にと決心。幸田露伴の『五重塔』に感動し、壊れない建物をつくる技術や、また、富山の夏や冬の暑さ寒さを考え、環境工学を学ぶ必要性を実感して大学院に進学する。

東京オリンピックや日本万国博覧会会場の設計に参加する機会を得て、世界の先端技術を学ぶために大学に残り、この道、「建築学」一筋に歩くことを決心する。学生時代はジークフリート・ギーディオンの著書『時間・空間・建築』と、アドルフ・ロースの言葉「建築はお墓とモニュメントのみ」を座右の銘にした。

一九六四年の東京オリンピック開催で日本が国際社会に開かれ、東京の町が輝き始める。海外からは、「東京中が工事用の鉄板で仮舗装された」と驚異の目で見られる。一九七〇年に大阪で開催された万博の成功で、世界に日本の技術を認めさせ、近代工業による大量生産、大量消費型産業社会に入る。列島改造の旗印の下、新幹線や高速道路によって新産業都市と工業促進都市を結び、激しい経済成長を続ける。その結果、日本中の都市は世界の物質文明の生産拠点となり、工場コンビナートを職場とする人々の集積とともに大気汚染や水質汚濁、土壌汚染、騒音、振動、地盤沈下をもたらす。生活環境や自然景観が破壊されることをいとわず、金太郎飴のごとく一律に開発され、「うさぎ小屋」に住むエコノミックアニマルが日本人の代名詞となった。

こんな日本の状況下、ナショナルプロジェクトである東京オリンピックや日本万国博覧会、新東京国際空港などの設計に参加した私も、設計事務所や建設会社に就職した企業戦士の仲間たちと同様にならざるをえなかった。しかし、大学は次の世代を育てる場であることを考えて、地球環境を悪化させないための都市環境研究の大切さを認識する。

1 生い立ち

建築家を志す（一九三七～五九）

祖父も父も富山県水橋町の出身で、北アルプスから流れる美しい白岩川の河畔で育った。私の原体験は多分にこの風景にある。

1　富山市太田口町で誕生

一九三七年（昭和十二）八月三十一日（日曜日）の正午に、富山市太田口町四十番地の弁尾島商店の離れ座敷で誕生。九月一日が関東大震災の日ということで、戸籍は九月二日で登録。父・治雄、母・久子、祖父・次助、祖母・セキと、一九三六年生まれの姉（久美子）、一九四〇年生まれの妹（美智子）の七人家族で育った。父は水橋町大町の旧家・尾島治平の次男で、魚津中学の時、砂糖の卸商で成功した太田口町の叔父の家へ養子に来て、久子と結婚。父の実家は豊かな商家で、早大で英文学の教授をしていた尾島庄太郎さんとは親戚、その隣家で育った。父は養子先の尾島商店を継ぐことなく、実姉（笹山みどり）の夫が創業したケロリン本舗（内外薬品商会）に勤務。母は加賀藩の家老職にあった奥村家の長女・ハツを祖母として、その祖母に育てられたためか武家の品格を持ち続けていた。父方は商家、母方は武家であったためか、家族の価値観は常にちぐはぐであった。生まれつき身体の弱かった私は、幼児から積み木遊びのほかは何もしなかったという。

一九四四年四月、星井町国民学校に入学。里見先生というすばらしい女の先生が担任で、日枝幼稚園は嫌いであったが、学校はすっかり気に入った。張り切り過ぎたか、七月、高熱を発して日赤病院に入院、腸チフスの疑いで隔離病棟へ。二ヵ月間、次々に死んでゆく隣室の様子に、すっかり厭世観を抱く。九月一日より登校したが二週間で再び発熱。永野医院で肋膜炎と診断され、自宅で療養中、父が出征し満州へ。里見先生の自宅訪問で病欠をカバー。

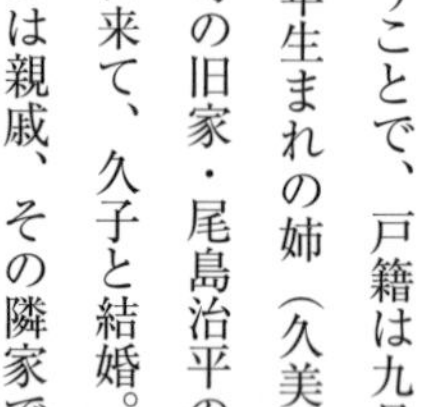
姉・久美子と私（一歳、一九三八年）

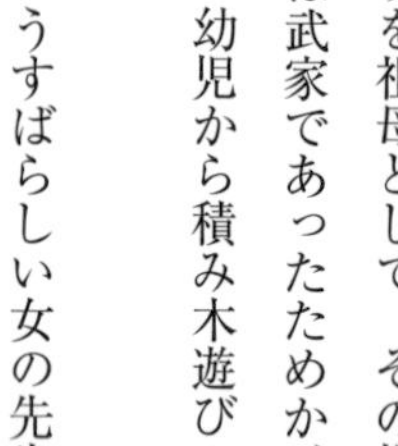
妹・美智子と私（五歳、一九四三年）

二年生の四月からは、週一、二回モールス信号の勉強に登校する。奉安殿に最敬礼しなかったと上級生に川へ突き飛ばされた。その川も奉安殿も、今は見当たらない。七月、学校閉鎖。

一九四五年八月一日夜、B29の空襲で富山市は全焼。死者約三千人（太田口で二十五人）、重軽傷七千九百人。自宅には、内外薬品に勤めていた滝田家、警察官の岩本家、番頭さん、兵隊さんなど十人以上も同居していたが、全員焼け出される。太田口の家から祖父が戦災直前に疎開させたのは仏壇だけという悲惨さであったが、一家全員が無事であった。

丸二年間の疎開後、一九四七年九月、星井町小学校に戻ったが、青空教室。五年生総代で送辞。翌年、浅野校長、若林教頭（担任）二クラス八十人の六年生総代で答辞、卒業。

仮設の木造校舎は、現在は更新されて鉄筋コンクリート造になり、残っているのは校門の石柱のみ。二〇〇七年には五番町小学校と合併され、五番町に統合新校舎が建つ。その校舎はPFIで建設されることになり、二〇〇五年四月、森雅志市長から委員長就任を要請された。さすがに出身小学校の統合委員長は御免して、総曲輪《そうがわ》小学校と芝園中学等の統廃合を担当。消える星井町小学校は、二〇〇五年時には一クラス二十人、全校百余人というから、私たちの頃の四分の一で、校舎の広さは三倍以上。半世紀を経た母校周辺や生誕地の太田口町の再生に責任を感じる。

2　戦災で黒部へ疎開

一九四五年八月六日に広島、八月九日に長崎に原子爆弾が投下され、ラジオで八月十五日の終戦放送を聞く。満州の牡丹江に出征していた父は、幸い終戦直前は熊本連隊にいて、早々に帰省

爆撃で焼け野原になった富山の八月二日朝の様子（北日本新聞社編『富山大空襲』より）

祖父が唯一疎開させた仏壇は、今も富山市・太田口の家にある

する。戦災で高岡市に移転していた内外薬品に勤務し、祖父は尾島商店の再建に努める。

私は疎開が幸いして、星井町国民学校を一年以上も病欠したにもかかわらず、学籍簿が焼失したおかげで黒部の三日市国民学校ではそのまま進級した。疎開先の三日市（現黒部市）下町の屋敷は祖母の妹の家で、広くて快適。裏庭は天神様の境内で、富山の家の裏が日枝神社の境内に隣接していたのと同じ屋敷配置であった。天神様からは田畑が続いている。健康回復に最適な田舎生活が二年間続いた。この間の生活は、三日市に隣接した朝日町の疎開児童の物語、芥川賞作家・柏原兵三の小説『長い道』を映画化した「少年時代」（山田太一脚本、篠田正浩監督）とあまりにも似ており、ここであらためて記すまでもない。

疎開して半年後、優等賞で三円もらっての帰途、大勢の腕白たちにこづかれ、殴られたことに腹を立て嚙みつき、前歯を折ったり、毎日毎日、ザルやソウケを持ち出して近所の天野兄弟と共にドジョウやフナを追いかけ遊んだ。私の今日の健康な身体や、友人を信頼する性格は、この時代につくられたものと確信する。

3 小学生で立山登山

小学校四年生の時、丸二年の疎開を終えて青空教室の星井町小学校へ転校。この時代の日本の人口は七千八百九万人。リンゴの歌、NHKラジオの「話の泉」、「トンチ教室」など、物がなくても明るい毎日であった。

一九四八年六月二十八日、高岡の父の会社に遊びに行っている最中、福井地震。三階にいて、

富山市・日枝神社。本殿（写真右）と
自宅裏にある麁香《あらか》神社（工匠の神様）

揺れの激しさでまったく動けなかったが、意識は確かで、窓の外を見ると二階から飛び降り動けなくなった人がいて、あわてないことの大切さを学んだ。

小学校五年生の時、五年生全員を引き連れてストライキをした。母が現場に呼ばれて私たちに呼びかけ、その終結に困ったことから、以後、母にはこんな迷惑をかけてはいけないと思った。

小学校六年生の時には、市の合唱コンクールで一番前にいた私が間違って早く歌ってしまったことから、以後、人前では決して歌わないことを心に誓った。その結果、中学校でも音楽の先生を困らせた。

思い出の中で最も痛快だったのは、小学校六年生の立山登山である。富山県の長者番付でいつもトップであった内外薬品の後継者で、従姉妹の笹山慶子さんの婚約者になった中野忠松さん（金沢・宝円寺住職の次男）を中心に、親戚十余人で粟巣野駅から歩き始め、称名滝の八郎坂を登って弥陀ヶ原の弘法小屋で一泊。二日目は立山の雄山に登頂した後、地獄谷で宿泊、その夜、夢で神々の声を聞く。この時から立山登山の魅力にとりつかれ、五十回以上の登頂者に与えられる「大先達」になること、また年齢の数だけ登ることを誓って、五十歳の時に達成。二〇〇六年には六十八歳で五十八回目と、残念ながらいつか年齢が立山登山の回数を追い越してしまった。

最初の立山登山（一九四九年八月）。前列左から私（小学校六年）、笹山（橘）洋子さんと中野（笹山）忠松さん

4　中学生で大工棟梁を志す

一九五〇年四月、四キロ離れた富山市立南部中学校に入学。不二越の寮を改良した木造の校舎で、教室には柱が七本もあり、一学年十二学級、六百人以上の大きな中学校であった。初めての

英語教育で、発音が悪い、と殴りつける欲求不満の若い教師がいたかと思えば、良い本を読むことは算数の勉強より大切と教える数学担任の美しい高田ゆり先生もいて、これらの先生たちのおかげで英語が嫌いで数学が大好き、そのうえ、本を読むことに命をかけるほどの乱読。

中学生時代は心身ともに健全で、山登りと相撲、走り高跳びでは学校で負ける者がいない。二、三年の担任になった太田貞勝先生にかわいがられ、立山や白馬岳の高山植物採集に熱中して新聞社の賞を受賞、二年生からのクラス成績は一番になったが、受験勉強はまったくしなかった。

この頃、祖父が米田大工に頼んで隠居部屋として離れ座敷を新築した。その工事現場を毎日眺めて、大工の棟梁になる決心をしていたが、太田先生の導きで富山高校を受験。太田先生は「大工は一生に二十軒ほどの家しか建てられないが、設計家になれば巨大な建物を一生に何棟も建てられる。しかもこれからは、木造のみならず県庁舎や大和デパートのごとき建物を、自分の考え方一つ、鉛筆一本で自由につくることができる。それには工業高校でなく普通高校に入り、大学に進学すべき」という。祖父は父が尾島商店を継がず内外薬品にいることから、孫の私に後継を期待し商業高校を望んだが、母は気位高く、富山高校への進学を望んだ。

高校受験の前夜、水橋の祖父（父の実父で祖父の兄）死去の報に雪の降る町を自転車に乗って親戚中を走りまわった。思えば、まだ電話が普及していなかったのだ。

この頃から、向かいに住む田中勝子さんにお華（池坊）と茶道（藪内流）を本気で教わり始めたのも、建築家を志したからである。

太田口の家の離れ座敷

離れ座敷建設時、裸の私の左後方に米田大工

5

富山高校で早大建築学科をめざす

富山高校に入って驚いたのは、南部中学の卒業生は模擬試験の成績が悪く、付属や田舎の中学校の卒業生たちが上位を独占していたこと。中学の太田先生に呼ばれ、南中の名誉にかけて頑張れという。高校の成績は勉強次第で良い点数がとれるというが、お茶やお華、登山、魚釣りなどに夢中で、成績にはまったく興味がなかった。祖父が期待した商売人になるにしても、私の好きな大工になるにしても、成績の必要性を感じなかったからである。

高校一年生の夏、富士山に登るため、遠北邦彦君や山下真作君と初めて上京。東京で成功している実業家で、母の叔父・川崎敬三さん宅に行く。生活がまるで別世界で、エリザベス・テーラー主演の映画の世界と同じような生活を営む日本人がいることに驚いた。また、富士山に登ったときの、頂上の退屈さや下山途中に須走で感じたソフトな山肌に、劔岳や立山のハードな岩峰との違いを実感した。

帰省して心機一転、勉強すると成績が急上昇。二年生にはクラスでトップになり、数学では自分は天才ではないかと考えるほど、百点を取り続けた。しかし、別のクラスには山本公也君という秀才がいて、彼は模試で常にトップ、全国でもベストテンに入っていた。

高校二年生の夏、東京の城北予備校で一ヵ月夏期講習を受けた。その時に下宿した西野家に東大経済学部の学生がいて、大学での研究や教養の面白さを教わるとともに、建築を志すなら早稲田の理工が面白いといわれた。また、近くの護国寺の墓地を散歩したり、東京大学や早稲田大学

高校一年生の時に再会した三日市小学校時代の友達。後列：左から天野兄弟と大島君。前列：左から原田さん、天野さんと私

富士山頂上にて。遠北邦彦君（右）と私（高校一年、一九五四年八月）

を案内してもらい、すっかり大学や東京の楽しさを知る。これに安心したためか、また受験勉強に身が入らなくなった。

その頃、早稲田の商学部に通う浜多弘之さんが遊びに来ては、早稲田の建築学科がブラジルのビエンナーレで一等になったことや、同郷で早大出身の松村謙三大臣の活躍など、早稲田で学ぶ喜びを吹き込まれる。山本公也君が東大理一を希望しているし、彼と競争して東大に行くより、早稲田の建築学科なら、これから特別に受験勉強することもなく、健康第一、魚釣りをしながら、問題のデッサン（自在画）さえ勉強すればよいと考え、高校の美術の教師で画家としても著名な東一雄先生の自宅で絵を教わった。

受験中の一ヵ月間、姉の婚約者である長瀬源一さんの厩橋の下宿で世話になった。下宿の住人はみな面白く、浅草のフランス座の楽屋等を案内してくれ、受験中なのに夜遊びが過ぎてデッサンの試験に遅刻。そのうえ、眼鏡をなくしたりの大失敗。しかし、一九五六年三月二十日、幸い早稲田大学第一理工学部建築学科に入学を許される。

祖父の望んでいた尾島商店を継がずに早稲田を受験することにしたためか、上京直前の二月二十二日、祖父が死去した。

6 高志寮での学生生活

一九五六年四月からは、富山県選出の代議士・佐伯宗義先生の私設寮（千代田区一番町の高志寮）に入ることになった。二人の女中さんと十人のエリート学生の小さな寮である。小学校しか

富山高校一年生の時、友人たちと音楽教室前庭で

高校二年、岩瀬浜灯台で。エリザベス・テーラーへ送ったラブレターに同封した写真

卒業していない立志伝中の人、佐伯先生が郷土への貢献策として創立したというが、そんな親心を知るよしもない寮生たちであった。東大法科の石原寛、松井耕一、舟木成二、藤田寛、川崎幸雄、東大理科の石田蕙一、早大商科の一村文夫、文学部の成瀬慎一、法政大の水島則義、明大の岡本正さんらで、朝から夜中まで麻雀と碁とお酒に明け暮れていた。こんな仲間たちに比べて、早大建築学科のカリキュラムは朝八時から夕方六時まで、そのうえ宿題がある。他大学、他学部の学生たちとの日常生活の違いに驚く。

建築学科に現役で入学したのは、早稲田学院出身者を除いて八十人中数人であった。そんなことで北海道出身の佐々木裕志、沼津出身の大沼巖君と仲良くなる。また山の友達として山梨の小林昌一、大船の星野芳久、東京の小林紳也、阿部勤君らと親しくなった。

一年生の夏休み早々に小林紳也・昌一両君を立山へ案内したが、立山頂上には登ったものの、雨とガスで劔岳の登頂から黒部への下山は断念。富山の本当にすばらしい山々を東京の友人に教えられず残念に思った。

一九五七年二月の春休みには早大の角帽をかぶって一人で四十日間、四国・九州を旅行し、地方に根ざした文化の違いを体験した。大学三年生の夏休みには知床半島初踏破の冒険の旅に出たが、途中の大雪山登頂後、糠平でダム工事の土方たちと喧嘩して知床初踏破を断念。その憂さを晴らしたのは四年生の夏、星野・阿部・小林（昌）・小林（紳）君らと大学のボートレースで優勝したことである。

当時の日記帳を見ると、大隈講堂では毎日のように面白い講演や演劇があったこと、都電で大学への行き帰り、九段下乗り換え時に神田の本屋に行くのが日課のようであった。

高志寮の個室で

北海道、大雪山にて。左より岡田、阿部、小林紳也、星野君と私（撮影／小林昌一）

一九五六年九月十日、台風十二号に煽られた魚津市の大火で千六百七十七戸が焼失。寮友の岡本家からの出火で、誠に気の毒であった。この体験から、建築の防災や都市計画に興味を持ち、関連の授業を聞くことが多くなった。

一年生の授業で哲学と法学に興味を持ったのは、東大法学部の寮生に囲まれていたためである。逆に、私のスケッチブックに彼らがまったく知らないヌード・クロッキーや建築装飾があるのを見て、特異な学問をしている学生だと思われていた。そのうえ、天文学を専攻していた石田さんと数学の理論について話すことをも可能にしてくれる建築分野の学問（デシプリン）にすっかり満足した。四月からは大沼巌君と一緒に射撃部に入り、後楽園の地下でライフル訓練。六ヵ月で退部せざるをえなかったのは、国体への出場を期待されて設計製図が間に合わなくなったことや、内藤多仲先生の東京タワーの講義を聴き、構造に興味を持って工業数学の勉強に時間が欲しかったからである。

原田康子の小説『挽歌』がベストセラーになり、建築家が一段と脚光を浴びた時代である。建築様式の装飾図を模写させる今和次郎教授の建築意匠学では、特にアカンザスの葉に魅せられた。清水多嘉示講師のヌード・クロッキーでは、鉛筆の線が実に巧みだと誉められ、すっかり画家気分になってスケッチノートを持ち歩いた。今井兼次教授の、ガウディ崇拝とスウェーデンのストックホルム市庁舎に脱帽した、と涙を流して語る話に、訳もわからず建築の持つ偉大な力を実感する。

さらに、明石信道教授の実学的設計手法、武基雄助教授の仙台公会堂や長崎水族館のコンペ、吉阪隆正助教授のビエンナーレや世界的視野での体験論、構造学では鶴田明教授のH型鋼、南和

原田康子『挽歌』
一九五五年六月～五六年七月、同人誌『北海文学』に連載。一九五六年に初版が発行されると、わずか一年のうちに七十万部という大ベストセラーになった。

内藤多仲（一八八六～一九七〇）
早稲田大学教授（耐震構造）。東京タワーの設計者

明石信道（一九〇一～八六）
早稲田大学教授（建築計画）。新宿区役所等を設計

鶴田明（一九〇四～八七）
早稲田大学教授（鋼構造・溶接接合）

南和夫（一九〇八～八四）
早稲田大学教授（土質・基礎構造）

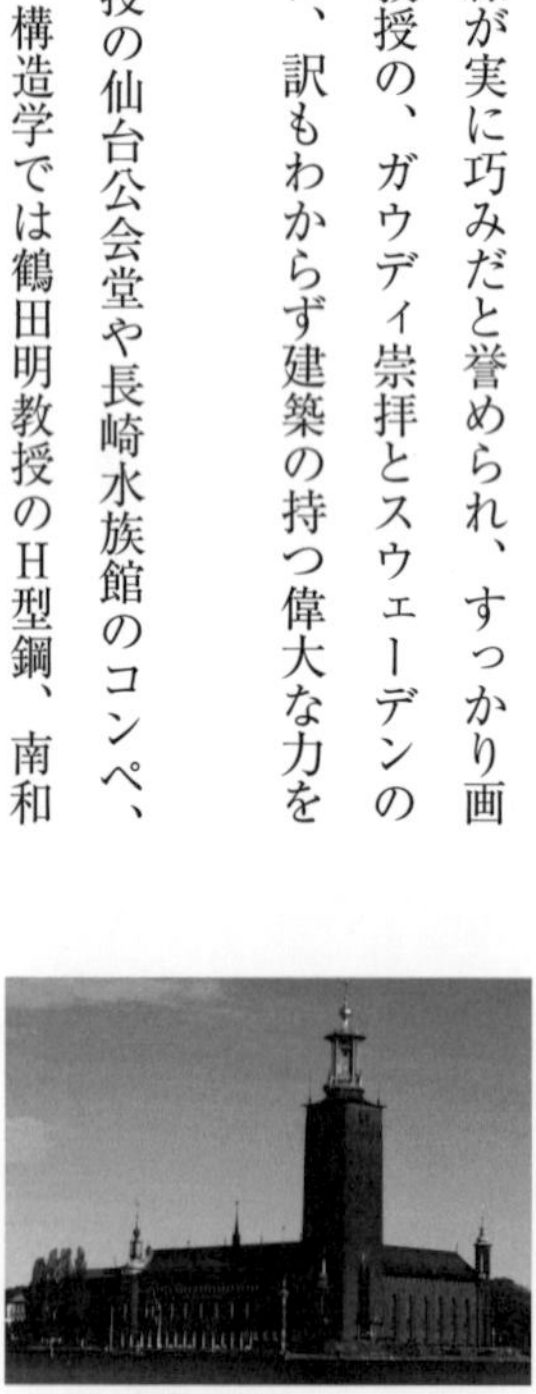

ストックホルム市庁舎（設計：ラグナル・エストベリ、一九二三）

夫教授のＭＩＴ直伝英語の基礎構造講義、日本建築学会会長になった木村幸一郎教授の照明と計画原論、十代田三郎教授の木造と白蟻講義、西洋建築史の田辺泰教授の名調子の講義、松井源吾助教授のよく理解できないのに面白く夢中になった工業数学。先輩格の安東勝男助教授や井上宇市助教授、田村恭助教授からは実習や卒論指導を受け、本当によく遊びよく学んだ。今から考えても感動と感謝の四年間で、実に良い教授陣に恵まれた毎日であった。

7 卒業論文と卒業設計

四年生になって、就職と卒業論文の選択に当たって、すべての面で信頼できる仲間たちと相談することになった。星野君は都市計画、阿部君は建築設計、小林（昌）、小林（紳）両君は構造。私は、富山へ帰って設計事務所を開くため、一番苦手な設備を学んでおく必要から、井上宇市助教授の卒論を選ぶことになった。それが大学院進学に結びつくことになったのは、卒論の仲間であった高部素行君が清水建設、向野元昭君が大成建設、鈴木啓介君が山下設計、小島弘舜君が三機工業と全員就職を希望したため、一人ぐらい、しかも私は現役で入学したのだから大学院に残るべし、と仲間で勝手に決められた次第である。

卒業成績は全優のはずであったが、実は井上先生の設備実習だけが良。設備はどうしても好きになれず、勉強しても身につかぬ分野であった。しかし、井上先生が両手で黒板に描くシステム図の見事さ、それをノートに写すことすらできない自分の無能さに、この、自分に最も向かない専門分野を少しでも身につけておくことは将来きっと役立つのでは、と考えた。

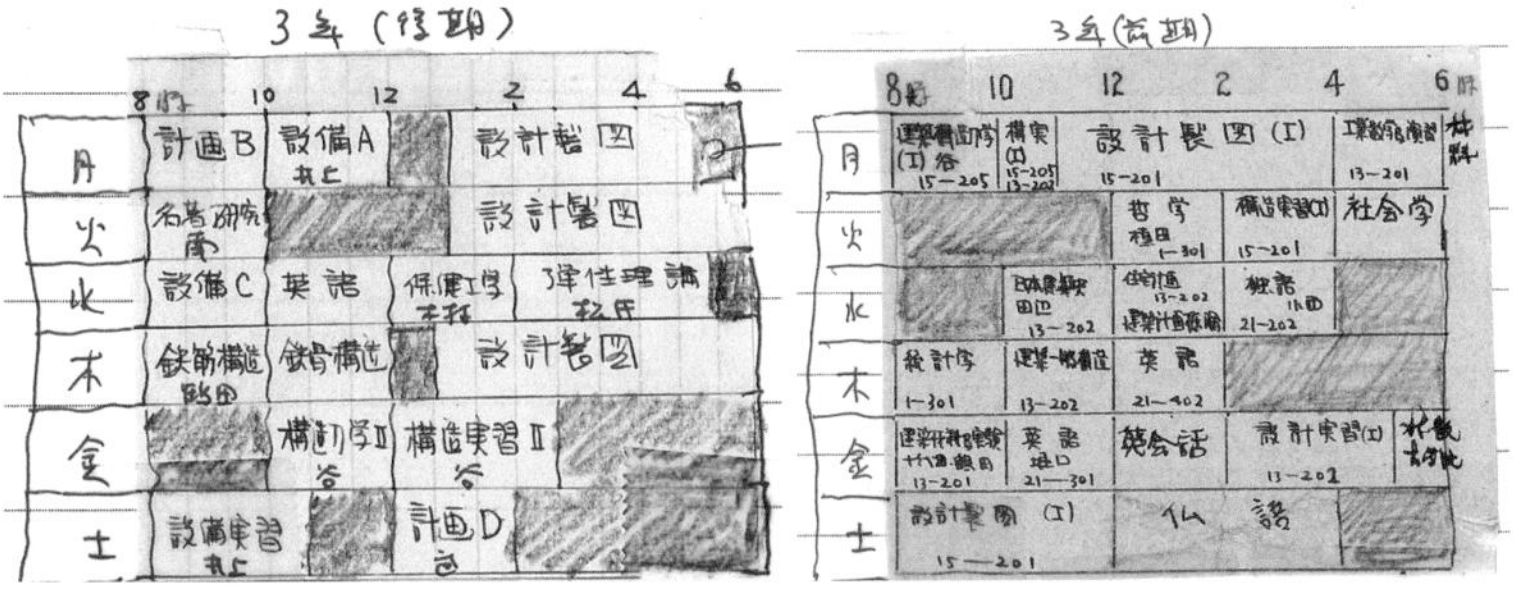

当時の建築学科三年授業時間割

卒論のテーマは「エアワッシャーの実験研究」で、井上宇市助教授の博士論文を高部素行君とともに本当に一所懸命手伝って実験した。成果をひたむきに、そしてせっかちに求める井上先生の熱意に感動し、研究の面白さを実感する。卒論が終わるとすぐに卒業設計である。藤本昌也君と村野賞を競っては申し訳ないと思って、黒四ダムの観光ホテル計画を、ダムを熱源とするヒートポンプ利用でまとめることにした。

高志寮の生活では、昼夜かまわず設計図面を広げ、手伝いを動員する個室の広さがない。そのため、卒業直前の十一月に女子大生であった妹のアパートに同居。その富士見台の下駄履きアパートでは、作家の新婚生活のようで、昼は眠って徹夜で図面を描く毎日であった。

卒業設計のテーマとした黒四ダムの取材では、京大土木を卒業した現場監督が一週間も飯場で面倒をみてくれた。十二月末の厳冬の黒部渓谷でトンネル工事やダム工事の現場をくまなく案内してくれ、現場のすさまじさと面白さを教えてもらった。この現場体験から、卒計のデザイン以上に建築や土木の近代技術、特に水やエネルギーについての面白さを学び、この分野への関心を高めた。寮でお世話になった佐伯宗義代議士が、立山・黒部アルペンルートを開発するのに富山県の水利権やエネルギーを関西に持っていかれざるをえない黒四ダムこそが、高度経済成長に当たって日本が直面するゆがめられた現況であり問題点だ、と語っていた。そんなことが、卒計で「黒四ダムの観光計画とエネルギー問題」を選んだ理由である。

早大建築学科四年間の生活は本当に充実していた。卒業証書をもらった時の解放感、これで一人前だとの実感に酔い、卒業式の夜は朝まで飲み明かした。はしごしたバーでの乾杯、乾杯で卒業証書は酒浸しになってしまった。

高志寮の送別会で仲間の先輩たちと（一九五七）

コラム ① 卒業設計「黒四ダム」

一九五九年十二月、卒業設計のテーマは「黒四ダム観光施設」と決めるに迷いはなかった。

卒計の動機は、この現場を見たいという山男としての動機と、建築家を志す者として、非常によい観光施設の立地条件からであった。

一週間の予定で関西電力にお願いして現地に入ると、現場監督が親切に昼夜世話をしてくれ、地下トンネルや水力発電所のほか、ダム工事の現場は当然、ダムの詳細設計や工事の困難さを教えてくれた。話を聞きながら、ダムサイトにこの電力を利用したヒートポンプによる暖房で四季利用可能な国際観光施設の計画をすることに決めた。ダムの水中予想温度や最新式のヒートポンプ性能を調査したり、観光施設の事業計画にすっかり時間を消費してしまった。たくさんのスケッチや写真等も集めておきながら、最後には清書し図面化する時間が三日間になってしまった。完全に三日間、徹夜徹夜で図面を描いたが、予定の三〇％も描かぬ間に時間切れ提出になった。

何はともあれ、卒計のテーマやその時の発想、そして現場で卒計に協力して下さった皆様の親切は、今もってよい想い出になっている。あれから四十五年、「この都市のまほろば」で富山を書くに当たって、卒計が原体験になったことはいうまでもない。

「富山県下の交通インフラの充実を目指すと同時に、佐伯宗義にはその時すでに、富山と長野県側を結ぶ一大観光ルートの完成を目指したいという漠とした夢があったに違いない。その後の彼を見ると、一九五二年に立山開発鉄道を設立した。そして立山町の千寿ケ原《せんじゅがはら》から美女平《びじょだいら》までの立山ケーブルカーを完成し、立山観光の骨格となるアルペンルートの記念すべき第一歩をする

黒四ダム建設中の現場。手前が水没部分。卒業設計では、この右側に観光施設を計画した

現在の黒四ダム（二〇〇三年六月完成）。高さ百八十六m、堤頂長四百九十二m、日本最大のアーチ式ドーム越流型ダム

し、まさに昭和のザラ峠越えに向けて確実に踏み出していたのである。

黒部ダムを起点に考えると、三つのルートが存在する。一つは東方に向かう関電トンネルを利用して、扇沢を経て長野県大町市へ向かうコース。二番目は北方に向かう黒部トンネルを利用して黒部第四地下発電所、そこから関西電力専用軌道で欅平《けやきだいら》へ出て、さらに黒部峡谷鉄道に乗り継いで宇奈月《うなづき》町に抜けるコース。三つ目は、西方に向けて地下ケーブルカーとロープウェイで大観峰《たいかんみね》に至り、室堂《むろどう》から弥陀ケ原《みだがはら》、そして立山駅に至るコースである。通常の立山・黒部アルペンルートとは立山から黒部ダム、大町へ抜けるルートを指している。

この立山・黒部アルペンルートの全線開通から二年たった一九七三年、佐伯は関西電力に対して、黒部ダム左岸のケーブルカー駅舎と、関電トンネルのトロリーバスを『立山黒部貫光』に移譲し、黒部ルートを開放することを迫った。これには、それなりの事由がある。一九五一年の電気事業再編成にあわせて、全国に先駆けて富山県の総合開発計画が策定され、これには立山の観光開発計画が組み込まれていたのである。しかしながら、関西電力が建設した扇沢・黒部ダム間のトロリーバスは今も関西電力の支配下に置かれたままであり、欅平・黒部ダムのルートはハガキ応募による参加者限定見学会を行うに止まっている。佐伯の後継者である金山秀治さんによれば、『立山・黒部アルペンルート』の観光客は近年では毎年百万人を超え、今や富山県全人口に匹敵するほどになっている。国際化の進展の中で、外国人観光客も年々増加している現況から、アルプスに劣らない観光資源を本格的に生かすには、三ルートのネットワーク化と観光インフラ化以外にはない、と力説する。

国土の均衡ある発展を願う心意気が『貫光』という造語になり、この中には佐伯の『表日本』

卒業設計「黒四ダム」

と『裏日本』を貫く『ザラ峠』精神が悲願として込められているのではなかろうか。アルペンルートという世紀の大事業完成に人生を賭けた佐伯の思いは、全線開通から三十年を超えた今も未完のままである」

（二〇〇五年刊『この都市のまほろば』より抜粋）

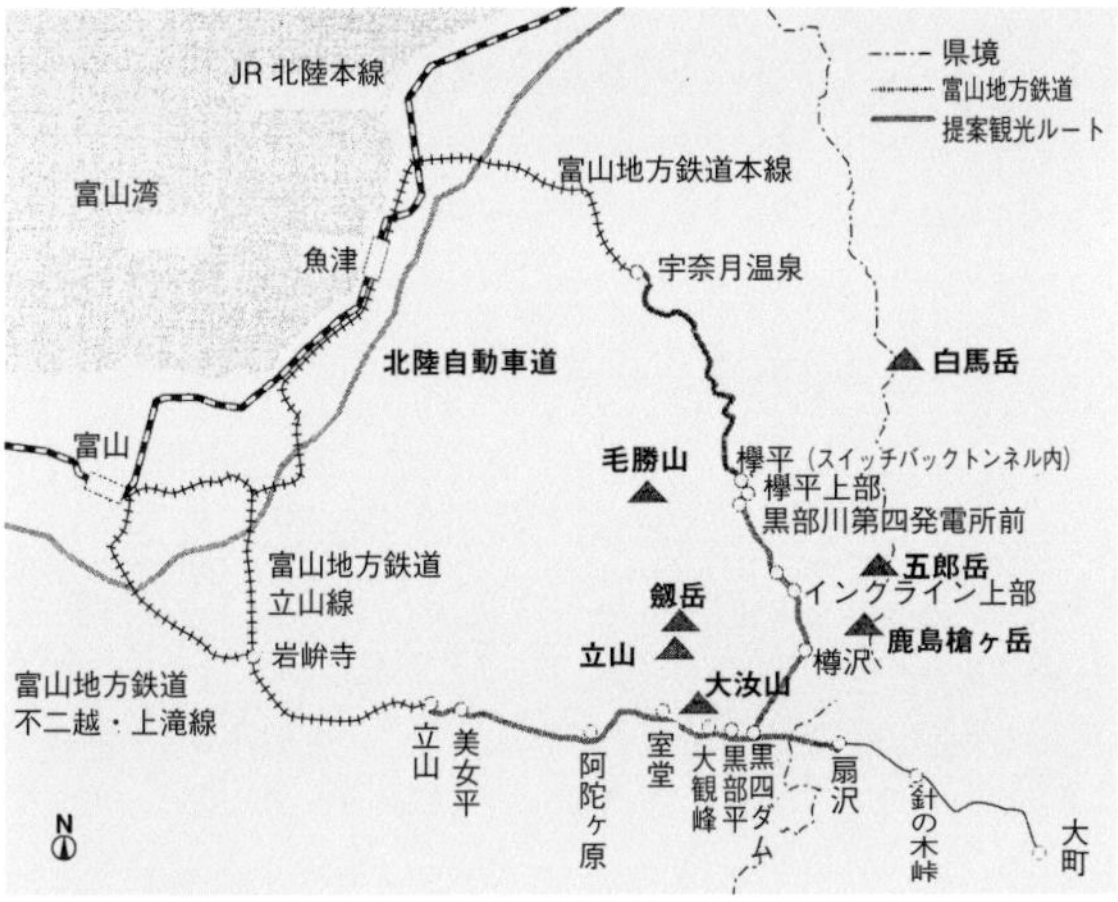

黒四ダム観光ルート

卒業設計「黒四ダム」

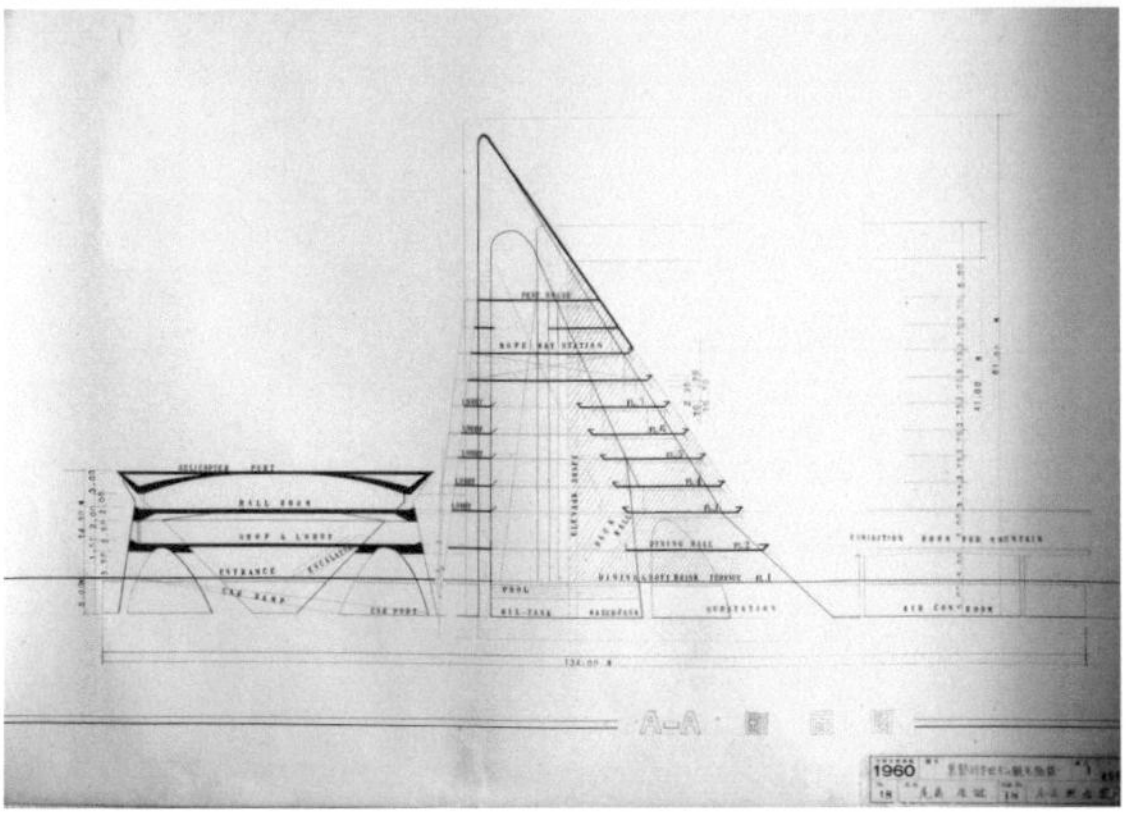

2 早大大学院生時代

（一九六〇～六四）

大学院時代、代々木オリンピックプール（設計；丹下健三）の空調設計を井上宇市教授の下で担当した。この時の経験を通じて多くの優秀な建築家、都市計画家と知り合い、それが後に大阪万博へとつながることになった。

救急室
禁煙

1
木村幸一郎・井上宇市研究室

一九六〇年四月、大学院建設工学専攻の木村幸一郎教授・井上宇市助教授の研究室に入る。入試は英語・ドイツ語と専門五科目であった。大学院理工学研究科は全部で百余人の合格者中、一番は同室になった鴻池敦志君（後に関東学院大学学長）、そして藤本昌也、増山敏夫君らとともに私を含めて建築工学分野の合格者が上位十位を独占していた。

木村・井上研究室は、木村教授室に木村建一助手、井上助教授室には個人助手が数人いた。大学院生たちの研究室は安東勝男先生が設計した赤扉の新館四階にあり、伊藤直明、太田守一、松田守弘、鈴木哲夫、渥美良栄、小鴨弘治、河野元昭先輩と、同期は鴻池、足立哲夫、石川健治、慶応の機械から来た山岸昭利君の四人。毎週一回のゼミを除けば実にのんびりした毎日で、井上先生の博士論文テーマでもあった河野先輩の修論「空気清浄器の効率研究」を半地下の実験室で手伝う日々。

一九六〇年の安保闘争では、大学院生チームを編成して目印の旗をつくり、毎日のように国会に押しかけた。

七月には、松井達夫教授の土木系都市計画の大学院に進学した星野芳久君と福井県の永平寺で座禅。笹山忠松さんの実父である宝円寺の中野住職から永平寺の法主に紹介され、管主と並んでの修行。どちらが先に降参したかは別にして、自分の進める道ではないと考え、一週間の予定を二日間で下山した。

木村幸一郎（一八九五～一九七二）
早稲田大学教授（建築保健工学・採光）。日本建築学会会長

井上宇市（一九一八～）
早稲田大学教授（建築設備・空気調和）。空調衛生工学会会長。建築大賞受賞

大沢一郎（一八九一～一九七二）
早稲田大学教授（建築設備工学）

安保闘争
一九五九～六〇年、一九七〇年、日米安全保障条約に反対して起きた大衆運動

永平寺にて星野芳久君（右）と
（大学院一年、一九六〇年）

共同ゼミの原書講読では先輩たちが解けない問題を解くことで、学問の面白さに目覚めたのもこの頃であった。特に、井上先生の博士論文で、噴霧水量と熱伝達率の相関性が従来研究と逆であるとの新発見説に対して、先輩たちの実験こそがおかしいのではと再実験を試み、実験装置の小さいことが間違いの原因であると指摘した。このことから井上先生に一目置かれるようになり、その後、直接先生のお手伝いをすることになった。

照明や給排水・ガス・電気・暖房や通気装置と比べて、冷房装置はとても高価な時代であった。日本では冷凍機がまだ普及せず、冷却コイル等も皆無で、もっぱら井戸水をスプレーする涼房の時代であった。したがって、冷房設計者は建築設計の中でも特殊技能者であった。冷却塔の大きさや空気調和機の設計など、すべての設計技術を自分たちで開発しなければならぬ時代、当然ながら参考書はすべて原書で、Carrier の『Modern Airconditioning』や Ashrae の『Guide Book』をはじめ、雑誌や論文等もすべてが英文か独文であった。

早大の設備系科目は、一九〇九年（明治四十二）の第一回卒業生が三年生になった時から学科目配当表に出てくる。衛生設備と機械および電気工学要項で、建築学科卒業生の第一回生十一名全員がこの必修二科目を修得した。後に専任教授となる大沢一郎は第二回卒業生であるから、設備系講義としては内藤・牧野の受講者であったと思える。大沢は建築学科を卒業するや機械工学科に再入学し、再び三年間の課程を終えて建築学科設備系講義の専任助教授となる。一九二三年（大正十二）、大沢一郎のアメリカ留学によって、建築設備教育がさらに充実すると同時に、大隈講堂の音響設計で有名になる佐藤武夫らが、原論系の講義に名を見せる。同時期に、採光に興味を持つ木村幸一郎が建築装飾の講義と演習の指導を始めている。

木村・井上研究室の大学院生
前列：左より私、鴻池、伊藤、足立
後列：左より鈴木、河野、石川、田中（義章）、田中（後六）君（一九六〇年）

前列：左より今井、井上先生、今野
後列：左より伊藤、私

一九三三年（昭和八）から一九三七年頃の満州国建設期は電気工学や照明学が盛んになり、暖房や通気に関する講義も一段と充実する。設備も理論から演習の時代になり、さらには設計実習として三年生に構造か設備のいずれか一科目を選択させ、前期に一週六時間で、衛生・暖房などの設計図面を自ら描くことができるように教育し、実学面での技術者を送り出した。

一九四七年、戦後の教育制度が軌道に乗り始めた頃、早稲田大学は多頭講師陣で戦後復興に対処することになる。電気工学の堤秀夫教授、音響の佐藤武夫教授、照明学の木村（幸）教授、機械工学の師岡秀磨・伊原貞敏教授らのほか、船津弘治、桜井省吾、土居寛通、柳町政之助講師の名が見られる。

一九五三年四月に井上宇市が大成建設から設備系の専任講師に迎えられる。この時点から多頭非常勤教育時代が終わり、原論系の木村幸一郎教授、設備系の井上宇市助教授の専任二頭立ての時代となり、私がこの研究室に入った。後に、建築設備系は井上宇市から石福昭、長谷見雄二、建築環境系は木村幸一郎から木村建一、田辺新一、都市環境系は尾島俊雄の専任三頭立て時代が続いて、二十一世紀に入る。

木村幸一郎教授を中心に、左に鴻池、後ろに私

2　立山で骨折し、博士課程に進学

一九六一年四月、修士二年生になり、就職先を決めるに当たって、父や親戚と相談するため富山に帰省した。みな建築事務所を開くことを希望しており、そのためには竹中工務店に入って四、五年実務を経験してからがよいという。竹中の先輩に相談すると、大学院卒であればぜひ

佐藤武夫（一八九九〜一九七二）早稲田大学教授（建築設計）。日本建築学会会長。佐藤武夫事務所創設

桜井省吾（一八九七〜一九七七）大成建設を経て桜井建築設備事務所設立。早大講師

柳町政之助（一八九二〜一九八五）高砂熱学工業社長を経て柳町研究所設立。ヒートポンプと蓄熱層の研究を行った

伊藤直明（一九三四〜二〇〇一）東京都立大学教授

来てほしいという。五月の連休に再び富山へ帰って相談しようとした時、伊藤直明さんが上野駅まで見送りに来て、井上先生からぜひ助手か博士課程に残るよう勧めてくれといわれたという。研究の面白さもわかりかけてきたが、初志と異なるため考えがまとまらぬまま両親に相談すると、私に一任するという。決心は立山でしようと考え、重装備で登山。五月の連休とはいえ、美しい白銀の世界はすべてを忘れさせ、一週間思う存分楽しむ。五月八日早朝、一人でアイゼンを履き立山頂上に登る。その下山途中、一ノ越でスキーを着けて降り始めて間もなく、突風で数十メートル滑落、骨折したのは午前十時頃であった。周囲にはまったく人がいないため独力で下山するしかなし。片方のスキーとリュックも捨て、真っ青な空の下、室堂や天狗小屋を下に見つつ、身軽になって片足で命がけで滑り降りた。そのまま富山で二ヵ月間寝込んでいたところ、伊藤直明さんがアメリカに留学するというので、ギブスをはめたままで上京。横浜港まで見送りに行っての帰途、松葉杖を突き損じて再び富山で静養。結局、博士課程への進学しか余地なく、苦手の英語と独語の入試勉強をする。

四十五年前の日記を読むと、この年の正月、何と母が、厄年だから今年だけは好きな山やスキーはやめてくれ、と懇願していたのだ。一月六日、伯母の笹山みどりさん宅での句会で私の句、「厄年よ　山はおやめと　母の云う」。母の忠告はいつもあとになって身に染みる。

さて、この頃の大学院生は授業といっても形式的で、半期に二、三度出席するか、レポートを出せばOKの時代。アメリカの大学院生は学部並みの授業を受けていると聞いて不思議に思った時代である。私の修士論文は何であったかよく覚えていないほどであったが、河野先輩の修士論文が井上先生の博士論文に直結していたことから、大井町の河野宅までよくお手伝いに行った。

立山山頂で。この直後の下山途中に骨折した（一九六一年五月）

博士課程に入って一年目は割合に暇であったらしく、早々に早大山岳部の戦前の機関誌『リュックサック』を読んで新高山《にいたかやま》（玉山《ぎょくさん》）登山を思い立つ。「ニイタカヤマノボレ」が宣戦布告なしの真珠湾奇襲攻撃の暗号であったことが、アメリカ留学を志す障害になった私にとって、日米関係の悪い呪縛を解くことが登山の動機であった。日本山岳会の会員であり、『リュックサック』の記事を書かれた吉阪隆正先生に頼んだところ、台湾の林慶豊さんを紹介された。安藤紀雄君と二人、七月二日から十五日間、初めての海外遠征で台湾の玉山（新高山）に登ることができた。そしてこの登山で立山での骨折が十分に回復していることが確認でき、身体に自信を持つ。

3　ＡＣＯ建築事務所を開設

一級建築士をとれば当然、学部四年生を卒業しただけでも一人前の建築家になったつもりであったし、世間も大学出の建築設計者として認める時代であった。特に笹山忠松さんはビッグスポンサーで、仕事を持ってくるから設計事務所を早く開設せよという。市ヶ谷の木造二階建てのケロリンビルに製図板を五枚持ち込み、同期の仲間で設計の上手な阿部、相田、永井君らと共同設計事務所ＡＣＯ（Architect Co-operation）建築事務所を開設。坂倉建築研究所や大成建設に入社して忙しいはずの仲間たちがなぜ手伝いに来られたのかわからないが、修士一年生の五月から仕事を開始した。初仕事は岡山の鉄骨構造の天文台であった。元請けの施工業者が、仕事はできるが図面や計算書がつくれないという。そのため確認申請用の計算書と図面をとにかく一人で書き上げると、何とそのまま通ったのですっかり自信を持つ。次の仕事は、宇奈月温泉の黒部川

初めての台湾遠征で玉山（旧称新高山、三、九九七メートル）登頂（一九六二年七月）

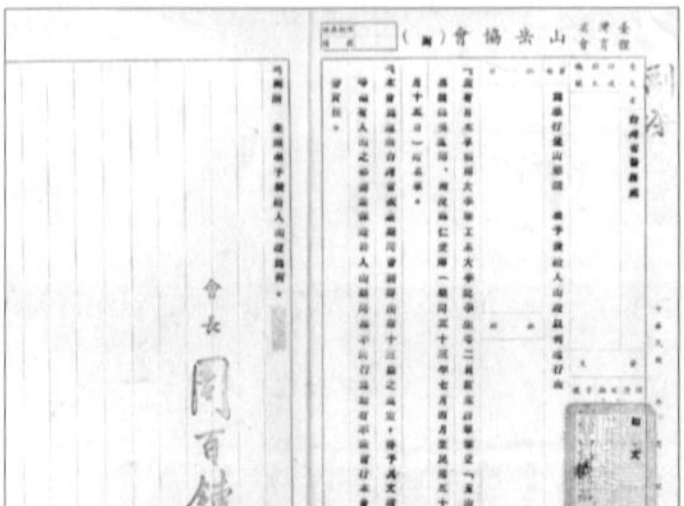

台湾・玉山の入山許可書

対岸に初めて建つ岩崎ホテルの設計であった。雪崩が心配で、これもデザインより構造や環境問題が面倒であった。続いて父の仕事で、ケロリン富山工場で、従来の手作業で薬を包み袋入れするやり方に対して、機械による無人化を試みた。この試みも建物設計よりは工場の自動化のあり方、労働集約産業を無人の自動機械工場に変えるための研究で大成功を得たが、富山の冬季季節労働者の仕事をなくしてしまったことを考えれば、若気の至りであった。しかし、これによってケロリンの商売に未来のあることを示したため、若き娘婿である笹山忠松さんや父たちに大変喜ばれ、自分には先見の明ありと考えた。

博士課程一年の時に受けた一級建築士の試験は、すでに大学院の修士と博士課程を受験しており、設計も市ヶ谷のケロリンビルの実施設計中で心配なく、一度で合格した。

博士課程に進んでからは時間は十分にあったので、忙しくて来られなくなった同級生の代わりに若い後輩たちの手伝いによってACO建築事務所は続けられ、たくさんの住宅やオフィスの設計をした。そのうえ、井上研に在籍しているというだけで設備の設計を頼まれた。しかし、博士課程三年になってからは学会論文の提出で忙しくなり、ACO最後の建築作品はケロリンビルの新築であった。

ケロリンビルの施工は、後に義父となる松井建設の松井角平社長にお願いし、新築後に二階を設計事務所にした。後にこのビルの六階に石井威望さんや月尾嘉男さんたちが事務所を開設、伊藤滋先生も五階に入居することになった。日本でも最初のSOHOビルで、実はこのビルを笹山さんに建てさせたのは私の発想であった。

伊藤直明さん（右）と劔岳に登る（一九六三年九月）

ACO建築事務所時代に設計した「ケロリンビル」（東京・市ヶ谷、施工：松井建設）

4 代々木オリンピックプールのノズル設計

一九六二年春、東京オリンピックのために代々木のグランドハイツ跡に水泳プール等の屋内総合競技場（国立代々木競技場）が建設されることになった。東大の岸田日出刀教授を設計顧問とし、実施設計は東大の丹下健三教授、構造は東大生産技術研究所の坪井善勝教授、設備は早大の井上宇市教授が担当することになった。これは井上研に在籍することになっていた私にとっては大事件であった。立山で骨折した足を引きずりながら、井上先生のお供で本郷の丹下研究室へ毎週出かけた。丹下研の活力は大変なもので、廊下まで製図板を並べて、昼夜構わず神谷宏治、長島正充さんらが働いていた。

一九六三年春、基本設計の完了目前、予算が足りず、設備費の三〇%削減要求が出された。構造の吊り屋根やプール周辺の大理石など、設備設計側から見ればもっと予算を削減する方法があると思えたが、やむをえない。前川國男建築設計事務所の新雅夫さんが上野の音楽ホール（東京文化会館、一九六一）を大型ノズルで空調したことに学び、一・四メートルの大型ノズルを戦艦大和の大砲のように上下左右四個ずつ、合計十六個を配置し、風速五～一〇m／sで吹き出し、風の慣性を利用し、座席面風速を〇・五m／sにする計画を提案した。この案は常に正攻法の井上先生を怒らせたが、結局、デザインを担当していた長島さんらの指示と、予算面から冷凍機を買うことができないため、風で暑さを防ぐこの方法を採用せざるをえなくなった。

体育館の形態が複雑で、計算では予測できないことから、その実験を井上研から東大生研の勝

国立代々木競技場

田高司教授に委託することになった。言い出した私が責任をとるかたちで、五〇分の一模型の製作や、気流実験の装置づくりを担当することになった。ノズル（吹き出し口）から吹き出された気流は、外気をそのまま吹き出しても室温が外気より高ければ冷風となって下向し、逆の場合は上昇する。したがって、その温度差によって巨大なノズルを大砲のように上下左右に動かす必要がある。それを五〇分の一模型で次元解析し、実物を予測するに当たって、勉強家の井上先生はロシアのバツーリンが書いた製鉄工場の模型実験資料を持参。ロシア語からドイツ語に翻訳されたものを日本語に翻訳。強制流体の無次元数であるRe（レイノルズ数）と浮力のAr（アルキメデス数）を用いて模型室内の気流測定結果を実物に換算。これに勝田研の自由噴流の計算手法を組み合わせることで実験を続けた。この模型実験は同じ東大生研内で吊り屋根構造の実験を始めた坪井研究室より半年も早く実施した。そのため丹下先生をはじめ、たくさんの設計関係者が見学に来て、手伝ってくれた卒論生ともども、その刺激で日夜強行実験が続いた。勝田先生を中心に東大の野村豪助教授、横浜国大の後藤滋教授らとの共同ゼミで、実験研究の面白さをこの時に十分に教えられた。

博士課程の三年間は、この実験と完成後の実測に終始したが、悔いのない毎日であった。空気流の実験と実測の毎日は職人的雰囲気に明け暮れ、空気の特質や流れの慣性を肌で体得することができた。その結果、強制自由噴流が慣性を持った気流となり、建物の形態に沿って流れる様子を観測し続けるうちに、計測装置の誤差すら見つけることができるようになった。毎日お風呂に入っていても、温度差のある水の流れを注意深く観測する習癖がいつまでも残った。この時の体験は、後に磯崎新さんの「N邸」（一九六四）やバルセロナ体育館（サン・ジョルディ・パレス、

代々木オリンピックプールの屋上で実測中の田中俊六君（右）と（一九六四年九月十四日）

一九九〇）で十分に生かすことができた。また、この実験や設計を通じて丹下研ＯＢのたくさんの方々と知り合い、その後も仲良くさせていただくことになった。

二〇〇五年三月二十二日、丹下健三（一九一三〜二〇〇五）逝去。二十五日に丹下先生の設計した東京カテドラル聖マリア大聖堂で盛大な葬儀。『日経アーキテクチュア』誌に丹下先生の想い出を私は以下のように書かせてもらった。

「国立代々木競技場の設備設計で、気流を使って体感温度を下げる空調を採用したが、風速と温度の関係を正確に予測するには五〇分の一以上の大きな模型でないとわからない。そこで、東大生産技術研究所に五〇分の一模型をつくった。内部空間が重要なので、屋根や客席を再現すると、その話を聞きつけて丹下さんがやって来て、夢中になって模型を内外から実測していた。何度もやって来た。どんな形にするか、自ら確認したかったのだ。

大阪万博では会場の環境計画を担当した。六六年夏に軽井沢で合宿があり、地域冷房と人工気候を提案した。各パビリオンの冷房用冷凍機を集中すれば、お祭り広場の外部空間冷房が可能になる案であった。合宿から三ヵ月ほどたって、突然、朝六時頃に丹下さんから電話がかかった。寝ぼけて電話に出ると、『地域冷房と人工気候は本当にやれるのか』と問われる。事業主体は誰か、技術的な裏付けはあるかと、事細かに質問する。私は、絶対できるとその裏付けを説明した。その日の夕刊一面に『万博、地域冷房決定』と出た。丹下さんは、記者に話す前に当事者である私に確認してきたのだ。

重要なことは自分で確認する人だった。このことは、私にとって大きな教訓となった。弟子た

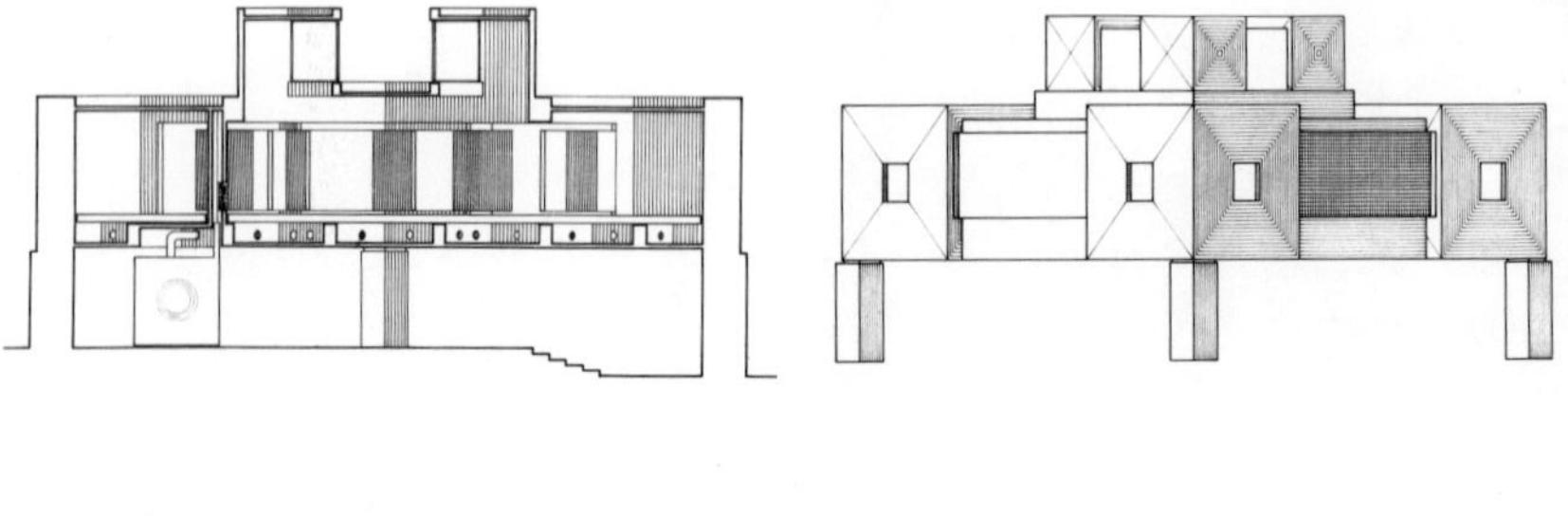

N邸（設計：磯崎新、一九六四年）

ちに一任していても、ここが重要と思ったら、とことん確認することの大切さを学んだ」

5 磯崎新さんの大分県立大分図書館

大学院博士課程に入った頃、丹下さんを手伝っていた磯崎新さんが出身地の大分で岩田屋の設計をして注目され、地元から次々と設計依頼を受け始めていた。そのため、丹下研に属しながら、佐藤武夫さんが使っていた本郷の家を借り、小さなアトリエを開設した。そのスタッフに早大で同級生であった山本靖彦君がいて、何かと設備のことを相談されるうち、磯崎さんから直に五十坪ほどの「N邸」の設備設計を委託された。「N邸」の二階床をパネルヒーティングを兼ねたフリーアクセス床とし、間仕切りも自由にした。二十センチほどの床と天井裏を十分に活用すると根太の間を空気が流れる。静圧再取得の原理を利用したユビキタスな均質床吹き出し方式を実現するため、一〇分の一模型をバルサでつくった。これに扇風機で風と煙を送って、どこの部分からも均質に空気が流れ出ることを、アトリエ内で確かめた。その実験に最大の関心と興味を持ったのは、磯崎さん自身であった。一年後に完成した建物を実測した結果、予測とまったく一致したことから信頼され、「大分県立大分図書館」の設備設計を最初から委託された。構造設計を手伝ったのは東大大沢研博士課程の村上雅也さんであった。

この「県立大分図書館」は磯崎さんの初期代表作となり、一九六六年に竣工して日本建築学会作品賞を受賞。三十年後の一九九七年には「アートプラザ」として再生。その三階は磯崎新建築

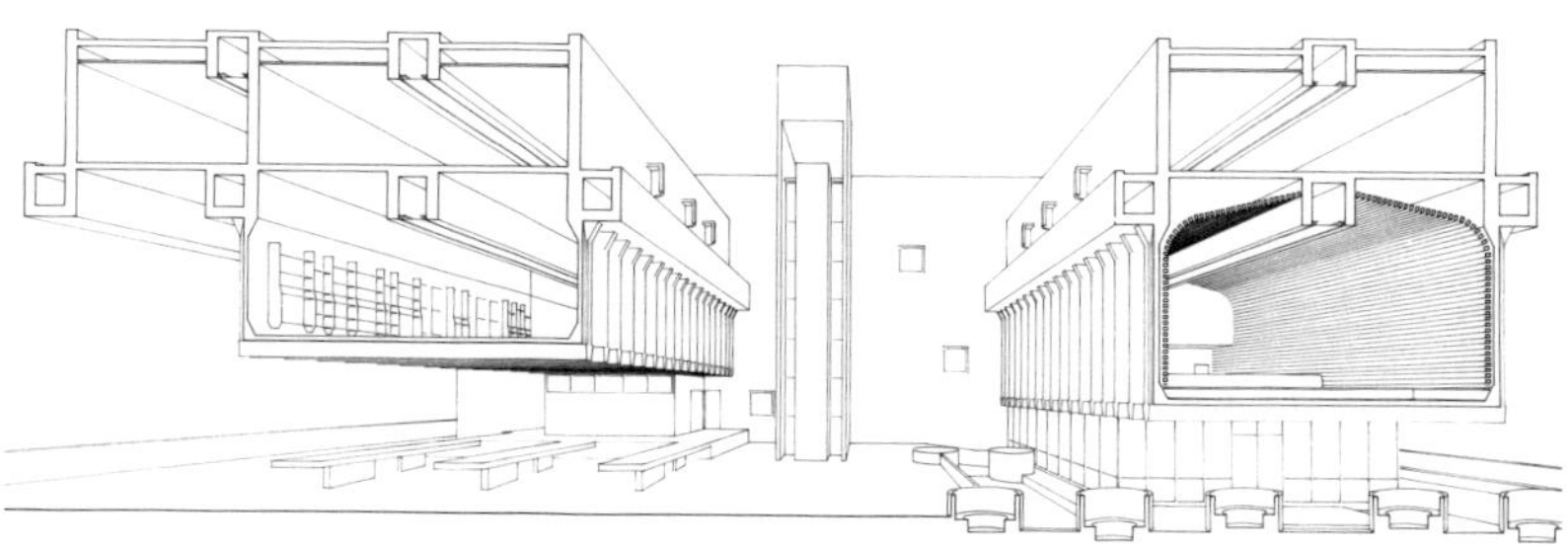

大分県立大分図書館
（設計：磯崎新、一九六六年）

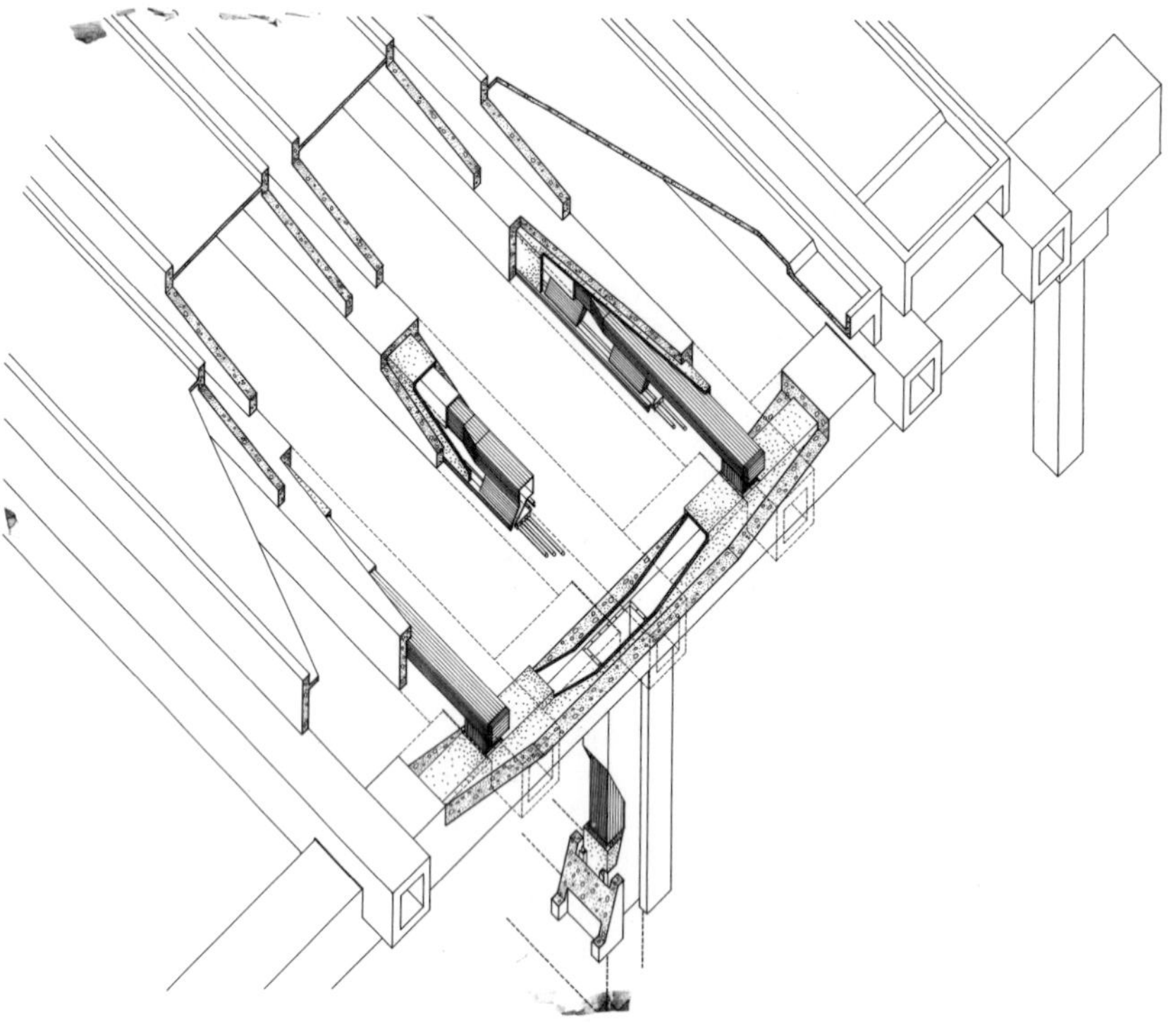

大分県立大分図書館の設備設計
冷房用ダクト設備の工事費を節約するために構造の梁や柱に組み込んだのは、県立図書館の冷房がまだ認められていなかった時代の苦肉の策であった。照明器具と兼用した吹き出し口や地中梁の蓄熱槽利用で、コスト半減、五〇％以上の省エネルギーに成功した野心作である。

展示室として、磯崎さん設計の建築模型や資料などが展示されている。

この設計で得た成果の第一は、構造と設備を一体化したこと。内外に張り巡らされたチューブ状構造体を空調用ダクトにして、照明や給排水等すべての設備を収納した。そのため、機能的にはすばらしい設計になった反面、現場では、そのジョイント部分の納め方の難しさは並大抵ではなかった。第二に、地中梁の間に蓄熱槽を設け、建物全体のコンクリート構造体と水槽の熱容量を十分に活用して、機器装置負荷を三割以上削減。これによって、経済的に不可能であった県立図書館で初めて冷房が入った。第三は大きな失敗で、玄関アプローチ斜路の周辺にあった浄化槽の臭突を空調ダクトに併設したことである。その結果、冷房時に臭突内温度が外気より冷たくなって、逆煙突効果を生じ、悪臭が玄関口に充満した。幸いなことに、その後、下水道の完備で浄化槽が不要になり救われたのであるが、おかげで超高層建築やダブルスキンの煙突効果の研究を今も続けることになった。

この新しい構造や設備の技術開発に当たって、磯崎さんの協力は大きく、続く「福岡相互銀行大分支店」（一九六七）でも面白い実験ができた。インド産の素焼きの板を使って、夏には汗をかくことで冷房負荷を小さくした試みは、四十年後に、岐阜のC－PRH研究の中心課題になった。また吹き抜け中央ノズルは、首を振ることでオフィス床面にまでまんべんなく冷温風を送ることができた。その可視的実証実験に当たって、殺虫剤を使って銀行の方々にご迷惑をかけたことなど、数限りない新しい試みをさせていただくことができたのも、磯崎さんに寄せる四島司・福岡相互銀行頭取の信頼からであった。

この時代の磯崎さんとの親交が日本万国博覧会（一九七〇）の会場設計に結びつき、また

福岡相互銀行大分支店
（設計：磯崎新、一九六七年）

一九七二年の福岡相互銀行本店、つくばの都市センター（つくばセンタービル、一九八三）、東京都庁舎のコンペ、バルセロナのオリンピック体育館等の設計をお手伝いすることになった。

一九九三年、早大理工総研に客員教授制度を創設したときには、第一に磯崎さんをお迎えして、石山修武教授とともに世界建築思潮研究室を開設。石山研の野村悦子講師や中国の留学生らが磯崎新教授の活動を支援することになった。

二〇〇三年、『中央公論』に連載した「この都市のまほろば」シリーズでは、大分出身の磯崎さんとその級友・赤瀬川隼さんと鼎談。また、福岡ツインドームシティやカタールの王子邸の設計時には、軽井沢の磯崎別荘や赤坂のご自宅で奥様の宮脇愛子さんともご一緒し、数多くの磯崎作品のお手伝いをすることになった。

6 学会入選論文「都市像へのビジョン」

一九六四年、建築学科の専任講師に決まった頃、建築学会で都市像のビジョンを求める懸賞論文が募集された。教師となる自分が学会で認められるようなビジョンを持っているだろうかと考え、挑戦することにした。テーマは「都市空間の戒律と人類の繁栄—都市像へのビジョン」である。多数の論文の中から幸いにも入選した三点は早大の私と京大と東工大の同年輩の大学院生で、後々まで交流することになった。

その論文の要旨を以下に抜粋するのは、この時の考え方が今日の私の思考ベースになっていることに加えて、審査員であった吉阪隆正教授から賛同の言葉を直接いただいたためである。

「建築を志す以前から私は人間の求める空間について考えて居た様に思う。

羊は鞭によって一つの方向へ移動する如く人類は戒律によって繁栄してきた。私は未来の都市像も一つの戒律によって創造されてゆくものと信じる。

今から三千二百年も以前に、神の言葉としてモーゼの十戒が旧約聖書に記され、長く生きるために父と母を敬え、殺すな、姦淫するな、盗むな、隣人について偽証するな、隣人をむさぼるな、七日に一日を安息日とせよ等である。これらの言葉、戒律は人間が繁栄してゆくために、また人間が人間らしく生き続けてゆく限り絶対であり、これ無くしては、混乱と闘争から人類はずっと以前に滅亡していたことであろう。（略）

経済成長力の増加、人間格差是正への努力によってもたらされる人類の繁栄を、我々は今日、人智の蓄積である科学の進歩に依存しようと考えている。科学万能時代の昨今である。そして科学の発展によってもたらされる人類の繁栄は同時に人類の滅亡と表裏を成している事実に気付き唖然とした。人間はまた、自分達の作った科学に対しても戒律を作ろうと試みる。

戒律を持った人間と科学、そして彼等が創造するであろう戒律を持った空間、未来の都市像についての私のビジョンが開かれる。

人間は働く場では一緒に働き、人間が人間らしい生活をする場、休息し次代を養い、明日を夢見る場ではそれを共にし、また自然は自然のままが一番美しく一番人間にとって大切なものであるから、これをそのままの姿にしておこうと云う三つの戒律、すなわち三つの空間を考え出すであろう。

仮に三つの空間を生産都市、人間都市、自然空間と名付けよう。

都市と建築との不連続の空間がもたらす統一としての現代の承認とビジョン。点状都市であるメトロポリスから線状都市メガロポリスへ雄大な構想。点から線へ線から面へと都市が広がってゆくと考える現代の必然。これ等の必然やビジョンを我々の世代に認めるとすれば、都市は限りなく平面的に広がっていってエクメノポリスが手を繋ぎ合ってゆく。

天と地が結ばれる最も美しい自然の佇まいを。

浅薄な人間達は何の惜し気もなく駆逐していく。

塵芥は護美箱に入れる如く我々は地球上に三つの空間（「コラム③」参照）を指定しよう。出来る限り単純に」

7　エネルギー消費調査で工学博士と日本建築学会論文賞

一九六四年から卒論・修論で各種建物のエネルギー消費実態の調査を始めた。空調設備を完備してでも経常費が支払えないため、実際には使えないという病院やオフィスが現れたからである。井上研究室が最先端の設備設計をするなら、私の研究室ではその維持管理の実態を調査してユーザーに適した設計法を考えようと思った。「Plan・Do・See」でいうなら、大学の研究室の役割は「Seeing」にこそあると考えたからである。

これらの成果は、一九六四〜六七年のデータを基に『空気調和設備の経常費』として丸善から出版。一九八四年には一九六四〜八四年のデータを中心に『建築の光熱水費』（丸善）として出

『空気調和設備の経常費』（一九六七、丸善）

『建築の光熱水費』（一九八四、丸善）

『建築の光熱水原単位（東京版）』（一九九五、早大出版部）

版した。この時の調査建物数は粗密があるものの、二十三種類の建物三千例に及んだ。

これらをA調査とし、一九八五～九五年のデータをB調査として、早大理工総研シリーズ『建築の光熱水原単位（東京版）』にまとめ出版した。その後もこの原単位研究を続けており、目下、一九九六～二〇〇五年度に実施した調査結果を原英嗣君が中心になってまとめている。この調査は、結局私のライフワークになってしまったが、国や各大学で継承調査研究してほしいテーマである。一九九五年版の書名に「原単位」という言葉を用いたのは、建物の単位面積当たり、単位時間当たりに消費する量を、通常このように表現しているからである。また、「東京版」としたのは、北海道や九州、さらには韓国や中国版の出版をも期待しているからである。

私の博士論文は「空気調和設備の経済性に関する研究」として一九六六年提出。三月二十六日、工学博士八名、理学博士一名の合計九名がこの年の早大が授与した博士で、大隈講堂で七十四歳の大浜信泉総長と一人一人が握手。北日本新聞に詳細な論文内容まで報道される。論文審査員の一人、機械工学科の柴山信三教授には本当にお世話になった。一九七一年、この成果が東工大の小林陽太郎教授に注目され、三十三歳で日本建築学会の論文賞を受けることになった。

◉日本建築学会論文賞推薦理由

「本研究は間けつ運転を行う空気調和負荷の性状を初めて明らかにし、これにより年間の空調運転用エネルギー消費量などを解明したものである。

わが国の空調の運転法にはもっぱら間けつ運転が用いられているがこれに対する研究はほとんどなされていない。著者は間けつ運転法の年間負荷を明らかにするために、まず多くの建築物

一九六六年三月、工学博士。大隈庭園にて

の空調負荷の短時間の変動を実測した。この結果、間けつ運転では実際の負荷が在来の計算法による値と全く異なる傾向にあることを発見した。この相違が建築物の蓄熱による負荷であることを解明し、蓄熱負荷の計算法を開発した。この計算法によれば計算値は実測値とよく一致し、間けつ運転時の正確な負荷を簡単な計算で求めることが可能になる。

　上記の計算法を利用して予熱予冷負荷の最適値を求める方法を提案し、二十四時間運転に比べて間けつ運転は必ずしも経済的でないことをケーススタディにより指摘した、また同様の方法で保温材の厚み、窓ガラスの種類、ブリーズソレーユの有無などに関し最適値を求めた。

　年間負荷の算出に関しては蓄熱負荷を考慮に入れて計算式を導き、これによる計算結果がほとんど実状に合致することを示した。また簡易計算のために各種の負荷率を用いる式を提案し、六十例のオフィスビルに関し、年間のエネルギー消費量、保守人員数、修理費などを調査し、これより負荷率などの計算用資料を求めた。これに関する著者の調査研究はその後も続行され、一九七二年までにほとんどあらゆる種別の建築物について延べ五百例以上の資料が得られ、年間運転費の計算を容易にした。

　以上の研究は間けつ運転に関する空調負荷の実状とその計算法を明らかにし、多数の資料から運転費の内容を分析、解明したもので、今後の建築設備工学に対する寄与は大なるものがあり、この論文に対し、日本建築学会賞を贈ることとなった」

日本建築学会論文賞受賞（一九七一年）

コラム

② 代々木オリンピックプールの換気設計……『「建築設備」と私』（井上宇市著）より

◉大ジム観客席の暖気換気

①吹出し方法

一万五千人を収容する観客席に対する吹出し方法には種々の問題がある。内外の例の調査より、最初は、天井面から下向きノズルを使う方法が、もっとも健全な方法であると考え、予備設計には天井ノズルによる吹出しの方法を用いた。本設計にもこれを使う希望であったが、いかんせん天井裏のスペースがほとんどなく、そのうえ、つり天井に空調器をのせることは、振動のおそれから不可能で、つぎにケースFの方法を提案した。この方法も空調器の床面積を確保することが不可能で、種々検討の結果、最後に大形の横向きノズルの吹出し方法が提案され、これが受け入れられたのである。この案は筆者の研究室の尾島俊雄君によるものであり、これに引き続いて行われた吹出しに関する実験研究、実測研究などで同君のはたした功績は、多大なるものがある。

送風量の決定は、室内環境の精算および吹出し実験によってなされねばならないが、最初は、観客数を一万四千人とし、一人当たりの換気量を旧警視庁舎の三十五㎥／hに選び、これより五十万CMHを仮りに定めた。この風量は全容積に対し、毎時約二・六回の換気回数に相当する。ノズルの配置は建築設計者と打合わせの結果、上下二段にわたり東側、西側のそれぞれに合計八ヵ所を設けることとした。一方等温吹出しの公式より到達距離百メートル、残風速〇・五m／s、吹出し常数五・〇を用いて計算して、ノズル径一・二メートルのとき、吹出し風速八・三五m／sとなり、このとき、一個当たりの風量は、三万四千CMHとなり、必要ノズル数は十五台弱とな

『「建築設備」と私』（井上宇市著、一九八九、丸善）

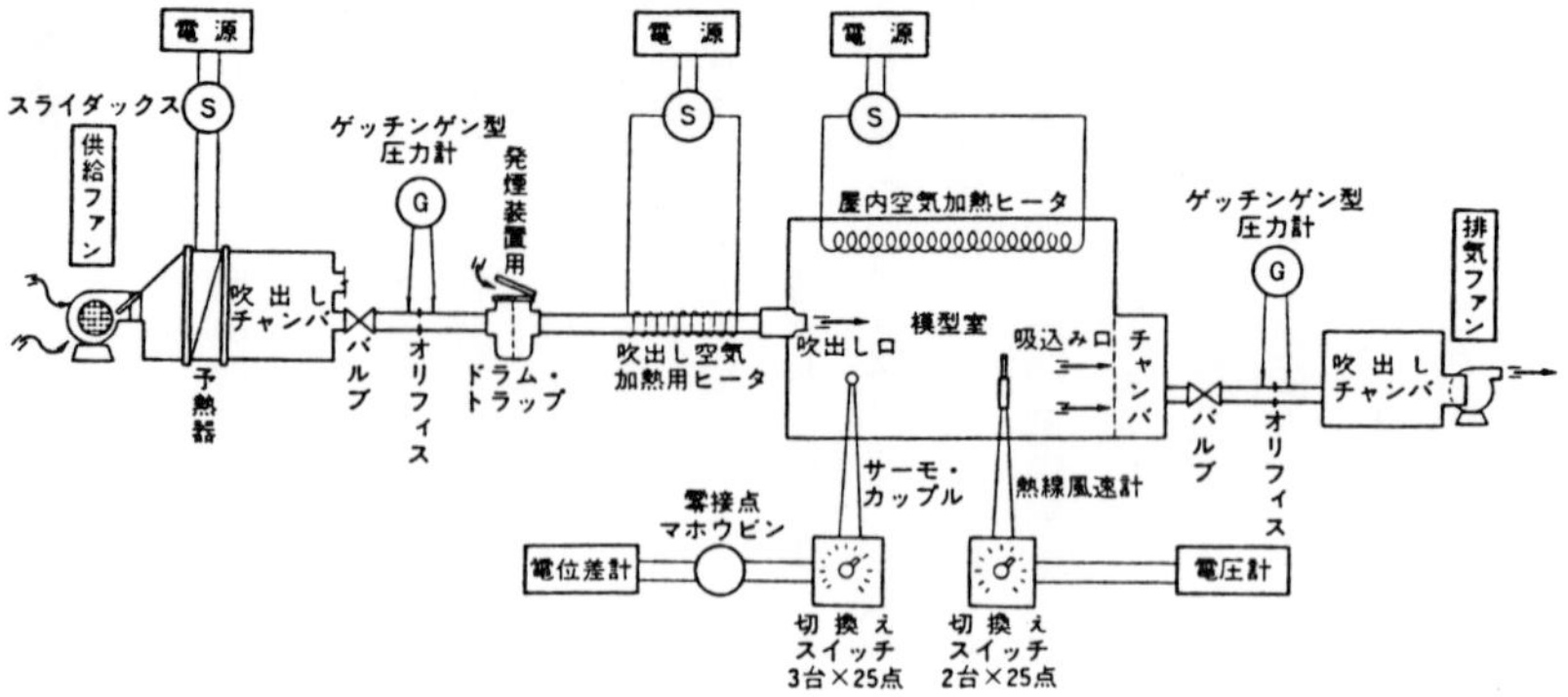

東大生研での実験装置の系統図

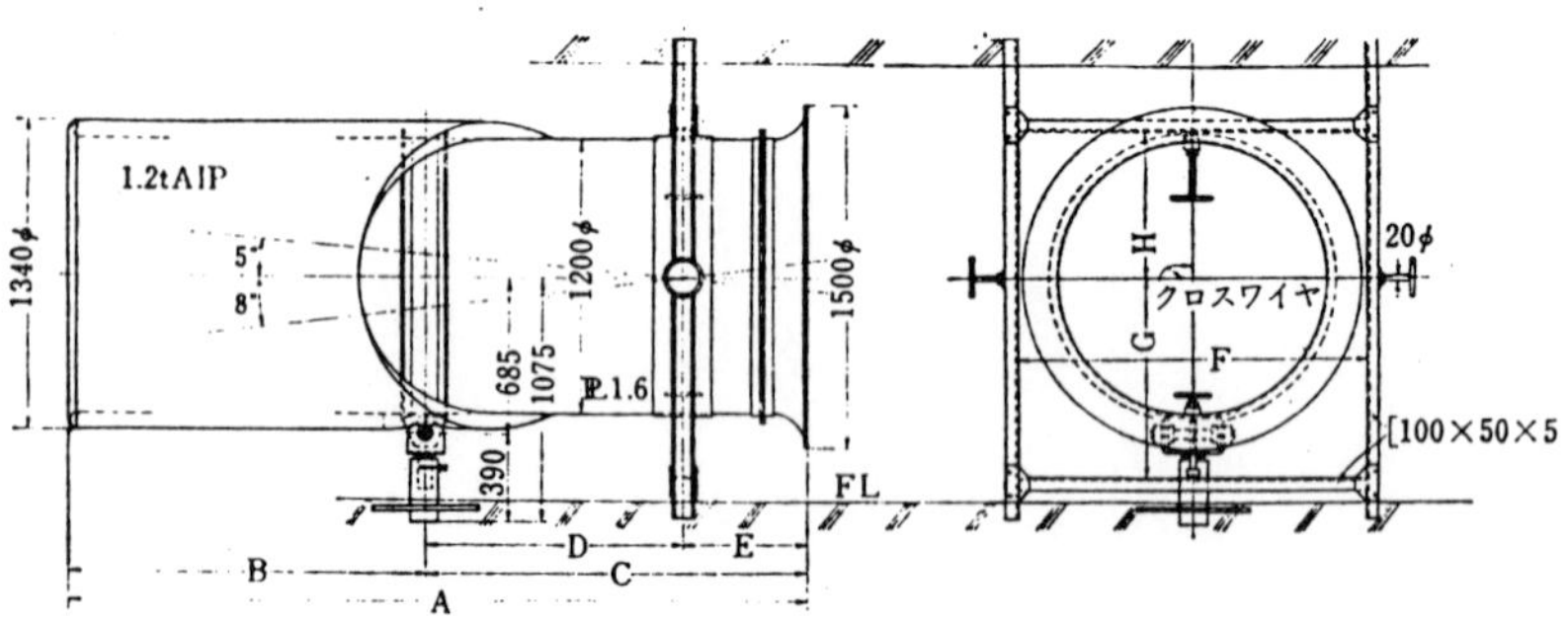

国立代々木競技場（オリンピックプール）吹き出しノズル

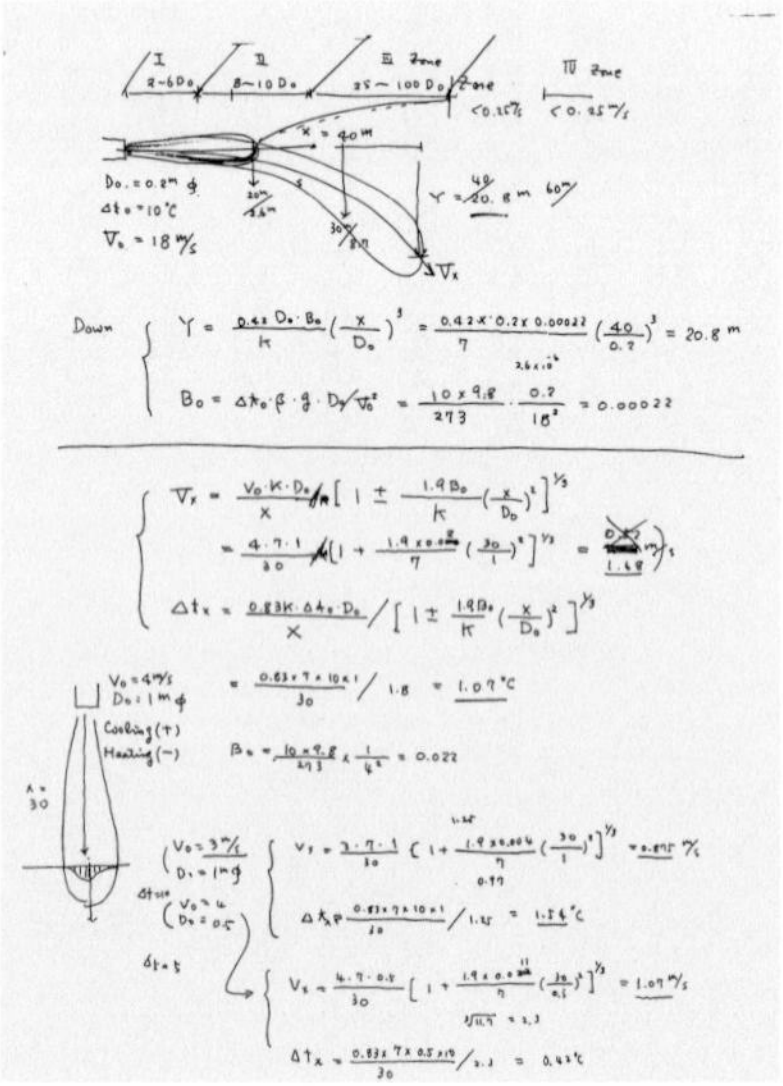

室内環境における風速に関する計算
バルセロナの「サン・ジョルディスポーツパレス」の打ち合わせの際に現地で試算した時の私のノートより

るので、一・二メートル径のノズル十六台を八ヵ所に配置することとして、模型実験にのぞんだ。

②吹出しの模型実験

吹出し口の実験に関しては、多年の経験を有する東大生産技術研勝田研究室に依頼したところ、引受けていただき、これより足かけ三年間の日時を費やして行われた。

まず模型は、設置室の大きさの関係上、五〇分の一の大きさとした。模型は、コンクリート部分は木製で、観客席の形も平面図どおり作成し、屋根は煙試験が透視できるように塩ビシートでおおった。模型の直径は二・四メートルである。（略）

非等温実験の理論は、ソビエトにおいて確立された方法にしたがった。これはアルキメデス数（Ar）と称する無次元数を、模型と実験に等しくおく方法である。

模型実験の結果を実物に換算した。等温吹出し時の床面の風速分布で、この場合、吹出しの空気は客席後部まで十分に到達しているが、吹出しの一次気流が床面に落ち、残風速一・〇m／s以上のコア部分がはっきりとみられる。この傾向は冷風吹出し時に、とくに著しい。初年度の実験結果は、決して満足できるものではなかったが、なんとかこの吹出し方法にてやれる見込みがつき、この方法を用いることとしたのである。なお、風浪に対しては、つぎに示すよう室内環境に対する検算が実験と併行して行われ、最初の風量の値五十万CMHを最終の設計値として、採用することとした。（略）

二〇〇七年に改修工事を終えた国立代々木競技場第一体育館
左：吹き出しノズル

③「都市空間の戒律と人類の繁栄」（日本建築学会入選論文）

◉生産都市

東京に於いては丸の内を中心に広がってゆく事務所建築群が新宿副都心の事務所建築群と結ばれ、池袋、渋谷、品川、上野へと氷雪の結晶が生まれる様に進行し、これ等の内側の居住者達も自然に姿を消してゆく。そして東京旧市街は一大生産都市と成り、この空間は全く非人間的、機械的建築群が巨大な姿を持って出現する。少しでも生産能率の落ちた建築群は全く非人間的に破壊され、再開発され、より新しい機械的建築群に生まれ変わってゆく。科学のメタボリズムが行われている空間である。生産都市内部におけるトランスポーテーションは今日の如き非能率的な自動車でなくなることは確かである。エレベータ（垂直運搬交通）、エスカレータ（斜角運搬交通）、トラボレータ（水平運搬交通）が空気や水や電気の配管の如く都市空間を走り回っている。

◉人間都市

人間都市は時代を超越した空間であり、都市造形には価値判断の基準がないものである筈だ。電子計算機等によって造形出来る空間でないことは明らかである。（略）

東京生産都市の周辺四十～五十キロメートルは自然空間である。そしてその外周には熱海、沼津、甲府、高崎、前橋、宇都宮、霞ヶ浦、九十九里浜、館山等が五十キロメートル程の幅を持って人間都市を形成する。勿論人間都市の外側は自然空間である。

人間都市はこんな形になるのではなかろうか。人口一万人程の最小コミュニティーが一つの居住環境を形造り、これ等が鮭か鱒の卵のごとく広がって居る。最小コミュニティーの中心は小学校であり、生産都市へのノンストップ特急電車の駅である。また商店、行政施設、演劇場、図書館、集会所、病院、体育館や娯楽施設が散在している。いずれの施設も歩いて利用出来る程の距離である。

◉自然空間

私は新田次郎の次の文章をそのままここに記したい。

「二人の少年は長ぐつをはいていた。としを聞くと、兄が十歳、弟が九歳であった。私は少年の仕事が何であるかを知ると、彼等が持ち上げられなかった大きな石を、石塚に積み上げてやった。石を取り除いてやったこの部分の草は来春には見違えるようにみどりを増し、丈も高くなるだろう。私はこの二人の少年によって、スイスの美しさの秘密を教えられたような気がした。スイスの美しさは一朝にしてなったものではない。何代も何代もかかって、氷河で荒らされた土地から石を取りのぞき、緑の牧地に変えていったのだ」（新田次郎『アルプスの谷 アルプスの村』、新潮社）

（『建築雑誌』一九六五年四月号より抜粋）

『アルプスの谷 アルプスの村』
（新田次郎著、一九六四年、新潮社）

か・かた・かたち

建築の「カタ・型」を学び教えた時期

——高度経済成長とバブル崩壊

近代都市計画の手法では、用途別土地利用規制により、工業専用地域には住宅を建ててはならないし、また住宅専用地域には一切の工業施設を取り込まない。このような土地利用規制によって、公害の集中処理と良好な居住環境をつくることを容易にした。

日本の都市は、人工環境インフラを最優先にして、東京湾岸に京浜・京葉工業地帯を建設した。そこには港湾施設、火力発電所、そして工業用水等のインフラストラクチャーを国策として先行投資し、日本の工業は大躍進した。東京湾における臨海工業コンビナートは、日本の近代工業化のパイロットモデルとなり、大阪湾から伊勢湾へ、さらには九州の博多湾から北海道の苫小牧にいたるまで、臨海型の工場コンビナートが建設された。日本列島は東京一ヵ所が牽引する「機関車型」から、各地に拠点を持つ「電車型」の巨大な工業列島へと変貌した。これに付随して、新産業都市や工業促進都市が生まれ、企業城下町が次々と誕生する。国土の均衡ある発展を求めた一九六二年の全国総合開発計画後も大工場が労働力を求めて首都圏に集中した結果、地方からの労働人口の流入が起こり、一九六九年の第二次全国総合開発計画では工場の地方への分散政策を、一九七七年の第三次全国総合開発計画ではその地での人口の定住化政策がとられた。しかし、国内での分散定着化が進まなかったのは、労働力の安いアジアの開発途上国への工場移転が進んだためである。一九八七年には四全総が策定される。

一方で、情報の集まるところには世界中から人々が集まり、東京は常に情報が集中する「二十四時間情報都市」「知識集約型都市」となった。このように、都市構造は産業構造の変化につれて変遷を余儀なくされる。日本が途上国から脱出するために、人間としての個性や、自然環境をいかに犠牲にしてきたか。そして今また、アジアの途上国が日本のたどった道を追っている。

日本が近代建築学を導入するに当たって建築学科を工学部に置いたのは、関東大震災や濃尾地震の体験からで、「美」よりも「強・用」の実用化を重んじ、しかも富国強兵・殖産興業の視点から、建築を建設産業や住宅産業に任せてしまった。日本建築のあるべき姿について、一九九七年のCOP3で、建築の寿命を三倍に、CO_2は三〇%削減を建築学会会長声明とした。二〇〇一年には早大の理工学部長として「理工文化論」の講座を開設した。また、日本学術会議の会員として「学術の在り方常置委員会」で「新しい学術の大系」を解読し、「設計科学としての建築学」を提言。「大都市をめぐる課題特別委員会」では、「建築は不作為の殺人器」という解釈の下に勧告三件と声明三件を提案し決議した。

私は日本の歴史を考え、アメリカやヨーロッパと比較して、そのいずれかの文明に属してもうまくいかないと思う。やはり、日本は日本の文化に基づいた日本文明を世界に認めさせるしかない。市場主義でも反市場主義でもなく、まして民主主義や共産主義でもなく、世界にはわかりにくい日本主義でしかありえないのではなかろうか。そんな日本の文化や文明のあり方が存在することを世界に知らしめる努力のほうが、日本がいずれかの国家主義や文明に属するよりは日本人には容易な努力と思われる。

3

早大専任講師時代

（一九六五〜六九）

日本の高度経済成長を背景に開催された大阪万博の地域冷房計画は、日本の地域冷暖房の草分けとなった。ここでの経験は成田国際空港、沖縄万博へと引き継がれた。

1　図法と機械工学科の講義

早稲田大学建築学科では一番若い教員に建築図法の講義を担当させるのが長い伝統であり、四十年後の今日もこの伝統は守られている。私は池原義郎先生、田中彌壽雄先生と同期に専任講師になったが、お二人は私より十歳も年長とあって、中川武先生が専任講師になるまでの八年間、この授業を持たされた。これは大変な苦痛で、第二理工学部が廃止され、八十人の定員が百八十人になって、その一年生全員が授業に出席する。彼らに図法を教えるのは至難である。私が大学一年生だった時代には松井源吾先生がその担当であったことを思い出し、ノートや参考書を探したがまったく見当たらないうえ、何を習ったかすらもよく覚えていない。考えてみれば、先生が製図室で課題を出されたあとは助手がのぞきに来るか、本当に時々、昨日は何某君と酒を飲んで二日酔いだと話されながら、黒板に何かを描いて「あっ、間違った」といいつつ、雑談で終わった。それでもいい参考書があって、それを見ながら透視図の課題や卒業設計を仕上げることができたことを考えて、覚悟を決める。透視図を描くための技術は参考書を紹介して課題を提出させる。授業は建築に関する勝手な放談をすることにし、いろいろな講師を外から連れてきて代講させた。大矢二郎君や原田鎮郎君ら優秀なＴＡ（教務補助）に課題採点や間違いの指導を一任する。しかし、これでは学生に申し訳ないから、代わってほしいと教室会議で何度もお願いしたため、安東勝男先生にお目玉をくった。松井先生もひどい授業であったことを話して、こんな悪い伝統を直すべしと開き直って、また叱られた。何度勉強しても心ここにあらずで、すぐに忘れてしまう。思い出してもぞっとする授業を続けた。

また、第二理工学部の廃止で急に三人も新任教員が入ったこともあり、私の担当する授業がなかったので、井上宇市先生の機械工学科の授業「暖房と通気」を受け持つことになった。機械工学科の選択科目であり、十人ほどが選択する気軽な講義科目であると思いきや、建築の学生と違ってみな真面目に授業に出てくる。設計の仕事がますます忙しく、まとめて実習させるなど、これも井上先生の教科書を与えて急場をしのいだ。後に機械工学科の教授になった大聖泰弘さんや永田勝也さんがその時の学生であったと聞き、これも恐縮でいっぱいである。

一九六五年四月から九月までの十二回、毎週木曜日、十時から十二時の講義内容（シラバス）を当時のノートから記すと、井上先生の『空気調和ハンドブック』を参考書として、

①空気調和概論
②空気線図
③建物の熱負荷
④空気調和方式
⑤熱源機器（冷凍機、ボイラ、冷却塔等）
⑥空気調和器（コイル、エアワッシャー、フィルタ、ファンコイル等）
⑦分配系統（ファン、ポンプ、ダクト、パイプ、吹出、吸込口）
⑧機械換気と自然換気の計算法
⑨室内気流分布の計算と実験
⑩工場の空調・暖房・換気方法

専任講師時代。前列左より水野、武田、私、井上先生、中島、石野の諸君

⑪個別冷暖房と地域冷暖房
⑫屋外の人工気候

以上、十二回、百二十分授業は、相当詳細に書き込まれた当時の講義ノートを見る限り、若い講師が学生に馬鹿にされないために一所懸命だったことがうかがえる。

また、この時の前期末試験問題を見ると、「科目名：暖冷房、空調設備／担当教員：尾島講師／学科：機械工学科／学年：四年」とあり、ものすごく難しい問題が並んでいて、当時の学生たちの学識の高さがわかる。また建築学科の必須科目である設計製図に拘束される時間が実に長くて、毎週六時間もあり、この時間は池原先生や田中先生と一緒に講師室で雑談に明け暮れたが、それは後に教師としての人生と生き方についての大きなアドバイスとなった。また、いかに退屈な時間を有意義に過ごすかのよい教訓にもなった。教師たるものの資質は、無駄な時間を退屈しないで過ごす技を身につけることが肝心と悟った次第である。

2　ニューヨーク世界博でヒートアイランドを体験

一九六五年七月、井上宇市先生夫妻に同行してアメリカに行くことになった。日本の超高層建築時代に備えて設備のあり方を調査するためであったが、個人的には博士論文の受理を待つ間、ニューヨークのシスカーヘネシー事務所に勤務していた後藤眞毅雄さんの仕事場を見ておきたいということもあった。一週間遅れで伊藤直明さんが追いつくまでの間、井上先生夫妻の部屋にエクストラベッドを入れてもらった。しかしサンフランシスコに着くやいなや、機内で知り合っ

ニューヨーク世界博覧会フォード・パビリオン

ニューヨーク世界博覧会ゼネラルモーターズ・パビリオン

たスチュワーデスと深夜まで踊りに行き、お二人を心配させてしまい、一日で追放されて個室に入る。かくして四十日間の長いアメリカの旅は、昼は学び、夜は遊びの不眠不休の毎日であった。

ニューヨークでは、後藤さんの案内で超高層建築の設計や現場調査を井上先生と伊藤さんが担当し、私は別行動をして、高砂熱学工業の服部功さんに頼んでコンサルタント事務所やケネディ空港、ロッチデールの住宅団地の地域冷暖房プラントなどを見学した。将来の自立に備え、超高層の設備は井上先生の専門、私はいずれ別の道を歩かねばならぬと考えたためである。

八月のマンハッタンは水不足で、近代建築の象徴であったカーテンウォールのレバーハウスは冷房できないため休館。多くの窓の開かないカーテンウォールの近代建築はすべて使用不能になっていた。後にテロで爆破されたワールドトレードセンタービルは冷却塔の水不足とヒートアイランド対策で、ハドソン河の水を冷却水に使用するために改良中であった。未来都市では熱汚染が最後の公害になるとの予測を実体験したのである。

またニューヨーク郊外で開催されていた世界博会場では、フォードやゼネラルモーター、GEのパビリオンは長蛇の列。日射病（熱中症）で倒れ、救急車で運ばれる人々を見る。ガンガン冷房の効いたパビリオンの内部と外の温度差を考えると、マンハッタンをすっぽりスーパードームで包んだバックミンスター・フラーのプロジェクトの必要性を痛感した。未来の空調やスーパードームの技術に、限りない夢と可能性をつかんだのである。

この時、最先端技術を持つアメリカでの体験研究こそ不可欠と考え、何が何でもアメリカへの留学を決心した。しかし、シカゴからニューヨークへの途中で、冷凍機の実負荷と空調の計算負荷との違いについて研究論文を発表し続けていた学者と面会するため、伊藤さんの運転でシラ

フラードーム（ニューヨーク・マンハッタン）

キュースのキャリア研究所を訪問したところ、連絡してあったはずが、突然空軍の研究所にスカウトされ退社したので連絡がつかぬという。この分野の研究は軍の研究と不可分であることを、このとき思い知らされた。また私が就職を予定していた事務所は、ニューヘブンの田舎町にあり、そこでの設計活動では刺激が少ないと考えた。アメリカへは行きたいが、私の希望しているような研究活動の拠点を探すのはなかなか難しいと実感する。

3 大学紛争と機動隊の導入

一九六六年二月二十日、日曜日の日記。

「帝国ホテルで婚約者の松井伶子と久しぶりにデートして夜遅く東中野の下宿へ帰ると、午前一時のニュース。早大が機動隊導入を要請したという。井上宇市先生に電話すると主任の吉阪隆正先生に連絡せよとの返事。午前二時、百人町の吉阪先生を訪ねると五分で出動され、ものすごい速さで大久保の理工学部へ一緒に歩く。二時二十分、一理事務所に灯りが一つ。真っ暗な中に学生が大勢集まっている。

二時二十二分、吉阪主任が難波正人理工学部長に電話、長い話し合いになった。結局、建築学科の吉阪主任は学部長代行として大隈会館八号室の理事へ直接ホットラインで連絡。村井資長理事と滝口担当が警察に行き、第一次導入を午前五時から七時に延期させたという。全教員へ連絡するには時間もあり、もう少し待つことにした。理工キャンパスから本部キャンパスの様子を見

吉阪隆正（一九一七～八〇）早稲田大学教授（都市計画）。日本建築学会会長。理工学部長。『吉阪隆正全集』（十七巻、一九八五、勁草書房）

『告示録』（吉阪隆正著、一九七二、相模書房）

に外へ出ると、本部第一学生会館に比べて理工キャンパスの学生数は大したことがないので、本部へ電話して理工への導入は必要ないと吉阪先生が要請。

三時三十分、共闘会議の学生は理工キャンパスにいないことを確認しつつ、集まった十人ほどの教職員と自分たちの給与二万円一律カットの必要あり等を話し合う。また、学生を数の上で圧倒する教職員を集めて、少なくとも若手教職員だけで、マスにはマスで学生に立ち向かえば誠意が伝わるうえに、機動隊の出動も止められるのではと相談。学部長、村井理事、清水司先生に連絡。

三時四十五分、ついに難波学部長も登校され、夜明けには学生数を上回る教職員で学生の説得に入る。かくして、理工への機動隊導入は二日目もなくなった。

二月二十一日早朝七時、第一次機動隊導入で本部へ応援に行くも、機動隊の力の前では学生や教職員は雑魚の如きで、私自身も体力には自信があったはずが簡単に弾き飛ばされてしまった。二月二十二日の第二次機動隊導入後は本部キャンパスも静かになった」

これは一九六九年の本格的大学騒動になる三年前の出来事であった。後に、村井理事、清水担当は総長になり、難波先生は早逝され、吉阪主任はこの時の機動力や学生に対する判断力の確かさで、一九六九年には緊急学部長として有名な告示録を出す。理工学部の自治と伝統の底力が遺憾なく発揮されると同時に、各学部の若手教員で早大の将来を考える場が必要ということになった。吉阪先生の推薦で私がその一員として昭和プロテスタント研究会（社学の峰島教授を中心に政経の藤原、法学の奥島、商学の原、文学の小山、理工の私がコアメンバー）に参加することになったのは第一回の一九八四年。それから毎年一回夏休みに熱海の旅館で、各学部の若手十人ほどの

第二回昭和プロテスタント研究会。前列：左より藤原保信、峰島旭雄、小山宙丸先生。後列：左より原輝史、私、奥島孝康先生（一九八五年八月二日、熱海・新かど旅館にて）

勉強会が行われ、清水司、小山宙丸、奥島孝康等の総長を生み育てることになった。

4　結婚とヨーロッパ旅行

博士論文のめどもつき、アメリカへの就職を考えていた一九六四年正月、富山に帰ると両親が見合い写真を用意していた。アメリカへ行く前にどうしても結婚させたいという。お世話になったのは、浜多弘之さんの親戚で、尾島庄太郎教授の親友というお茶の水女子大学の西崎一郎教授であった。富山の自宅までわざわざお出かけになっての説得で、四月にホテルニューオータニでお見合い。両親に気に入られた様子はわかったものの、本人の様子がさっぱりわからない。よくわからない間にオリンピック施設の設計で忙しい年も過ぎ、一九六五年にはアメリカの就職が内定した。そのためか一九六六年春、急に話が復活して五月結納。十月六日に日本工業倶楽部で結婚式。

その間、本当に二人で会ったのは二、三度だけで、実質的な仲人は松井建設参与の松田さんであった。仲人口とはよくいったもので、両方に好都合なことを話されていたため、それを信用していたことが結婚に結びついたのであろう。しかし結婚後、その後始末が大変であった。生活費や住居をはじめとして、結婚後には松井建設に入社すること等、よくまあそんな無責任なことが、と思うほどにお任せの結婚であった。

新婚旅行も、万博の仕事に追われていたのでゆっくりできず、八丈島で徹夜疲れの骨休めをす

一九六六年十月、松井伶子と結婚（日本工業倶楽部にて）

一九六七年二月、新婚旅行。モスクワで伶子

るような、申し訳ない新婚旅行であったと思う。今なら新婦に逃げ帰られて当然であったと思う。新居も月十七万円のマンション、シャトー三田に住むことになったが、私の月給が三万円であったから、よくそんな生活ができたと思うが、同じ階には結婚されたばかりの島津貴子御夫妻、上の階にはソニーの井深大社長が住む。プールや茶室のほか、すばらしい応接室もあり、部屋からは慶應義塾大学の図書館が丸見えの豪華この上なきマンションであった。明石信道教授が基本設計し、井上先生のところに見習いに来ていた黒川浩君の兄が社長をしていた黒川建設の施工管理であった。そのため、建築家を志す私には最先端のマンション体験ができたうえに、深夜に帰宅してもプールで一泳ぎしてから休むという贅沢な新婚生活であった。

その頃、国立代々木競技場のオリンピックプールで巨大ノズルの設計に成功したこともあり、丹下さんや磯崎さんに呼ばれて日本万国博覧会会場の環境計画を手伝うことになった。その基礎調査が水道協会に委託され、噴水と地域冷暖房の海外調査を担当することになった。アメリカ留学を期待して結婚したという妻に対するおわびもあって、この調査旅行に妻を同行することにした。といっても申し訳ないことに、妻の費用は義父が持ってくれての割り勘であった。

一九六七年二月に横浜港を出航して四十日間、ソ連、スウェーデン、イギリス、ドイツ、フランス、スペイン、イタリア、ギリシャ、エジプト、インド、香港の旅は、私たちにとって実質的新婚旅行であった。

出発に当たって、当日の朝まで『空調設備の経常費』の原稿に追われ、丸善の大石さんが自宅まで取りに来るほどの多忙さであった。

エジプトからアメリカへ行く予定もあったが、それでは研究調査でなくて新婚旅行ではないかという教室会議の不信と、四月から始まっている授業をこれ以上サボるわけにはゆかぬという先輩からの連絡で、やむをえずインド経由で帰国する。これでまた、新妻のアメリカ行きの夢を潰してしまった。このことが、いまだに家内から結婚詐欺師といわれ続けている原因である。実はこの時、アメリカに一緒に行って、そのまま予定していた働き先に居つき、留学するかどうかの判断を二人でするつもりであった。しかし、アメリカでの生活より、日本万国博の設計は私にとって数倍の魅力があったことは確かである。

5 日本万国博覧会会場に地域冷房を設計

一九六六年夏、日本万国博覧会（大阪万博・ＥＸＰＯ'70）会場の設計者合宿が行われている軽井沢のグリーンホテルに突然呼ばれ、上野駅から汽車に乗ると、なんと高山英華先生と相席であった。このときの会話は記憶にないが、すっかり高山先生に気に入られて、後に沖縄海洋博の会場計画に抜擢されることになった。大言壮語したことが高山先生のお気に召したらしい。不思議なもので、その時の話題は今もって何も思い出せないのである。

軽井沢の合宿では、万博会場にはぜひとも地域冷房が必要で、お祭り広場の人工気候も地域冷房なしでは不可能なことを、ニューヨークの世界博会場での体験から話した。そのことは、通産省の池口小太郎（後の堺屋太一）さんや丹下健三さん、磯崎新さんの注目するところとなった。一般には冷房の普及すら行われていない時代に、百万坪の会場を全部地域冷房するということは大きなテーマであった。その後、通産省や大阪府・市の関係者等のヒアリングを何度も受けるこ

高山英華（一九一〇〜九九）都市計画家。一九三四年東京帝国大学工学部建築学科卒業。一九四九年東京大学教授。一九六二年同大学工学部に都市工学科を開設し、建築分野の都市計画学者として先駆者の役割を果たした。高蔵寺ニュータウンやつくばニュータウンなどの計画を指導し、東京オリンピック、大阪万博、沖縄海洋博などの総合基本計画をまとめた。

とになった。新聞記事を読んだ一般の人々は、会場全体の空気を冷やす人工気候のことと勘違いしたらしく、大阪のテレビ対談でも、お役所や関係者にも、その違いを説明するのに苦労させられた。

幸い、万博協会に出向していた都市供給処理の担当者は大阪ガスや関西電力の人が多く、地域冷房計画の必要性をよく理解され、その事業主体には商社の人々が興味を持った。

会場の地域冷房計画は西山夘三チームの末石富太郎阪大教授も賛成であったが、会場には冷水管でなく冷却水管を配管するという提案であった。しかし、お祭り広場の人工気候の可能性や動く歩道の冷房、さらには冷凍機の技術革新の点から、三〇〇〇ＲＴの世界最大級の冷凍機を国産化することの面白さなどを考えると、是が非でも冷水循環方法をとりたかった。そのため、今日でいうＰＦＩ事業方法で三井・三菱・住友・丸紅の四大商社連合とともに、日本冷凍機製造協会の飯田勝蔵会長支援の下、電力・ガス会社の協力を要請。大阪ガスの安田博常務と保田尚課長の全面支援で、早速アメリカの地域冷房を実態調査することになった。

一九六七年夏から、大勢のスタッフを引き連れて何度もロサンゼルス、シカゴ、ヒューストン、ニューヨーク、ワシントン等々、テクノロジートランスファーの実務調査団を引率した。日本ではどうしてもつくれない部品はアメリカから購入するが、自国生産を原則として、事業採算を考える。商社や電力・ガス会社のスタッフ、メーカーやサブコンの技術者、三菱地所や日建設計のスタッフも動員した調査旅行は昼夜休まずの強行軍で、ヒューストンの反乱など、話題に事欠かないほど、尾島調査団の過酷スケジュールは有名になった。

そんなことから、日本最初の、しかも世界最大の地域冷房プラントが大阪の万博会場で実現し

高山先生（前）をみなとみらい21の共同溝に案内する

RT（Refrigeration Ton：冷凍トン）「一冷凍トン」は、0℃、一トンの水を二十四時間で氷にする冷凍能力。

た。NHKのテレビ番組「プロジェクトX」に取り上げてもらっても十分に価値ある成果と考えている。

この地域冷房計画は、高山英華先生が基本設計中だった千里ニュータウンの地域冷暖房をガス方式で実現する計画とも直結し、御堂筋の大阪ガス本社一階に地域冷房設計室を特設する。早逝された安田博常務（後に社長）の援護もあって、保田尚課長は東京の三田の拙宅に夜討ち朝駆けされた。この万博チームが後に日本地域冷暖房協会を設立することになった。

アジアで最初の万国博覧会が大阪で開催される三十年前の一九四〇年に、東京で万国博が開かれることになっていた。紀元二千六百年の記念行事の一つとして、世界に日本帝国隆盛を宣伝する絶好の機会として準備が進んでいたが、第二次世界大戦の勃発によって、この東京万国博は中止された。第十五回は一九五八年、ECの本拠地となったベルギーのブリュッセルで開催され、平和と原子力の時代を象徴する展示が人々の注目を浴び、原子力の時代ともいわれた。一九六四年にはニューヨークで世界博覧会が開催された。その同じ年に東京オリンピックが開催され、日本は未曾有の活気を呈していた。

東京でのこのような催しに対して、一九七〇年、日本中の建築技術者たちが大阪の千里ニュータウンを中心に万博会場に結集することになった。万国博覧会はそれぞれの国がそれぞれのパビリオンを建設するため、その設計はそれぞれの国の建築家が行うが、実施設計の段階では、日本側との co-architect（技術協力体制）によって設計された。そのため、わが国に非常に多くの海外の技術が導入された。しかも、開催期間中の会場内部は治外法権的であるところから、日本のさまざまな建築規制にとらわれることなく、自由なプロジェクトが展開された。

日本万国博覧会水利用の調査報告書

日本万国博覧会水利用の調査報告書

日本万国博覧会協会

万国博覧会

- **一九五八年**
ブリュッセル万国博覧会：二十一年ぶりの一般博。テーマは「科学文明とヒューマニズム」。
- **一九六二年**
シアトル二十一世紀大博覧会：一般博。テーマは「宇宙時代の人類」。
- **一九六四～六五年**
ニューヨーク世界博覧会：博覧会国際事務局非認定の万博。テーマは「世界を通じての平和」。
- **一九六七年**
モントリオール万国博覧会：一般博。テーマは「人間とその世界」。
- **一九六八年**
ヘミスフェア世界博覧会：アメリカのサンアントニオで開催された特別博。テーマは「アメリカ大陸における文化の交流」。
- **一九七〇年**
日本万国博覧会：一般博。テーマは「人類の進歩と調和」。万博史上最多の来場者数を記録。

設計を担当した人たちの多くは、一九六四年のニューヨーク世界博や一九六八年のサンアントニオのヘミスフェアを見学していた。私もニューヨーク世界博の会場を見学し、フォードやゼネラルモーターのすばらしいパビリオンの前で長蛇の列をなす人たちと一緒にニューヨークの真夏の暑さの中にいた。日射病で倒れる人たちを見ながら、壮大なるパビリオンの中の快適な空調空間と、その外側空間の劣悪な環境の中で、これからの空調技術の何たるかを実感した。こうした体験から、私は大阪の万博会場ではまず最初に地域冷房や人工気候を提案することにした。

また、ニューヨーク世界博での人工衛星や、大阪の日本万国博での月の石の展示は、人類に新たなる宇宙への夢をかきたてた。一九六七年のモントリオール博でのハビタプロジェクトは、人間生活の足元に対する警告のテーマ博でもあった。こうしたカナダやヨーロッパにおける警告的プロジェクトに対して、日本は開発一辺倒の段階であった。

一九六五年、日本万国博覧会協会の設立とともに、一九七〇年をめざして会場計画が進められた。日本万国博は、千里丘陵の約三百三十ヘクタールの会場で、十ヘクタールのシンボルゾーンを中心に、展示ゾーン四十五ヘクタール、日本庭園二十六ヘクタール、娯楽ゾーン二十ヘクタール、道路・パーキングスペース、その他の管理施設ゾーンなどからなっていて、建造物は百数十棟に及んだ。「人類の進歩と調和」をテーマとして現代科学技術の粋を集め、世界七十九ヵ国の参加のもとに、一九七〇年三月十五日より九月十三日まで、百八十三日間にわたって開催された。この日本万国博覧会はアジアで最初の万国博であって、会期中、入場者は何と六千四百二十一万人を数えた。これは世界の万国博史上最大の驚異的な記録であった。

一九六六年の計画案では関西のプロジェクトチームから冷却水の集中供給方式が提案されて

第二回米国地域冷暖房実態調査団（ヘミスフェア万国博見学、一九六八年三月十六～四月二日）

いたが、同年九月の計画案には、私が提案した冷水を供給する本格的地域冷房が盛り込まれた。そこで日本万国博覧会協会は、水道協会に特殊研究「水利用の調査」を依頼し、一九六七年四月、基本的には問題がないとの結論を得たが、予算上の理由で各パビリオンを含めた地域冷房は行わず、協会施設のみを対象とした地域冷房を実施することを決定し、具体的に計画を進めた。

しかし、同年八月の出展者懇談会において、出展者より「各パビリオンをも含めた地域冷房を実施してほしい」との要望が出た。また外国出展者についても、非公式に打診した範囲では地域冷房に賛同する向きが多かった。このような出展者の動向に対し、協会としてもテーマの具体化、EXPO'70の気象条件、会場内の美観、地域冷房の有利性を考慮した。

EXPO'70の会期のうち、夏期の約三ヵ月間は毎日最高気温が三十℃を超え、また月平均の湿度は七五％に達する。欧米においては夏期に高温低湿、冬期は低温高湿が一般的であるが、大阪では夏期は高温多湿、冬期は低温低湿であって、過去の万国博覧会には見られない特殊な条件を持っている。したがって、日本万国博覧会では夏期に空調を行うことが絶対に必要不可欠であると判断した。この判断には、鈴木俊一事務総長（後に東京都知事）の決断があった。

このため、協会は「より経済的に実施しうる空調の計画」について研究し、会場内全域を対象として空調用冷水を一元的に供給することによって、各出展者が個々に空調用熱源設備を設けるよりもコストをかなり低減できるとの結論を得た。また、展示館の設計・計画に当たって、より有効に敷地を活用することができ、冷却塔を必要としないことによって「より芸術的な」展示館を建設することができるし、会場内は冷却塔からの熱風や水滴、騒音にわずらわされることもなく、より快適となる。この発想には、一九六八年のアメリカ・サンアントニオのヘミスフェアで見た、メキシカンスタイルの冷却塔が景観装置として活用されていたのが役立った。サブテーマ「より好ましい生活の設計を」を会場に具現し、未来の理想的な都市の姿を示すことは、日本万国博覧会の会場計画における重要なねらいの一つとなった。併せて、地域冷房が未来都市の必要施設であるとの認識のもとに、通産省の支持を得た。

協会施設のみを集中的に冷房するよりも、国内および外国のパビリオンを含めた一元的な地域冷房に切り替えることが、主催者としての協会のとるべき措置となった。同年十一月、会場全域を対象に地域冷房を実施することに決定した。

ただちに、早稲田大学尾島俊雄研究室に基本設計が委託され、続いて三菱地所に実施設計が委託された。そして、一九六八年五月、運営母体となる「日本万国博地域冷房冷水供給共同企業体」が三井物産、三菱商事、丸紅飯田、住友商事の四社により成立し、協会が事業主体となり、この共同企業体にプラント建設および運営を委託することになった。会場に地域冷房を、という発想が出てから約二年間かけて出された計画案は、その提出先の相違によって、また説明用や予算獲得用も含めて数限りないほど作成され、二転三転した。

地域冷房計画をその計画的見地からたどってみると、第一次計画案は、中央機械室をお祭り広場地下に設置する計画であった。総冷凍機容量は三万六五〇〇ＲＴで、冷却プールを蓄熱槽としたり、同時使用率による節減から三万二〇〇ＲＴの冷凍機、冷却塔類が集約された。

この場合、当時、日本で製造されている最大の冷凍機である三〇〇ＲＴ冷凍機が百台も必要になる。さらには、これらが万博終了後市場に出回れば、冷凍機メーカーに大変な影響を与える。冷凍機製造協会がその点を考慮して、メーカーと共同研究を行うことによって、三〇〇〇ＲＴ出

日本万国博覧会「地域冷房」公式報告書

力の大型機器を開発することになった。第一次計画案には夢があり、未来の人工環境の実験が期待された。

次に、全体のパビリオンがこれに参加することには多大な反対もあって、一時的に流産したので、協会関連施設のみを対象として一万五八六〇ＲＴで計画し、同時使用率を考えて機器は一万一五〇〇ＲＴの集中プラントを計画した。これは万博政府予算で認められたので、これを軸として、ほかのパビリオンが加入できるよう努力した。

この段階までは、何とか集中化された大容量の冷凍機のプラントはお祭り広場の地下にあったので、この冷熱エネルギーを使って、人工気候を実現させるための計画をいろいろ行っていた。しかし、運営母体成立の遅れや出展者間の意見調整は最後まで難航して、ついに工期の点からお祭り広場に冷凍機室をつくることを断念した。そして北、南、東に分散されて主会場の外に主プラントが設けられ、人工気候の夢は消えた。ただ、エネルギーの流通革命をもたらす冷水の販売企業体と新しい熱供給事業システムが実現したことをもって、世界最大の地域冷房が実現した。

6　日本環境技研株式会社（ＪＥＳ）の設立

日本国万博会場に世界最大の地域冷暖房を設計することのできる設計事務所は日本では見当たらなかった。最初は日建設計や三菱地所に依頼したが、万博のパビリオン設計をたくさんかかえていて忙しいうえに、施主の決まっていない仕事はお金にならないらしく、引き受けてくれない。事業主体が決まっていないうえに、三〇〇〇ＲＴの冷凍機を五社に一台ずつ仮発注する等のリスク負担は、誰もしてくれない。最初は、このような大仕事をなぜ設計事務所が引き受けてくれないのか疑問であった。仕方がないので自分で設計事務所を開設することにした。万博協会からの特殊調査費五百万円を元に、一九六八年八月十日、日本環境技研株式会社（ＪＥＳ：Japan Environment System Co. Ltd.）を創立、私が社長になり、役員は田中俊六君や佐藤光男君らであった。しかし、いざ会社ができても設計料を払ってくれる組織ができていないから、仕事だけさせられ、結局設計料はまったくもらえなかった。万博協会が認める四商社の事業主体がやっとできた時には、実施設計は三菱地所がすることになったのである。

かくして、ＡＣＯ建築事務所時代に設計したケロリンビルに新会社の本社を置き、応接セットをはじめ、すべての備品はシャトー三田の自宅から持ち出すことになって、新婚家庭の妻に迷惑と心配をかけることになった。

しかし、万博の地域冷房こそ新会社の仕事にならなかったが、会社設立と同時に、高山研究室が設計していた千里ニュータウンの地域冷暖房の基本設計に続いて、公団から筑波研究学園都市の地域冷暖房計画や多摩ニュータウンのゴミ廃熱利用計画、冷凍機製造協会から冷凍倉庫の実態調査依頼があり、翌年には万博協会が会場の装置道路の冷房設計を委託してくれた。この頃、大学紛争が激化して大学の研究室が閉鎖されたことから、東大から安孫子義彦君、都立大から田篠達郎君、早大から中嶋浩三君らの優秀なスタッフがＪＥＳに就職することになり、あっという間に三十人に膨らんだ。都市レベルのインフラ計画を設計できるところがないため、ほとんど特命発注がきたので事務所も手狭になり、飯田橋の新杵ビルに引っ越すことになった。

新事務所は建築設計・設備設計・都市施設計画のほか、企画研究や調査研究のシンクタンク機

ＪＥＳ時代の設計作品「野崎商事ビル」（高岡市）

ＪＥＳ時代に設計した「笹山忠松邸」（富山市、施工：竹中工務店）

能を充実し、義父の推薦で元銀行支店長の柴田さんを経理担当に迎えて、大事務所構想を描いた。目標は日建設計と日本工営を合わせたベンチャー企業で、この構想は当時の仕事量から考えて決して不可能ではなかった。それを可能にする優秀なスタッフが、有名大学の教授からの推薦もあり、簡単に集められたからである。

東京都公害局からは地域冷暖房適地の実態調査と基本計画を特命で受注した。高蔵寺ニュータウン計画、横浜東口計画、神戸ポートアイランド計画等、丹下研や高山研ＯＢのみならず、都や県・市から特命での発注が相次いだ。このような事務所の拡大状況を見たヨーロッパの留学生、ビヨン・ハスロー君は東京のエネルギーに驚嘆していた。今日の中国の上海万博や北京オリンピック景気に類似していたのである。大事務所経営に自信を強めたのは、一九七〇年に運輸省航空局から新東京国際空港の基幹施設設計を特命で受注したことである。また、万博の地域冷房が予想以上に成功し、その成果を後の設計資料に蓄えたことも大きかった。

7　成田国際空港のインフラ設計

日本万国博会会場の地域冷房は、半年間の開催期間終了後、残存価格五％として東プラントは千里ニュータウン中央地区へ、北プラントの三〇〇〇ＲＴプラント五基はそれぞれ別に移転先を求めた。一基は新東京国際空港（成田国際空港）の地域冷房プラントに売り込んでいた商社の紹介もあり、京大ＯＢの福岡博次さんからその設計を特命で受けることになった。

ところが、思わぬことに丹下先生のご自宅に招かれ、その仕事は他の事務所に譲るように説得

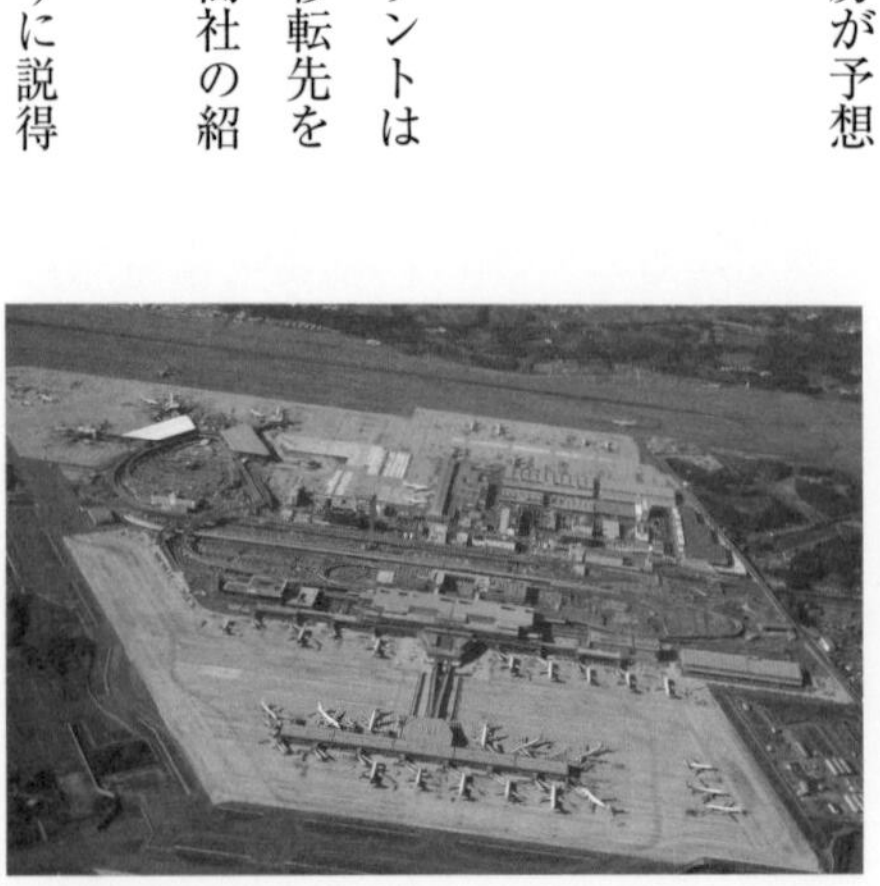

新東京国際空港（一九九五年十一月）

された。しかし福岡さんとの約束と、本格的な実施設計の設計料はこれまでの仕事とケタ違いとあって、事務所の経営上結局は受注したことから、大学を退職して実業界に身を置く決心をした。すでに、大学の専任講師の立場を利用して民業を圧迫しているという密告が早大建築学科主任や井上宇市先生に伝えられていた。そのうえ、成田空港建設の反対運動が激化し、大学紛争後の学生運動の中心課題は成田にあった。そんな空港の実施設計を担当すれば、早稲田大学の専任講師としてあまりにリスキーである。しかし新国際空港のインフラ設計を委託されたことは早稲田にとっても名誉なことであり、大隈小講堂で行われた近代技術の講演会に招かれた。当然のことながら、空港反対派の活動家が潜入していて吊し上げられたが、新しい技術を求める人々に守られ、世界に負けない成田空港の設計に協力すべし、という結論になった。

空港現場への往復で遭遇する反対派の学生行動に対して、私の事務所の若者たちは気にするふうがなかった。それ以上に、先端技術を学ばなければ、という使命感が強く働いていた。アメリカやヨーロッパの空港を見学するたびに、日本の国際空港のレベルの低さを知らされた。千葉県三里塚の内陸地へいかにして大量の油を輸送するか、空港内でのインフラストラクチャー計画、最新ジェット機への空港施設のアクセスなど、学ばなければならぬことがあまりに多かった。途上国の日本が先進国の仲間入りをするには、まずは玄関口の新東京国際空港のレベルアップが喫緊の課題という使命感に燃えていた。

世界の空港施設はアメリカを中心に急速に発展し続けていた。二十年を一世代として激変する空港機能を考えるとき、一九四五年までを第一期とすれば軍から民への転換期で十万人来客時代、一九六五年までの第二期は官民の定期便の発達で百万人来客時代。第三期の一九八五年までのシャトル便時代は一千万人以上の来客である。アメリカに比べて日本は完全に一世代以上遅れていた。一九七一年三月から丸一ヵ月かけて北米と欧州の主要空港を各分野の専門家三十人とともに、昼夜の別なく現地調査。特に中央管制室とコントロールパネル、エネルギー供給システムと共同溝、燃料供給システム、GPU（Ground Power Unit）の移動式と固定式、冷却塔の白煙対策等がターゲットであった。駐車場やターミナルビルのほかにサテライトのデザインも関心事であったが、同行者の関心はそれぞれ自分の会社が請け負うであろう分野を調査することで精いっぱいであった。

空港公団から共同溝の調査を空調学会（委員長：渡辺要東大生研教授）で別途受けていたので、その幹事として、欧米のような立派な共同溝案を提案した。しかし、全面的に設置することは予算面で限界にあった。一九七一年、航空機燃料のパイプライン輸送ルートの公表と土地の代執行が重なり、反対同盟と衝突して警察官三人が死亡。こんな騒動中にも、新しく設立した日本環境技研株式会社にとって空港の実施設計は大仕事で、現場に行く時は、みな悲壮であった。アメリカの空港で注目した技術は、シカゴのオヘア空港のセントラルプラントとループ配管、ニューヨークのジョン・F・ケネディ空港ではTWAのデザインとPAN AMのエアカーテン、シアトルのタコマ空港ではセキュリティシステム。ヨーロッパでは、フランクフルト・マイン空港とパリのシャルル・ド・ゴール空港の共同溝とユーティリティ、ロンドンのヒースロー空港では分散プラントとクラシックスタイルのプランニング、ベルリンのテーゲル空港では国際会議場の併設に感動し、設計の参考にした。毎年のように多様な分野の専門家を引率、案内することで建設を容易にし、シカゴやニューヨークの空港担当者からは、お前が一番よく知っているはずだから、

「北米国際空港の地域冷暖房視察調査団」報告書（一九八四年十一月）

「欧州国際空港の地域冷暖房視察調査団」報告書（一九八四年十一月）

勝手に案内しろといわれるほどになった。

一九七八年三月、過激派が管制塔を占拠し破壊した。そのため開港が五月二十一日に延期されたが、テロ等のセキュリティの大切さがわかる。

再び一九八五年七月から、鈴木俊治君をコーディネーターに北米空港を、九月には須藤諭君をコーディネーターに欧州空港を視察した。一九八六年から始まった第二期工事のためで、また羽田沖拡張に伴う東京国際空港のセキュリティ研究のため、さらに関西新国際空港の建設計画も重なって、大勢の調査団の団長を務めることになった。国際空港はその国や都市の顔であり、デザインや品格がそのままその国を象徴していることを考え、日本らしさを持った空港設計の大切さを同行者に強調した。

二〇〇四年四月、新東京国際空港公団が成田国際空港株式会社になるに及んで、日本環境技研株式会社も二十五年続いた仕事の特命的継続発注は終わりになったと聞いた。

それにしても、国際空港の建設は建築設計者にとって、デザインのみならず、技術的にものすごく魅力的な仕事である。この体験を藪野正樹さんに話して、子供たち向けの『国際空港の24時間』をポプラ社から出版してもらった。

急激なアジアの発展は、すばらしい国際空港の建設ラッシュで教えられる。上海・浦東の新国際空港ではターミナルと都心近くまでの三十キロメートルをドイツ製のリニアカーが時速三百キロメートルで走り七分で結ぶ。香港の新国際空港ターミナルの美しさと軽快さ。クアラルンプール空港は黒川紀章さんの作品で、森の中にある宮殿のごときデザインと一万ヘクタールの巨大さ。ソウル・仁川空港のスケールもまたアジアのハブ空港をめざす。シンガポールやバンコク

『国際空港の24時間』（藪野正樹著、ポプラ社）

空港、台北空港等々、アジアの国際空港は都心の超高層建築の林立と並行して世界の最先端を走り始めている。国際空港は観光立国時代のショーウインドーであることを考えれば、中国やアジア諸国の国際空港への集中投資は当然である。欧米に二十年遅れた日本は、アジアの中でも便利さやスケール、美しさなど、すべての面で今もって追いつけていないのはなぜだろうか。

一九九八年から二〇〇〇年にかけて関西国際空港の第二期計画に当たって、財団法人海洋都市開発研究会の寺井精英理事長と原田鎮郎さんらとともに海面に浮かぶサテライトターミナル構想を提案した。しかし、このようなユニークな新技術を取り入れるゆとりは日本社会からまったく失われてしまったようである。中部国際空港や神戸空港等も次々と誕生するが、採算ばかりが重視され、とても世界一流の国際空港とは思えないのが残念である。

コラム

④日本万国博覧会会場の地域冷房計画

一九六五年、日本万国博覧会協会の設立とともに、一九七〇年をめざして会場計画が進められた。一九六六年の二次計画案において、会場内のパビリオンに冷却塔の乱立は美観上望ましくない故に、冷却水の集中供給方法が提案された。一九六六年八月の軽井沢合宿ゼミで冷却水集中室より冷水供給とする本格的地域冷房が提案され、これが実施案の骨格となった。

技術や社会機構の開発に役立った万博の地域冷房は、終了後にも大きな役割を持った。たとえば東プラントは千里中央地区センター地域冷暖房の礎となり、大阪ガスがその経営に当たるところから泉北ニュータウンや市街地再開発に。大阪ガスの先駆的な動きに対して東京ガスも新宿副都心の地域冷暖房経営に重い腰を上げた。続いて新東京国際空港、多摩ニュータウン計画、池袋計画、丸の内・霞が関計画、江東デルタ計画、各地の集合住宅団地や問屋センター、商店街の地域冷暖房計画を発表した。電力やガス、石油会社では現状の調査研究、商社や不動産会社の事業計画等に結びつけて、一九七〇年代はまさに地域冷暖房時代と思えるほどに発展した。

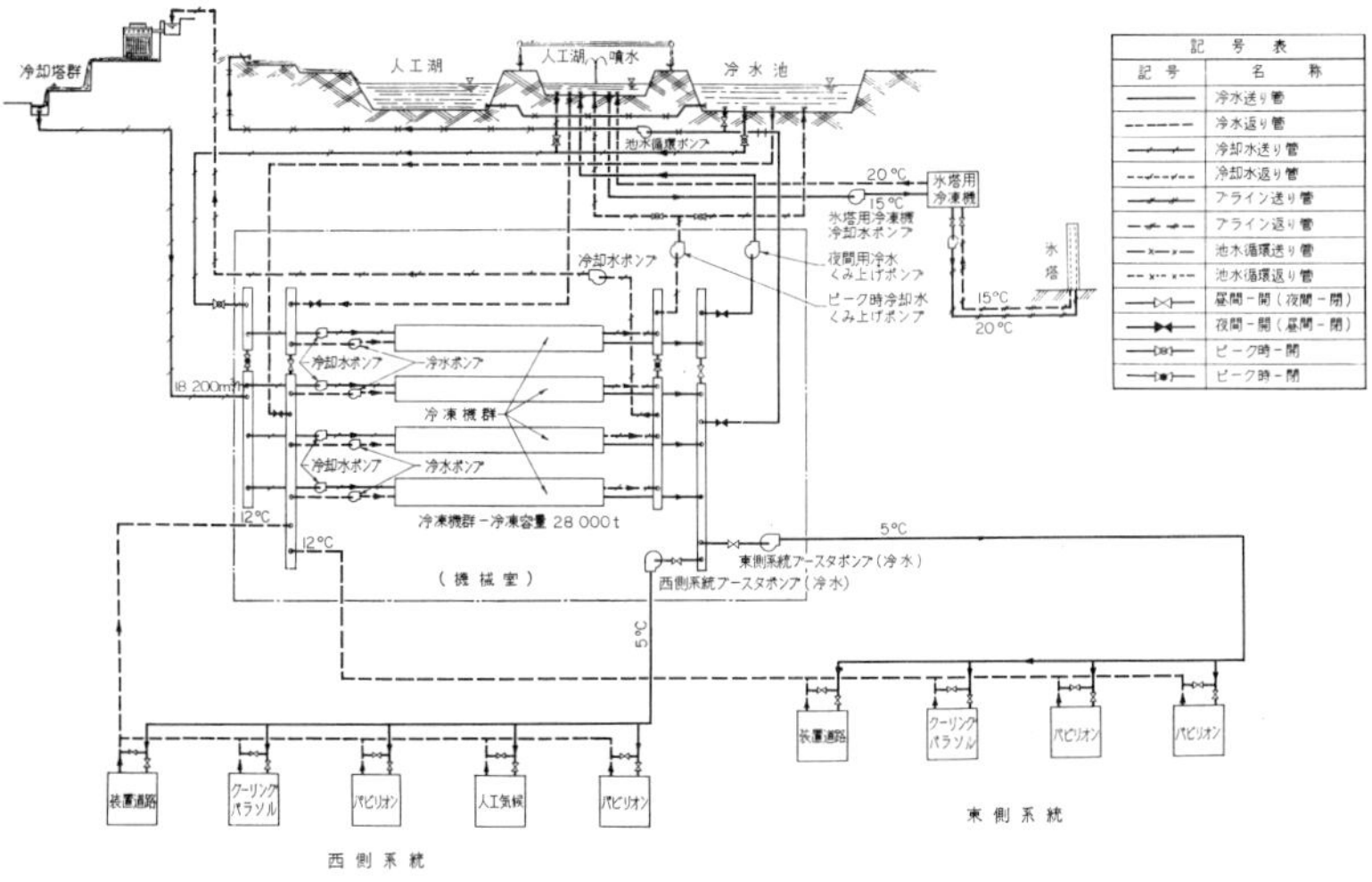

日本万国博覧会会場地域冷房計画　冷水フロー案（第1次案）

日本万博の第一次案は、お祭り広場に人工気候を実現するための最初の構想。第二次案は、海外のパビリオンからの参加が得られず、協会関連施設のみの場合。第三、四次案は、冷却塔を外周部に配置して景観を考慮し、電気とガスの分散プラント案として実施案になった。

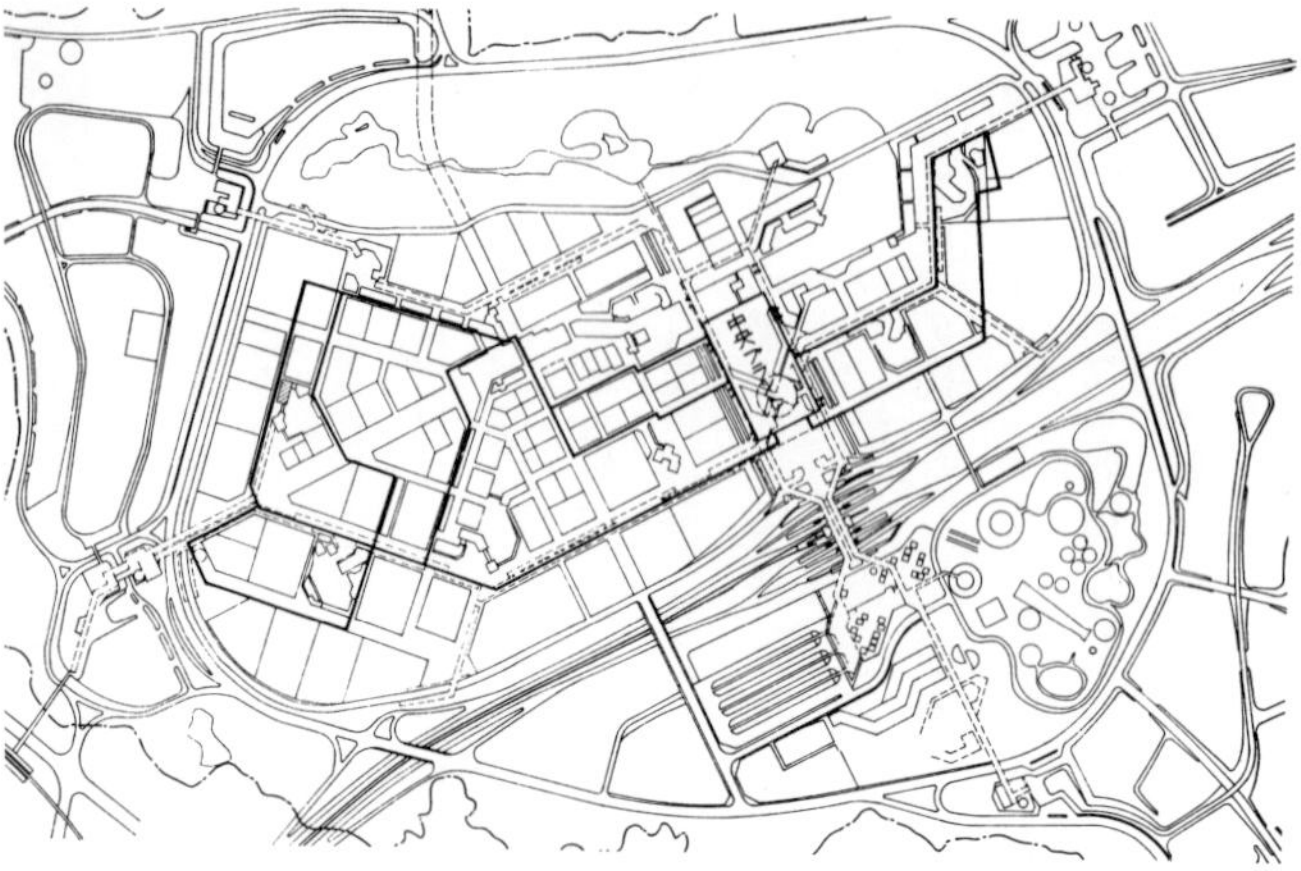

第１次案………日本万国博覧会会場地域冷房計画（中央にプラントを集中）

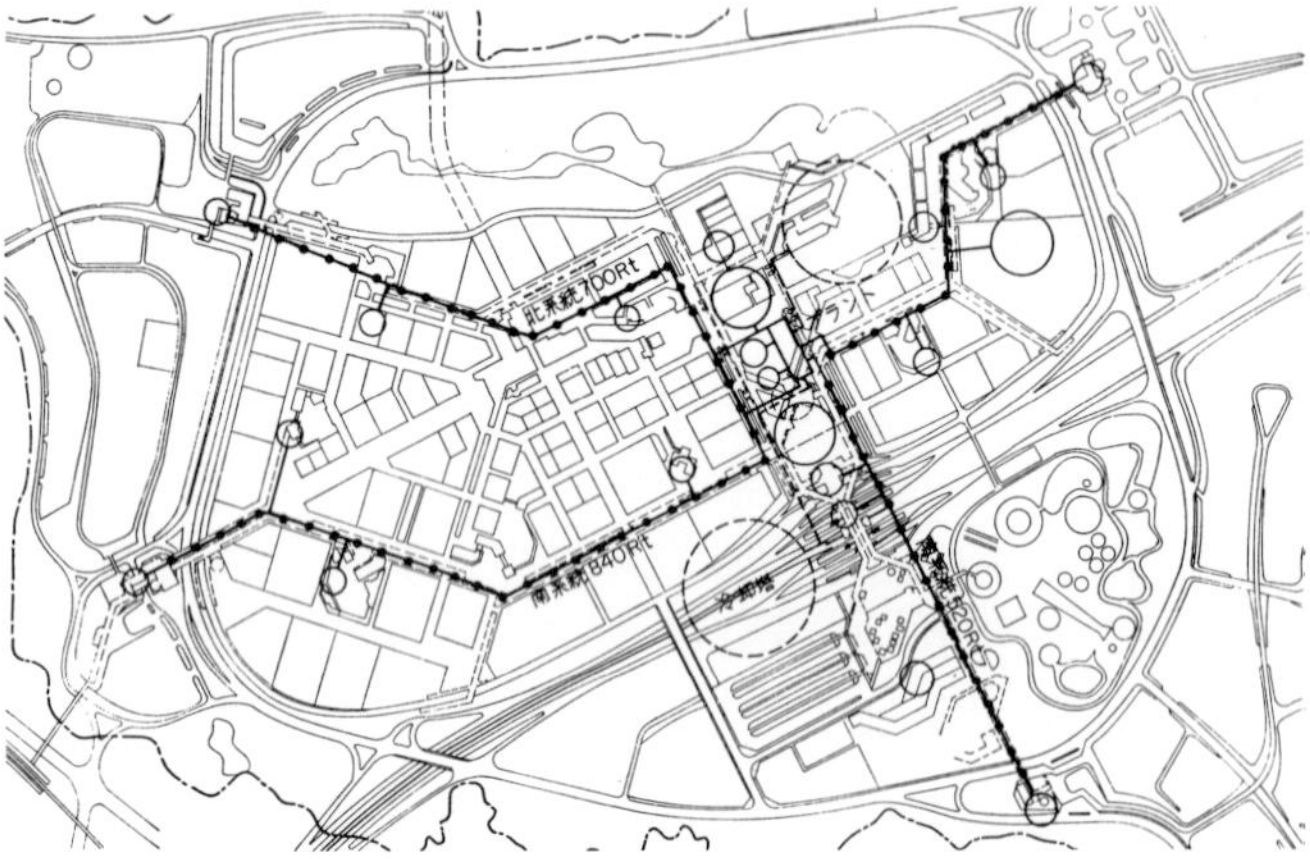

第２次案………協会施設のみの集中冷房案（機械室が中央にある）

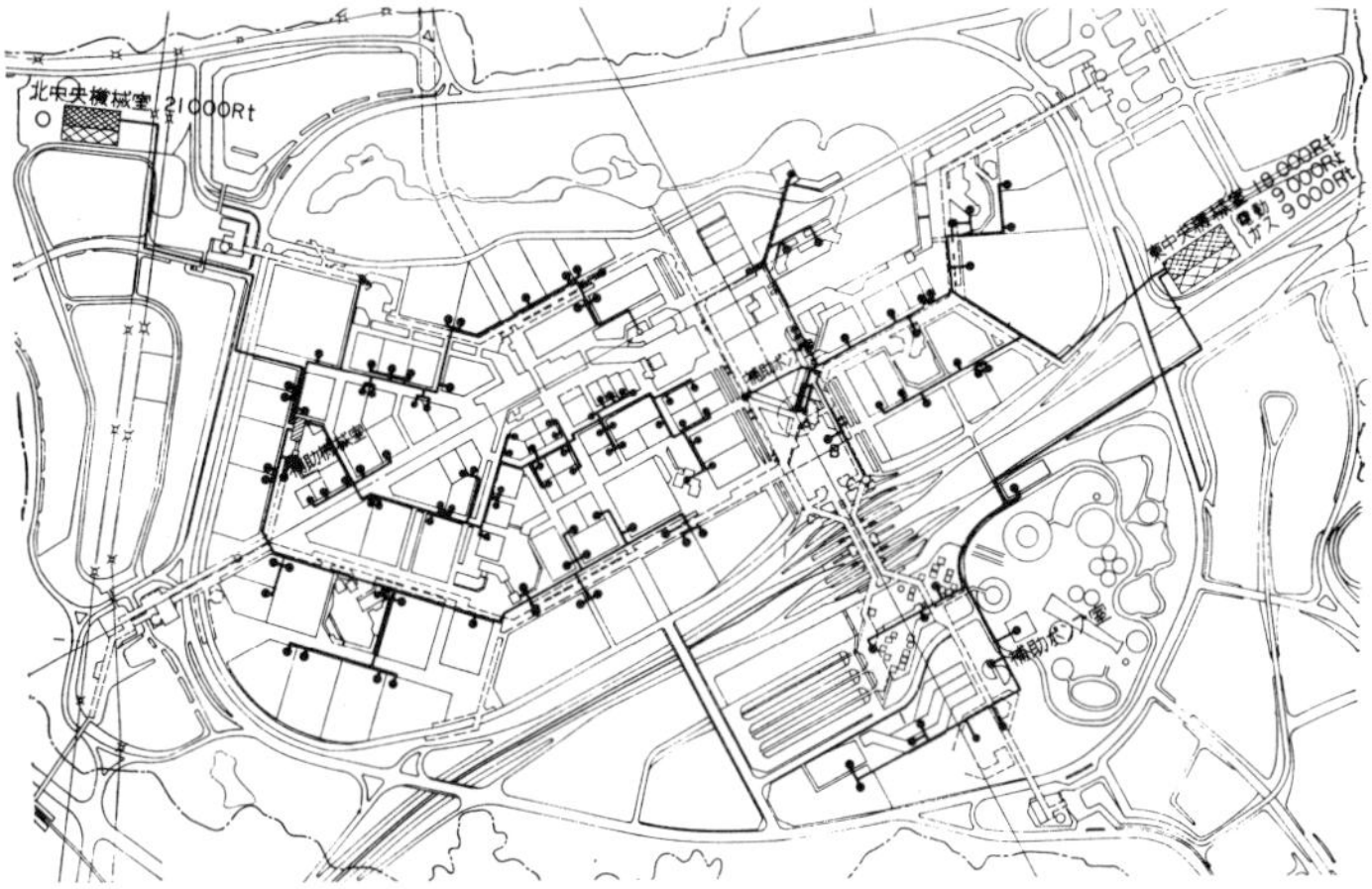

第３次案………２ヵ所にプラントを分散

第４次案（実施案）………３ヵ所にプラントを分散

コラム ⑤ **成田国際空港の基幹施設**

新東京（成田）国際空港の第一期計画では、一九七六年度に予測される年間旅客五百四十万人、貨物四十一万トンを処理することを目標とした。旅客ターミナルビルの延べ面積は十五万平方メートルで、到着客は地階、出発客は二階と上下に分離して扱う二層式のターミナルビルとし、このターミナルビルから四本のフィンガーを伸ばし、その先端にDC８級（換算）のジェット旅客機八機が同時駐機できる円形待合室を配置する。したがって航空機の駐機スポットは三十二ヵ所となる。

第二期計画は、貨物ともに第一期の約二倍の施設規模となる。この二期の旅客ターミナルビルは、空港中央の縦貫道路をはさんで第一期ターミナルビルと反対側に設置されることになり、航空機の駐機スポット数は第一期ターミナルビルの二倍の六十四ヵ所を予定。市街地の地域冷暖房施設とは異なり、騒音は特に問題ないが、管制塔からの視界の点で、煙突の高さ、冷却塔の湯煙りの問題も十分に検討した。

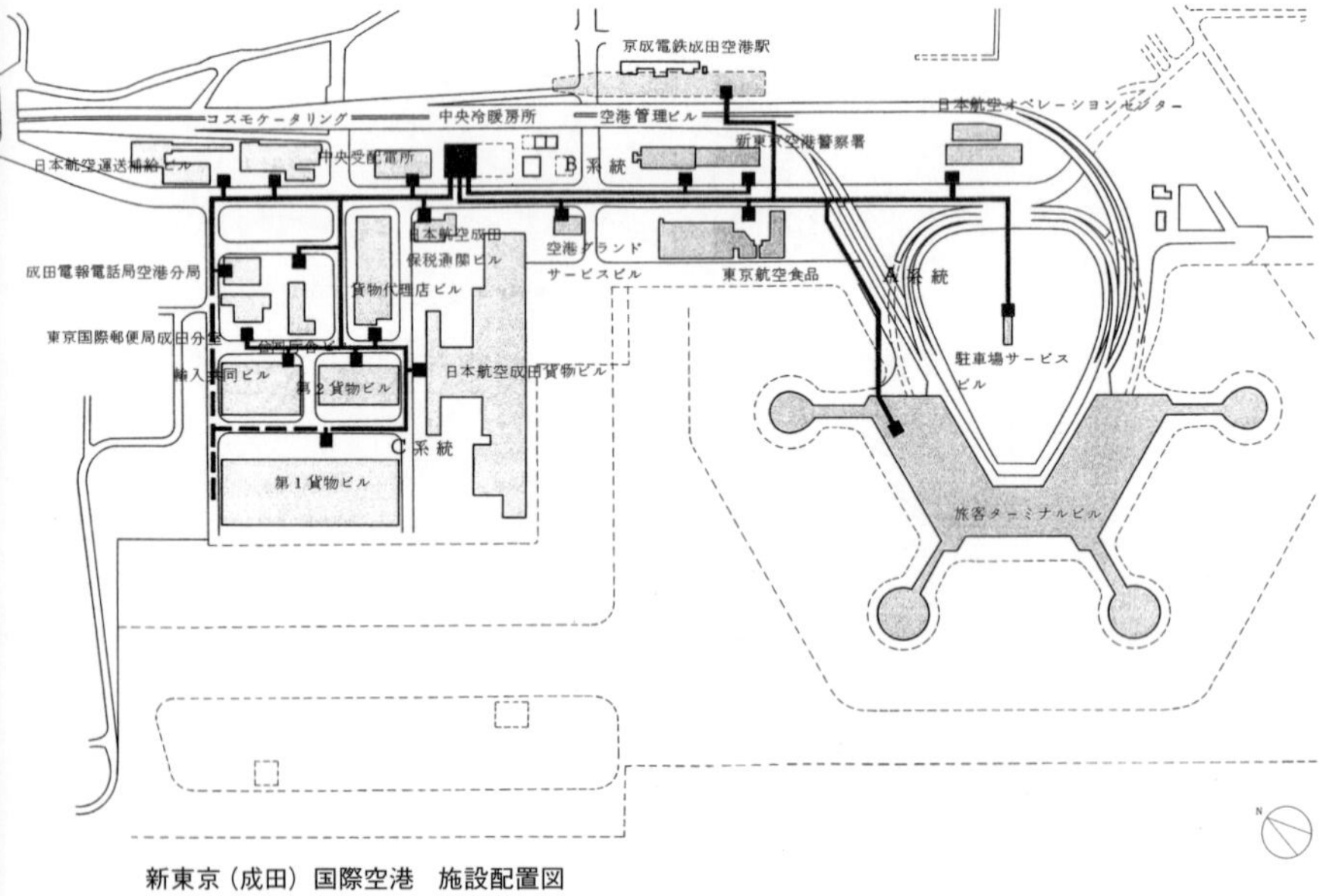

新東京（成田）国際空港　施設配置図

空港の特殊性により、電算機室、管制室、検疫室等、絶対にエネルギー供給を中断することができない。その機能上、安全上、絶対に供給を中断できない負荷は約二〇〇〇RTであり、これについて停電時の対策を検討した。本計画では、使用者側中断許容時間を二十〜三十分くらいと想定して再起動フローを計画した。ただ現実問題として、スポットネットワーク方式による電力供給であるため、むしろ燃料供給の中断、断水等による冷温水の供給中断の恐れが強い。そこで本計画では、これら要因もあわせて冷却塔底部に最大負荷時で五時間分の貯水量を持つ水槽を設けるなどの対策を行った。

冷水管は道路下直埋設とし、埋設深さは、管上部で約一・六メートル程度とし、高温水管は歩道下トレンチ内埋設とし、歩道面に点検用マンホールを設ける。冷水管の保冷材はポリウレタンフォーム保温筒、高温水の保温材は硫酸カルシウム保湿筒使用である。欧米のように立派な共同溝を建設する費用は、結局認められることはなかった。

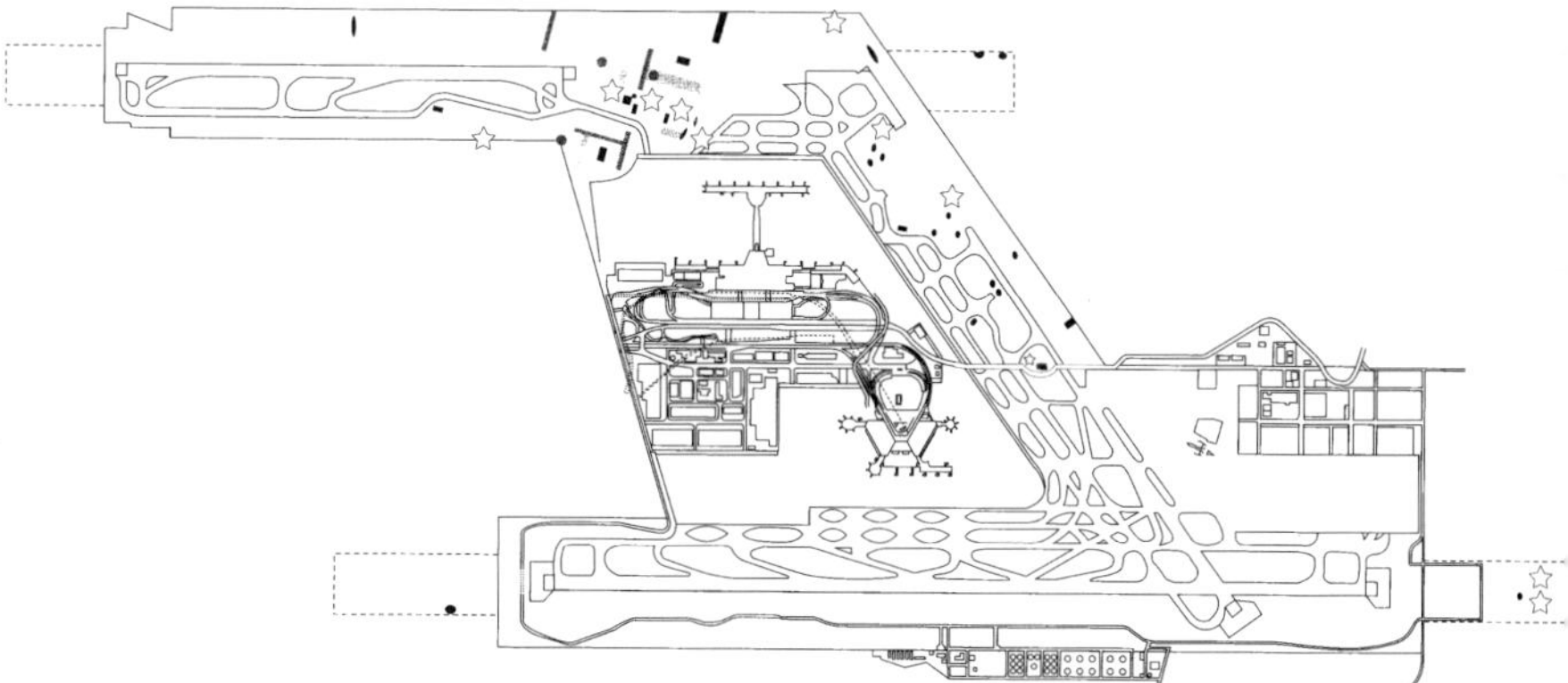

2005年度末買収地 約3.8ha

4

早大助教授時代

（一九七〇〜七四）

沖縄博では、自然破壊への考察、台風や水資源、離島対策、観光産業としてのホテルや道路、電力、ガスなどエネルギーインフラ等々、守備範囲を大きく広げることになった。

1 中央公論「現代建築の十二人」

一九七〇年の『中央公論』十一月号のグラビアに「現代建築の十二人」の一人として私の記事が掲載された。

伊藤滋先生による紹介記事を以下に抜粋する。

「エネルギー制御の計画者。建築空間が拡大し、その構成が複雑になってくるにつれて、今まで建築デザインの後ろに隠れていた設計領域の重要性が急に浮かび上がってくるようになった。（略）そして尾島俊雄が取り組んでいる室内環境の制御という問題も建築物の巨大化とともに、建築設計の従属的要因から決定的要因に姿を変えてきた。（略）尾島の狙いとするところは、都市環境の中で単体の建築が相互に無関係に使用し排出している暖房・冷房の熱をどのように組み合わせてゆけばより効率の高いエネルギーの使い方ができ、また都市環境自体が改善されてゆくかというところにある。そのはじめの試みが、この万博の地域冷房計画であり、ここで彼は電気・ガスの二つの動力による広域冷房の巨大な実験に成功した。そしてこれが単に万博という仮設の場だけではなくて、都市そのもののなかに組み込まれてゆくことを願うのは、彼のみではあるまい」

略歴には、一九七〇年、日本万国博覧会会場の基幹施設レイアウトに関して日本建築学会より

「中央公論」一九七〇年十一月号より

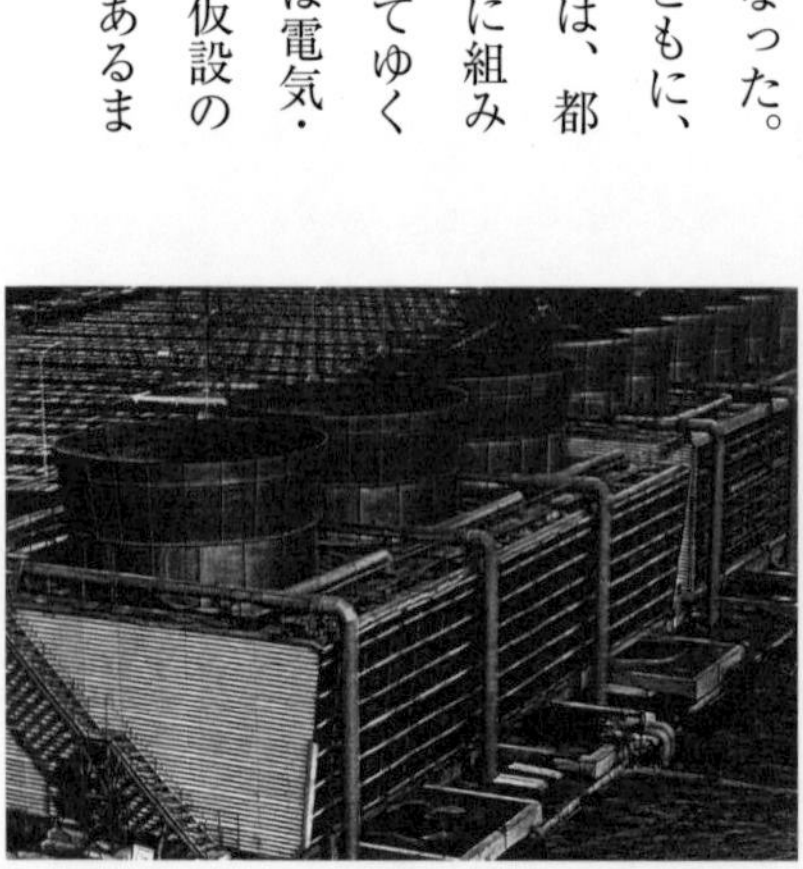

特別業績賞を受ける、とある。万博会場の地域冷房設計は建築学会賞や空調学会賞、そのほかの業界賞を受けたのみならず、日本各地の都市で地域冷暖房の可能性を調査する機会を与えてくれた。

この時はまったく知らなかった伊藤滋先生こそ、その後、都市計画の第一人者・高山英華教授の後継者として東大都市工学科の教授となり、東大先端科学技術研究センター時代には私を客員教授に招いた方である。この記事そのままに、私をしてその方向に導いてくれた先達である。この十二人には槇文彦、黒川紀章、菊竹清訓、大高正人、大谷幸夫、磯崎新、東孝光、原広司などとともに、プレハブ住宅を開発し始めた三沢千代治、東方洋雄、構造の服部正が入っていた。選ばれるほうより選んだ人たちの見識が見事で、今にして思うのは、このようにエリートはつくられるもので、人の道は第三者によって開かれ、導かれることを知った。

この時の紹介で、私がJESグループの主宰者となっているのは、助教授就任に当たって日本環境技研の社長を退職することが条件にされたためである。その時の教室主任であった安東勝男教授と担当の井上宇市教授の対処法はアメとムチで、建築は実学であるから大学に在籍しながら仕事をすることも大切で、大いに社会活動すべし。しかし、有給の代表取締役社長は経営責任者であるから、校則に反するので駄目だ。建築家は主宰者であって、それは全権を握って設計事務所を運営している東大の丹下教授を見ればわかる。喧嘩して早稲田を退職すれば、一生教室を敵にするのみならず、東大の配下にならざるをえないうえ、卒業生をおまえの事務所には絶対やらない、という激しい教室の先生方の意向を承った次第である。

安東勝男（一九四三〜八八）
早稲田大学教授（設計製図）。早大理工学部校舎、早稲田大学最初の超高層五十一号館の設計者

JESグループ主宰者として、日本環境技研（JES）五周年と日本環境サービス（現ジェス）三周年を迎えたときの記念写真（一九七三年八月十日）

2

日本環境サービス（株式会社ジェス）設立

ＪＥＳグループを主宰したのは、時代が要求する事業欲を抑えることができず、人・物・金の循環系を持った企業グループをつくらない限り、独立したことにならないと考えたからである。特に、義父から人間関係を豊かにすべしと三十歳で東京城北ロータリークラブに入会させられた影響もあった。日本環境技研株式会社は設計事務所であって、優秀な人の輪が必要である。しかしお金には恵まれないため、その頭脳を利用してソフトを開発し、それを売ればお金が儲かる。同時に、設計したものを管理サービスしなければ質を維持し向上させることができない。建築基準法第八条のことを考えれば、建物を監理して完成させるだけでなく、施主に引き渡した後にこそ、管理サービスという大きな責任があると考えた。この考え方は今日までまったく変わることがない。

その結果、管理に必要な商品を開発販売する技術商社をつくることだと考え、一九七〇年八月十日、株式会社日本環境サービスを創設する。富山で隠居していた父に資本を出させて名義上の社長とし、斉木修・熊谷実・安孫子義彦君ら、設計のみでは能力を十分に発揮できないでいた日本環境技研のスタッフを取締役にして、飯田橋の第五田中ビルに新会社を開設した。最初に建築の検査をする建検箱を松下電工と共同開発。医者が持ち歩くドクターズバッグからヒントを得て、設計者が必要不可欠とするような計測器を一つの鞄ならぬ箱に収納した。この建検箱は、後に設備基礎理論の教材として活用したが、当時の技術力では箱が大きくなり過ぎ、リヤカーの

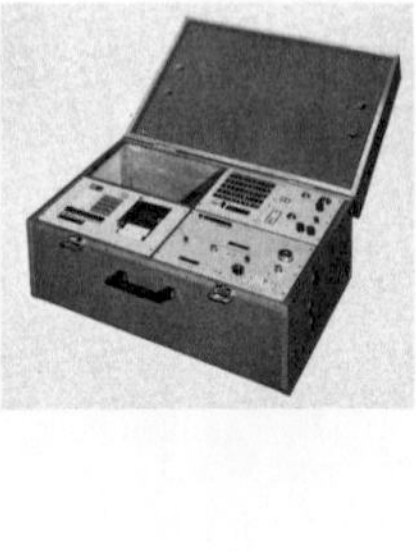

新しい計測器、建検箱試案（右）と従来の計測機器一覧（左）

ごとき台車が必要になって、二、三個製作したが商品としては成功しなかった。しかし建築を科学的に計測する手法の研究開発には非常に役立った。地域冷暖房のカロリーメーターは特許をとり、金門製作所と共同開発し、一時は八〇％の市場を独占した。しかし、地域冷暖房そのものの普及は思ったほど進まず、研究開発費との収支がとれなかった。

イギリスで普及していたベントアクシャというガラス窓にとりつける換気扇を輸入した時には、「年間二百台以上は日本には輸出しない」というヨーロッパの成熟企業に感心した。新会社で東京理科大学の真鍋恒博さんに絵を描いてもらった「at home」という住宅設備機器の普及パンフレットをつくったのは、ル・コルビュジエの「住宅は住むための機械」を実行するためであった。また、欧米の進んだ住宅設備機器の開発普及のために通産省と建設省を動かし、住宅設備機器システム協会をつくらせた。そのために何度も欧米を視察し、フランスのシャホトーの給湯器やアメリカのユニットバスの技術を導入し、電力会社やガス会社を中心に日本のメーカーを扇動した。

この分野での先進国はスウェーデンで、何度もスウェーデンの住宅設備機器の工場や展示場を視察した。その時に案内してくれた渡辺満さんから、いっそのこと住宅を丸ごと日本に輸入したら、とフィンランドのログハウスを紹介された。早速、見本として二棟を横浜港へ送らせ、面倒な税関手続きをすませたうえで、伊豆高原に運んで自分たちで建設した。そのためにフィンランドから来てくれた大工は、八寸釘を二回で打ち込み、ログの丸太を一人で組み上げる。その力強さに驚き、日本人の三倍の仕事ぶりに感心させられた。その後、何軒か輸入して箱根でも試作したが、日本の建築基準法や管工事関係の許認可が大変で、とても合法的に大量輸入するのは不可

住宅設備機器普及のために作成したパンフレット「at home」より

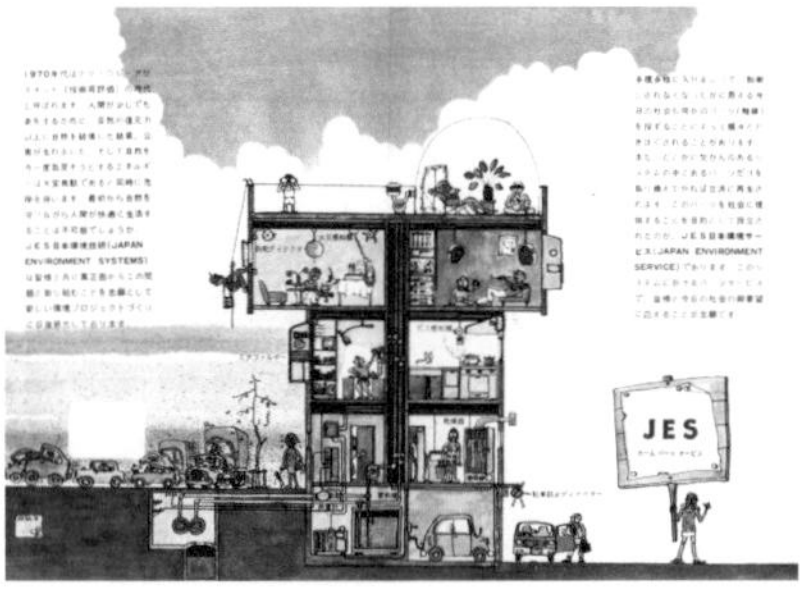

VENT－AXIA.jpg

能であることに気づいた。

この会社は三年後「株式会社ジェス」と改名して、安孫子社長の下で今も活動している。当時輸入した伊豆高原の山荘は、改良して私の山荘として利用している。

3 伊東豊雄さんに自宅の設計を依頼

菊竹清訓建築設計事務所から井上研究室に設備を勉強するために派遣されていた伊東豊雄さんがURBOTという事務所を開設して、一九七一年一月十三日、独立することになった。一月十八日、そのお祝いに自宅の設計をお願いすることにし、その間、目白の日商岩井アパート（杉浦さん宅）を借りて引っ越した。菊竹さんのペアシティプロジェクトで、伊東さんと一緒に高層住宅のあり方を勉強していると、実に優秀で真面目な好青年で、家内と相談しながら彼なら安心できる家を建ててくれる建築家だと考えたからである。二年間住んだ古い建て売り住宅は八ヶ岳の山荘として移設、金利八・七六％時代で、七百万円を銀行から借金し、返済は、羽石さんという株屋をパートナーに、簡単に稼ぐことができて五年間で計画どおり返済した。施工した明石建設は自宅の完成とともに倒産したというから気の毒であったし、完成した住宅は「壁の家」というとても面白い家ではあったが、コンクリート打ち放しはガード下のごときと田舎の両親は家内に同情した。家の真ん中に階段があって、その壁の家紋だけは気に入ったらしく、鎧やお雛様のバックとして似合うと喜んでいた。環境工学を教える立場としては、南側の窓が小さく採光が不十分なうえ、屋上からの雨漏りや北側庭の洗濯場や植生はまったく不能で、古い木造の建て売

シャトー三田から練馬区中村南三丁目の建売中古住宅へ

家内と子供たちのために、独立したばかりの伊東豊雄さんに、自宅の建て替えを依頼した（一九七一年着工）

りのほうがよほどよかった、とは両親やお手伝いさんの評価であった。

ほんの四、五年間の仮設住居と考えていた伊東さん設計の家に、それから二十五年間も住み続けたことになる。子供たちにとっては、一、二階ぶち抜きのワンルームの家だから家中が一望できて、楽しく面白かったらしい。この家が親子四人の仲良し生活の始まりで、ライフスタイルは今にいたって変化なく、今の大きな家のほうが住みにくいらしい。

一九七二年九月十八日に、恩師の木村幸一郎先生が東大病院で逝去された。

一九七三年十月二十七日には、東伏見に住んでいて西武新宿線の車中でよくお会いし、何かと話す機会の多かった今和次郎先生が逝去された。今先生の自庭にあったアカンザスの美しい葉は先生の講義によく出てきたが、イタリアやギリシャを旅行するたびにこのアカンザスの葉を探したことを通夜の日にも思い出した。葉一枚そっと摘んで花瓶に飾り、ご冥福を祈った。

4　日本地域冷暖房協会を創立

日本万国博会場に世界最大の地域冷暖房を日本独自の技術で実現したことは、担当した通産省の官僚たちにとっても大きな手柄になった。しかも一基三〇〇〇ＲＴの電動ターボ冷凍機は十万平方メートルのビルを完全冷房できるほどの規模である。他に転用しにくいスケールのうえ、五社別々に発注したこともあり地域冷房用にしか使えない。一方、ガスを使った大型プラントは、日本最初の四管式地域冷暖房プラントとして千里ニュータウンの中央地区に転用した。そして、道路が完成した後であったが、東京ガスが新宿西口の超高層街区に急遽地域冷房を実現すること

伊東さん設計の自邸（一九七二年四月竣工）

両親と家族四人そろって新居で

になった。地域冷暖房システムを電気、ガスに続く第三のエネルギー公益事業として熱供給事業法が誕生した背景には、当時の通産大臣が田中角栄であったことが幸いした。

また、冬季オリンピックが札幌で開かれるに当たって、札幌の都心に降る黒い雪は石炭暖房によるものであり、国恥だとして、高温水の地域暖房が実現したことも熱供給事業法の成立に拍車をかけた。北大の斉藤武、堀江悟郎、射場本勘市郎の三教授が国に直訴したことも大きかった。かくして、大阪、札幌、東京で本格的地域冷暖房が、一九七〇年から一九七二年の間に民間の力で実現した。熱供給事業法成立に当たって、これを支援するため、通産省の課長が私に関係事業者を集めた協会を設立するよう要請した。しかし私は、地域冷暖プラントを建設するデベロッパーはわかるが、事業主体のほうはわからない。しかも道路下利用と建物設備を集約化するためには、建設省の協力が不可欠である。ということから、建設省所轄の日本地域冷暖房協会（JDHA）と、通産省の熱供給事業法に基づく事業者のための日本熱供給事業協会の二つを同時に設立することを要望した。デベロッパーとしての協会は建設省都市局、事業者協会は通産省の資源エネルギー庁の所轄になった（二十年後に両協会はともに社団法人として認められたが、この時は任意法人）。

かくして一九七二年、両協会は同時にスタートし、理事レベルは常に交流することになった。しかしその後、両省の考えや思惑が必ずしも一致しないため、両協会では何かと面倒なことが多かった。特に、日本地域冷暖房協会には法的支援がなく、また建設省が望んだ協会ではなかったことから、専務理事の安孫子君が苦労することになった。会長は東大生産技術研究所の勝田高司教授、理事長が私で、理事には高砂熱学工業の服部功さん、大阪ガスの保田尚さんらで、同志

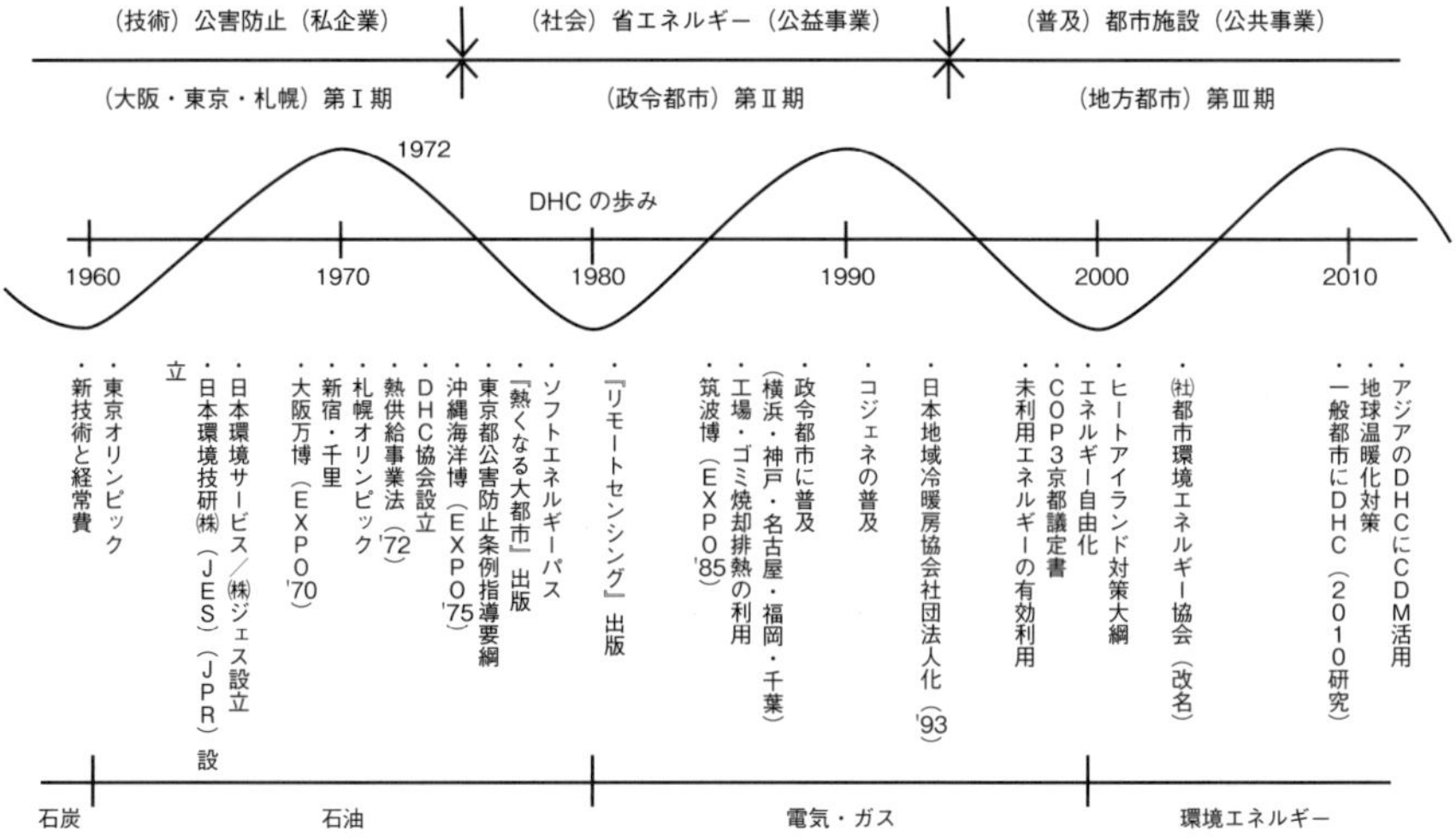

（技術）公害防止（私企業）
（社会）省エネルギー（公益事業）
（普及）都市施設（公共事業）
（大阪・東京・札幌）第Ⅰ期
（政令都市）第Ⅱ期
（地方都市）第Ⅲ期
1972
DHC の歩み
1960
1970
1980
1990
2000
2010
・新技術と経常費
・東京オリンピック
・日本環境技研㈱（JES）（JPR）設立
・日本環境サービス／㈱ジェス設立
・大阪万博（EXPO'70）
・新宿・千里
・札幌オリンピック
・熱供給事業法（'72）
・DHC協会設立
・沖縄海洋博（EXPO'75）
・東京都公害防止条例指導要綱
・『熱くなる大都市』出版
・ソフトエネルギーパス
・『リモートセンシング』出版
・筑波博（EXPO'85）
・工場・ゴミ焼却排熱の利用
（横浜・神戸・名古屋・福岡・千葉）
・政令都市に普及
・コジェネの普及
・日本地域冷暖房協会社団法人化（'93）
・未利用エネルギーの有効利用
・COP3京都議定書
・エネルギー自由化
・ヒートアイランド対策大綱
・㈳都市環境エネルギー協会（改名）
・一般都市にDHC（2010研究）
・地球温暖化対策
・アジアのDHCにCDM活用
石炭
石油
電気・ガス
環境エネルギー

日本の地域冷暖房の変遷

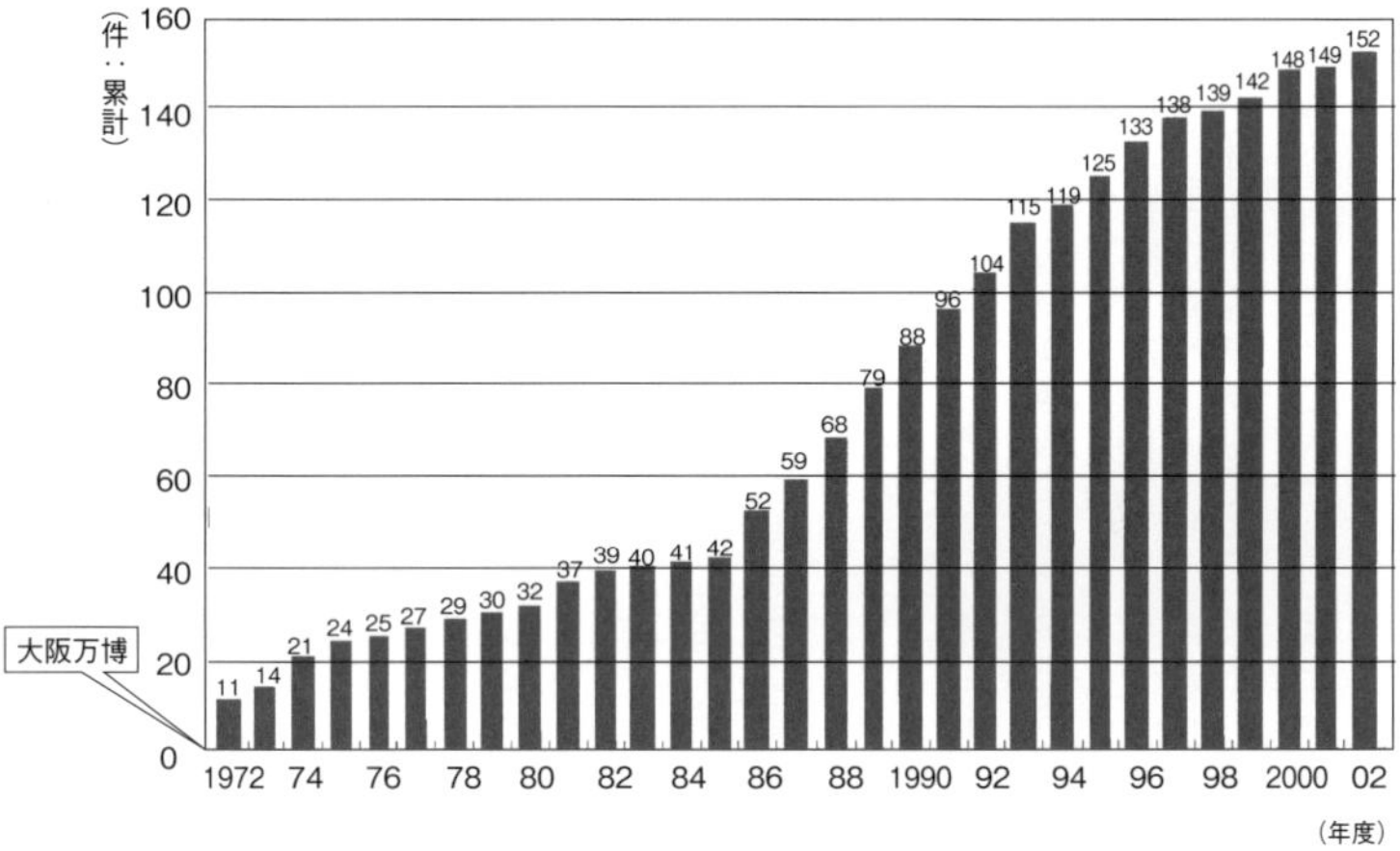

（件：累計）
160
140
120
100
80
60
40
20
0
大阪万博
11 14 21 24 25 27 29 30 32 37 39 40 41 42 52 59 68 79 88 96 104 115 119 125 133 138 139 142 148 149 152
1972 74 76 78 80 82 84 86 88 1990 92 94 96 98 2000 02
（年度）

日本地域冷暖房システムの推移

的結束を持って頑張った。

東京都が公害防止条例を適用して地域暖冷房（都は地域暖冷房、建設省は地域冷暖房、通産省は熱供給と使い分ける）の推進区域や計画区域を設定して、強力に地域暖冷房を推進したのは、SO_x対策であり、石炭や重油焚きによる煤煙発生施設を集合するためであった。一九七三年五月、ＩＤＨＡ（国際地域暖房協会）のブダペスト国際会議でＪＤＨＡを代表して講演。この時、国際会議とは、自国の官僚たちに他国の技術より遅れていることを教えて予算をとる手段であることを学ぶ。

一九九二年、協会二十周年誌の理事長挨拶として私が書いた考え方や方針は今も変わらない。

「今からちょうど二十年前、アメリカのＮＤＨＡ（後にＩＤＨＡ）事務局を訪ねたとき、たった一人の女性の事務局長が、極めてこぢんまりとした空間ではあるが、ビッチリと詰まった書類に包まれて我々を接待して下さった。彼女の話を聞きながら、百年間育んできたアメリカの地域暖房協会の事務局の質素さと、それでいてその資料の積み上げの素晴らしさと、また協会設立の精神に感動した。そして、わが国においても、これから生まれるであろう地域冷暖房事業の健全な発展のためには、どうしてもこのような協会をつくる必要性を痛感した。

従って、私自身が仲間たちの協力を得て任意法人ではあるが日本地域冷暖房協会をつくり、またそれを運営するに当たって、常にアメリカのＮＤＨＡのあり方を手本としてきたのではないかと思う。一例を挙げれば、アメリカの地域暖房協会の役割は、少なくとも健全な地域暖房育成のためのWatch Dog（番犬）でなければならないと繰り返し話していたことである。番犬とは誰

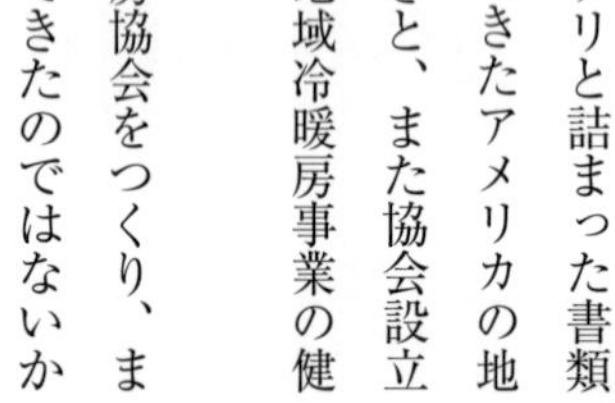

ＮＤＨＡのたった一人の事務局を訪問した永野さん（左）と私

のための番犬であるかとの質問に、政府に対しても、市民に対しても、あるいはまたそれを建設し、運営する企業に対しても等しく番犬でなければならないということ。協会の第一の役割は、少なくともこの事業に対して忠実な番犬としての役割を演ずることであるとすれば、その協会は日本的な組織で言えば財団法人が最適ではないかと考えた。従って、当協会はすでに財団法人地域冷暖房協会としての定款に基づいて、この二十年間日本の地域暖房の発展に寄与してきた。

今、ここにようやくにして、任意法人が財団法人として日本で認められる時代を迎えて、すでに百二十年の歴史を刻み、NDHAがIDHAに脱皮したアメリカの国際地域暖房協会のことを改めて認識する必要がある。日本はおそらくその傘下の一員として、わずか二十年の実績ではあるが、足の太い骨組のしっかりとした優良児としてIDHAにも参加し、その強力なメンバーとしての役割も果たさなければならない。また、これからの日本の地域冷暖房事業は、地球環境に寄与し、経済的にも環境的にもマイナスにならないためのプロジェクトや技術や政策を考え、さらにはこの分野の研究者の育成をも考慮した協会活動を今後とも期待する。と同時に、政府に対しても、また民間に対しても十分な啓発活動を行う番犬としての役目を期待する」

二十周年をめどに財団法人にするため四億五千万円の寄付金を集めたが、そのうえ会費を集めないと協会運営ができないとあって、結局は一九九四年に建設省都市局所轄の社団法人として認可されることになった。初代理事長は伊藤滋先生、私は副理事長となり、六年後の二〇〇〇年に理事長になった。その間、すでに半分になった基金を少しでも有効に使うためにと京橋にオフィスを購入。収支バランスがとれたのは二〇〇五年になる。

DHC機関誌

第一期の民間指導から、第二期の公益事業のリーダーシップを終えて、二〇一〇年には公共事業型の協会に脱皮すべく、協会名を㈳日本地域冷暖房協会から㈳都市環境エネルギー協会に変更したいと考え、国交省に要望すると、思ったより早く二〇〇六年六月に実現した。

この間の地域冷暖房育成を振り返ってみると、閣議において、「環境基準の達成から地域冷暖房の推進を」、「資源とエネルギーを大切にするために産業界には地域冷暖房の研究開発を」、「官庁には地域冷暖房施設の建設を」、「自治体にはゴミ焼却の有効利用としての地域暖房を」等々、何度も推進案の閣議決定がされている。一九六九年と一九七二年には再開発（組合施行）計画共同施設整備補助金制度がつくられ、岡崎市が実現第一号となった。

都市計画法の都市施設としての位置づけにしても、「都市のその他の供給処理施設」として都市局長通達されたものの、道路占有については都市計画決定される必要があり、都市再開発法に基づく整備費用の補助にしても組合施行に限られていた。

通産省（資源エネルギー庁）は一九七二年に熱供給事業法の制定を行い、熱供給事業者の規制、消費者保護策を行った結果、乱立乱行を防止した反面、事業者に新事業アレルギーを生じさせ、一方で料金問題や住宅対策で多くの教訓を残した。環境庁は都市型大気汚染防止調査委員会で霞が関の計画や札幌の実情調査等を一九七三年に報告している。

一九七〇年十一月五日、東京都公害防止条例の改正が都の公害対策審議会の答申を受けて具体化した。五十六条の（2）で東京都内に地域冷暖房区域の指定を行う等、五十六条の（3）は地域冷暖房施設への加入協力業務を課するもの等である。本条例の施行規則ならびに行政指導基準の作成に当たっては、地域冷暖房推進委員会が設置され、五年間の検討を経て、一九七七年二月

『日本の地域冷暖房』（尾島俊雄監修、ＪＥＳプロジェクトルーム編、一九七一、日本工業新聞社）

十日の公害対策審議会で再びこのテーマが取り上げられ、指導要綱が作成承認されて、知事に答申された。

　計画区域の設定は、熱負荷密度が一・〇以上の地域で熱供給事業主体者の有力者が定まったとき、地域指定を行って、その地域内熱受用者には加入協力義務を課すもので、それによって事業経営の安定化、大気汚染防止、都市美観、機能の向上に寄与させようとするものであった。

　東京都で計画される三万平方メートル以上（現在は五万平方メートル）の建物所有者に地域冷暖房プラントスペースを確保させること、同時に、そのプラントから周辺へ一〇kg／㎠の蒸気供給をしてくれるようお願いすることが第一点。次には二千平方メートル以上の建物（三〇〇lit／日、重油消費換算）所有者に対しては、前者の地域冷暖房用蒸気の供給を受ける義務があるとする条例である。その結果、三十年間（一九八〇～二〇一〇）で三千ヘクタールの地域冷暖房の供給を見込み、パリの一九八〇年時に追いつくと予測した。しかし、二十五年後の二〇〇五年に予測の三分の一にしか達していないのが残念である。

5　『都市の設備計画』出版

一九七三年六月、鹿島出版会から『都市の設備計画――環境デザインへの指針』を出版した。そのまえがきには次のようにある。

「空から見る日本の自然は、本当に美しく豊かである。緑も水も太陽も、おそらく世界中で最

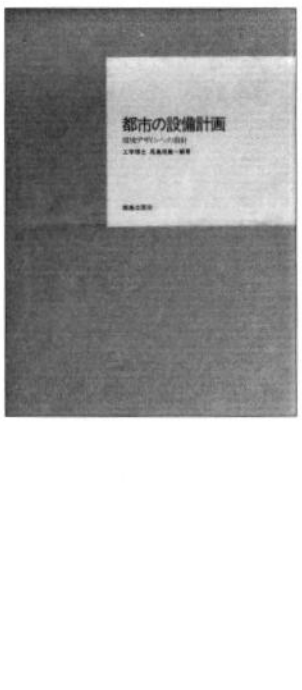

『都市の設備計画』（一九七三、鹿島出版会）

も恵まれた大地に日本人は住んできたと思われる。それがどうしてこう住みにくくなってきたのか、そしてこれから一体どうしたら良いのか。

出版するに至った動機は単純である。大学院の講義中に、建築自体が周囲環境に与える影響と、人間集団が自然に与える衝撃の大きさを雑談的に話していたのを、当時の大学院生達が興味をもち、研究室ゼミでとりまとめたのが、本書の母体になった。

一九七二年の修士論文でも、住民とエネルギー問題を増田康広君、環境へのインパクトを森山正和君と岡建雄君、廃棄物とエネルギー問題を根津浩一郎君、住宅設備は竹林芳久君、情報問題は松島修君がとりあげた。しかし、それらは部分的、学問的であったので、卒業後も集まって討議し、弁護士の大江忠さんやＪＥＳの専門家諸氏の協力を得て、芝田初江さんの清書で形態が整った。

この二年間、住宅公団や東京都庁などから受けた委託研究報告書をはじめとして、各種の審議会や委員会で私が分担した資料からも、本書に役立ちそうな部分を引用した。本書は、都市化の維新ともいえる過渡期に、一研究室がとらえた精一杯の都市の総合設備計画書である」

尾島研究室の一九七〇年度卒論生は、建築学科百八十人中十番までの成績優秀者が六人もいて、そのうち五人が修士に進んだ。また一九六九年の大学紛争で東大の安孫子義彦君や都立大の田篠達郎君、早大の中嶋浩三君らの秀才がＪＥＳのスタッフになっていたので、彼らも尾島研究室のゼミに参加していた。高度な経済成長で悪化する都市環境問題を解決するため、産学官協同で基礎資料をまとめておく必要があった。同時に発足したばかりのＪＥＳグループの仕事を国や

ローマクラブの「成長の限界」
ローマクラブはアウレリオ・ペッチェイ博士が、資源・人口・軍備拡張・経済・環境破壊などの全地球的な問題に対処するために設立した民間のシンクタンク。世界各国の科学者・経済人・教育者・各種分野の学識経験者など百人からなり、一九七〇年発足。定期的に研究報告を出しており、第一報告書『成長の限界』（一九七二）では、現在のまま人口増加や環境破壊が続けば百年以内に人類の成長は限界に達すると警鐘を鳴らし、地球が無限であることを前提とした従来の経済のあり方を見直し、世界的な均衡をめざす必要があると論じている。

地方自治体の人々に理解してもらうための出版であった。

同書の編集に当たって特に時間をかけたのは、地球環境と私生活の因果関係であった。ローマクラブの「成長の限界」が地球環境の破壊を警告し、二ケタ成長を続ける日本の成長にブレーキをかけていた。また万博や安保の学生騒動を通じて、この問題解決の重要性を実感していた若者たちが多かった。いま一つは、東大法学部を卒業して弁護士を開業したばかりの大江忠さんには、都市開発と環境問題について全面的に法制面からのイロハを教えてもらった。大江さん自身、私たちのゼミナールに参加して一緒に勉強され、たくさんの資料をまとめ、ＪＥＳグループの顧問弁護士としても力を貸していただくことになった。

このような勉強会と出版は後々非常に役立ったことはいうまでもない。やや先取りしすぎたのは、第七章の情報計画である。エネルギーの次は情報がテーマであろうとの先見性からであった。都市管理情報システムという新しいコンピュータと通信ジャンルには限りなき未来を感じていたからで、松島修君などはそのため修士修了後、電電公社（当時）に勤めてしまったほどである。また第十章の住宅設備計画については、ＪＥＳグループに日本環境サービスという株式会社をつくらせ、今日の株式会社ジェスにいたっていることから考えても、建設業界はまさにベンチャー企業の時代であった。

ＪＥＳでＧＥのマークⅡコンピュータを導入して、最初にインプットしたのが私自身の将来予測で、コンピュータを利用して未来の産業や人々の人生すら予告しようとする試みであった。それによると二〇〇二年にはリタイアしてもよいという。そのプリントアウトのコピーは今も私の「らいふめもりい」（年譜）に貼ってある（下図）。

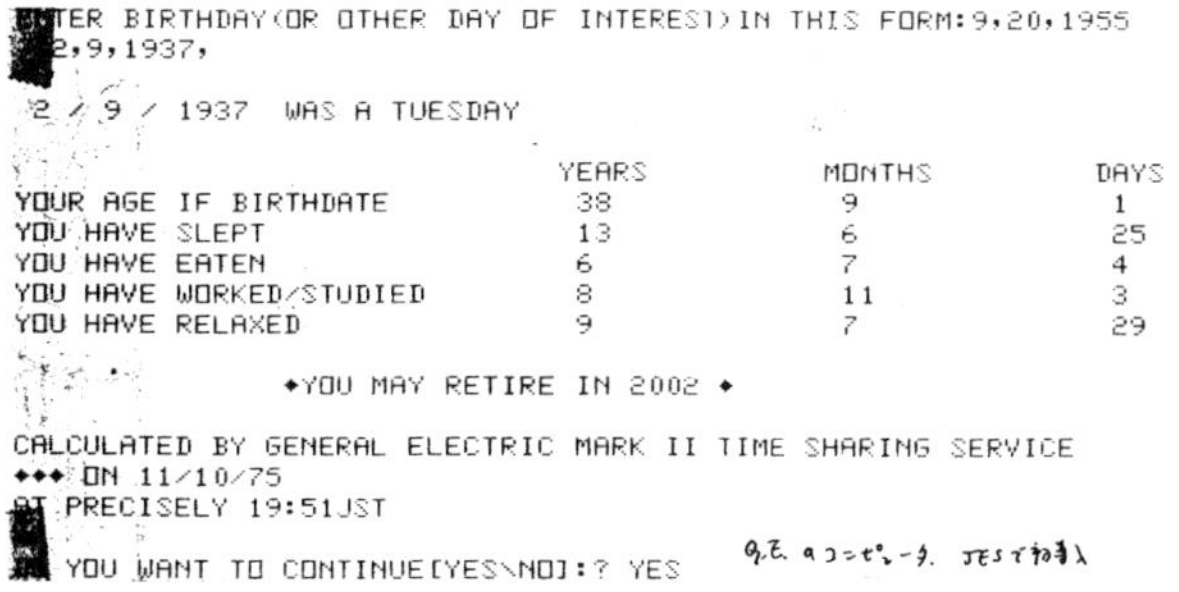
```
TER BIRTHDAY(OR OTHER DAY OF INTEREST)IN THIS FORM:9,20,1955
2,9,1937,

2 / 9 / 1937  WAS A TUESDAY

                              YEARS        MONTHS       DAYS
YOUR AGE IF BIRTHDATE          38            9            1
YOU HAVE SLEPT                 13            6           25
YOU HAVE EATEN                 6             7            4
YOU HAVE WORKED/STUDIED        8             11           3
YOU HAVE RELAXED               9             7           29

               *YOU MAY RETIRE IN 2002 *

CALCULATED BY GENERAL ELECTRIC MARK II TIME SHARING SERVICE
*** ON 11/10/75
 PRECISELY 19:51JST
 YOU WANT TO CONTINUE[YES\NO]:? YES
```

ＧＥのコンピュータによる私自身の将来予測

6　沖縄国際海洋博覧会会場のエコロジー計画

ＥＸＰＯ'70以後の日本は、石油ガブ飲み型高度経済成長を続け、一九七三年にはオイルショックを招く。通産省の天谷直弘企画室長は、ハード（重厚長大産業）の終わりとソフト社会の到来を予言し、日本の各分野から若き研究者を集め、産業エコロジー研究会を開設。伊東光晴（京大経済学部）、加藤迪（ＮＨＫ）、濃美和彦（東大医学部）、西村肇・茅陽一（東大工学部）、吉良竜夫（大阪市立大理学部）、島津康男（名大理学部）と私の八人である。久保俊介君がこのエコロジー研究会に常勤する羽目になってしまったのは、今でも申し訳ないと思っている。

この八人のスタッフの中で建築や都市計画分野は私のみで、生態学の吉良、アセスの島津、人工心臓の濃美、自動車の西村、エネルギーの茅、経済の伊東、科学報道の加藤の下にそれぞれワーキンググループがつくられ、大型コンピュータを動かす予算も十分にあった。建築や都市で大型コンピュータを使うのは超高層建築の構造分野ぐらいであったし、都市環境で使うとすれば土地利用とリモート・センシングぐらいであった。幸い、人工衛星のデータがＩＢＭで解析され始めたことから、私が通産省の電子技術総合研究所の調査員や産業審議会の専門委員、ＩＢＭのリサーチフェローを兼務して、サーマルシステムモデルを作成することになった。この八人の共同研究者はともに一九七五年のＩＢＭ社会システムシンポジウム合宿に参加し、石井威望、野口悠紀雄、市川惇信、鈴木胖、公文俊平、華山謙、香山建一、中村英夫、森敬、吉田夏彦、正田英介、槌木義一氏らと面識を得ることになった。

また、万博の軽井沢合宿以来、何かと気にかけてくださった高山英華先生に呼ばれて一九七三年から沖縄国際海洋博覧会会場の調査に参加。八人の会場配置設計者の一人に選ばれた。リーダーの高山先生を中心に、南条道昌さんと私の三人がコアスタッフで、アクアポリスは高山英華（後に菊竹清訓）、船クラスターが曽根幸一、魚クラスターが槇文彦、科学クラスターが神谷宏治、民族・歴史クラスターが日建設計で、ランドスケープは池原謙一郎。この八人に中曽根康弘通産大臣から直接委任状が手渡された。その後のパーティーでは、沖縄出身の早大総長で、沖縄海洋博の事務総長になられた大浜信泉教授から握手を求められた。早大の助教授がこのような国家的プロジェクトのスタッフに選ばれて嬉しいと男泣きされたのには驚くとともに、早稲田の熱い血を実感した。

私と沖縄との関わりは一九七二年五月十五日の沖縄返還以前にさかのぼる。一九七一年、本土がどのようなかたちで沖縄の将来に目を向けるべきかを研究する通産省の若手グループとの会合に参画したところから始まる。一九七二年二月から五月にいたる沖縄海洋博に提言する会（日高孝次会長）で、オーシャン・エコロジーシステムを提案した。それを持って一九七二年七月より九月にいたる会場計画委員会の専門スタッフとして基本構想作業に参加。その間、通産省のアクアポリス原案作成メンバーとして、会場におけるクローズドシステムの可能性と政府投資の規模算定の作業、一九七三年一月に会場基本設計チームの発足。続いて、一九七三年十月より地域冷房の実施設計がＪＥＳ（日本環境技研）に委託され、その設計チーフとなった。同時に道路埋設物の総合調整担当者となり、一九七五年七月、開催と同時に実態調査を指導した。

会場計画委員会ならびに作業グループの討議で、私の担当は沖縄全島のインフラストラク

沖縄国際海洋博覧会
沖縄県国頭郡本部町で、一九七五年七月二十日～一九七六年一月十八日（百八十三日間）開催された。「海―その望ましい未来」をテーマとし、日本を含む三十六ヵ国と三つの国際機関が参加した。総入場者数約三百四十九万人。

チャーの整備と併せて台風対策、水資源、離島対策、農業改革による自然破壊、漁港や養殖施設の整備、観光産業としてのホテルや道路計画、電力やガスなどエネルギーインフラ等々の広い守備範囲となった。海洋博の施設構成や運営管理主体の固まっていない計画段階で、あえて公園全体を管理する管理本部を設け、供給処理や諸サービスの用地を確保することになった。

・「魚のクラスター」は海の自然公園として後利用し、国際的な水族館を核とし人工ビーチと併せて、人と海の親しみを考えた場所とする。
・「民族歴史のクラスター」は国際的な海洋文化博物館のみならず沖縄民俗博物館として利用。
・「科学技術のクラスター」は海洋開発研究センターとして利用する。アクアポリスもこの一環とする。
・「船のクラスター」は国際文化交流センターおよび諸行事による催し物、展示場としての利用を図る。
・会場エキスポポートはエキスポマリーナとして利用。
・会場敷地全体を一括して海洋博記念公園とする。

以上の合意形成のうえで会場設計が始まった。

7　東京藝術大学の非常勤講師

一九七三年から九七年までの二十五年間、東京藝術大学の講師を続けえたのは、最初の条件があまりに楽しく、また藝大が上野にあるという立地にあった。藝大卒業の今和次郎先生から建築装飾の授業で教わったアカンザスの葉についての印象が強く、早稲田のデザインが日本一と誇れるのも藝大にルーツがあること。そのご恩に報いる気持ちも強くあった。山本学治教授の講師依頼条件は、一切授業の予習をしないこと、数学はできる限り使わないこと、自分で体験し、自分がやりたいと思っていることのみについて講義をしてほしい。この三条件で毎週一回、しかも最初の十年間は年間を通しての講義だった。年間を通して藝大生に教えるのに、予習しないためには復習が不可欠であった。そのために講義を終えた帰途、上野図書館に立ち寄り、話したことに間違いはなかったか、百科事典や美術書を参考にノートをとることになった。また講義の前後に、天野太郎教授が仕事のし過ぎか不自由になった手でお茶を出し、何かと話し相手をして下さった。自分の設計した作品についての相談など、藝大では早稲田のキャンパスではまったく考えられないほど、のどかな異次元の世界で時間を過ごすことができた。

また時には、講義を終えた小木曽定彰東大教授に誘われ、上野公園のベンチで長く話し込むこともあった。天空率や光環境分野で天才的な才能を発揮し、日頃から尊敬している先生が、私生活や学問上の悩みを素直に話され、東大では誰も話し相手がいないので、貴君には迷惑だろうが、と何度も繰り返されたこと。特に、建築基準法をつくった時、換気や採光の基準はいかに非科学的に決めたかという裏話。学会の近くにあったブドウ屋という店で非科学的にエイヤーと決めたことだから、科学的には更新できないはずだという。この時に小木曽先生から教わったことが、その後、私が建築基準法から数値を取り除くことの必要性を問い続ける背景となっている。

山本学治教授が逝去された後は、前野堯教授が私の世話担当になり、今も親交が続いている。

二〇〇五年四月八日、藝大で美術学部長をしていた清家清先生が逝去された。青山の葬儀場で

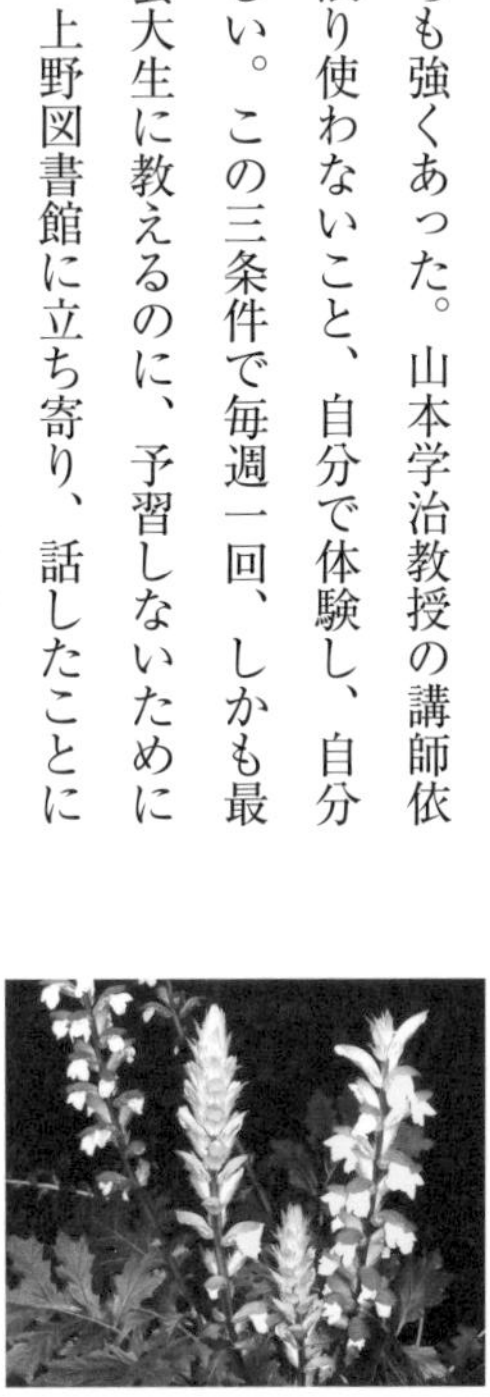
自宅の庭に植えたアカンザス

天野太郎（一九一八〜九〇）東京藝術大学教授。フランク・ロイド・ライトの弟子

山本学治（一九二三〜一九七七）東京藝術大学教授

小木曽定彰（一九一三〜一九八一）東京大学教授（計画原論、照明）。天空率の測定

清家清（一九一八〜二〇〇五）東京工業大学・東京藝術大学教授（設計）。日本建築学会会長

前野堯（一九三二〜）東京藝術大学教授（近代建築史）。日本イコモス国内委員会委員長

キリスト教式葬儀に列席している最中、清家先生の話されていたことを思い出していた。「ハビタの国際会議を東京で開催するに当たって、工業化住宅を量産することはケシカランと吉阪隆正先生が夢枕に立って怒っているが、どうしたらよいか」と早朝に自宅に電話がかかってきたこと。清家先生がロータリークラブの卓話で、建築家のみがエントロピーを縮小させる職業だと話されたことに対して、「東京だけで考えるとそうなるであろうが、地球レベルで考えれば建築家ほどエントロピーを拡大している職業はないはず」と反論すると、「ロータリーの人はみな私の話を信じていたよ。騙せないのは君ぐらいか」とニコニコ笑って、簡単に片づけられたこと。日本建築画像大系の住宅シリーズ「現代家相学」の取材中、家相の古い計測器のすごいものを見せながら、結局は家相の良し悪しは「家とそこに住む人のバランスで決まる」と真顔になられたこと。「あのダジャレの多発さえなければ学長だった」と悔しがる前野さんの顔など、次々思い出される。

林昌二さんと平山郁夫さんの弔辞が終わり、最後にご子息の篤さん（慶應義塾大学商学部教授）が「点という言葉を好んだ父は、美をも超える点は位置のみで形や大きさを持たないゆえ、死んでも自分たち家族の中で、また集まった人たちの心の中に大きな位置を占め続ける」と挨拶された。人生のあり方を清家先生や藝大の先生方から多くを学ばせていただいた。

一九八〇年代からは後期のみの授業、さらに一九八五年からは大学院のみにしてもらった。藝大での講師生活はいつか授業よりも上野の美術館や博物館に行くことで刺激を受け始めて、六十歳を期に外岡豊君と彦坂満洲男君にお願いして、上野の藝大講師生活が終わった。

コラム ⑥沖縄国際海洋博覧会

会場内ユーティリティ計画で、建設時における赤水対策（海洋汚染防止策）として、最後まで討論された雨水排水路と調整池の配置計画と、各クラスターにおけるプラント計画に配慮を重ねた。会場の設計指導とともに最初からオーシャンエコロジーシステムを提案し続けた。地球的規模で考えるとき、現在の海洋は、海上はもちろん陸上におけるすべての活動に伴う排出物の捨て場となっている。海洋こそ日本の未来資源と考え、この博覧会をきっかけにこれまでの自然資源の略奪型利用から飼育型利用に転換しなければならないという決意があった。それにはまず海洋の実態を調べ、そして長期にわたっての観測ネットを完備することである。中でも海洋は大気以上に拡散性が少なく復元力が遅いことから、一度破壊されたり汚染されたりすると、

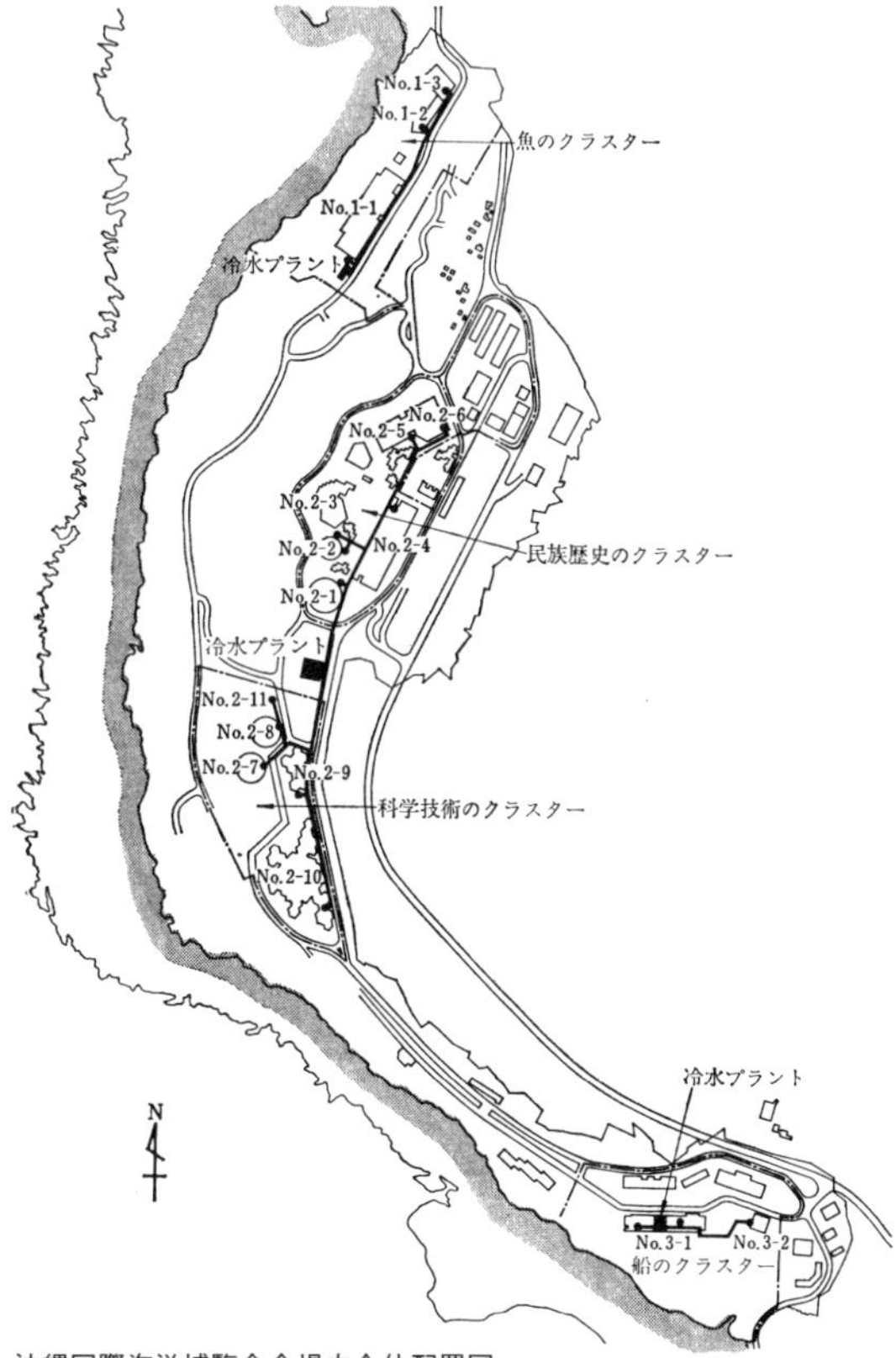

沖縄国際海洋博覧会会場内全体配置図

私たちの生ある時代に回復されない。しかるに、海洋の汚染監視システムについては、非常に研究開発が遅れていること、経常的監視システムがないことなどもあって、広大な海洋の汚染監視はまったく放置されている。

海洋博の最大の展示物は海そのものであり、特に珊瑚礁を持つ沖縄独特の美しい海こそかけがえのないものである。

沖縄の貴重な資源である美しい海を守ってこその観光産業である。海洋博の建設によってその美しさが破壊されれば、まさに金の卵を産む鶏を殺すことになりかねない。私の提案したオーシャンエコロジー監視装置は、センサブイは海洋汚染を監視するとともに研究に必要な海洋状況を観測する。監視装置の中央軸はセンサブイよりの情報の搬出軸であると同時に、人・物・エネルギーの搬出軸であり、陸上における都市軸の役割を果たす。

実施されなかった構想案を記すのも気恥ずかしいが、海洋博の設備として予算化すべく努力したものなので、以下に簡単に書き留めておきたい。

このオーシャンエコロジーネットワークの監視地域は、アクアポリスを中心として南北軸で十キロメートル、東西方向に八キロメートルをカバー可能なものとした。海洋博の陸域に関しては、建設前の状況と建設後の施設によるインパクト量を観測する装置を考える。気温、気圧、風向、風速、降雨量、日射、大気汚染濃度、地中・地表温度、騒音などで海域の場合にはこれに水温、濁度、流向、流速、波高、水質、塩分濃度、表面油などで、水質については、DO（溶存酸素）、ph（水素イオン濃度）、SS（浮遊物質）、COD（化学的酸素消費量）、BOD（生物化学的酸素消費量）、大腸菌、重金属などが観測項目として考えられる。生態系の観測については、主ブイ近辺でマル

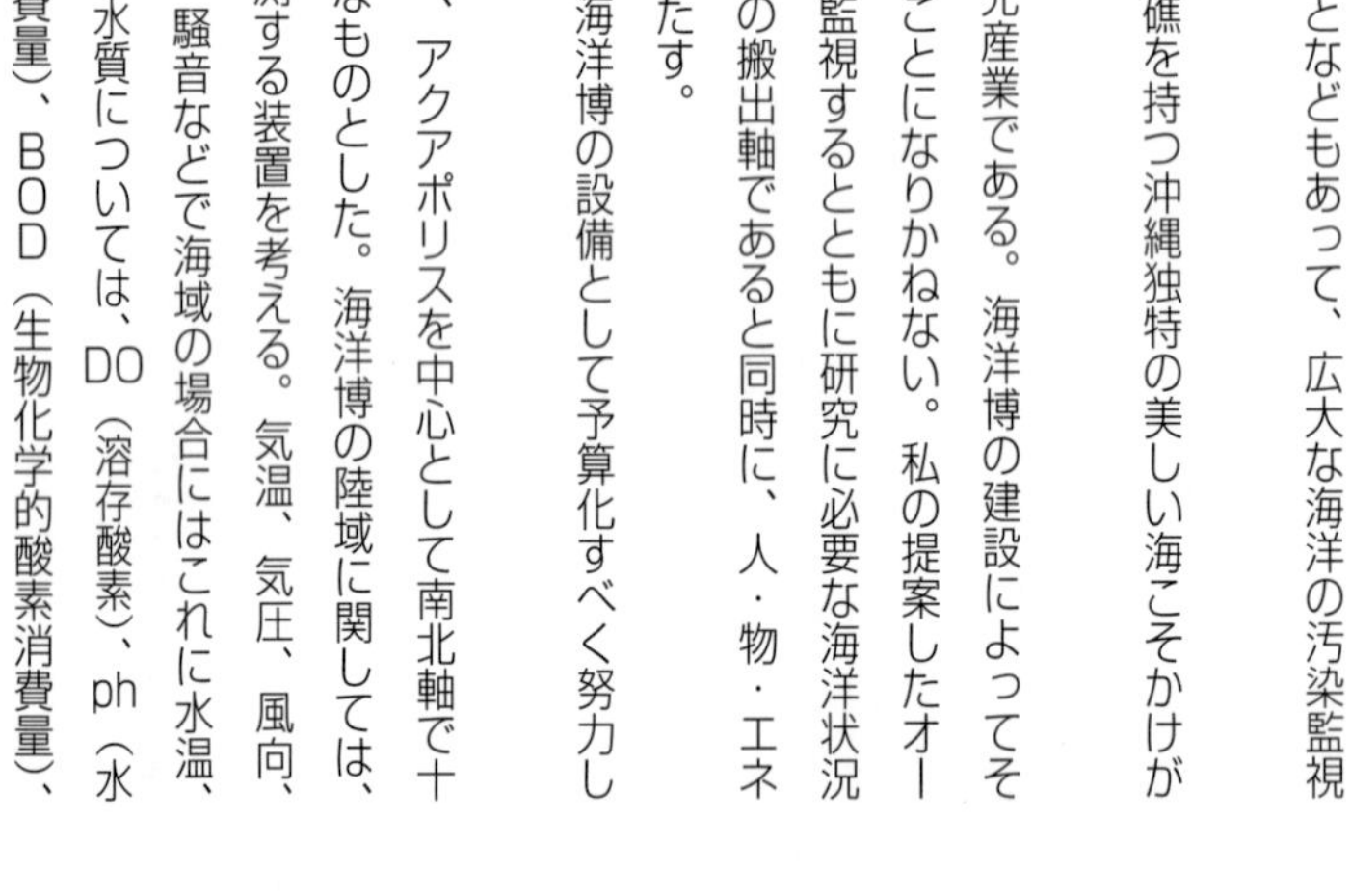

海洋博監視ネットワーク案

チスキャナによる写真観測や実態観測を要求する。沖縄は今後、観光産業で百万人が生計を立てるとすれば、ハワイの数倍のホテルや海浜の整備、観光道路の建設が要求されよう。そのためにも、今から海洋観測網の設置は必要不可欠と考えた。この考え方は、二〇〇五年四月五日、日本学術会議声明「大都市の高密度気象観測なくしてヒートアイランド対策なし」に継承されている。

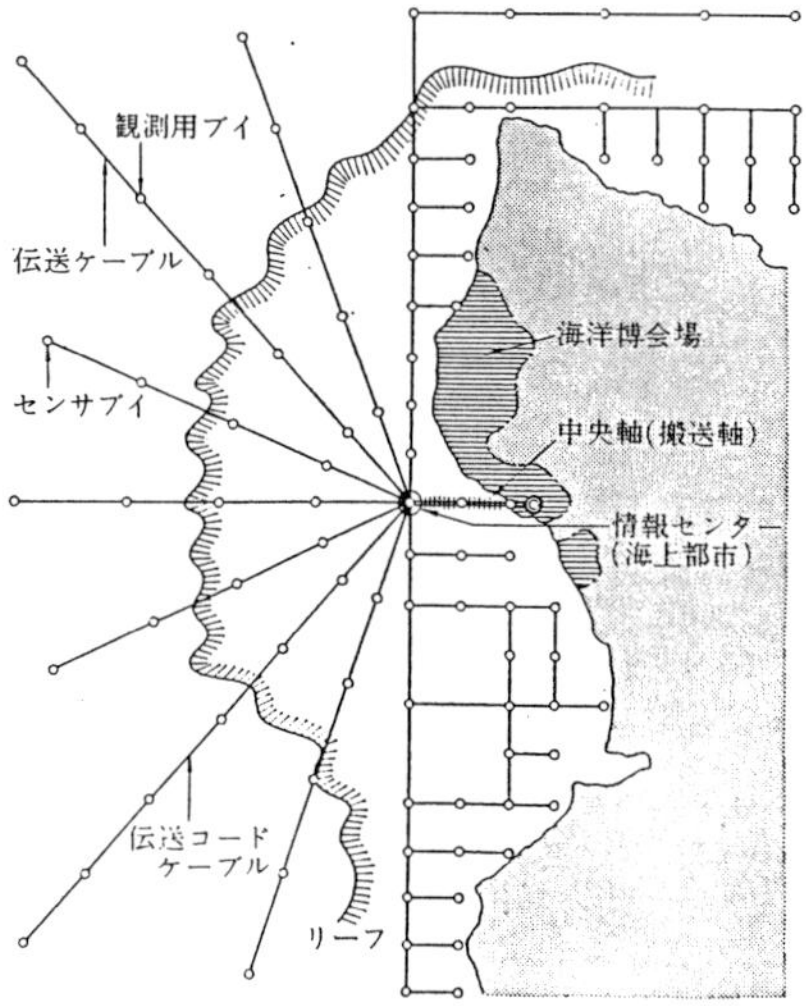

海域監視網スケッチ

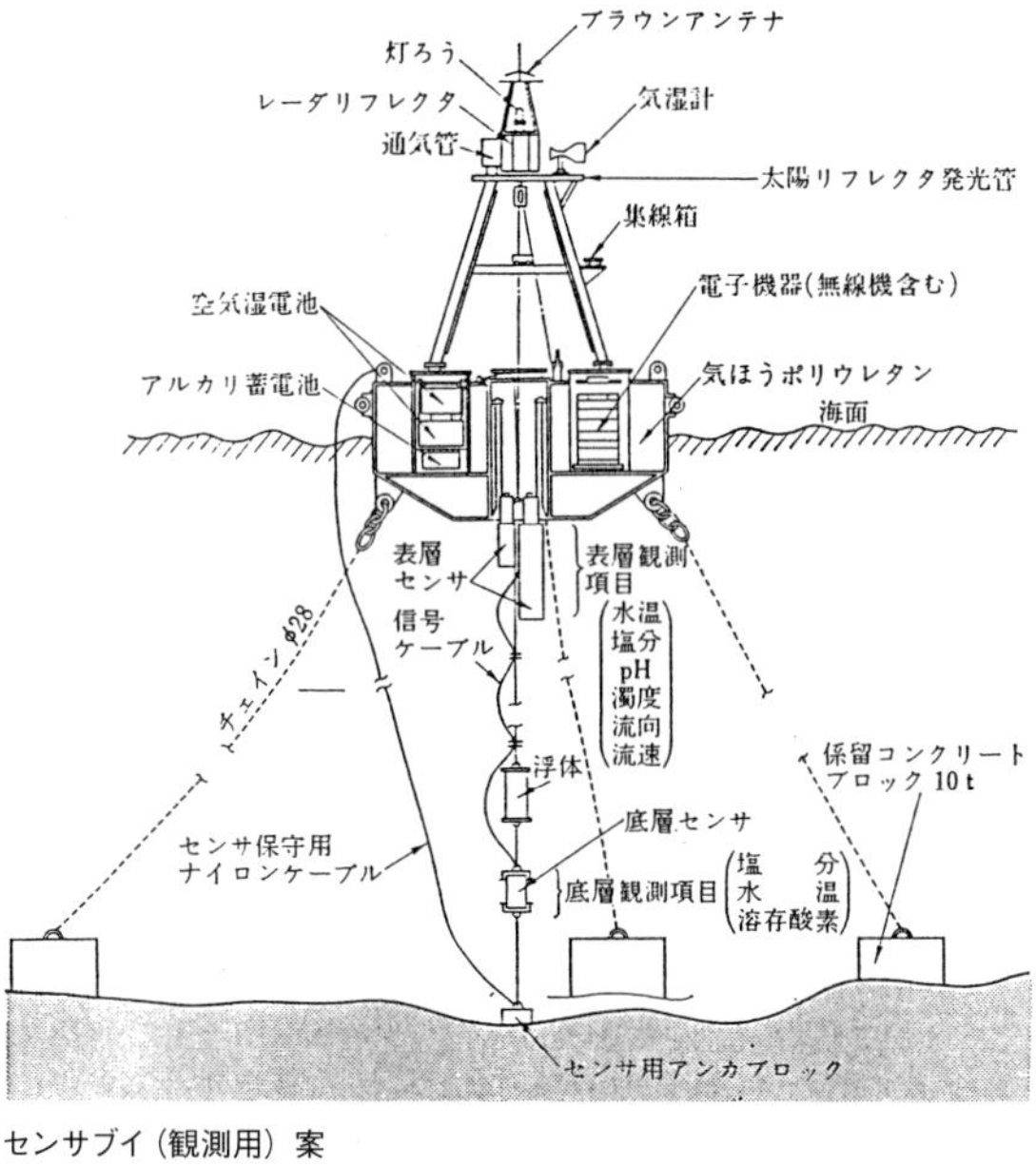

センサブイ（観測用）案

5 早大教授として都市環境工学開講

（一九七五〜七九）

蘇州の運河。
中国への旅は、高度経済成長を遂げてきた日本が忘れてきた「何か」を思い出させてくれた。それは変わらぬものの強さであり、大都市・東京がかかえる環境危機への警鐘へとつながっていった。しかし、10年後にこの風景が一変するとはこの時には考えもしなかった。

危险房屋

1

都市環境工学専修を創設

一九七四年二月、松井源吾教授と菊竹清訓先生に同行してイタリアのシステム建築を調査。日軽アルミの岩住幸二さんの案内でミラノのFeal社工場とその研究所を訪問した。しかし、アルミのシステム建築の限界がわかったので、私は一人フィレンツェで遊ぶ。腰が痛いと話したら、飛行機はファーストクラスを用意し、ミラノでは一人勝手な遊びを許してくれた両先生にはその後ずっと頭が上がらなくなった。

同年四月に教授になって最初の講義。学部三年生には広域環境論を、四年生には環境計測を、大学院生には日本で初めての都市環境論を講義。井上宇市教授の建築設備専修、木村建一教授の建築環境専修に加えて、私は都市環境工学専修を創設した。

都市環境と広域環境論に加えて、実習としての環境計測は「計測なくして科学なし」に基づいて、科学的に都市環境を計画すべきと考えたからである。その手始めに、藤沢市駅前と多摩センター駅で実測を開始する。三十五歳の若過ぎる教授と大学院の新専修設立で、教授間のバトル以上に学生たちのバトルを心配して、仕事や研究分野のテリトリーを分けることを提案。建築の原論は木村、建築の設備は井上、建築の外側の原論と設備は私が担当し、学生たちの研究テーマも明確に分けるよう心配りすること、この考えは研究室間の親睦のためにも大成功であった。

同年五月、工業立地センター主催のオーストラリア・ピルバラ計画に参加。佐藤暢紘君、野村義信君らとともにシドニー、キャンベラ、メルボルン、パースを経由してポートヘッドランド

オーストラリア・ピルバラ計画に参加
（一九七四年五月）
写真右：私（左）と佐藤暢紘君（右）
写真左：左から飯島貞一さん、案内人、杉浦敬彦君、野村義信君と私

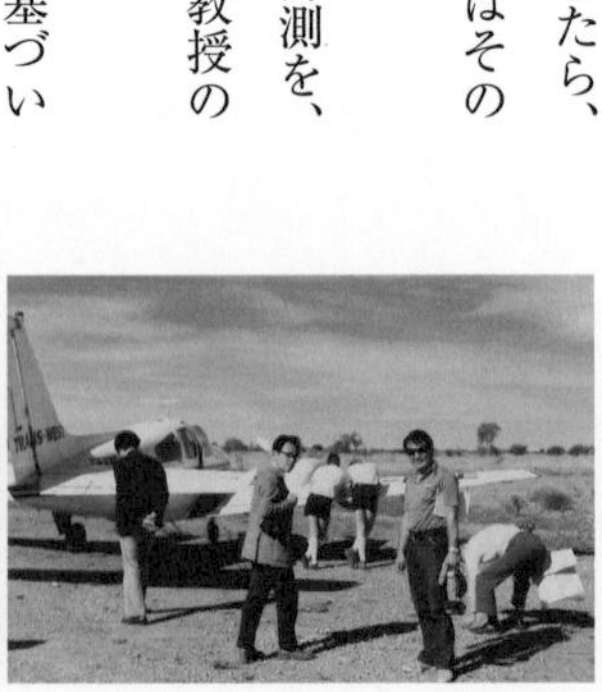

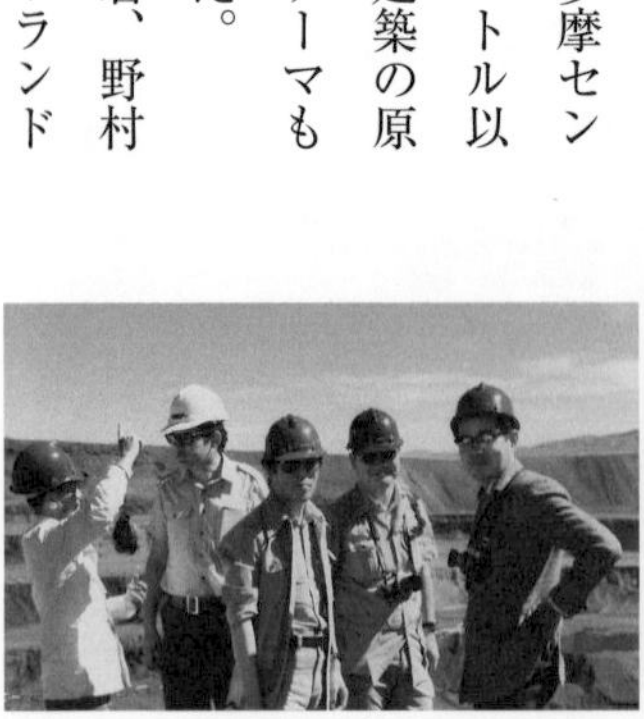

のニュータウン開発をするためであった。砂漠での都市づくりは水の確保から、とセスナ機をチャーターして水源を確認するところから始め、都市づくりで一番大切なのは水であることを学んだ。この体験は一九七五年、ブラジルのパライバラ渓谷でのニュータウン計画にも役立った。しかしその後、海外での新都市開発は日本のオイルショックですべてが中断してしまった。

一九七五年三月、長谷見雄二君と松島修君を同伴してGEのMARKⅢを調査するため渡米した。電通がそのエージェントになる予定で、アメリカのコンピュータと情報通信産業を調べ、スーパーコンピュータのバックアップ体制や、コンピュータビルの安全対策を学ぶためであった。通産省の「コンピュータ安全対策委員会」の委員長をこの時から六年間も引き受けたのは、コンピュータ社会におけるソフト・ハードの安全対策が日本の建築界では十分に認識されていないためであった。

この時代の支離滅裂と思える行動は社会的ニーズであり、日本の情報化・都市化時代に必要なインフラ不足を痛感したためであった。近代建築に設備が不可欠になった井上先生の時代から三十年、私の時代には都市の原論と設備が不可欠になると考えたからである。

私が「都市環境工学」を開講したのは、単体としての建築だけでなく、群としての建築を考えねばならなくなってきたからで、建築を内側からだけでなく外側から眺める必要性を感じたからである。東京大学に都市工学科が新設され、早稲田大学でも建築計画の武、吉阪両先生によって都市計画の講義が設置された。環境分野はさらにその先をいかなければならない。建築は周りの環境があって初めて存続しうるわけで、そのための学を開拓するためであった。

ところで、大阪万博の設計では関西の学者グループから、美しい千里の竹林を伐採したのは関

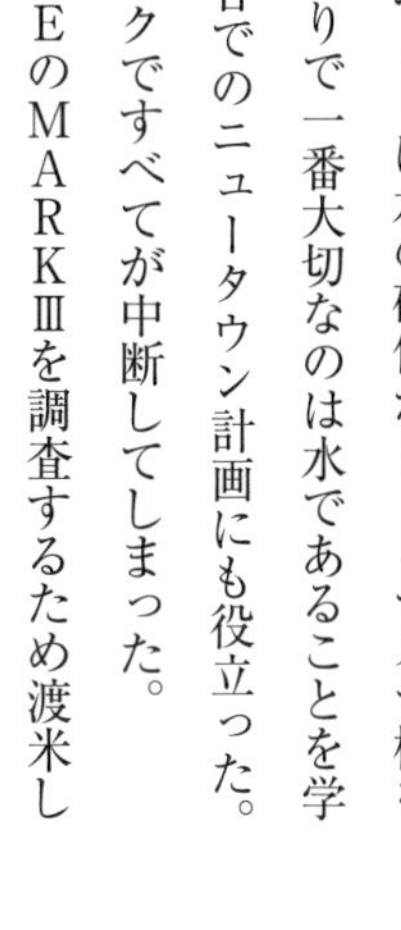

オーストラリア・ピルバラ地域

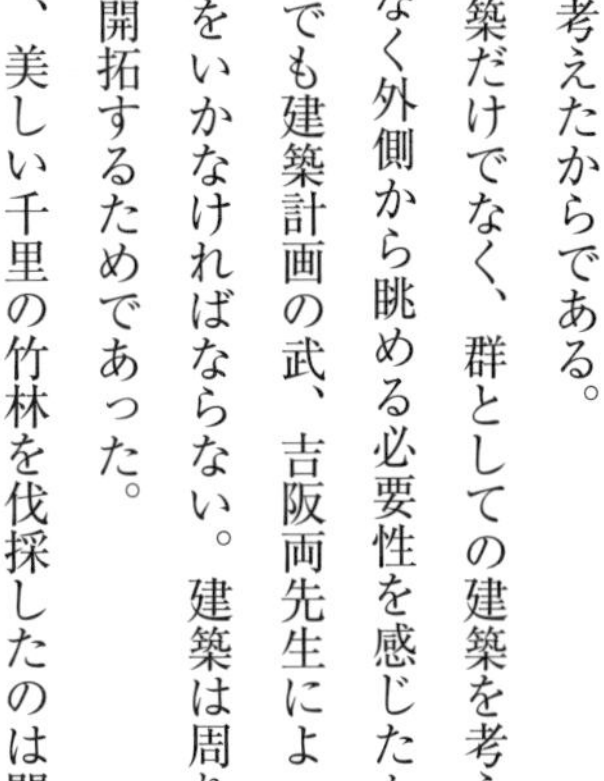

アメリカの情報管理MARKⅢ調査団（一九七五年三月）。左より斉木修、長谷見雄二、松島修君と私

東の建築家たちで、環境破壊者だ、と糾弾された。通産省もあわてて、アメリカの人工衛星から地表面を観察するという研究依頼をした。そこで、巨大な都市を一気にパターン認識する方法として、人工衛星からのリモートセンシングが必要になり、研究室にBグループを結成した。エネルギー消費量が成長の指標であった時代において、熱汚染を認識する技術が必要になったからで、その解析方法を学生たちと研究した。建築単体からの生涯エネルギー発生量や群としての発生量を測定し、計測する手法が出来上がった。これも社会のニーズからきたものといえる。さらに都市レベルで環境の事前評価と事後評価をするため、Aグループを結成した。つまり、都市は事前にどうあるべきで、どう測定し、事後にどうあるべきかをとらえる必要からである。

研究室のA、B、C、Dグループが集まると、単体から都市レベルまで、環境系の設計、計測といった学体系をつくり上げることが可能になる。そのうえで、建築に「強」「用」「美」があるなら、都市レベルにおいても、都市は安全で、健康で、利便性があってしかも美しくなければいけない。「安全」「健康」「利便」「美しさ」の四評価軸を定義した。これを『新建築学大系 第九巻　都市環境』（一九八二）でまとめた。一方で、そのことを『熱くなる大都市』（一九七五）や『絵になる都市づくり』（一九八四）などの単行本で、広く社会に啓発した。

一九七五年からはアメリカのように、大学院も学部と同様に授業で単位をもらうかたちになった。この時に私の研究室が「都市環境工学専修」という名前で正式に登録された。したがって「都市環境工学」は一つの学問体系としてまとめざるをえなくなったのである。

日本の高度経済成長期以後は、何か非常な危うさを感じていた。一九七六年に中国やインドへ行き、「変わらぬものの強さ」を目にしたこともあり、「これはわが国が忘れてきた何かだ」と痛

尾島研究室の研究テーマ

・Dグループ（一九六〇〜）
建築の原単位・建築設備研究

・Cグループ（一九六五〜）
地域冷暖房・都市設備研究

・Bグループ（一九七〇〜）
リモートセンシング／ヒートアイランド研究

・Aグループ（一九七五〜）
スペース・モデュール研究／都市環境研究

・Eグループ（一九八〇〜）
水と緑・ウォーターフロント研究／エコロジー研究

・Fグループ（一九八五〜）
建築編画像体系研究／メガストラクチャー研究

・Gグループ（一九九〇〜）
住宅編画像体系研究／美しい都市研究

・Hグループ（一九九五〜）
都市編画像体系研究／都市評価・比較研究

・Iグループ（二〇〇〇〜）
文化編画像体系研究／主体者評価研究

切に感じた。それまではアメリカやヨーロッパからだけ学んでいた。すでに通算四十数回もアメリカに行っているが、いつもアメリカの資料と文献、雑誌を鞄いっぱい持ち帰り、翻訳して、そのまま日本で再現する。インドや中国に行き、「何かおかしい」と感じても、社会や企業、あるいは自分でつくった事務所はどんどん仕事をしてくれていて、彼らは放っておいても動いていく。私の役割は「そうではないこと」をすることだと考えて、いきなり中国に行くことになってしまった。教室会議ではだいぶ反対されたが。

文化大革命当時の中国は、ソ連戦線を意識して、毛沢東の指導下で、エネルギーを極力使わない、自然の生態連鎖系の中で生活を完結させるための「自立更生型文革まちづくり」が行われていた。学者や文化人たちが下放されて農村に送り込まれ、中国が生きるための絶対的な方法を見つけるよう強いられていた。中国のそんな時代を体験し、社会や自然と葛藤してきた彼らと付き合ってみると、「これは大変な国だ」と思った以上に、すばらしく優秀な学者がたくさんいることに驚く。

中国から帰国して、エコロジーのEグループを結成した。農業インフラ、工業インフラ、都市インフラに加えて、歴史的に見て次の新しいインフラとして、近代以後のインフラは何かという模索である。たとえば、都市河川を改修して下水にしたが、もう一度自然の川に戻す必要性であり、自然への回帰である。これをつくり替えるには種地が必要で、大深度地下や超々高層もその手段であり、一度都市をクラスター化して、都市に生命を吹き込まなければいけない、という提案である。

都市そのものを生命体と考えた時、どれくらいの時間と空間を生き続けられるのか。一九八五

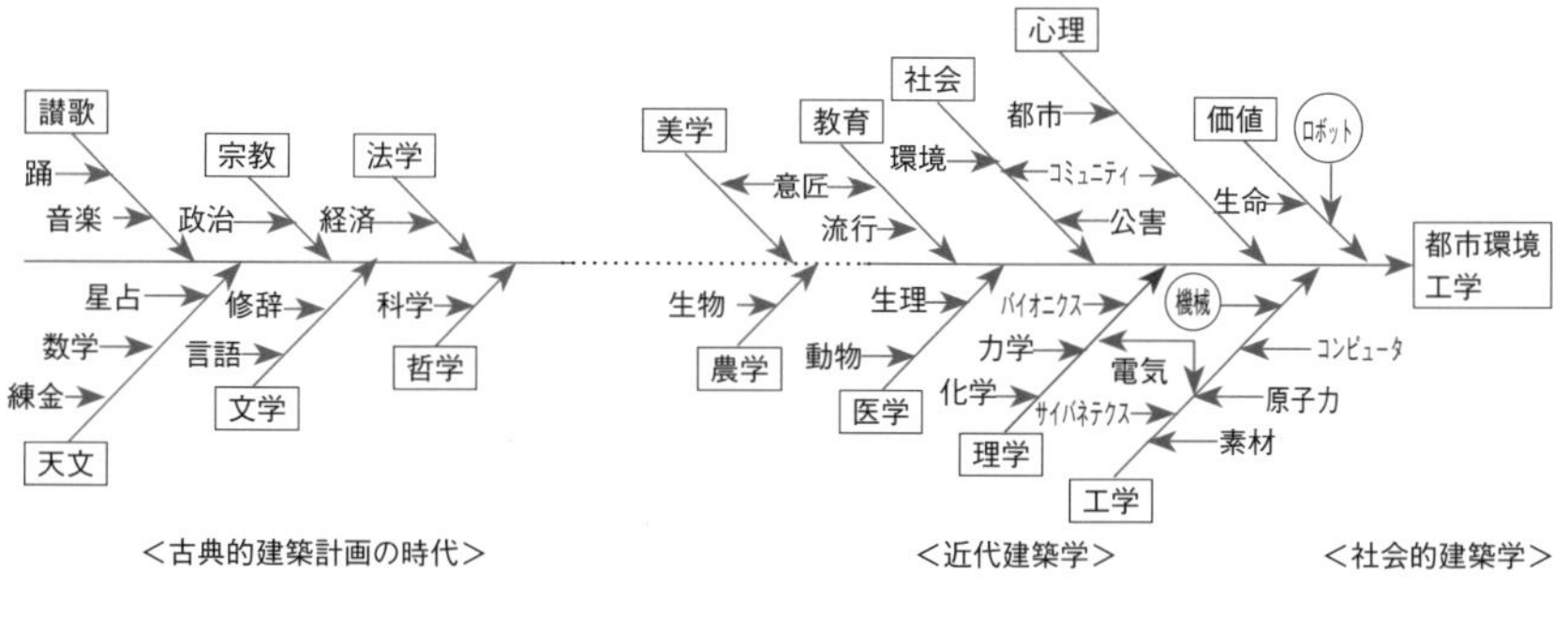

都市環境工学の系譜

年にFグループで「スペース・モデュール（Space Module）」研究を始めた。エントロピーの変化形で都市の始めと終わりをとらえると、今の日本の臨海部開発はおかしい。東京の臨海部をこのままスプロールさせると、巨大な「おでき」のようになってしまう。東京をいくつかの生命体にクラスター化しないと存続しない。このことを『異議あり！臨海副都心』（一九九二、岩波ブックレット）で主張した。

同時にクラスターを結びつけるものとして、大深度地下計画や千メートルビルといったメガストラクチャーをサスティナブルデザインまで持ち上げようということで、一九九〇年にGグループを結成した。そしてメガストラクチャーを用いてクラスター化したときの環境評価を行うため、東大生研にHグループをつくった。そこではまずヒートアイランドの問題点を立証した。東京の大気環境を完全にコンピュータで再現すると、川崎を中心に東京湾臨海部の煙が都心に吸い込まれて、埼玉や筑波のニュータウンのほうに落ちる。関東平野が閉鎖系の巨大なダストドームになっている。この解析結果から、建築レベルから三千万人の首都圏レベルまで連帯した環境計画ができるところにきたことを確信した。

東京以上の巨大都市が、これからのアジアにたくさんできてくる。こうした都市モデルの解析手法は、これから出来上がってくる巨大都市にも適用できる。現在の日本の技術ストックは世界中でも非常に貴重なもので、これをきちっと持続発展させなければならない。都市環境においても建築分野の技術者がリモート・センシングから気流の解析まで完全にできるところは世界に少ない。われわれが社会のニーズをきちんと知っているからで、身近なライフスタイルから人工衛星でのディテール解析までつながるような強力な研究室のスタッフで完結する。世界に類のない

「都市環境工学」の科学、あるいは社会的な「用」に対する一つの学として、私の研究室の存在価値を意識し始めた。

2　NHKブックス『熱くなる大都市』の出版

自然を根こそぎ取っ払って、石油ガブ飲みのうえに、自由と効率至上主義で築き上げたわが大都市を、どのように認知し、評価し、対策を立てたら、世界一美しい自然とともに世界一美しい都市になるのか。経済評論誌に大都市はゴミの山と「熱」という廃棄物の山で埋まろうとしていると書いた記事が紹介されたり、NHK総合テレビで「熱機関的技術の限界」や「熱くなる大都市」と題した番組が放映された。「熱くなる大都市」というテーマが気に入って、本書の総まとめをしたのが正月休み、寒さで縮こまりながら書く原稿を前に、時として自嘲しながらも、出版の頃には熱くなるさという無責任さで書き下ろした。

執筆し始めてから二年以上が経過するうちに、一九七三年の石油ショックがあり、大都市は熱くなるどころではなくなった。また研究室の学生諸君やJESの研究者たちと取り組む大都市問題は日ごとに複雑さを増し、研究内容も充実していた。そんなことからチョイ書きした原稿を研究室秘書の松原純子さんに清書してもらい、それを手直しする程度の気軽さでまとめたのが『熱くなる大都市』である。都市は本当に熱くなるのか、という基本的問題から、認知・評価・判断の基準にいたるまで、本書のテーマが常に気になり続けた。本書で用いられた多くの資料は、研究室やJESの仲間たちとともにつくったものが多く、その利用方法にも疑問が出てきた。研

『熱くなる大都市』（一九七五、日本放送出版協会）

本書の骨格ともなった幾多の資料は、通産省エコロジー研究会で私の熱グループに参画し、作業をしていただいた次の諸君による。JESの松野英而、増田康広、根津浩一郎、安孫子義彦君はじめ、研究室を卒業した岡建雄、森山正和、小畑晴治君ほか大学院生の諸君であった。

究論文や設計資料と違って、一般の人々に読まれる本ではごまかしが許されないからである。本研究会の後詰めをされた財団法人政策科学研究所ならびに財団法人情報開発協会エコロジー特別開発部長の中村良保さんや久保俊介君の助力によって作成された資料も多く、まさにこのテーマに関するスクラップブックのごとき出版であったが故か、五万部以上と予想を超える版を重ねた。

この出版に当たって、研究のオリジナル成果は日本建築学会の大会に四年連続して発表している状況から、尾島研を総動員していたことがわかる。一九七二年九州大会で「サーマルシステムモデルの作成」シリーズの第一報として、私が「その考え方」を発表。森山正和と田口高志「鹿島地域の熱環境実測」（その2、3）、松島修、根津浩一郎、北脇泰登「工場の熱エネルギー実態」（その4～6）、岡建雄「都市の熱環境」（その7）、下田学「地域環境対策」（その8）。

一九七三年日本建築学会東北大会で、私は「熱力学の新法則と熱収支の仮定」（その9）を発表し、後に機械学会で東大の平田賢教授とこの問題で激しい討論となった。私の考え方は理解されたものの、新法則という言葉は使わないことにした。この後、エネルギーの段階利用の必要性については、平田賢先生はメーカー側の立場で「コージェネ・センター」を、私はユーザー側の立場でDHC協会をつくった。この時から三十年以上このテーゼが課題となり続けた。そのほか、根津「関東地域の人工排熱」（その10）、岡「市街地と緑草地の熱収支」（その11）、徳永研介と森山「遠隔探査による熱環境調査」（その12、13）、田口「関東サーマルメッシュマップ」（その14）、小畑晴治「熱のスペクトルモデル」（その15）、松野英而「メッシュアナリストによる広域環境調査」（その16）を発表した。

建築学における都市環境学の位置付け

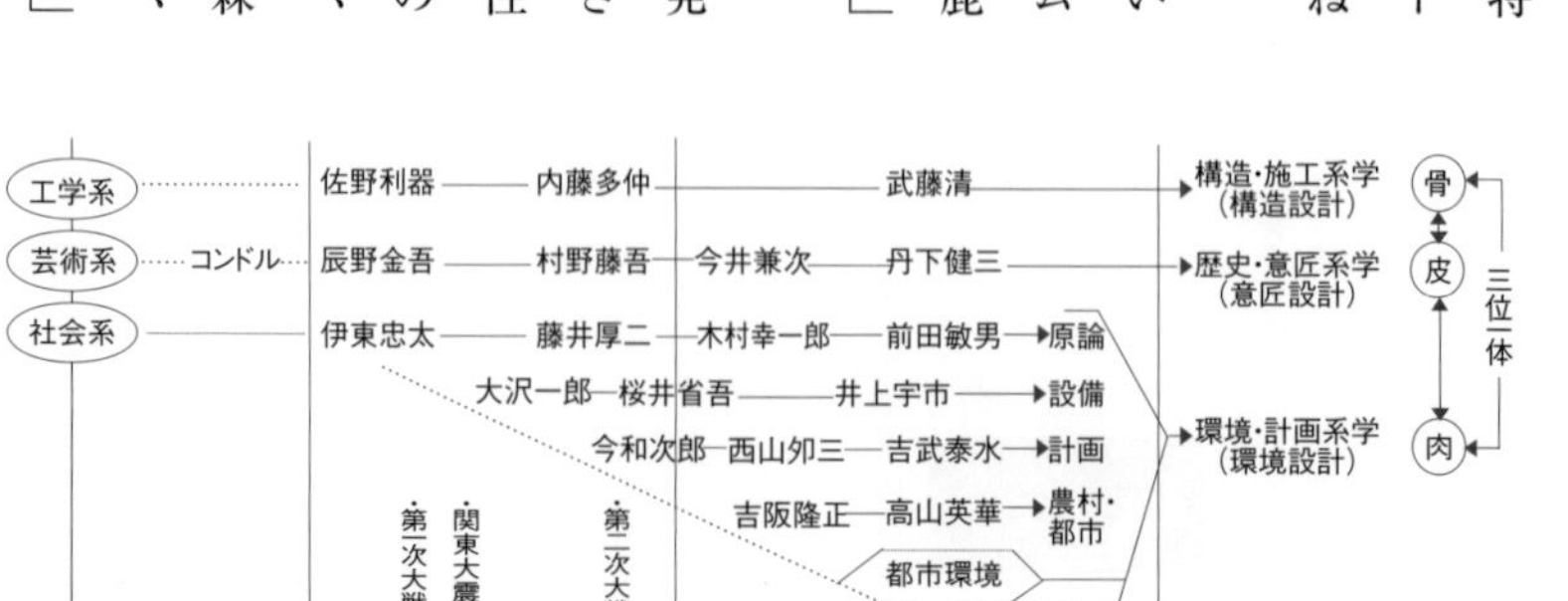

一九七四年北陸大会では、私は「スケールとバランスの規定」（その17）、一九七五年関東大会で、関口久義「日本ランド・ユースマップの作成」（その18）、須田礼二「世界メッシュモデルの作成」（その19）、「評価と価値づけと考え方」（その20）を発表した。

3　「スペース・モデュール」の論文シリーズ

『熱くなる大都市』のエピローグに、「宇宙における都市の位置付け」と題して「Space-Modular Coordination chart」を記載した。研究中の図表としたうえであるが、「すべての環境は宇宙に存在する」はずで、その宇宙は時間と空間から成立する。よって、時間と空間を基準座標に、他のすべての次元をこの基準座標に組み込んでみようと考えた。たとえば、熱量は「$E=mc^2$」で表されるから、mは空間に比例するとして、Eは空間と平行座標の上に置ける。都市の限界条件や都市の変化を示す基準尺度、原単位としての時間も人間を基準として、一般の人々が理解できる尺度に置き換える。そのための座標を作成すれば、大都市の位置づけができ、その環境診断はさらに容易になると考えたからである。建築家は人間の手や足の長さを基準としたモデュールを建築規模でつくり終えたが、人間は新しい機械を次々につくって地球上を支配している。宇宙規模での自分たちのやっていることの評価をしなければ、地球環境の破壊は知られぬところで気づかぬ間に進行する。時空間の異なったスケールで研究している学者は、他のスケールで起こっている問題についても知らなければならない。そのためにも自分たちの専門分野は、どの時間、空間軸であるかを知ることが大切である。時間・空間を圧縮したり、拡張したりしてシミュレーションゲームをしている危険性をも学ぶべきと考え、このスペース・モデュール研究に情熱を傾けたのは、一九七四年から一九七九年の五年間であった。

この研究成果は四報に分けて日本建築学会の論文集に投稿したが、一報の受理に二年間、二報目に二年間かかり、その間、査読者とのやりとりですっかりくたびれて、三報目以後は今も手元に残されている。しかし、この時にお世話になった気象研究所の竹内清秀先生や菊地幸雄先生、京大の堀江悟郎先生には今も感謝している。

一九七六年から一九九四年に至る十九年間、大学に入ってすぐにとりこになった『時間・空間・建築』（ギーディオン）を参考に、このテーマこそ都市環境に適用すべきライフワークと考えた。

4 「らいふめもりい」と妙福寺

人間の一生は百年間が限界であり、一年間を一頁に書き記した年譜をつくれば、どんな人の人生でも一冊の本に入れることができる。とすれば、その本の厚みのどの辺にいるかで、その時の自分の位置づけがわかる。スペース・モデュールを研究しているといろいろな人生が見えてくる。

一九七五年十月、ロータリークラブの友人、雄山閣出版の長坂勉社長に頼んで、定価二千五百円で初版一万部、「らいふめもりい」を無理矢理出版してもらった。その出版が同じロータリークラブの仲間、戸田一誠妙福寺住職を刺激し、妙福寺の再生プロジェクトを一任された。

一九七六年、土地の切り売りを続けねばならぬ宗教法人妙福寺の財政事情から、住職が宗教家として本格的に活動するためには、有形無形の持てる資産を再評価し、その台帳をつくり、土

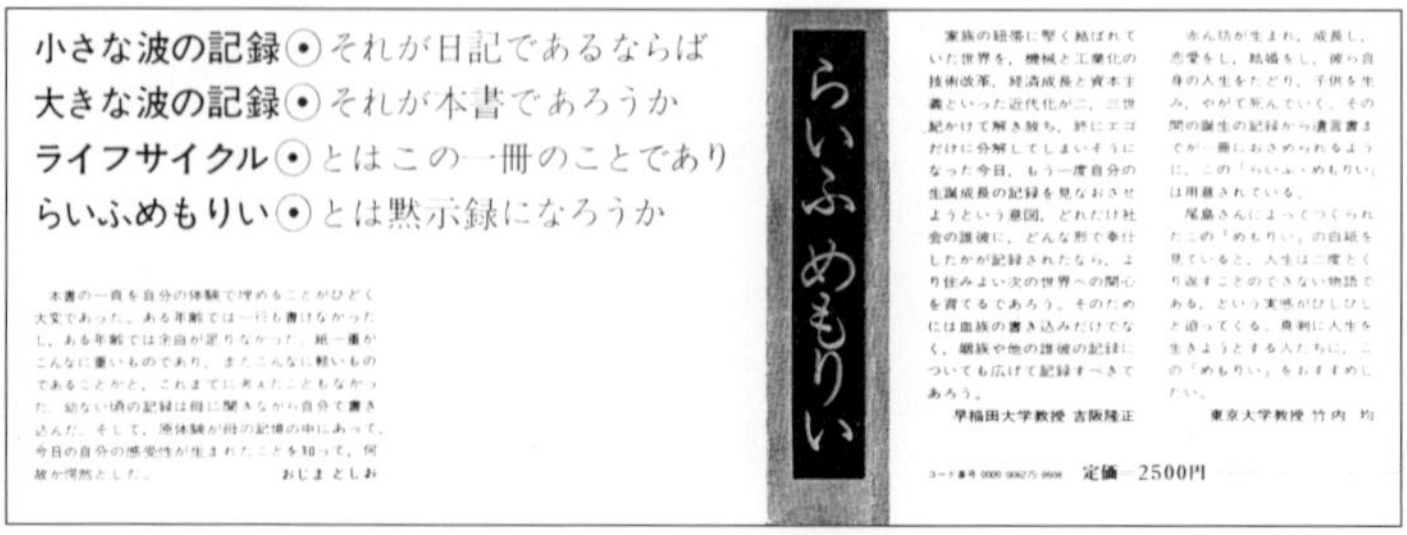
小さな波の記録⊙それが日記であるならば
大きな波の記録⊙それが本書であろうか
ライフサイクル⊙とはこの一冊のことであり
らいふめもりい⊙とは黙示録になろうか
おじま としお
らいふめもりい
早稲田大学教授 吉阪隆正
東京大学教授 竹内 均
定価 2500円
「らいふめもりい」（一九七五、雄山閣）の帯

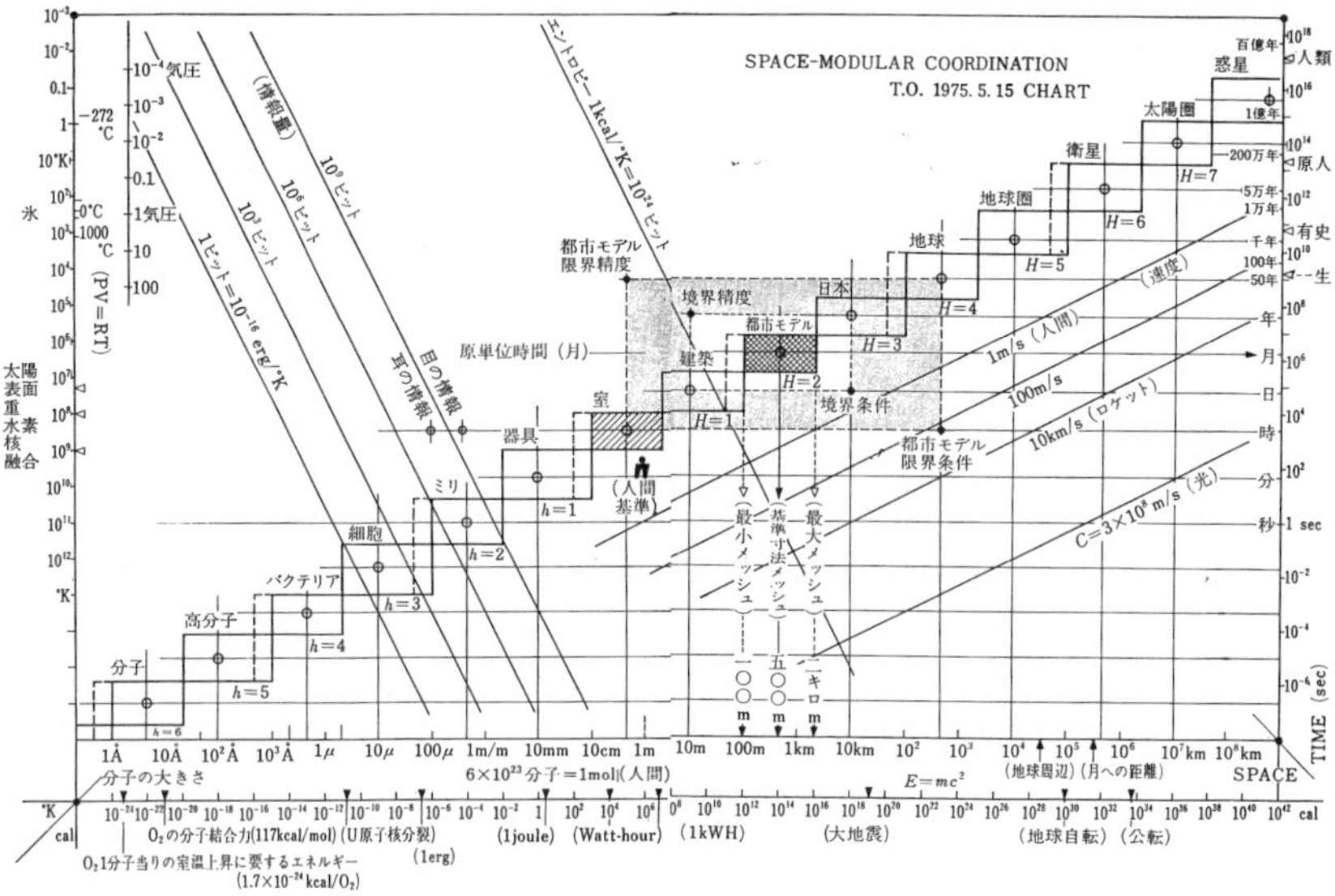

時空間モデュール

妙福寺門前町模型（設計：池原義郎、1976 年）

地利用の高度化を考えることにした。池原義郎先生にハード面を依頼し、ソフト面を私が担当、理工学研究所に研究委託してもらった。その結果、池原研からは門前町ならぬ奈良時代の土塀のごとき町並み模型が提案された。モダンボーイの戸田住職は近代的都市づくりを夢見ていたらしく、奈良朝的模型に驚き、このプロジェクトはとりやめになった。

その翌年の一九七七年三月、中国旅行でカルチャーショックを受け、帰国後に吉阪先生を中心に訪中時の仲間とともに、戸田住職、前野堯さん、阿久井喜孝さんらとシルクロード研究会を結成。飯田橋にあったＤＨＣ協会と妙福寺で毎月一回熱心な勉強会を続けた。一九七九年二月には戸田住職、カメラマンの松本栄一さんらと釈迦の足跡を訪ね歩くインド旅行をした。二人は時には大勢を引率して何度もインドに行っており、インドに関する写真と知識を十分に蓄えていた。これらの出版も妙福寺のソフト面での宗教活動を支援することになると考えた。中国と同様、インド旅行ではまたしても大きなカルチャーショックを覚えた。西欧近代文明の危うさに比べて、悠久の歴史と自然の中に息づいた仏教思想と、それが生み出すインドの景観に圧倒された。東洋への回帰、四十歳にして、インドや中国を学んでおかねばならないという思いがつのり、一九七九年九月、百八十三日間の長期中国訪問となった。

帰国後の一九八〇年三月二十八日、妙福寺で久しぶりにシルクロード研究会を開催した。シルクロードに限らず、日中の建築交流会は長期的にゆっくりと、しかし着実にやることに決定した。その夜の吉阪先生は妙に静かで、しかも一人最後まで残って、月を眺めながら淋しそうであった。その後、間もなく、日中建築技術交流会の機関誌に「チャンピオン交代」と書かれ、十二月、聖路加病院にお見舞いに伺った時には、日中交流会と東大とのテニス対抗戦のキャプテンはお前が

インド・ベナレス（一九七九年三月六日）

最後のシルクロード研究会（一九八〇年六月二十八日、大泉学園・妙福寺にて）。阿久井喜孝、吉阪隆正、成瀬慎一、戸田一誠、私、前野堯、高橋信之、村上美奈子、神山幸弘。この年、吉阪・成瀬両氏とも逝去

やれとの遺言。十二月十七日、「ワセダガンバレ」を最後の言葉として逝去された。
「らいふめもりい」の出版に当たって、吉阪先生の推薦の言葉は、

「家族の紐帯に固く結ばれていた世界を、機械と工業化の技術改革、経済成長と資本主義といった近代化が二、三世紀かけて解き放ち、終にエゴだけに分解してしまいそうになった今日、もう一度自分の生誕成長の記録を見なおさせようという意図、どれだけ社会の誰彼に、どんな形で奉仕したかが記録されたなら、より住みよい次の世界への関心を育てるであろう。そのためには血族の書き込みだけでなく、姻族や他の誰彼の記録についても広げて記録すべきであろう」

ちなみに東大の竹内均先生の言葉は、

「赤ん坊が生まれ、成長し、恋愛をし、結婚をし、彼ら自身の人生をたどり、子供を生み、やがて死んでいく。その間の誕生の記録から遺言書までが一冊におさめられるように、この『らいふめもりい』は用意されている。尾島さんによってつくられたこの『めもりい』の白紙を見ていると、人生は二度と繰り返すことのできない物語である、という実感がひしひしと迫ってくる。真剣に人生を生きようとする人たちに、この『めもりい』をおすすめしたい」

私は、「小さな波の記録、それが日記であるならば、大きな波の記録、それが本書である。ライフサイクルはこの一冊でわかる。『らいふめもりい』とは自分自身の黙示録である。初めは気

東大木葉会対早大早苗会のテニス対抗戦。各種の勝者に浜田・吉阪・鈴木・尾島杯が授与される

竹内均（一九二〇〜二〇〇四）
地球物理学者。東京大学名誉教授。科学雑誌『ニュートン』の初代編集長

軽に楽しかったことだけを書いておこう。思い出して過去を書くのも、考えて未来を書いておくのも良いことだ。落書きもしておこう。それにしても本書の一頁を自分の体験で埋めることがひどく大変であった。ある年齢では一行も書けなかったし、ある年齢では余白が足りなかった。紙一重がこんなに重いものであり、またこんなに軽いものであることかと、これまでに考えたこともなかった。幼い頃の記録は母に聞きながら自分で書き込んだ。そして、原体験が母の記憶の中にあって、今日の自分の感受性が生まれたことを知って、何か愕然とした」と、二人の大先生の後に記した。

この「らいふめもりい」は予想したほど売れず、妙福寺が残部を買い取り、そのうえ「らいふめもりい社」を設立して、お寺の周辺開発をすることになった。反対に、妙福寺の戸田住職に同行したインド旅行をまとめて出版した『印度』の写真集全三巻は大成功であった。その本に記した私の体験記の一部を記す。

「大粒のヒョウがものすごい音を立ててオベロイ・インターコンチネンタル・ホテルのテラスに飛び込んできた。真っ黒の雲と輝く太陽、雷鳴、旭日旗の如き光景が八階の個室で昼寝をしていたベッドから眺められ、急いでベランダのガラス戸を閉める。フマーユーン・ツームの輝く大理石のドームと真っ黒な墓建築のドームが森の上に浮かぶ。窓から見る時々刻々の変化は、古代ヴェーダの神々が勢揃いした一幕の演出、これから始まるワイドスクリーンの最初の晴れ舞台でもあるかのような、強烈な印象を与えてくれた。

一九七三年三月四日の日曜日。デリーに来たのは三回目であるが、いつもヨーロッパの帰途、ニューデリーで休み、そのついでにアーグラのタージ・マハルやチャンディーガルを見るのが目的であったから、こんなにゆっくりホテルで昼寝をするほどの滞在はしたことがなかった。インドの本当の美しさは、何もしないでじっとしていれば神々がいろいろな催し物を演じてくれることを初めて知ったのである。

森の都・ニューデリーは、まったく新しい都市計画による新生インドの連邦直轄都市である。ホテルのベッドから眺めたムガル帝国全盛時の都の栄光をそのまま残している。ベランダへ出て別の方向を見れば、近代的高層建築がオールドデリーを隠すかのように建ち並んでいる。この景観はパリのノートルダム寺院からの眺望にあまりにも類似していないだろうか、と一瞬考えた。そしてひどく頭が混乱したのであるが、その混乱の原因は、一方ではオールドデリーの騒音であり、一方は近代的騒音とビル群のニューデリーとの相違にあったと気づいたころから、少しずつその類似性の糸口が解けてきた。

オールドデリーのスラムとニューデリーの邸宅街は、インドの格差を示す指標である。どこの国の大都市にもこうしたピンからキリまでの生活空間が生まれるのであるが、その程度の違いは格別である。古さと新しさ、貧しさと豊かさ、醜さと美しさの混在した自然と人工。こうした格差の大きさこそが最先端の科学を生み、芸術、哲学を開花させ、また憂国の士を生み出す土壌、風土そのものなのであろうか」

5 『新建築学大系』の編集

一九七七年三月、彰国社の山本泰四郎さんが大学にやってきて、新建築学大系全五十巻の編集委員になれという。太田博太郎先生が顧問で、東大の内田祥哉先生がまとめ役、鈴木成文教授、稲垣栄三教授、京都大学の巽和夫教授、早大の谷資信教授と私の七人を予定しているというので、それはよい勉強の機会と考え、参加することにした。第一回目から、学会の教育委員会とは違った面白い雰囲気で、彰国社の社長室や下出源七オーナーの日光の別荘で実に楽しく、しかも限りなく明るい建築界の未来を拓いてゆく場に思えた。

一九五四年（昭和二十九）に発刊された『建築学大系』は学生時代によく活用した最先端の教科書であった。その編集者は田辺泰先生らで、著者に早稲田の教授がたくさん入っているのを見て、誇らしく思った。それから四半世紀の建築界の発展は目覚ましく、建築を取り巻く状況も一変した。この間の技術や産業の発達のみならず、われわれの生活や環境が変わったことから、学術の成り立ちやその社会的位置付けを見直す必要があるとして、前記の編集委員会が成立したのである。

したがって、『新建築学大系』は旧『建築学大系』発刊以来の編集方針を基本的に継承するもので、この間の変化を反映させ、構成や内容についてのみ、新しい意図として織り込むことにした。その第一は、基礎的で概説的叙述にいっそう重点を置くこと。第二は、それぞれの専門分野で学術が発達した経過について、できる限り触れること。このような新編集方針のおかげで、

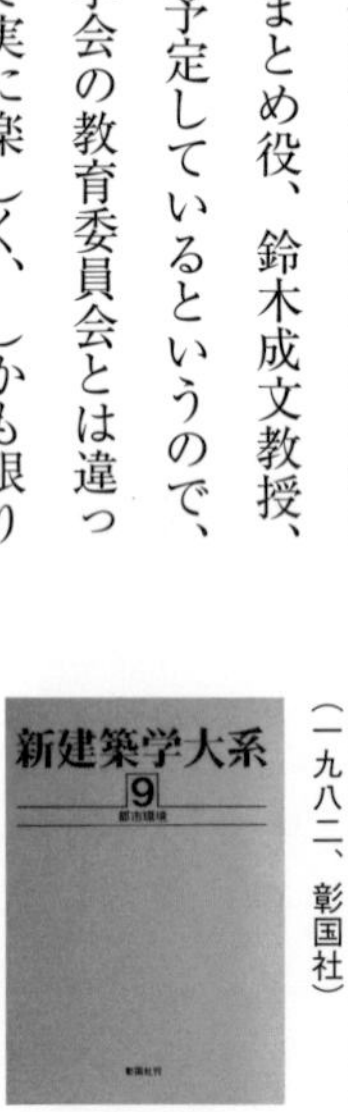

『新建築学大系9　都市環境』（一九八二、彰国社）

太田博太郎（一九一二〜二〇〇七）東京大学教授、日本学士院会員（日本建築史）

田辺泰（一八九九〜一九八二）早稲田大学教授（日本・東洋建築史）

私が開拓した「都市環境」が一巻として自立、建築の新学術体系として認められたことになり、一九八二年四月には全五十巻の最初に出版することになった。

そのまえがきで次のように記した。

「今から二〇〇〇年も前に、ローマの建築家・ウィトルウィウスや古代インドのマーナサーラは、『都市環境』の在り方（東西道路は太陽の道、南北道路は風の道として、自然のもつ浄化作用の効能等）を指摘している。大自然の中で営まれている人間の部落や集落が、国家の出現と共にその拠点として都市に変遷した。たくさんの民家や役所や宮殿が築かれるにつれて、その廃棄物の処理に、人々の住み分けや安全の確保に各種の試みがなされた。自然環境と人為的環境の共存についての原論が、神の司祭から建築技術者に至るまで必要になった。かくして、この時代に発展した『都市環境』に関する学問も、二十世紀に至る長い間、進歩することがなかったのは、都市そのものに基本的変化がなかったことによろう。

本書が新建築学大系において初めて、建築学の一部として必要とされるに至った理由は、今世紀末には日本の都市人口が八〇％に達し、建築物の大半が都市域に建設される状況下におかれたことによる。『都市環境』の学問は、二十一世紀を目指して急速に開花するであろう」

この編集委員会は毎月一回、彰国社で開催され、数十回の会合を重ねる間、他の建築分野の学問的成立基盤やそれに従事する人脈を知りえた。この編集委員会で得た知識は、自分自身の建築全般の知識の取得とともに、中国で『日本的建築界』を編集するうえで非常に役立った。

6 サンシャイン60の設計顧問

池袋の超高層ビル「サンシャイン60」建設の実質的な一歩が踏み出されたのは、構想が提案されてから八年目の一九七六年だった。この年、日本国内の百社以上の大企業が協力して「新都市センター」を発足させ、巣鴨にほど近いところに超高層建築の建設用地が確保された。

ほぼ時を同じくして、この超高層建築の設計が開始された。二百人もの設計者が動員され、私は新都市センターの顧問として、毎週一回設計図を検討して、施主の意を充たす建築物が実際にできるか否かを判定する作業に従事した。

建築物を設計する場合、一般にまず二〇〇分の一スケールで構想図を描き、次いで一〇〇分の一で基本設計図を描き、さらに五〇分の一から二〇分の一スケールで実施・施工図を描く。だが、サンシャイン60の場合には建築規模があまりに巨大なため、二〇〇分の一でも図面が製図版からはみ出してしまう。そこで、異例の三〇〇分一スケールで構想図が描かれることとなった。

サンシャイン60の一フロア床面積は約一万平方メートル、全フロアの総床面積は約六十万平方メートル。これだけのスペースについて、前記した三種類の図面を揃えると、ひと通り見るだけで二ヵ月も要した。図面の総枚数は

サンシャイン60・施設構成

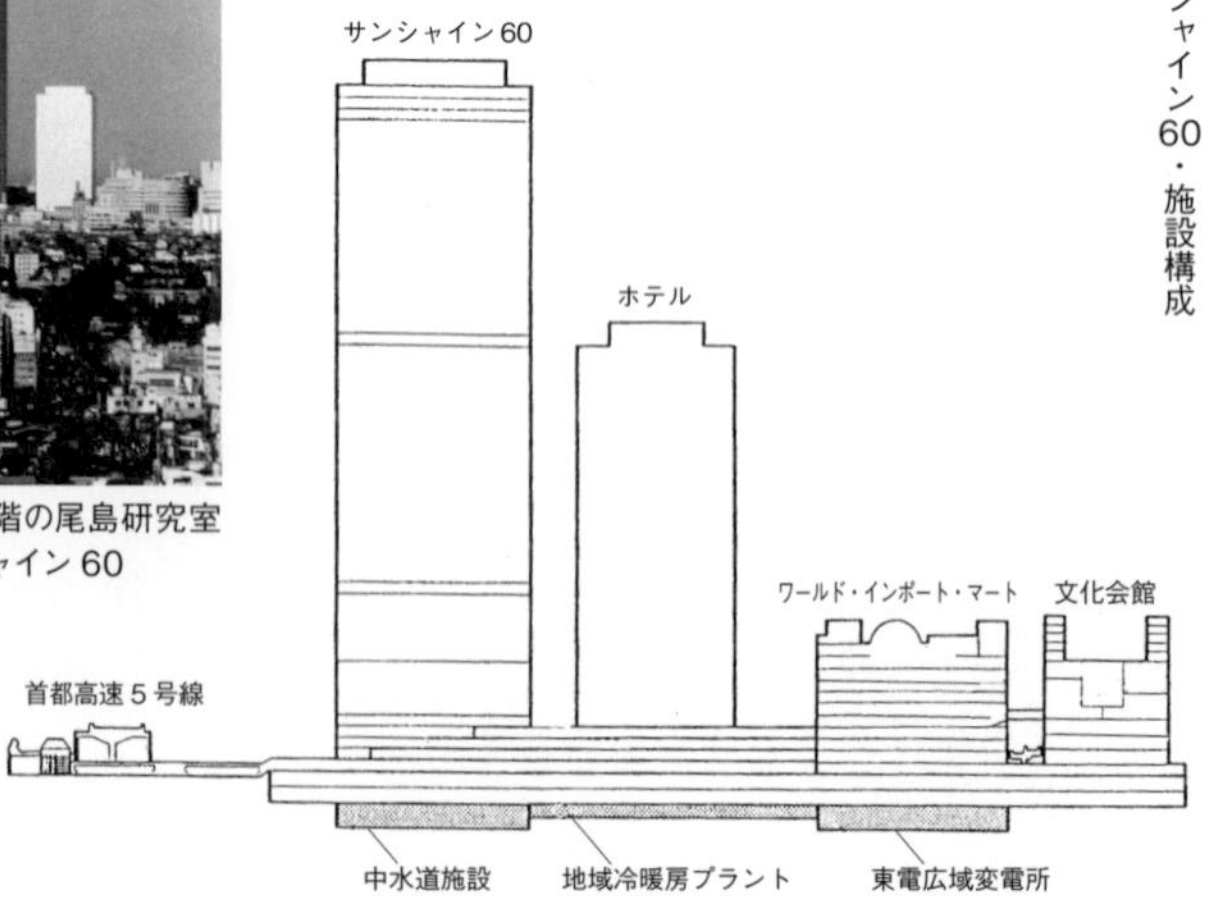

早大51号館四階の尾島研究室より見たサンシャイン60

約一万枚。それらの膨大な図面のすべてについて問題を指摘し、修正せねばならない。私は気になる点や忘れてはならない点をノートしつつ、この超高層建築の全体を把握しようと努めた。そうしてできたノートは何冊にも及んだ。

プロジェクトの進行中には必ず設計変更が出てくる。それは、よりよい建物を建てるためには当然のことであり、そのつど、チームメンバーはただちに各担当部門としての意見を持って議論を展開できなければならない。たとえば、意匠の側から柱を一メートルずらしたいとの意見が出た場合に、どことどこに問題が出てくるか、ただちにわかる必要がある。毎週一回、チームのリーダー会議を開いて、約一年かかってやっと設計図がまとまる。指揮者がオーケストラの各楽器のパートの楽譜をすべて記憶し、なおかつ作詞・作曲家でもなければならないように、各チームリーダーはその建物の全空間を完全に記憶していなくてはならないのである。

根伐作業を地下四階部分まで進めた段階で、工事が一時ストップするアクシデントがあった。これは当時の急激なインフレにより諸経費が軒並みにアップし、当初予定していた総工費が一挙に三倍に跳ね上がったためである。

すでに地表に掘られた巨大な地中の壁面には周囲の土砂の重みがかかっている。その結果、壁面の土砂は地底穴の奥から内側に迫り出してこようとするし、底の土砂は周囲の土砂の重みを受けて盛り上がってくる。放っておけばせっかく掘った地下空間は大地の力で崩れ、底上げされる。プロジェクトのトップた

サンシャイン60・地域冷暖房システム系統図

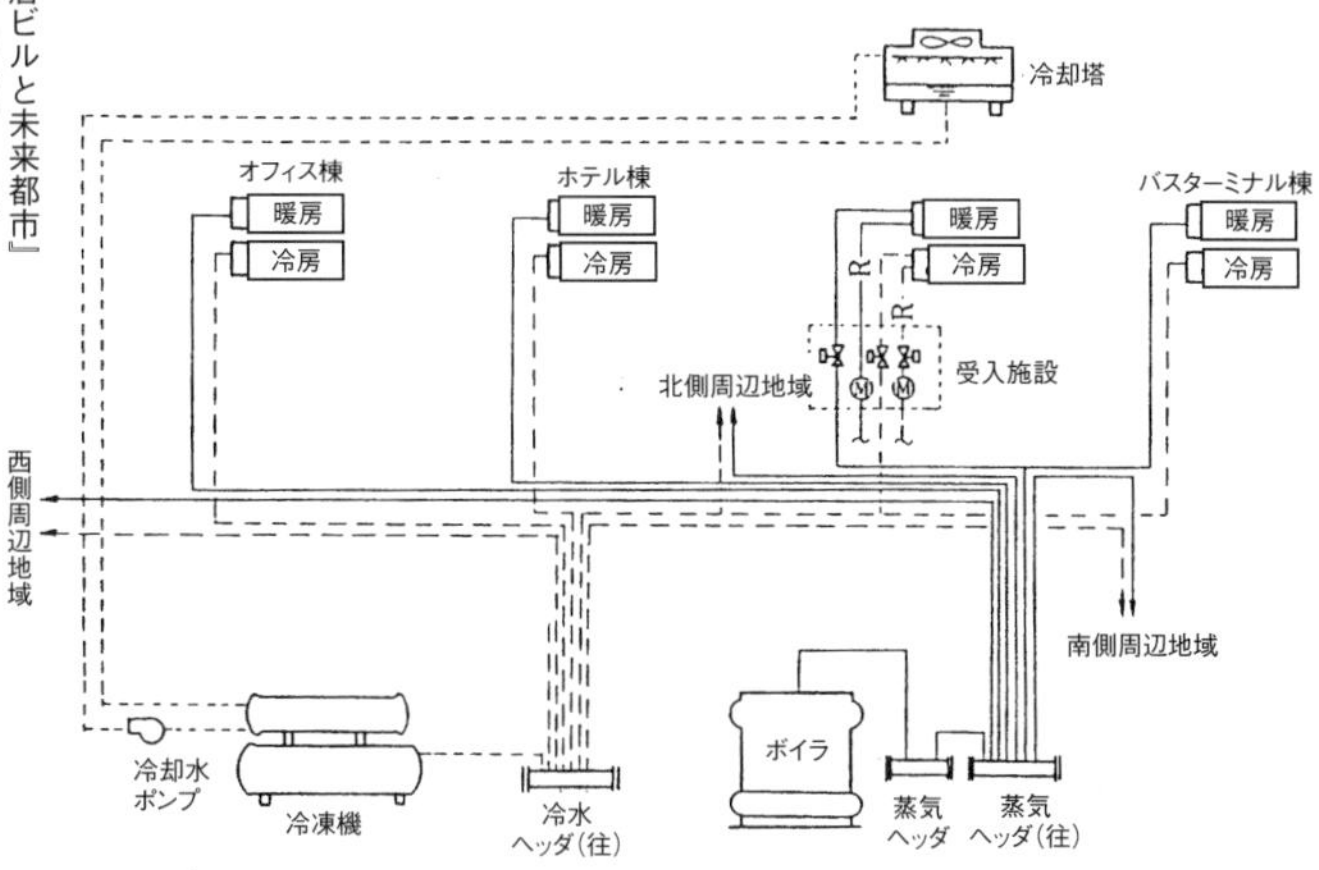

『超高層ビルと未来都市』（一九九二、ポプラ社）

ちは悩み抜いたすえ、中断した工事にゴーサインを出した。その後、幸いにして開発銀行からの融資を受けることができ、サンシャイン60は無事完成にこぎつけたのである。

この時の記録をポプラ社から『超高層ビルと未来都市』と題して無理矢理出版した。当時は超高層建築の設計詳細を外部に知らせたくないという時代であった。しかし、設計意図を利用者にも十分に理解してもらうことは、このビルが上手に、安全に安心して活用されるために不可欠と考えたからである。

7 中国の文革と都市環境

第二回日中友好建築交流団（宮谷重雄団長）の一員として訪中したのは、吉阪隆正先生の要請による。この旅は西欧文明を追い求めてきた私にとって大きなカルチャーショックとなった。十億人を超える人口と四千年の歴史と伝統を持つ国の文化に触れたショックであった。

一九七七年六月、北京、瀋陽、旅大、南京、上海等の諸都市を訪ねた。文字どおりの「走馬観花」の旅であったが、訪問した諸都市はいずれも不思議な魅力をもって、私の遠い過去を呼び起こすのであった。

「中国の諸都市は本当に美しい街である。落ち着いた大都会であり、人間の生活と臭いが充満した街である。ヨーロッパの諸都市に見られる華やいだ美しさと落ち着きを持ちながらも、同時に私を拒絶することなく引き込んでゆく雰囲気。緑したたる公園や街路、黒一色の自転車群、古い家並み等々、私の小学校時代の日本そのものの街が中国にあった」

初めての中国旅行、万里長城にて（一九七七年六月）

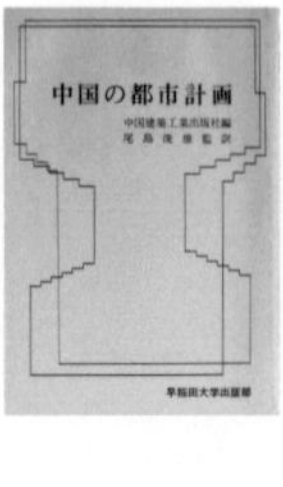

『中国の都市計画』（一九七九、早稲田大学出版部）

『現代中国の建築事情』（一九八〇、彰国社）

以上が不思議な充実感に包まれた中国旅行のメモである。この旅行中に買い求めた『城市規則知識小冊子』の数冊を帰国してから何気なく読んでいる間に、私の求めていた自然環境と共生した都市計画教科書こそ、この小冊子にほかならないと思った。私たちは知らず知らずに日本の特殊事情を普遍的慣習と定めて、都市のあり方を考えようとしてきたことに気づいたからである。ウィトルウィウスの都市計画理念から、いきなり近代文明都市を考えようとしたギャップを、中国の小冊子が見事に埋めてくれたのである。早速、私の研究室で大学院生の文献研究として採用したところ、非常に好評で、これを翻訳し、早大出版部から『中国の都市計画』と題して一九七九年七月に出版した。

翻訳は、宮崎喜弘、嶌田富夫、円満隆平、坂本宣夫、吉田公夫、永田友子、大竹秀興、前川哲也、木内窓君らが行い、私がそれを監修した。

一九七九年、ついに井上宇市先生や渡辺保忠先生の反対を押し切り、大学で与えられる一生に一度の在外研究期間を中国で過ごすことにした。中国語の会話や発音を韓慶愈先生と稲畑耕一郎講師に学ぶこと一年余。安藤彦太郎政経学部教授や日中科学技術交流協会の支援で、中国科学院の理工系の教授交換制度に乗って一九七九年九月、北京の中国科学院に行くことになった。この間の詳細は『現代中国の建築事情』（一九八〇、彰国社）に詳述した。

日本語や英語が通じないことを前提に、中国語でつくった講義録の五回分については黄揚君に訳してもらい、飯田橋のDHC協会で何度も大声で発音訓練を受けた。現地では私のために同済大学の彭銀漢教授という立派な通訳が上海から杭州に半年間派遣されており不自由はなかったものの、一人で出歩くときや、勝手な通訳をされたときには非常に役立った。

上海の黄浦江バンド（右）と道路の緑化、そして人びとの賑わい

コラム ⑦「らいふめもりい」

◉某雑誌の随想より

「紙一重」、私の好きな言葉であります。この美しい如何にも日本語的表現手法は、使い方次第で、両刃の刃となって、私達の日常思考に影響を与えるのです。天才と馬鹿は紙一重との表現には、誰しも、自分はどちらなのかを深く考えることを恐れつつ、一刻の気合いでのみ使われています。

紙一重の表裏には、人間の判断機構の全てが含まれ、その具現としての巨大な電子計算機等も、裏か表、イチかバチかの二進法から成り立っています。

紙一重は薄いものの代名詞として使われ、ほんのちょっとした違いを表現する日本語特有の繊細な言葉であります。

生と死も紙一重の違いであると表現する人々が多いことでしょうが、これは正確には紙半重の違いであります。生前と死後の世界に人生があります。従って生前と死後の間が紙一重であり、生前と生が紙半重で、生と死後が紙半重で、合わせて紙一重になります。

紙一重の持つ意味は、かくして人生そのものの表現としても適切に思えてきます。

最近になって、私は一枚の紙に人生の記録をつけてみました。零歳から毎年の記録を母に聞きながら記しました。そして表から裏へ折り返して書き綴ろうとして、はっとしました。二十五歳で裏に記入すると五十歳で人生が終わってしまいそうな予感がしたからです。何気なく記録するつもりであった人生のメモも、一枚の紙に改めて記入しようとした途端に行きづまってしまいました。こんなささいなことでも、意識して表から裏へめくるに要する決断は、馬鹿か天才でなけ

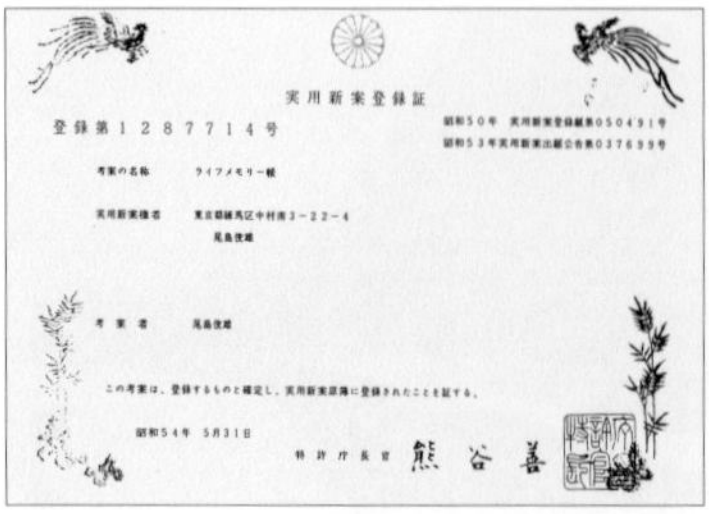
実用新案登録証

登録第1287714号

考案の名称　ライフメモリー帳

昭和54年　5月31日

特許庁長官　熊谷善

ライフメモリー帳の実用新案登録証

れば出来ないと思いました。

　紙一重に人生を記録することの愚かさを避けねばならぬと考えました。三木首相がライフサイクルを学者に研究させています。サイクルを輪廻と解釈すると、ライフサイクルは日本語となります。しかし英語のライフサイクルを直訳すれば生活環となり急に現実味を帯びてきます。

　紙一重の人生を、そんな学者のお仕着せやおせっかいで埋められてはたまらないと考える人々もいます。私共のライフサイクルを考え、子供達のライフサイクルをより良くさせるためには、父母や祖父母のライフサイクルを調べることが何より大切であります。しかるにそんなことをしている様子はありません。社会や環境に対する研究やあり方論は非常に熱心に討議されています。私の研究分野であります建築や都市工学においても、主体である人間そのものの評価や判断の研究はタブーになっています。私生活（プライバシー）の保護は、如何なる学問より大切であるとする国民的思潮は、お互いの真実性や弱味を包みかくすに便利であるだけです。問題に対する真摯な取り組み方を否定し続けようとする思潮に、常々、激しい激怒を感じて、「らいふめもりい」を出版することに決しました。九十九重の紙を綴って一冊にまとめ、一人一人の人間が、生前と死後の間を一重の紙に記録することの決心を強要することを考えました。らいふめもりいを一重から九十九重として出版するにはそれでも大変な勇気を要しました。弘法大師の「生れ生れ生れ生れて、生のはじめにくらく、死に死に死んで死の終わりに暗し」なる言葉が支えになりました。

　努めて明るく二色刷りにした人生のメモ帳は、それでもくらいといわれます。一重を九十九重にしてもくらい人生の記録。宇宙論や弁証法の難しい本も、紙一重の持つ言葉の意味を理解しよ

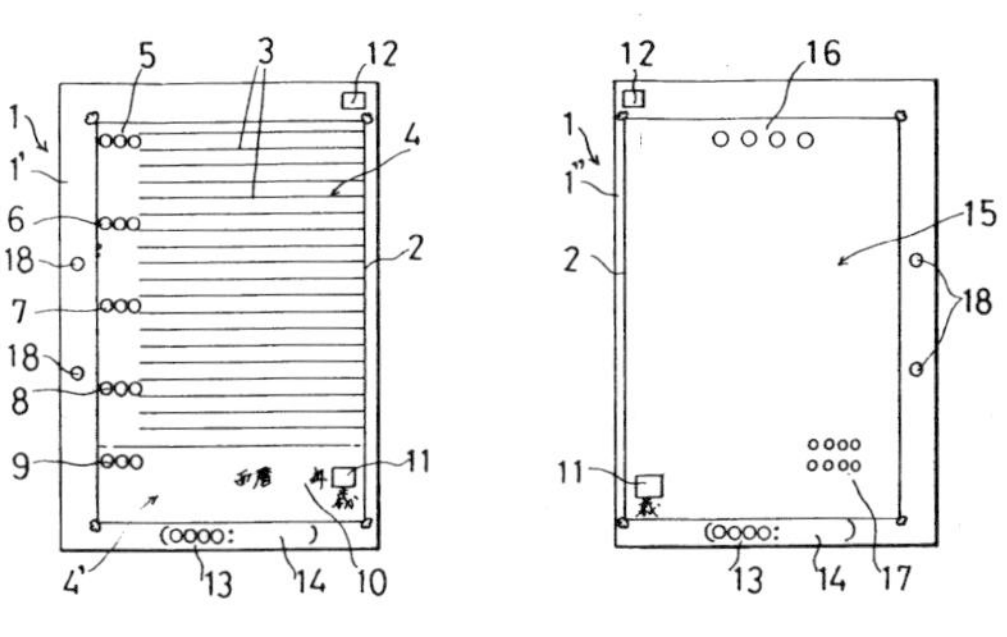

実用新案で各頁の説明を弁理士が左図のように記している

うと努めたことから、ひどくよみ易いものになりました。

（おじまとしお＝建築家・早稲田大学教授）

◉ロゲルギストのコラムより

一九七七年に、尾島俊雄著「らいふめもりい」（雄山閣、一九七五）というB5判（二百五十七㎜×百八十二㎜）、厚さ二十五㎜、硬い黒表紙の本が舞いこんできた。どなたかに頂いたのだと思うが、まことに申し訳ないが、どなたからだったか記憶がない。「本」と書いたけれども実は中身はほとんど白ページで、これが私のいう年記帳なのである。

中をあけると、左側の上端に大きく「記録と印象」とあり、あとは空白のそのページの左下隅にはたとえば「二十四歳」と印刷してある。右側のページには、左端に上から順に「本人の状況」、「家族の状況」、「印象の人・本」、「私の身辺・重大ニュース」、「今年のモットー」と五つの項目がならび、これらを記載するようになっている。そして右下隅に「西暦〇〇年、二十四歳」と再び年齢が印刷してあるのである。一九一七年十一月十六日生まれの私が二十四歳であったのは主として一九四二年だから、私なら西暦の次の空白に一九四二と描き込んで、この二ページに渡って一九四二年の記録を書くようにできているのだ。

もらってから何週間かの間、私はこの本（？）を机上に放り出しておいた。夏休みにひょっと気がむいて、後ろ向きの手帳をたよりに前年（一九七六年）の〈年記〉を「五十八歳」の左右二ページに書きこんでみた。意外におもしろかったので、暇をみては過去にさかのぼっていった。もっとも、そんなに暇があるわけではないから、誕生の年（一九一七年）にまで到達したのは翌

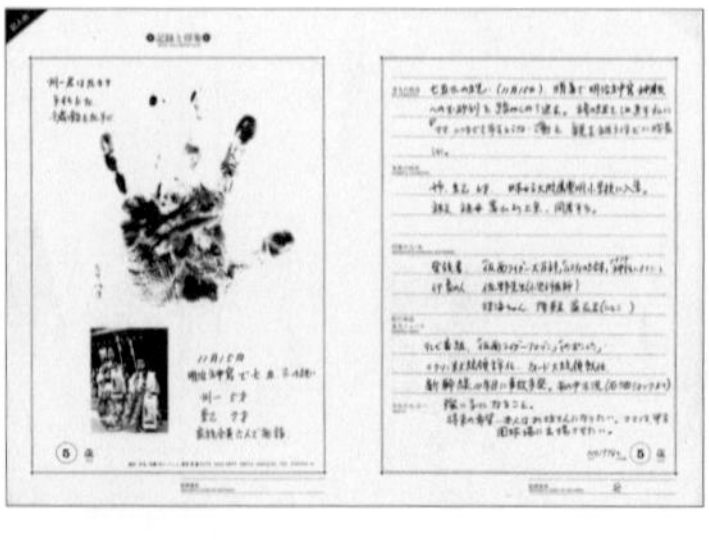

ライフメモリー帳の記入例

一九七八年にはいってからである。こうして書いてみると、数十年むかしのことはなかなか確認できないものだということがよくわかった。

（ロゲルギストK、『自然』一九八三年五月号より抜粋）

この記事が紹介された後に、ロゲルギストのお一人で、当時学習院大学学長であった近藤正夫先生のご自宅にお招きを受けた。「らいふめもりい」を出版した意図や発想のルーツを聞かれ、また、人生について、特に世界の学者たちの老後の生き方についてなど、ビスケットとお茶をいただきながら話し合った。その日はとりとめのない話に終始したが、物理学者のライフスタイルの一端を垣間見ることができた。

ロゲルギスト

一九五〇年代末から数十年続いた物理学者の同人会。当初五名、後に七名のメンバーが物理現象をはじめとする幅広い話題について議論を交わし、含蓄に富んだエッセイを交代で執筆して雑誌『自然』（中央公論社）に連載した。一九五九年から二十四年間にわたって連載されたエッセイは、「物理の散歩道」シリーズ五冊（岩波書店）、「新物理の散歩道」シリーズ五冊（中央公論社）として出版された。

6

日中友好建築交流時代

（一九八〇～八四）

1980年3月、哈爾浜建築工程学院での講義風景。人民服の先生方が毎日熱心に聴講され、寒い教室に熱気があふれていた。

1　中国科学院の交換教授

浙江大学は一八九七年創立、一九二八年に現校名、一九五二年に全国大学調整によって教育部直属重点大学となり、中国科学院直属となった、数・物系の特別重点校である。初代校長は馬寅初（経済学者）、二代目は竺可楨（気象学者）、三代目は周栄鑫（政治家）と、中国の著名学者が文系・理系交互に校長を務めてきたが、一九七九年当時は中国原爆の父といわれるエネルギー問題の第一人者、中国科学院副院長の銭三強が校長職にあった。

私の滞在中、事実上の校長職を担当していた劉丹（主席）副校長と意気投合して、浙江大学の将来展望を語り合い、二百四十万冊の総合図書館や外国人教育宿舎の建設状況を見ながら、雄大なる前途について話し合った。当校には十人ほどの欧米語学教師がいるものの、専門職の日本人教授は初めてとあって何かと注目され、終始気持ちよく交流に没頭することができた。特に中国科学院の外国人研究員として建築学者は初めてであり、また建築系の大学は、教育部か国家建築工程総局の直属であることを考えれば、最初から私の立場はユニークであった。巨大な権力と組織を持つ中国科学院であっても、建築に関係した分野はこの浙江大学の土木系にしかなかった。しかも土木系は浙江大にあっては最も小さな勢力で、私の講義室は別棟の四階に新設された。

私は劉丹副校長ほか、諸先生方と浙江大学の将来を語り、また中国科学院の発展のため、土木建築学系充実のカリキュラムについて幾度も討論した。杭州の浙江大学では四ヵ月ほどの短い滞在であったが、親身の交流で多くの老盟友ができ、第二の母校として親しむ。帰国に当たっては、

劉丹副校長と私の家族

正月に西湖畔で、稲畑耕一郎先生と私の家族

同校より顧問教授としての終身名誉を授けられ、いっそうの発展を願うことになった。

この浙江大学での講義録は、一九八〇年一月、中国語で中国建築工業出版社から『日本的建築界』として出版され、また六ヵ月の中国滞在中の記録は『現代中国の建築事情』として彰国社から一九八〇年六月に出版された。

一九七九年九月から一九八〇年三月にかけて中国科学院の交換教授として杭州を拠点に、浙江大学で各省からの専門家、先生方に都市環境論の講義をするかたわら、暇を見ては座談会や討論、両国の建築界や将来問題について話し合った。彼らのほとんどが私より年長であり、四つの現代化（工業、農業、国防、科学技術）に取り組むことによって必然的に生ずる環境破壊や都市問題、住宅の量産化について日本の体験を必要としている人たちであった。私も中国の文化財保護や都市緑化問題に少なからず興味を持っていたので、この体験交流は一段と熱が入った。日本から専門外の資料を取り寄せる私の誠意に対して、彼らも中国側の資料をまとめてくれることになった。かくして、日中建築界の全貌を比較することができ、座談会も重慶・西安・哈爾浜《ハルビン》・北京など場所を変えて実施し、将来の中国建築界を背負うべく意気込む人たちの熱意に導かれて、思わざる成果を得た。また日本では、「第三次全国総合開発計画」による地方定住圏構想が発表され、これまでの中国を研究することが極めて大切に思えた。

当初、中国歴史の散歩と現況視察程度に考えていた私は、不足資料を日本から郵送させ、語学は早大中文科の稲畑耕一郎講師が二ヵ月間応援に訪中され、また研究室のスタッフも大勢訪中して、専門外の情報不足を補うことができた。中国側の諸先生方も、日本と違って資料の取り扱いが極度に困難な時代にかかわらず、哈爾浜、北京、南京、西安、重慶、上海等々へ帰省され、自

中国科学院招聘教授として重慶にて、通訳を務めてくれた彭銀漢同済大学教授と（一九七九）

哈爾浜建築工程学院で崔栄秀先生と（一九八〇年三月）

帰国の際に哈爾浜建築工程学院から送られた写真集の表紙に記された文

分の母校や設計院でのアンケートや貴重図書のコピーをつくって持参して下さるといった涙ぐましい努力をされた。

交流が深まるにつれ、建築や都市問題は本当に泥臭い日常生活の問題にこそ基盤があること、さらには思想や政治に大きくゆすられ、最後にはその国、その地方の風土と悠久の歴史の中に埋没してゆく必然性がわかってきた。中国は地方によって多様な環境を持ち、その自然環境と社会的環境の正確なる認識の上に立って、自らの持っている思想と技術を適応させてゆけば、今日の規格建築による都市破壊はなくなるであろうと結論づけた。また、日本は国土は小さいけれど驚くべき環境容量を持つ国であり、それが今日の繁栄を築いているのであって、特別な努力と優秀さの結果ではなく、ゆとりある風土の帰結であるとすら考えた。相互の交流によってお互いの持っている環境の正確なる認識を深め、それを広く報告することによって、両国の技術者、建築家、都市計画者、各種の労働者、依頼人の志向する方向が明確になる。結果として、美しい都市環境と安定した豊かなる社会生活とともに、特性を持った風格ある建築がつくられるであろうと話し合った。

私にとっての訪中は「四十而不惑　五十而知天命」（四十にして惑わず、五十にして天命を知る）の旅であり、この旅に勝利して帰国したと考えている。

2　日中建築技術交流の推進

一九八〇年十二月、吉阪隆正教授の逝去とともに、日中建築技術交流のタスキを自分がかけて

刘子金先生の家で、稲畑先生と刘一家と（一九八〇年一月八日）

走らねばならぬ、と考えた。

そのように意識し始めたのは、日中建築技術交流の第一回目（一九七九年九月二十一日）、中国科学院主催「日本の建築都市環境」と題した浙江大学での各省出身の建築専門家たちとの連続十回の座談会である。第二回は一九七九年十一月二日、上海建築学会主催で「日中の新都市建設」と題して上海公会堂で二百人の専門家に講演した後、学会理事たちとの座談会、第三回は十一月三日、同済大学での講演「建築教育に関する展望と問題」で、その後、陳従周教授らと座談会、陳先生から「竹に水仙」の軸を戴く。

その後の主たる交流会を記すと、第六回は十一月二十日、華南工学院同窓会主催「日中建築技術交流」の講演、その後座談会。第十一回は一九八〇年一月一日、「浙江大学と早稲田大学の建築家交流会」。第十三回は一月八日杭州大学主催「日本の都市化と環境問題」。第十五回は一月十六日、重慶建築工程学院主催の集中講義「日本の建築と都市環境」で連続六回。第二十回は三月十日〜十四日、黒竜江省土木建築学会主催の東北三省の専門家に「日本の建築と都市環境」について集中講義五回。哈爾浜建築工程学院主催「日中建築交流のあり方」座談会、この機会に日中の長期交流計画を陳雨波副学長らと話し合う。第二十三回は九月九日、東京での国連大学主催「日中エネルギー問題交流会」。第二十五回は早大・哈爾浜建築工程学院建築交流会を東京で開催、黄生、常懐生ら十人来日。第二十六回は十二月九日、中国建築工業出版社の楊社長他五人の来日で、建築系出版社と交流会。第二十八回は一九八一年十月二十三日、東京城北ロータリークラブの招待で黒竜江省土木建築学会一行十人を招待。第二十九回は十月二十六日、早大・重慶建築工程学院交流会で一行十人来日。第三十回は十月二十九日、早大・哈爾浜建築工程学院交流会で陳

シルクロード（敦煌）の招待所

雨波校長来日。第三十一回は「日中建築環境実態調査」と称して、九月三日〜十月十二日の四十日間、崔栄秀、尹培桐、張譜学、王徳漢等四人を招待。第三十四回は一九八三年八月二十六日〜九月六日、早大・哈爾浜建築交流会に、日本から波多江健郎、石黒哲郎、増山敏夫、森田喬、高橋信之、重村桂子等一行二十余人と訪中。第三十五回は九月二十四日、「日中建築学会交流会」として清華大学の朱自煊教授等一行が来日され、中国建築学会の戴念慈会長を名誉会員に推薦する。第三十八回は一九八四年八月二十四日〜九月二日、国際貿易促進協会主催「日中都市建築技術交流会」で清華大学、同済大学、浙江大学の教授十余名を招待。第四十一回は一九八五年一月六日、北京と青島市へ井上孝先生と佐藤、増田さんを案内し、「北京と青島の都市計画について」講演。第五十二回は一九九一年十二月三日〜四日、国土庁主催「地下国際会議」で童林旭清華大学教授らを招待。第五十四回は一九九四年三月〜四月、電力中央研究所主催「中国の環境エネルギー事情調査」に佐和隆光氏ほか十人で訪中。第五十八回は七月十六日、日中の建築学会相互交流会に、内田祥哉、伊藤滋先生らと訪中。第六十回は一九九八年十二月十一日、早大理工総研主催シンポジウム「東京と北京のゴミとエネルギー問題」。第六十二回は一九九九年一月二十七日、日中都市環境研究会二十周年記念展（一九七九〜九九）とシンポジウムを銀座プレイガイドビルで開催。第六十七回は十一月十日、エコテクノ展を北九州市主催。第六十八回は十一月二十六日、早大理工総研主催「上海市のエネルギー消費構造」のシンポジウム。

二十一世紀に入って、これまでの私的日中建築交流会では公私の区別つけがたく、公式記録もないままでは申し訳ないと考え、正式にアジア都市環境学会としてＮＰＯ法人化することを決

青島にて、左より増田康広、佐藤暢紘さん、井上孝先生と私

西安にて。左より伊藤滋先生、内田祥哉先生、私と高橋信之さん

心。二〇〇一年七月、早大理工総研が北九州に分館を開設した機会に、理工総研と北九州市共催で国際シンポジウムを開催した。この場で六十八回続いた私的な日中建築交流会を公式の場にすることに参加者の了解を得た。

3 『西蔵』『承徳』『中国建築名所案内』の翻訳出版

一九八〇年、浙江大学での講義録を中国建築工業出版社（中建工）から『日本的建築界』として出版するに当たり、楊永生副編集長等と日中文化交流の将来性について話し合った。中建工は、古代中国建築の歴史的遺産を超豪華写真集として後世に残すために、国内はもとより、世界中で出版したいという。その原稿の一部を見せられて即座にその価値を認め、『印度』の超豪華写真集出版でお世話になった毎日コミュニケーションズの江口末人代表に相談した。その結果、早速、中建工の楊俊社長と北京と東京で会談して、合意ができた。

浙江大学で私の通訳を担当してくれた彭銀漢教授と共同作業に入り、楊谷生さんの原文では理解できなかった記述や問題点については、一九八一年夏、西蔵の現地取材を行って理解を深めた。一九八一年八月八日から二十五日間、成都、ラサ、シガッツェ、ダジルンポを訪問。楊谷生さんの写真や解説を入れたうえ、ヒマラヤの反対側からもアプローチしようと考えた。一度東京へ戻り、すぐにネパール側から入りたいと思っていたが、モンスーンで断念。結局、十月三十一日から十一月十五日にネパールのバクタプールへカトマンズから入り、ポカラ街道のヒマラヤ・トレッキングで、チベットとインドを結ぶ仏教伝播ルートを確認した。

ヒマラヤ・ポカラ街道トレッキング

ポタラ宮（チベット・ラサ）

かくして一九八二年五月、全三巻の豪華写真集『西蔵』の出版に成功したが、五万円の『印度』と違って、この七万円の超豪華な写真集はまったく売れなかった。しかし『印度』の写真集に続いて『西蔵』を出版するに当たって、三巻目は「仏の道」に焦点を合わせた建築的視点からの写真集『熱河・承徳』の出版を考えた。すでに熱河は一九八〇年二月に中建工の案内で見学していたので、その出版に当たっては、彭銀漢教授の支援を求めることにした。

一方、『現代中国の建築事情』を出版して下さった彰国社の下出源七社長を中建工の楊俊社長と揚永生編集長が訪問して、『古代中国の建築状況』を日本で翻訳出版してほしいと要請され、一九八一年春に大部の原稿が私宛に送られてきた。それが『古建築遊覧指南』三巻である。この種の書を日本で出版するのは無理と考えたが、前書の経過から彰国社にお願いしたところ、三巻を一巻に抄訳したガイドブックとしてならとの許可。しかし、独力での翻訳は時間的ゆとりもなく牛歩のまま。一九八一年夏、西蔵を取材した時、案内してくれたのが『建築師』編集長として著名な王伯楊さんで、本書の総括担当者であった。それで何とかせねばならぬと考え、荻原久美子さんと今儀鏡一君(いずれも早大中国文学科学生)に全訳を依頼し、日中両国の建築用語の検討を高橋信之さんと崔栄秀さんが担当。三巻を一巻に圧縮するため、日中両原稿を比較、内容や質を落とさず、さらには著名住宅等については追加し、一冊にまとめた。前述の諸兄のほかに中島康之君や丁秀梅さんら、大勢で幾度かの合宿を重ねた。しかし、この作業は中国悠久の文化と歴史について語り合いながらの大変に楽しい仕事であった。そして、『中国建築・名所案内』をガイドブックとして出版することができた。今後はこれをもとに、あらためて中国各地を旅したいと考えている。

印度・ブッダガヤの大塔(高さ五十四メートル)。この塔を取り囲んで世界の仏教国、タイ、ミャンマー、中国、チベット、日本の寺が建ち、各々の僧侶が修行している

熱河・承徳。清朝・乾隆時代の避暑山荘と外廟には五十余の寺院群

『中国建築・名所案内』(一九八三、彰国社)

4 銀座通連合会の顧問とまちづくり協議会会長

一九八三年四月、銀座八丁目の審美堂・山岡保之助社長の紹介で、銀座くのやの菊地泰社長が大学を訪問。銀座通連合会の再開発研究会の顧問として、町づくりに協力してくれと百万円の現金を持参されたので、理工研への委託研究にしていただく。連合会の再開発研究会には、銀座らん月の小仲正泰さん、伊東屋の伊東高之さん、英国屋の小林明さん、天賞堂の新本秀章さん、おもちゃの金太郎の田中明さんら、みな四十代の若き老舗の後継者たちがいた。

早速、ユーゴスラビアからの留学生、ホルニャク君らが卒業論文で銀座の調査を始める。最初は銀座のカラスとドブネズミ問題から開始し、学生たちは大崎一仁君が先頭に立って銀座のゴミを種類別に測定。慶應や東大卒の多い銀座の人たちに早稲田の学生を見る目を変えさせた。夜中、銀座二、三丁目の裏道をパトロールすると、静けさとネズミの恐怖で一人で歩ける状況ではない。昼夜間人口比の問題、屋上騒音や美観の問題など、二年間の顧問契約の間に次々と卒業論文、修士論文、博士論文が生まれ、銀座の実態がわかり始めた。『東京大改造』や『東京21世紀の構図』の原稿を書き始めていた時だけに、NHKや藪野正樹・健さんら、たくさんの応援団も参加し、連合会の石丸雄二事務局長をして、四丁目の連合会事務所は尾島研分室のごとし、といわしめるほどになった。七丁目の東京ガス・銀座ポケットパークでは尾島研主催の「銀座再開発構想と調査結果のシンポジウム」を次々と開催した。

銀座をテーマにするだけで卒論生や修論生が毎年十人以上も集まってきた。警察や消防、連合

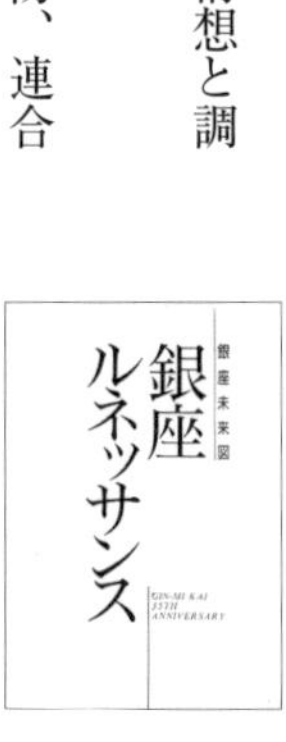

「銀座ルネッサンス」（一九八七年三月）
銀座未来図・銀実会（理事長：小林明）
創立三十五周年記念誌

会の自警団等々、銀座の人々と尾島研との交流が深まるにつれ、他大学やプロのシンクタンクからやきもちを焼かれ、「尾島研は十年間、銀座再開発の調査を手掛けながら、看板一枚動かしてはいない」との悪評さえ立てられた。しかし、銀座の環境問題や経済問題、老舗の商売がいかに困難であるかをよく理解し合うことのほうが大切であった。

結論は、老舗の継承には自分の土地に住み続けることが大切で、そのためには相続税が少しでも安くなる住居地に登録すること。住民票を銀座に移し、屋上には住宅専用容積率として一〇〇％の割り増しをもらうことで相続税を減らすことができることがわかった。パリのシャンゼリゼのように、屋上のペントハウスを割り増し容積で建設し、町並みのスカイラインを統一する構想である。また、一九八四年には富永英義教授とともに、銀座情報システム株式会社を資本金千五百万円、一人五十万円の出資者三十人で設立した。小林明さんを社長にして、新しい情報インフラづくりにも乗り出した。

連合会の顧問になって五年後、一九八八年十月には中央区から正式に銀座・日本橋のまちづくり協議会会長に任命された。この構想を実現するため、建設省市街地建築課の協力を得て、住居に限った容積割増の法律を検討してもらう。一九八九年には「都心に住まいと賑わいを」のシンポジウムを開催。

いまごろなぜ中央区が日本橋や銀座の町づくりを推進しなければならないかといえば、「賑わい」と「住まい」を取り戻すためである。土地の値段が坪単価一億円を超える日本一の繁華街に、何をいまさらと思われる方々が多いであろうが、私自身、この問題に直面して事態の深刻さに驚くばかりであった。坪単価一億円の土地に容積率五〇〇％では、一戸当たり二十五坪のマンショ

「都心に住まいと賑わいを」（一九九〇、ＪＰＲ）

ンを建設すれば、一戸当たりの建設費は六億円。金利五％でも月当たり家賃は三百万円にもなって、とても人の住める環境ではない。坪当たり月家賃が十二万円では「住まい」はおろか、どんな商売をしても成り立たない。したがって、巨大企業の「ショールーム」や金融機関の「窓口」のみが表通りに店を構えることになる。こうした「ショールーム」や「窓口」の持つ冷たさや緊張感は、人びとの「賑わい」空間の持つ必要条件とはまったく異なる。銀座通連合会の人びとは銀行やデパートはもとより、大企業の「ショールーム」に対しても、開店時間の延長や一階の店舗部分の開放を要求し、小売店舗を中心に人と人との心のふれあいを求めて頑張っている。その様子は、もはや商売を超えた、伝統ある町並みと「賑わい」空間の保存継承運動にほかならない。最も利益率の高い老舗の旦那衆ですら、このような状況であるから、よそ者が当地に生活することなど思いもよらない。小学校や中学校が次々と閉鎖され、都心の過疎化が起こってもおかしくないのである。

中央区の調査によれば、十七万人の人びとが住み賑わっていた最盛期に比べて、一九九〇年では八万人以下、しかも高齢化が進み、その人たちの住む家の月当たり家賃は三万円以下が五五％という。低家賃しか支払うことのできない高齢なる町の定住者に、明日はありえない。在りし日の「賑わい」や「住まい」を都心に求める願いは、限度を超えてしまっていた。毎月三百万円の家賃を支払わない限り住み続けられない都心に、三万円しか支払えない人々が半分以上住んでいる現況は奇跡的であり、それだけに人々の不安やおびえは常軌を逸しているのである。そんな銀座のまちづくり協議会の会長になって、とても区や都の努力のみでは解決できないと判断した。

そこで「三方一両損」の大岡裁きを提案した。第一に、国や都が当地から徴収している税の還

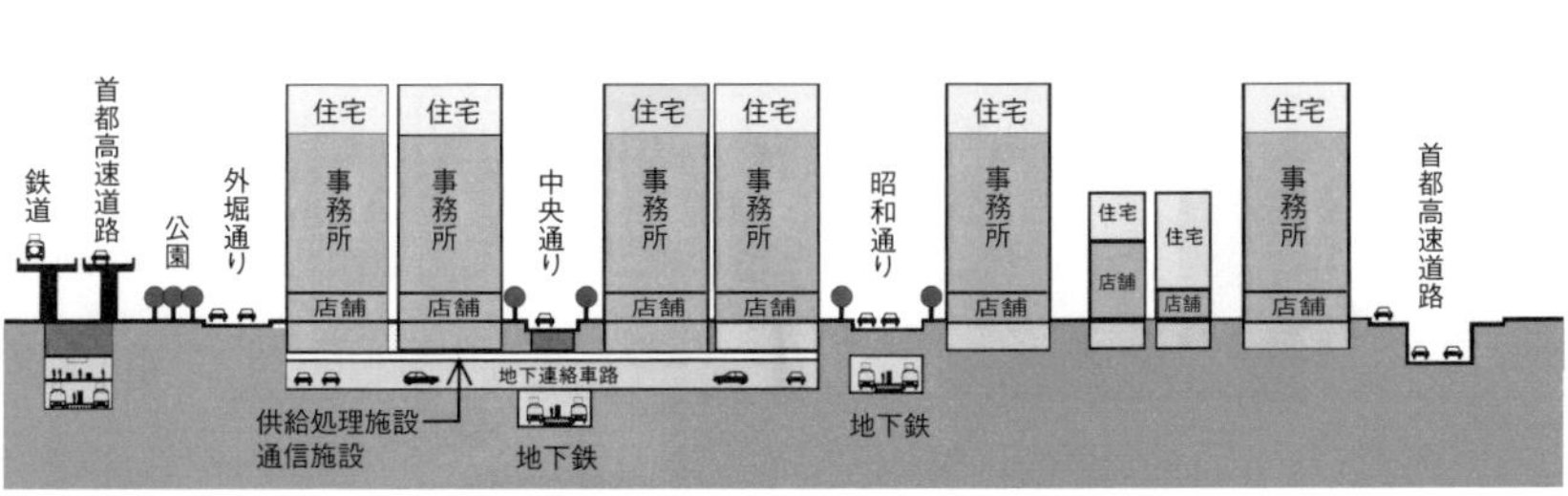

中央区銀座地区マスタープラン概要

元と法律の特認事項を適用すること。第二に、区や企業法人は公私にわたる空間の相互乗り入れを促進する。歩行者天国が始まって久しいが、もっと恒常的「賑わい」空間を保存するために「住まい」を屋上ペントハウスに連続して建設する。そのための住空間の特別容積緩和を認め、歩行者用空中回廊を建設する。民間は私空間の上下を開放し、無理をしても当地に住み、町の蘇生に当たってボランティア活動をする。三者の抜本的協力によって、二ケタずれた家賃から必要な都市空間を解放し、再び安心して住み、賑わう町にしたいと提案した。

矢田美英中央区長の区政調査会も毎月一回、区長室で町づくりのトップ会議を開く。そのメンバーであった読売新聞の小谷直道論説委員は、一九九六年六月十六日の読売新聞に「二重層の街」という大きな記事を書いてくれた。かくして中央区のまちづくり協議会は、早大建築学科の卒業生で区の課長職にあった吉田不曇君らの支援もあり、中央区を四ゾーンに分けて新しいマスタープランを作成し、各地で説明会を開催した。第一ゾーンの銀座地区は高さ三十一メートルの上に住宅を二階分載せ、①居住機能の誘導、②賑わいの確保、③地下利用、を中心に町づくりのイメージを示した。

銀座二丁目のプレイガイドビル二階に月四十万円の家賃を払ってＧＯＬ（GINZA OJIMA Lab.）を開設したのは、一九九七年一月であった。

銀座に職住近接空間が生まれようとした矢先、当時の尾身孝次経企庁長官が経済再生の非常手段として、銀座の容積を八〇〇％から一、一〇〇％に上げ、高さ規制を三十一メートルから五十六メートルに変更した。一九八一年の新耐震以前の建物ストックが七三％もあることや、基準容積率を超える建物棟数が八十五棟、平均一、〇三二％あることなども原因した。しかし本当

1994年(平成6年)6月16日(木曜日)
讀賣新聞
夢の銀座 二重層の街
ビルの高さそろえて上に住宅

銀座活性化のためには銀座を再び住むことができる街にする必要がある

にサスティナブルな町並みづくりにかけていた私の夢と十余年の努力が、これで水泡に帰した。建築壁面線を二十センチメートル下げれば容積が三〇〇%も割り増しされる。まちづくり協議会がそのための説明会の場と化してしまい、銀座に対する興味を完全に失った。銀座はいずれ貸ビルだけの町になり、外資に占拠されたショーウィンドーの博物館的町並みになるであろう。

かくして、GOLは二年間で閉鎖した。しかし、銀座に住むことが妻の夢であったことを考えればと再起を期し、「I shall return !」で、二〇〇六年十月、GOLを中央通り二丁目から並木通り八丁目に移して都心居住への再挑戦を再開した。

5　早大百周年とバックミンスター・フラー

一九八二年十月十八日から二十二日、早稲田大学百周年記念国際シンポジウム「二十一世紀をめざす世界と日本」の第三部「科学技術の限界と再構築」を小野記念会堂で開催した。全体の委員長は、政経の堀江忠男教授、第三部の主査は理工の並木美喜雄教授、幹事は加藤一郎教授と私、六人の講師として選定したのは、情報が「北原安定電電公社副社長とP・グレイMIT学長」で平山博、富永英義、大附辰夫教授の推薦。建築は、「渡辺保忠とバックミンスター・フラー」で石山修武、菊竹清訓、中川武、私の推薦。物理は「藤本陽一教授とインドのメノン教授」で、当日は二百五十人の小野講堂に入り切れないほどの満員であった。

この百周年の機会に、これから早稲田大学が独力で国際シンポジウムを開催する力を示したいという思い入れがあった。その予算も大学の全額支出とあって、世界中から誰を招き、誰をカウ

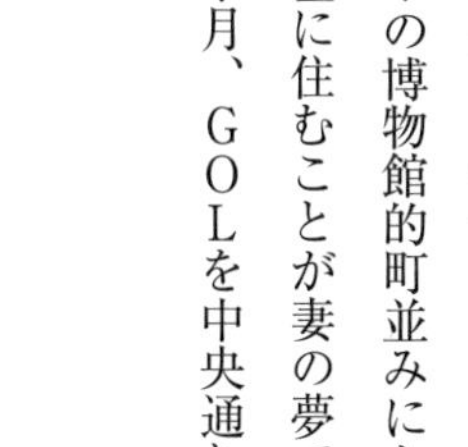

特定商業機能更新整備について総合設計制度の活用で、銀座地区の高さが五十六メートル、容積率一、一〇〇%になる

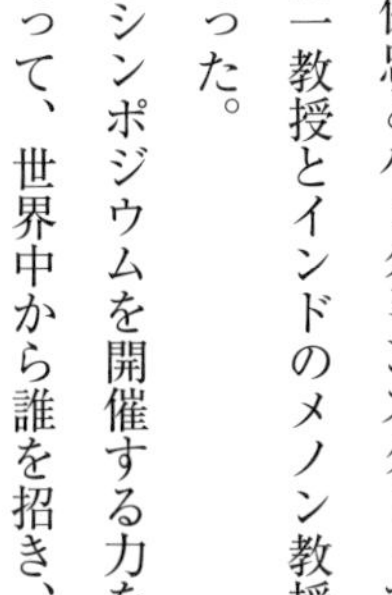
バックミンスター・フラー

ンターパートにするか、二年間も毎月各学部から集まって激しい討論を重ねた。理工は三つのテーマとして、建築分野で一つのテーマを選べることになったのは、将来の理工三分割で建築学部をつくることを意図して頑張ったからである。建築学科教室では、英語が堪能でアメリカ通の穂積信夫教授はフィリップ・ジョンソンを第一候補にした。しかしフィリップ・ジョンソンは高齢なうえに、早稲田が支払える謝金ではとても招待できないということで、途中で断念された。私が密かに期待していたのはバックミンスター・フラー教授を招くことであった。幸い、渡辺保忠教授が賛同してくれたうえ、外部から石山修武さんが強力な助っ人として参加し、実現した。

私は小野講堂に赤絨毯を敷き、前方四列の座席を除去し雰囲気をつくった。フラー博士の講演は八十歳を超える高齢とは思えない熱演であり、彼の遺言ともいえる言葉を拝聴できたことは生涯の宝になった。二十世紀の欧米文明を代表するフラーの確信と、日本文化の継承性こそ二十一世紀の進む道と話す渡辺保忠先生の叫びがすれ違った。フラーのダイマクション空間こそ、人類に最も安全な住空間を提供する科学技術である。原子力は肉体労働から、コンピュータは頭脳労働から人類を解放した。アメリカ文明が世界人類に与えた栄光の世紀、その信念をフラーから聞く場であった。一方の渡辺保忠先生は、職人のつくる建築空間にこそ人間の尊厳と生きる価値を求める日本文化論について語り、両者の二十一世紀のサスティナブル社会像はまったく違ったものであった。それから一年も経ずしてフラー博士は逝去された（一九八三年七月一日。享年八十八歳）。

アメリカと日本の両教授が残してくれたこの時の講演録を四半世紀を経て再読して、思いを新たにした。

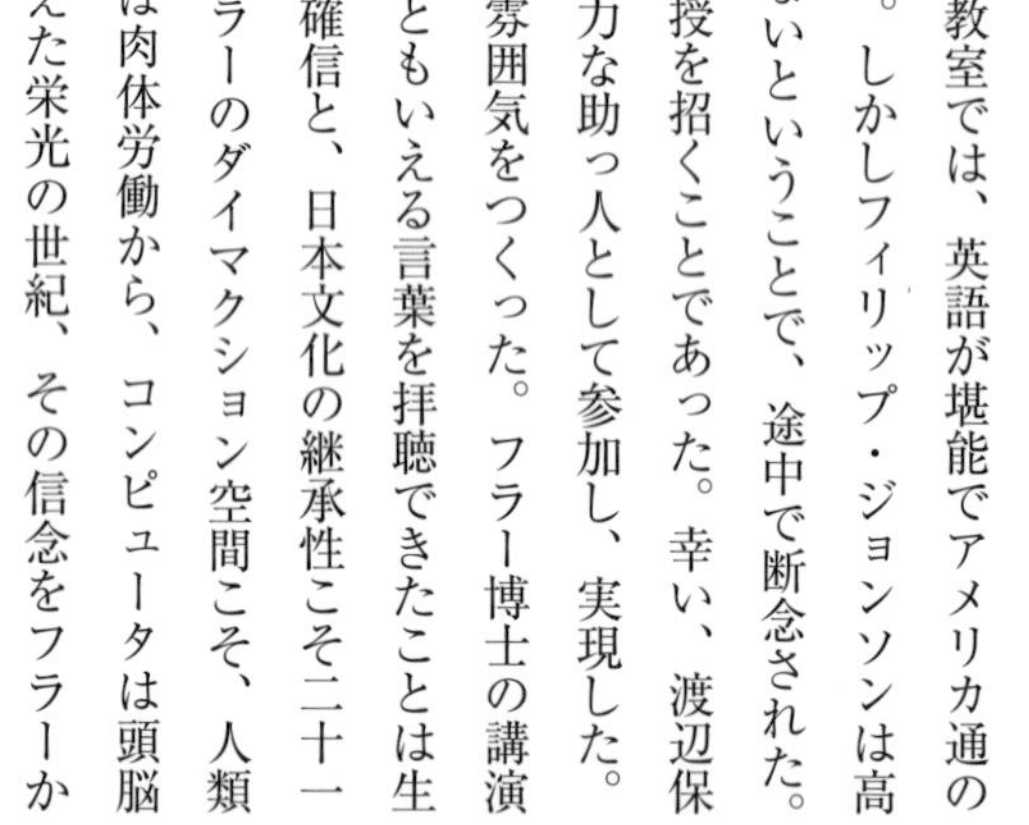

一九八二年、早大創立百周年でフラー博士と。左より中川武、石山修武、鈴木恂、渡辺保忠、フラー、私、通訳、白井克彦教授

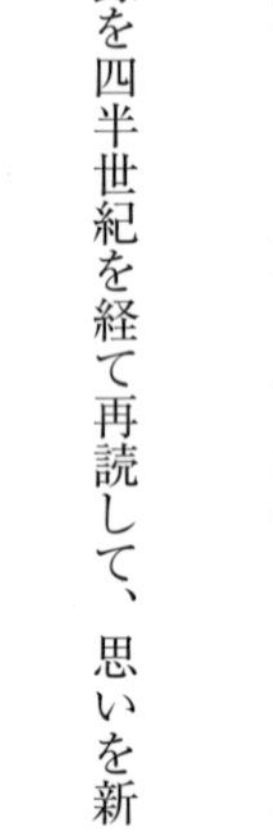

『21世紀への展望』（一九八五、学陽書房）

6 サン・ジョルディスポーツパレスとユーゴの旅

一九八四年七月、磯崎新さんから突然バルセロナまでのファーストクラスの航空券が送られてきた。バルセロナ・オリンピック体育館（サン・ジョルディスポーツパレス）の設計コンペを勝ち取った磯崎さんを手伝うため、現地に来てほしいとのことであった。同行したのは構造の川口衞法政大学教授であった。二十年前の一九六四年、東京オリンピックの際に国立代々木競技場を丹下健三、坪井善勝、井上宇市教授の三人組が設計した。その直弟子の三人、磯崎さん、川口さんと私でバルセロナに再び花を咲かせようということになったのである。

一九八四年七月二十八日、アンカレッジ、アムステルダム経由でバルセロナ着。磯崎夫人の宮脇愛子さんと一緒にLAN COSTAでの昼食はパエリャとアンギュラス。日曜の海水浴場近辺は湿気がなく風が心地よい。持参した計測器では地表面が六十℃、海風五m／s、地表付近は一・五m／sで気温三十℃、湿度六〇％を示す。午後六時になっても太陽が高く輝く。ホテルに着き、外気を測ると二十七・五℃（湿度六五％）で室内は二十二・五℃（六三％）、太陽高度三十度。夜十一時に設計室に行き、事務的話し合いの後、磯崎夫妻、川口、藤江、柳澤、青木さんらと近所のオムレツ屋で夕食。午前零時、モンジュイックの丘にある現場へ。二十四℃（七〇％）、地上の石は温かく、風は心地よい。午前一時に再びホテルへ帰って休む。

七月三十日、月曜日、朝九時からオフィスで打ち合わせ。午前中はスペイン側七人、日本側六人の会議で、エネルギー源の選択。ヒートポンプとメタンガス利用について、午後は日本側

バルセロナ・モンジェイックの丘で、磯崎新・宮脇愛子さんご夫妻と

東大生研での模型を使った風洞実験。左から磯崎新、私、村上周三教授

のみで話し合う。三十一日は舞台装置の音と照明について打ち合わせ。八月一日は空調と衛生、二日は情報と電気、午前中はスペイン側、午後は日本側の打ち合わせ。予算は意匠三〇％、構造三〇％、設備三〇％、舞台一〇％比で総額三十億ペソ。夜は藤江さん宅でパーティー、深夜は予習のため毎日三～四時間の睡眠時間で胃が痛む。現地の体育館を見学したが、どの施設も管理が悪く、とてもまともな空調設備等の維持管理はできそうにない。極力、自然の風を活用せんとローマのコロシウムのごとき環境計画を考える。代々木の経験から、直径Do＝〇・二mφ、Δt＝一〇℃、Vo＝一八m／sで、第一域二～六Doと第二域八～一〇Doは定住域にしないよう、第三域の二五～一〇〇Doから四域の間を定住域とする。

Vo、Do、Δtを変動させながら、室内の吹き出し口を磯崎さんのスケッチした室内空間に適応させる。代々木競技場設計当時の計算式や実験式を書いたノートを持参したおかげで、スペインの空調設計チームを相手に完全にリードする。彼らはドイツやフランス、アメリカの知識は持っていたが、ロシアでの実験を日本が改良、実用化した計算式や実験式がそれを超えていることを知らなかった。夜のパーティーで、スペインの大学院生たちが日本の空調技術の優れていることに感動し、留学したいと願い出る。

四日目からは川口さんの構造の打ち合わせになったので、私は八月三日午後、バルセロナからローマ経由でベオグラードへ。ユーゴスラビアからの留学生ホルニャク君と外交官である父上の案内でドブロブニクに四日間遊ぶ。帰途、アムステルダムで川口さんと合流し、構造分野でも日本の技術の優れていることがスペイン側に理解されたと聞き、お互いの成果に乾杯する。一緒にアムステルダムの海洋博物館を見学して、海洋に関する文献の多いことに驚き合った。

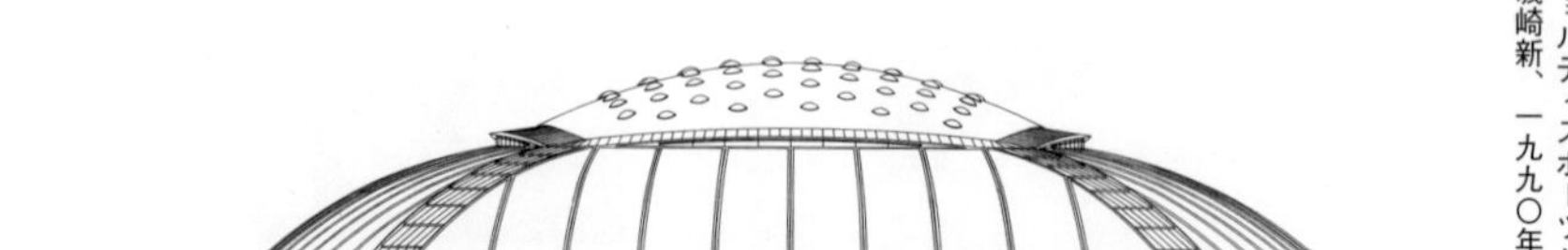

サン・ジョルディスポーツパレス
（設計：磯崎新、一九九〇年）

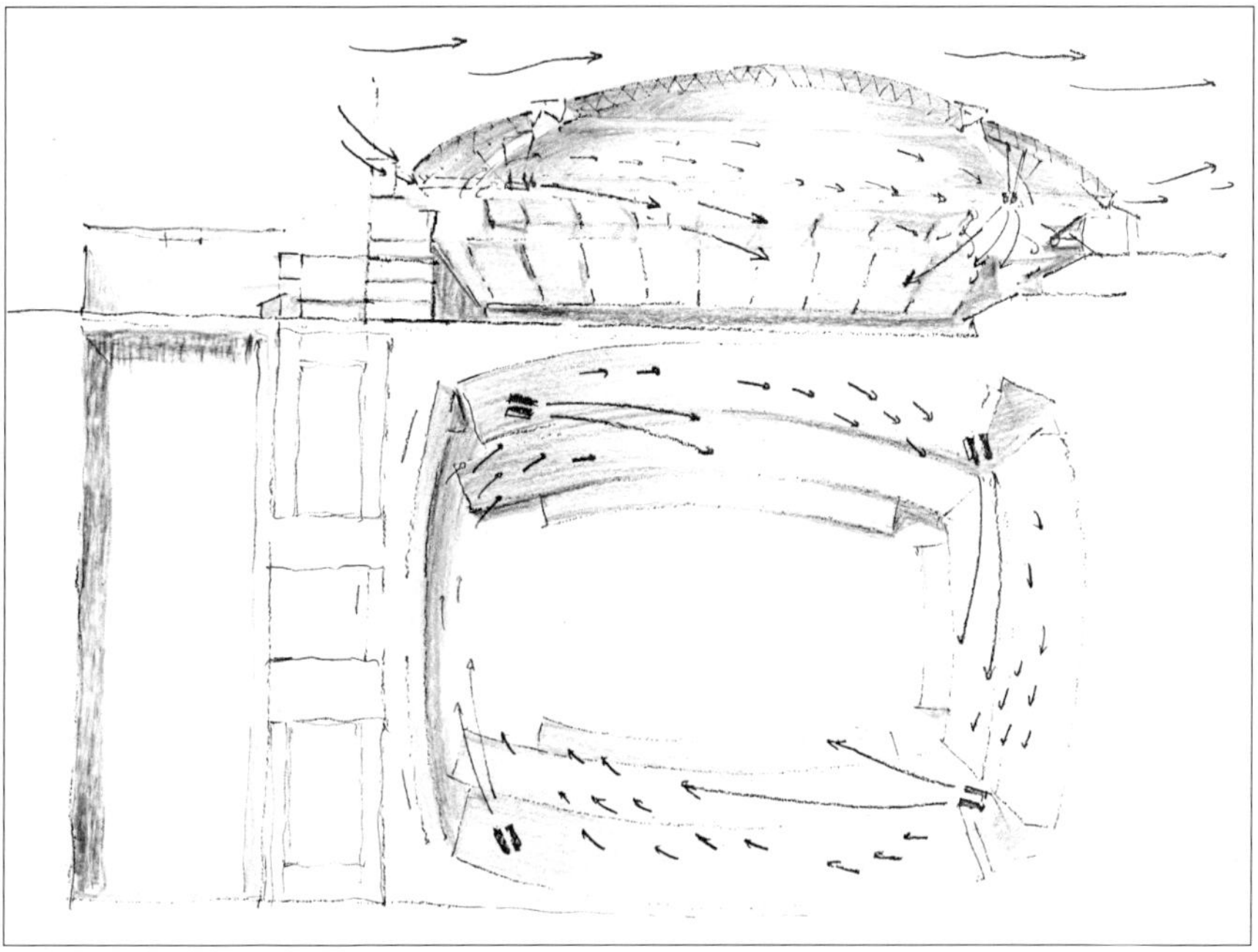

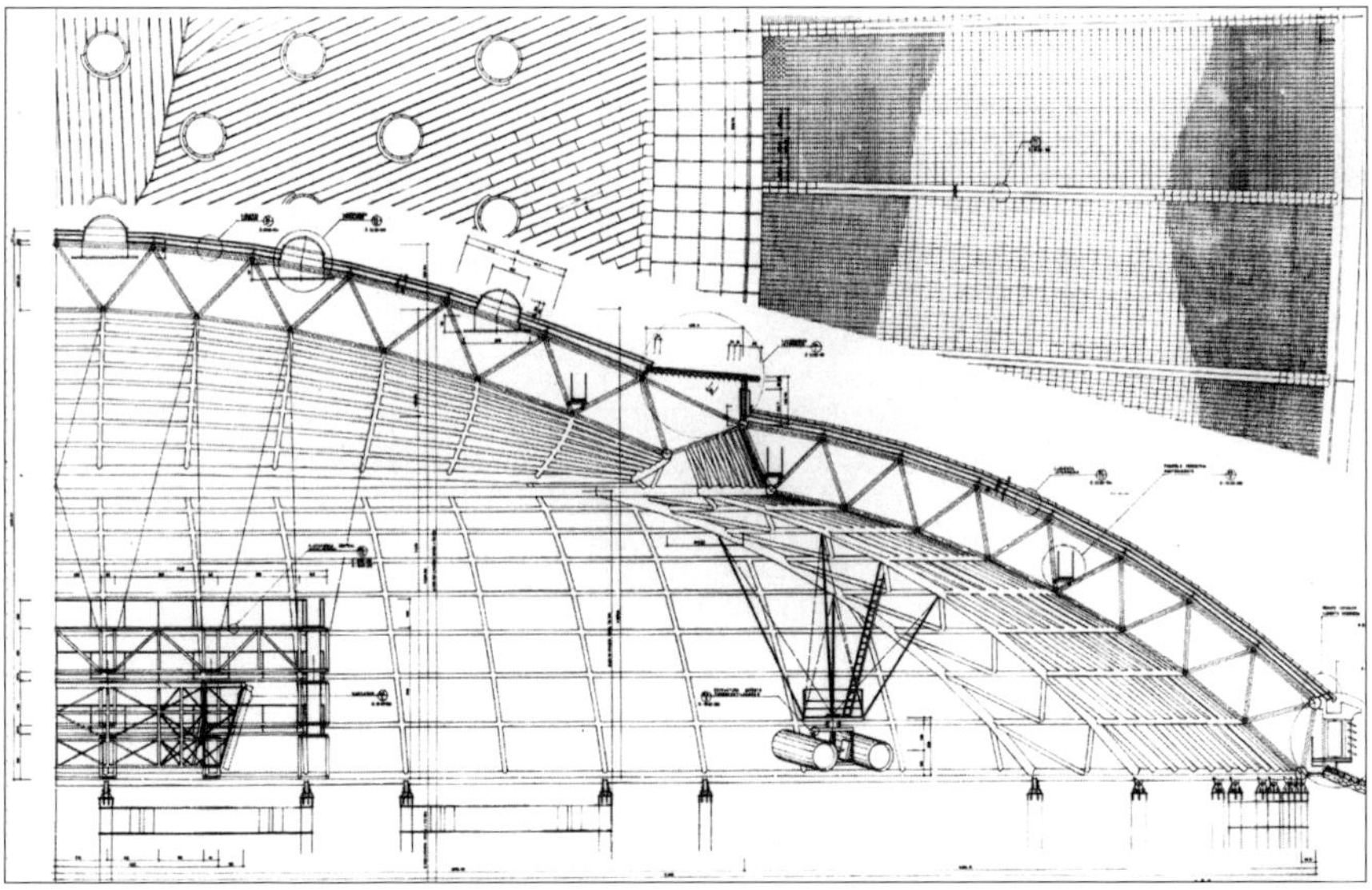

上：サン・ジョルディスポーツパレス。アリーナの空気の流れを示す磯崎新氏のスケッチ
下：同ディテール

バルセロナでの打ち合わせはすべて磯崎さんの書いたシナリオどおりに進んだ。現地ではスペインの第一級の建築家や技術者らが待ち構えていたし、その討議も迫力があった。東京オリンピックで日本の若者たちが体験した熱気そのまま、スペイン語とスペイン人の熱い血潮の国威をかけた勉強会が一週間も続いた。彼らは、基本設計だけを日本に依頼し、実施設計はスペイン側で行うつもりでいたらしい。しかし、磯崎さんはどうしても実施設計まで自分でやると言い出したため、構造の川口さんや設備の私が、日本でなければできない、日本の技術力を示すために動員されたようである。オリンピックや万国博を経験した日本の構造や環境技術、メーカーの力は世界的に見ても優れていることが、スペインではまったく知られていなかったからである。欧米の技術力こそが一流で、日本はその物真似程度にしか考えていなかった彼らに、日本の建築技術やメーカーの力が第一級であることを知ってもらうよい機会で、それを具体的に示す必要があった。そのため彼らを日本に招待し、日本の施設やメーカー、大学などの研究施設を見せることが必要になった。幸い、代々木の換気ノズルは早大の井上先生と東大生産研の勝田先生の研究成果を使ったことから、村上周三教授とともに、ドイツ、フランス、アメリカ以上に詳細な一〇〇分の一模型実験の成果や計算手法を説明して、スペインの若い研究者たちを感動させた。かくして磯崎さんの願ったとおり実施設計まで行った結果、スペインのみならず世界中から称賛される作品になった。私や川口さんも自分たちの技術を海外で実証し、日本の実力の確かさを実感できたことは大きな自信になった。

さて、四日間のユーゴスラビア訪問は、私の研究室で一九八三年に銀座に関する卒論を書いた

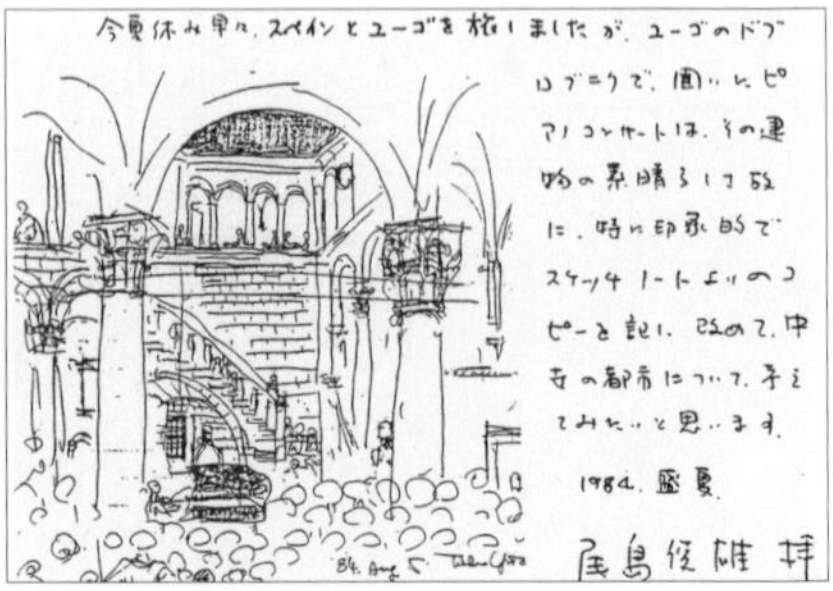

ユーゴスラビアから送った絵はがき

ユーゴスラビア
一九一八年セルビア王国を主体としたセルビア・クロアチア・スロベニア王国（セルボ・クロアート・スロヴェーヌ王国）として成立、一九二九年ユーゴスラビア王国に改名、二〇〇三年にセルビア・モンテネグロと改称したが、二〇〇六年モンテネグロ議会が独立を宣言、続いてセルビア議会も独立を宣言した。

ホルニャク君の急な招きで実現した。彼の卒論はすばらしく意欲的であったが、卒業と同時に帰国。父上が日本の大使館に勤務していた外交官で、一九八〇年にチトー大統領が亡くなって以後、バルカン半島には争乱の気配があり、一家がベオグラードからドブロブニク近郊へ疎開するに当たり、私の観光案内を隠れ蓑にしたようである。ホルニャク君の就職もベオグラードでは見つけられず、バルセロナの磯崎事務所に推薦してくれと懇願された。すでにローマからベオグラードに入るのは大変であったうえ、ベオグラードからドブロブニクまでのドライブは、空軍大尉である彼の叔父さんがシトロエンを運転し、検問を何ヵ所も通って十二時間の強行軍であった。山また山、六つの共和国（スロベニア、クロアチア、セルビア、モンテネグロ、ボスニア・ヘルツェゴビナ、マケドニア）の多種多様な民族・宗教・言語の地域を通らねばならなかった。第二次世界大戦のパルチザンの激戦地など、各地の戦争遺跡や軍事博物館に立ち寄り、祈りを重ねながら、千五百メートル以上ものアップダウンの山道とトウモロコシ畑、渓谷の魚釣りを見ているふりをしながら、朝四時に出発して夕方四時にドブロブニク到着。民宿は私とホルニャク君のみ何とか二人部屋に泊まれたが、彼の父上と叔父さんは農家を探しても泊まれず、車で休んだと聞く。

当時とその後に起きた悲惨な社会状況を知る由もなかった私は、ドブロブニクの大理石は札幌の雪祭りの宮殿のように美しいとひたすら感動。肌に吸いつくような石畳・外壁・柱の間を裸足で歩く。口づけしたくなるほどに白い肌の大理石。銀座通りと同じスケールで一本道の両端に並ぶロマネスク、ゴチック、バロック様式の混在した茶店や教会、商店も実に美しい。木陰の風は心地よく、水族館の回遊魚のように何度もこの道を行き来する人々。鐘とピアノの音、そして食事もワインも美味しい。ユーゴスラビア人らしい在郷軍人たちは片腕片足、特に右手のない人が

ユーゴスラビアの旅より

多い。工業化に遅れたためか、アドリア海もエーゲ海同様、海辺の景観が実にすばらしく、美しい。民族の違いを誇示するかのような、ヌーディストクラブの真っ裸の人々が海水浴場を賑わしている。ソフィア・ローレンやイングリッド・バーグマンのごとき、美しくも大胆な人々の立ち居振る舞いが目にもまぶしい。しかし三日目になって、周辺交通機関のバスやタクシーの連絡状況から見て、社会経済も完全に破綻していることがわかってきた。そのためか、観光客のドイツ人はわが物顔で、イタリア人も勝手な振る舞いをしているのが目立つ。

この年の冬、サラエボで冬季オリンピックが行われたのが不思議なほど、私が訪ねた夏にはすでに、この世界遺産の観光地ですら国体が崩壊していることを示していた。自然の美しさに比べて社会の醜さと恐怖を実感した四日間の訪問であった。

ホルニャク家の明日を心配しながらも、帰途は一人で、無理をしてヤミ切符を買ってドブロブニク空港から川口さんの待つアムステルダム空港へソ連製旅客機で直行、脱出したのは後に考えても正しい判断であった。その後間もなく一九八七年にユーゴの賃金スト拡大。一九九二年にはユーゴスラビア解体。一九九五年、NATOと国連のユーゴ空爆。ドブロブニクも内戦で全滅。その再建が今、始まっている。一度アメリカから便りがあったものの、ホルニャク君一家のことが今も心配である。

7　アングラ東京構想(『建築文化』特集)

一九八二年十一月号の『建築文化』で、研究室を総動員した「アングラ東京構想」(Tokyo

特集「アングラ東京構想」
(『建築文化』一九八二年十一月号)

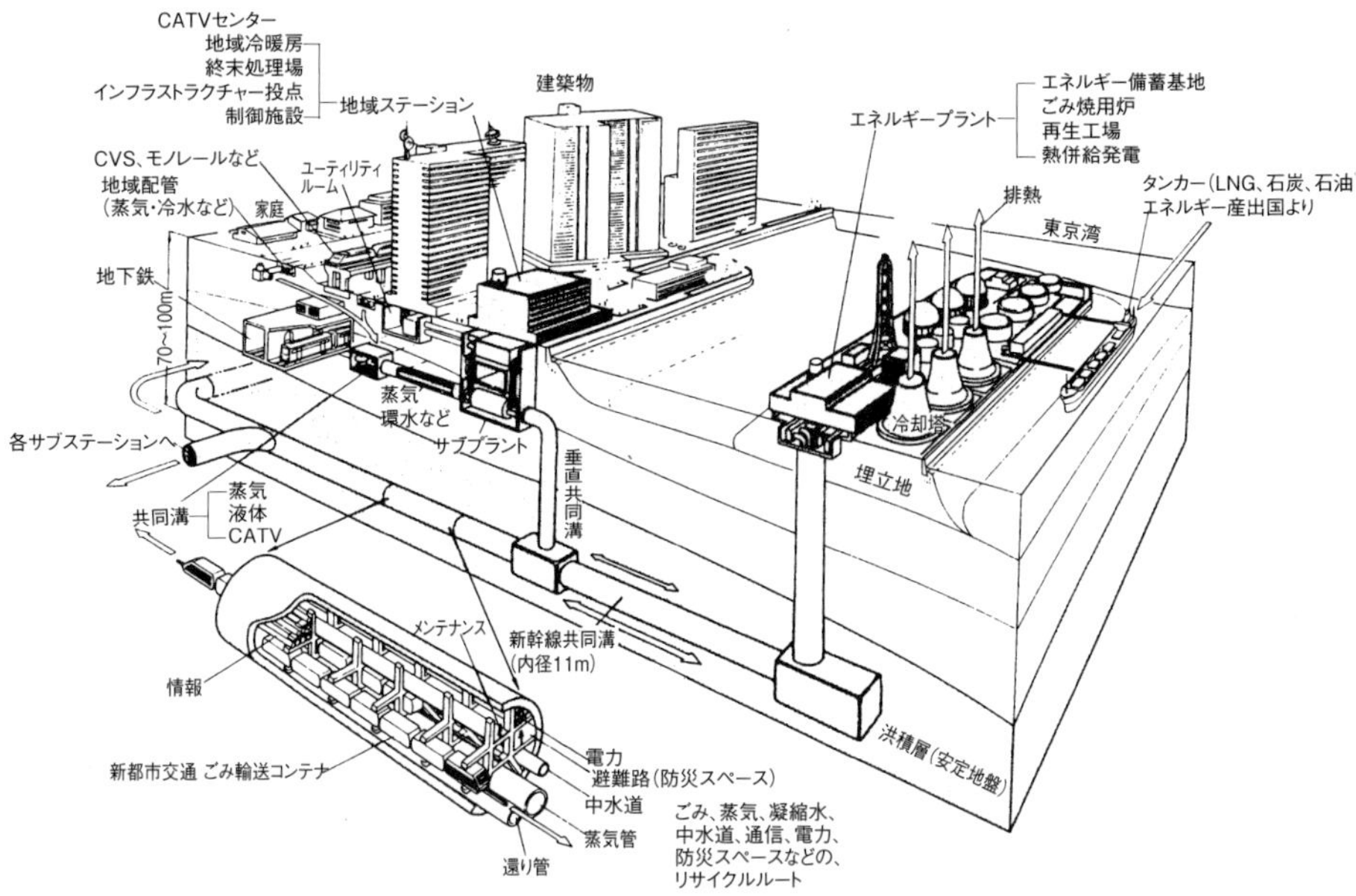

豊洲ライフアンカープラントより大深度地下ライフライン計画案

東京湾中央防波堤埋立地に森と新都市供給処理施設の配置計画案。第１次東京マンダラ構想図

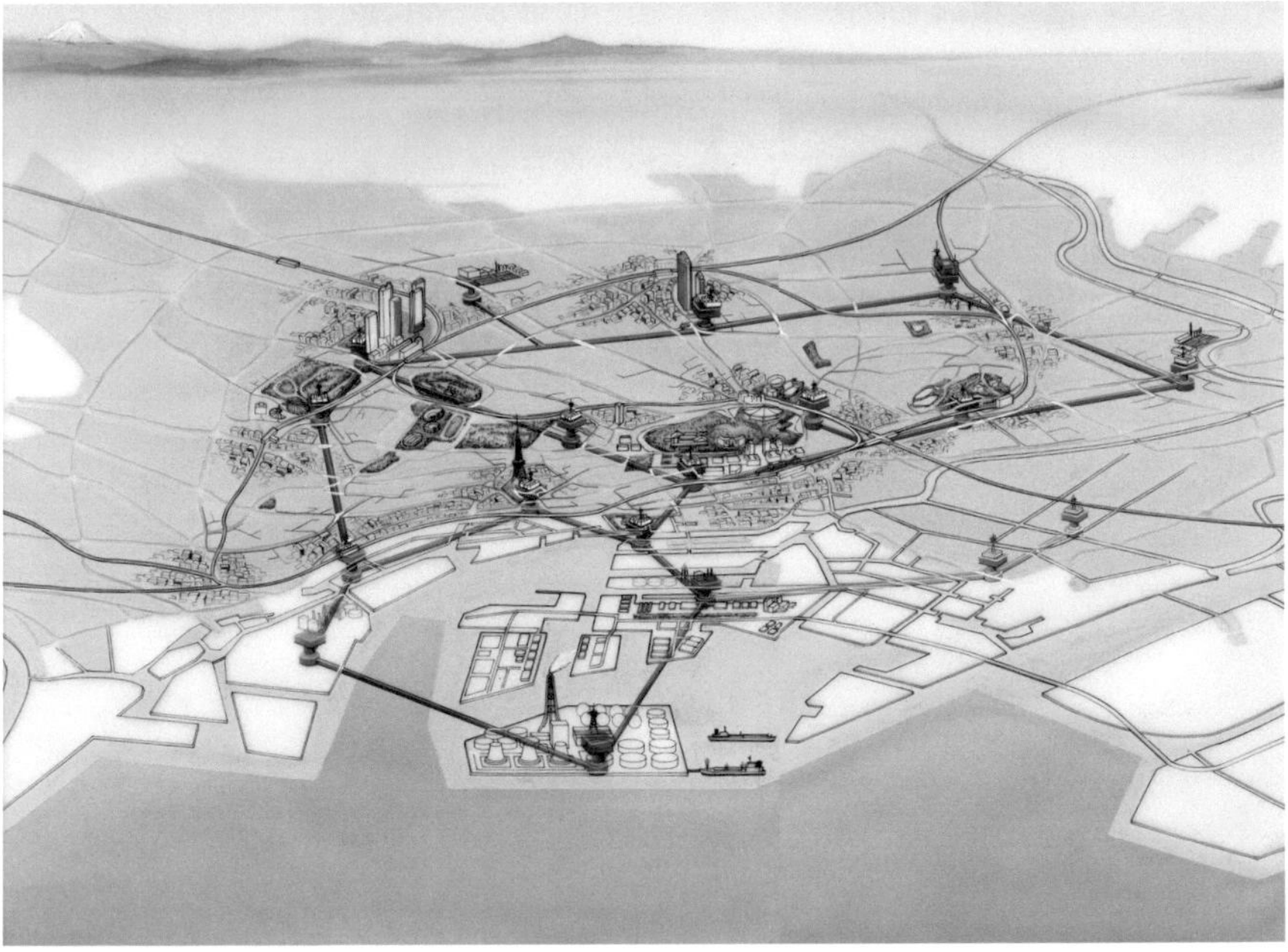

Underground Project）を特集した。

世界最大の臨海コンビナートと都心・副都心を新幹線共同溝で直結し、エネルギーや水、物流のリサイクルによる有効利用を図る構想である。四百年間の歴史を持つ東京都心の地表利権を動かすことは容易ではない。しかし、この都心部こそが、情報集積地としての資本蓄積地であって、第三次産業の世界的基盤を備えた場所である。

臨海工場コンビナートが第二次産業発展と都市の急成長拡大の原因となったごとくに、都心部地下の新幹線共同溝の建設によって第三次産業の発展と都心部生活者の安心と安全が確保されると考えたからである。

具体的には、東京湾の臨海コンビナートと併設する埋立地に火力発電所やゴミ焼却場や工場排熱の集積地を建設する。これと都心部の拠点を地中下五十〜百メートルの未利用地に現在の技術で可能な直径十三メートルのトンネルを掘って直結する。地表面との連結は、都心部未利用国有地や社有地の活用によって再開発しつつ、地区センター機能と防災施設を併せ持たせた臨海部の巨大な未利用エネルギーや資源をリサイクルする。かくして、安全で安上がりな都心部居住環境を再整備する構想である。

東京湾岸埋立地と都心高密度地区を結ぶ大規模なトンネルは、エネルギー、情報、中水道、電力、ゴミ輸送等、供給処理網の幹線級のものを一括して収める「新幹線共同溝」である。この新幹線共同溝によってエネルギー供給源ネットワークを形成するとともに、新宿、渋谷、池袋、日比谷、銀座、霞が関など都内の高密度地区と、落合や三河島の下水処理場、北区の防災・情報拠点を連結。地域冷暖房配管網、銀座などの供給管共同溝、地中埋設電力ケーブルなどの現存するネット

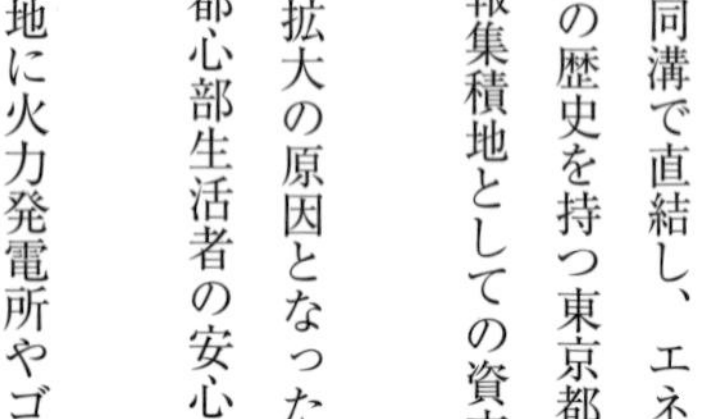

三波春夫さんとテレビ対談（一九八八年）

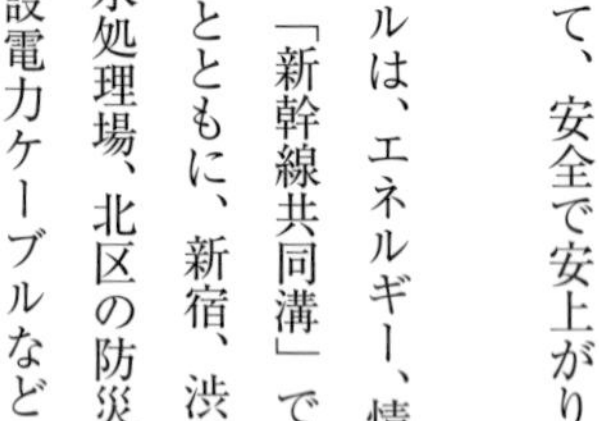

一九八九年、国土庁（当時）主催の「地下国際会議」を前に、二号館で打ち合わせ。右より、金眞一、私、童林旭、崔栄秀、前野堯の各教授

ワークは、この新幹線共同溝と連結され、幹線共同網に対する末端の枝管網としてさらに効率的に利用される。この空間によって、主プラント→幹線供給処理網→都市内分配拠点→分配網（各需要家）というインフラストラクチャーのヒエラルキーがはっきりし、システムの効率化が図られる。また、これまでの一方通行的インフラストラクチャーから、ゴミ焼却、発電の廃熱利用、水資源の再生利用によるリサイクルシステムを備えた都市へと転換することとなり、社会資本ストックのあり方として大きな意味を持ってくる。

大阪万博のテーマソング「こんにちは、こんにちは……」で有名な歌手の三波春夫さんと、一九八八年八月十八日、東京における大深度地下の必要性についてテレビ対談する。それほどに、この時の地下利用プロジェクトは市民レベルで注目され始めていた。

一九九八年五月、『東京の大深度地下』の「建築編」を高橋信之さんと共著で、「土木編」は森麟先生と小泉淳先生の共著で早大出版部から出版した。その初めに記したのは次のような文であった。

「東京での大深度地下空間利用の有効性を考え始めてすでに三十年、世界最大の過密都市、東京の副都心と臨海部を直結した大深度地下空間ネットワークは、欧米諸都市のすばらしい都市基盤施設に追いつくための唯一の手段と考えたからに他ならない。その考えは三十年間一貫して変わることがなかった。

時あたかも阪神・淡路大震災が発生し、あらためて大都市における地下街や地下鉄、ライフラインの地下空間施設の被害や、その問題点がクローズアップされた。阪神・淡路大震災の復旧や

『潮』一九八八年十一月号より

『東京の大深度地下』建築編・土木編（一九九八、早稲田大学出版部、共著）

支援に当たって、海からのアクセスが最も容易と考えられたにも関わらず、臨海部は工場や港湾施設に占拠されていたこともあり、緊急時の活用の場ではなかった。

この阪神・淡路大震災から学んだことは、少なくとも東京湾臨海部と都心・副都心を持つ東京都こそ、この地下利用は取り組まなければならない緊急課題である。早稲田大学理工学総合研究センターでは、建設六社の協力を得て、東京湾臨海部と都心を結ぶ大深度地下空間を、特に防災面からのプロジェクト研究を実施。具体的には、臨海部に耐震バースとライフアンカーをつくる。そこから最も安全と考える土丹層の大深度地下空間を通ってライフラインを都心のライフスポットへ敷設する。それと同時に、大深度に至る地表面からの地下連続壁やそのルート、さらにはライフスポットの位置の問題などを研究。本書は、一九七二年・第一次構想、一九八二年・第二次構想、一九九三年・第三次構想、私的発想段階から企業の協力を得た途中経過である」

一九九九年から三度も、小渕恵三と森喜朗の両総理大臣に、首相官邸で行われた都市再生推進懇話会（東京圏）で以下の点に絞って提言した。

「世界でも初めてと考えられる大深度地下利用法案が、二〇〇〇年三月の国会で成立した。何故、世界で初めての法律が必要かといえば、日本の都市は急速に拡大発展して、馬車時代を経ずに駕籠から車の時代に入った。そのため、道路や広場をはじめとする都市インフラストラクチャーが致命的に不足した。首都機能移転の最大の理由は、情報等のライフラインの脆弱性にあるという。

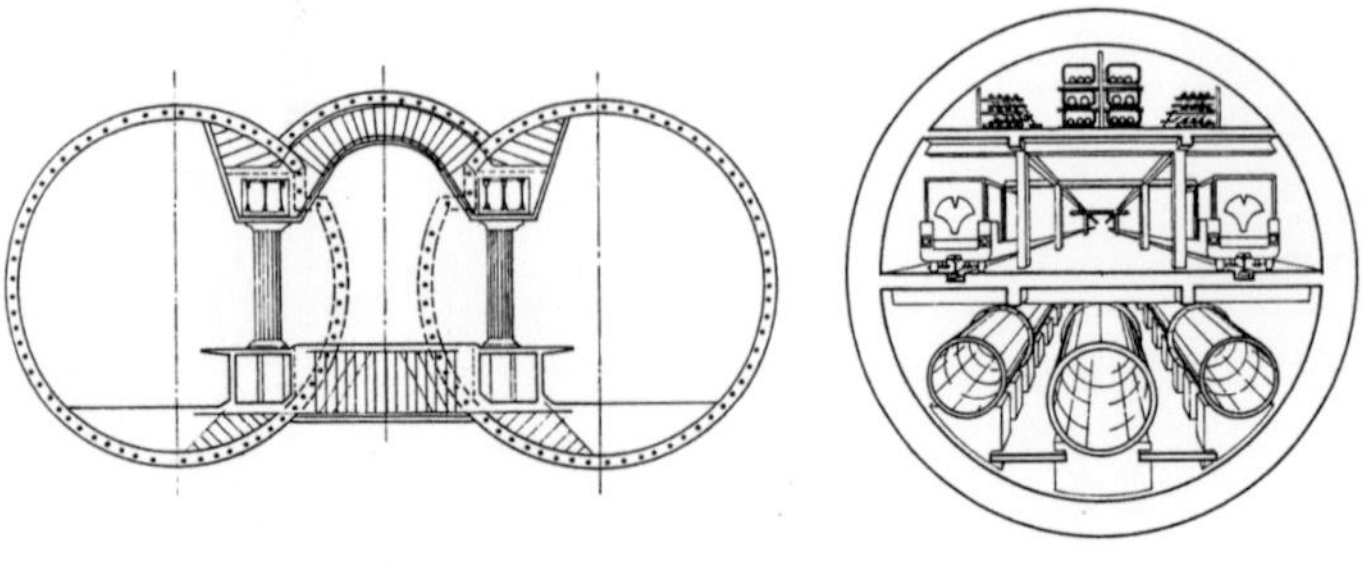

右：新幹線共同溝断面案
左：地下鉄有楽町線

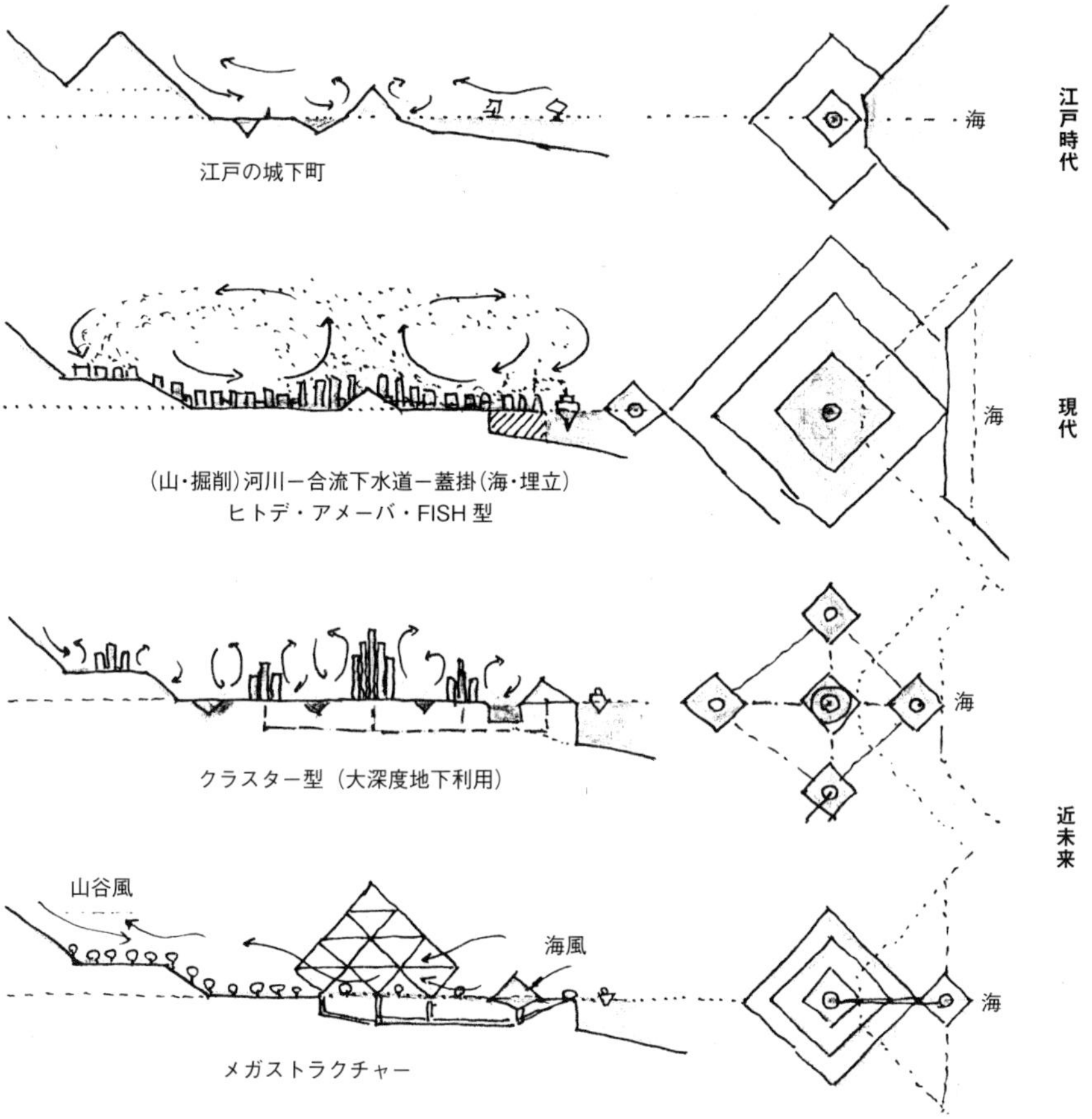

上：江戸時代、現代、そして近未来の大深度地下ネットワーク・スケッチ。
左：都市を支える地下トンネル構想図（絵：藪野健）

確かに、阪神・淡路大震災の時、臨海部と都心を結ぶ地下トンネルができていたら、緊急物資や瓦礫処理にどれほど役立ったかといわれた。東京の場合は、阪神以上に臨海部と都心や副都心を結ぶライフライン幹線があれば、非常時に緊急物資・情報・水・エネルギー・瓦礫の搬送等々において大変役立つ。臨海部と都心を結ぶには五キロメートルで一千億円、また新宿までの十五キロメートルで三千億円を投資しても、常時インフラとして活用できれば十年で償却できる。ちょうど旧東海道線に対して新幹線ができたことによって拠点都市の機能が大幅に増強されたのみならず、旧東海道線のバックアップも十分にできる。東京の大深度地下ライフライン幹線から地上に至るタテ坑周辺部分の数百ヘクタールの拠点では、都心の住空間等の容積アップが十分可能になる。

この提言は既に緊急対策として内閣情報調査室に二度も答申したが、総理、建設大臣、都知事同席でなければできない。なぜなら多省庁にまたがるプロジェクトのためで、この際是非ご検討戴きたい」

その結果、最終報告書には、「阪神・淡路大震災によって明らかになったように、大災害が発生した場合、都市圏規模の大きい東京圏は、道路、ライフライン等のリダンダンシーを確保することが非常に重要となる。このため、既存施設の安全性の確保を図るとともに、大深度地下を利用し非常時及び常時のインフラとしてライフライン幹線を整備することについて検討がなされるべきである」と明記された。

二〇〇五年四月十九日、日本学術会議は小泉純一郎総理に「大都市における地震災害時の安全の確保について」勧告した。

「大都市の広域災害時における安全確保対策として、病院船の建造や感染症対策等の救急医療体制、また、情報・通信インフラ、大深度ライフラインによる重要業務集積地域への支援体制、及び広域災害時の防犯対策などを早急に整備する必要がある」

具体例として、東京圏は切迫性が指摘されている南関東直下型地震への対策が急務である。日本の経済、行政の中枢を担う多くの重要業務機関をかかえている東京は、広域災害時に機能停止が発生した場合、国内外に大きな影響を及ぼすことになる。特に水、エネルギー、情報通信等インフラの安全性と信頼性を向上させ、非常時といえども建物の機能を維持することの重要性が増している。特に情報通信についてはユビキタス型ネットワークが広域災害時には脆弱であり、有線型の幹線ネットワークの確保が重要である。

一方、都市型地震対策の一つに、昼間に地震が発生し公共交通機関が停止した場合、ターミナル駅を中心に東京区部で約三百三十五万人の帰宅困難者の発生が予想されている。これらに対処すべき多量の食料や生活必需品、仮設トイレ等は行政や事業所の備蓄では対応に限界がある。そのうえ、陸上輸送の能力が大幅に低下する可能性があり、主要拠点を大深度地下幹線共同溝で結ぶことで、大災害に耐えうる広域インフラの整備が可能である。巨大都市東京を支えるには、その規模にふさわしい骨太の都市インフラ構築が重要であり、それが実現可能な、唯一の未利用空間は大深度地下である。

二号館でゴラニー教授と（一九九四）

ゴラニー教授との共著（一九九六）

大深度地下ライフラインは、強固で安定した地下地盤に設ける新たなシステム提案であり、地震に対する安全性が高いため、広域災害時にも供給の安全性と信頼性の確保が期待できる。そのうえ、「大深度地下の公共的使用に関する特別措置法」の施行により、私権の及ばない大深度地下を利用できることになり、ルート間を直線的に結ぶことが可能となる。

大深度地下ライフラインは、非常時のみならず平常時において水や物流のリサイクル用・排熱利用の経路等に活用することとすれば、民間においても運用可能なことから、その優先的なルートとしては、有明、豊洲、築地、大手町、六本木、新宿を結ぶラインが有効である。臨海部には東京都指定の広域的な緊急輸送の拠点の多くが存在するうえ、今後、有明には首都圏の防災性向上のため、基幹的役目を担う「有明の丘防災拠点」が整備される。また、非常時には国と地方の合同現地対策本部が設置され、ここが被災地域内へ向けた緊急輸送物資の集積、荷捌き、分配など中継基地としての役割を担うことになる。さらに、豊洲にはガス、電気、上水の幹線が集中しており、防災拠点としてのポテンシャルが高い地域である。このような安全確保の必要性が高い地域と、都心の重要業務集積地域とを安全な大深度で直結する意義は大きい。

同時に、既存の緊急輸送手段としては、ヘリコプターやトラックなどがあるが、輸送量、ヘリポート、道路の啓開率、トラック台数の確保などの問題をかかえることになる。しかし、大深度地下輸送によれば、物流量は非常に大きく、最も信頼できる輸送機関となり、大部分の必要供給量を賄うことが可能になる。このように大深度地下ライフラインは、東京の安全を担保するための基幹的なインフラとして機能するため社会的意義が高く、かつ実効性があり確実性の高い都市再生プロジェクトとして、早急な推進が望まれる。

コラム

⑧『印度』『西蔵』『承徳』の出版

日本の建築文化の基礎となった仏教の大乗・小乗・ラマ教等のルーツとともに、その伝搬ルートの写真集として、毎日コミュニケーションズから『印度』（三巻）・『西蔵』（三巻）・『承徳』（二巻）の出版に成功したが、目標とする全二十巻中八巻にすぎない。山西省の五台山、四川省の峨眉山、浙江省の普陀山、天台山等は取材したものの、写真は未完であり、朝鮮半島（二巻）や東南アジア諸国（二巻）、日本（三巻）の仏跡についてはまったくの未着手である。

コラム

⑨日中交換学者時代……舒士霖（浙江大学顧問教授）・崔栄秀（大連理工大学客員教授）

私たちが尾島先生と初めてお会いしたのは一九七九年の九月、中国科学院の理工系学者交換制度によって尾島先生が浙江大学に来られた時である。資本主義世界から来た尾島先生の講義はすべてが新鮮であり、私たちに激しい風向きの変化を感じさせた。というのも中国はその三年前の一九七六年十月にようやく江青ら四人組を逮捕し、十年に及ぶ悪夢のような文化大革命の内乱を終結させたばかりだったのである。そしてその二年後の一九七八年十二月には改革開放政策を打ち出し、その手始めとして、尾島先生が中国に来られた二ヵ月前の一九七九年七月に深圳・珠海経済特区を試験的に実施することを決定した。しかし、全国民がこれを十分に理解し、受け入れるようになるまでには、それからさらに十年以上の歳月を費やしたのである。つまり尾島先生が中国に来られた時期というのは、ちょうど建築教育を含む中国建築業界が全国の他の業界と同じように、改革開放の始まりに戸惑っている時期であった。そこへ折りよく尾島先生がいらっしゃって、新しい風を吹き込んでくださったというわけである。

①浙江大学「尾島講習班」

当時、浙江大学は中国科学院直轄の大学で、北京大学や精華大学と肩を並べる名門校ではあったが、その土木学科建築専門はほとんど知られてはいなかった。しかし当時の中国においては、科学院以外のたとえば教育部や建設部等の部門には、外国の大学や研究機関と教授を相互派遣し合ったり、外国の先生をお呼びしてこのような講習班を開催したりするような制度はなかった。

西安冶金建築工程学院主催の講演後、劉鴻典教授、林宣教授らと交流会
（一九八〇年二月二十九日）

それで尾島先生は中国科学院の招きで来られ、浙江大学で「日本の建築と都市環境」講習班（当時私たちは裏で「尾島講習班」と呼んでいた）を担当されることになったのであった。

そしてその講座を受講するために、科学院のほかにも教育・建設・冶金などの各部（日本の省に相当）と各省直轄の大学の教師や建築技術者たちが杭州の浙江大学に派遣されたのである。地域別に見ると、北は哈爾浜《ハルビン》から西の奥地・重慶まで二十数ヵ所の大都市から約四十名が南の杭州に集まった。また、専門別に見ると、国および各大学の海外科学技術に対する差し迫った要望と焦りを反映してか、建築とは関係のない分野の教師たちさえも派遣されてきたのである。たとえば環境保護、都市計画、建築設計、建築理論、建築設備などの分野以外にも、地理学、農業、林業および化学など実に多くの分野の「若手中堅」教師たちが派遣されてきていた。（中国は一九六六年からの十数年間、知識人がすさまじい迫害を受け、教育が荒廃した時期があったので、受講者のほとんどは「若手」といっても尾島先生よりは年上であった）

尾島先生は、このような無茶といってもいいような講習班をも拒まれることなく深い理解を示されるとともに、早速日本から関連資料を取り寄せながら授業計画を修正しつつ、講義を進められた。浙江大学の担当者をはじめ各地から集まった受講者たちは、これを見て尾島先生の度量の広さと博識に深い感銘を受けたのであった。

②各地の「尾島講習班」

浙江大学講習班のような集中講義は効率的なやり方ではあるが、なにせ中国は非常に広いため、遠方からの参加ということ自体が容易ではない。少なからぬ受講者は尾島講習班参加のため

中国各地の大学でテキストとなった『日本的建築界』。日本建築界の概況を十一章に分けて、全面的かつ簡潔に紹介している。当時の中国側の需要に応えるかたちで、日本の都市計画、都市のインフラストラクチャー、環境保全および建築教育・建築士制度などについて重点的に述べ、中国の読者の関心を呼んだ

に一時休職というかたちを取っていた。受講者を派遣する側にしてみれば、そんなに大勢の一時休職者を出すわけにはいかないし、出張旅費の制限という問題もあるので大勢の人を派遣することも困難であった。

　このような事情から、浙江大学尾島講習班の評判を耳にした各地の科学技術・建築行政や大学から、自分たちのところでも集中講義または講演をお願いできないか、という声が相次いで寄せられたのである。そこで尾島先生自ら各地に出向き講演や講義を行うこととなった。浙江大学の尾島講習班（一九七九年九月二十一日〜十月二十五日）が終了するとすぐに、尾島先生は北京、上海など二十二の都市と九ヵ所の大学で二十六回の講演、三十二回の座談会と三期の講習班を担当されることになった。

③『日本的建築界』の出版

　尾島先生のご提案により、中国での講義・講演の内容や座談会で論議された課題などをより広く専門家や学生たちに知ってもらうために、一冊の本にまとめて出版することになった。

　それで、「尾島講習班」の主催者である浙江大学を主体として、一部受講者からなる編集委員会が組織された。尾島先生は杭州を離れて各地で講義・講演をなさっている間にも編集作業のご指導をお忘れになることはなかった。また尾島先生は、当時の中国の経済状態にかんがみて原稿報酬は取らないとおっしゃったので、中国側はみんな心から敬服し、称賛した。

　編集委員会は時にその他の資料を参考として用いながらも、主に尾島先生直筆の講義・講演原稿に基づいて翻訳・編集を行い、『日本的建築界』という本をまとめ上げた。この本は

『日本的建築界』（一九八〇、中国建築工業出版社）

一九八〇年十月に中国建築工業出版社から出版されたのであるが、その発行部数は一万冊余（一万六百八十冊）にのぼった。

尾島先生は同書の中で、ご自分の学術的観点からの主張を述べるとともに、日本建築界の他の有識者の見解と観点をも合わせて紹介しておられるのであるが、そのことが本書をさらに高水準の、学術的価値のあるものとしている。

同書は広範な読者からの称賛を博した。というのも同書が中国建築業界の人びとに、戦後における日本建築業の発展および今後の課題と方向について詳しく系統的な資料を提供したからである。ある読者などは「この本を読んだら、国を出なくても海外考察ができた」といったほどである。

◉ペントハウスの設計

商業、業務地区のビルの屋上、地上三十一メートルラインをペントハウス建設のために開放する。ビルの屋上は太陽に一番近い空間であるにもかかわらず、現状では人間に開放されていない。そこはほとんど広告塔や冷却塔などの置き場になっていて、美観のうえでも問題がある。そこで、高さ制限により生じた地上三十一メートルレベルを仮想地表面として、ここに先端住宅をつくろうという発想である。

シンポジウム「都心に住まいと賑わいを」(一九八九年九月二十八〜二十九日)

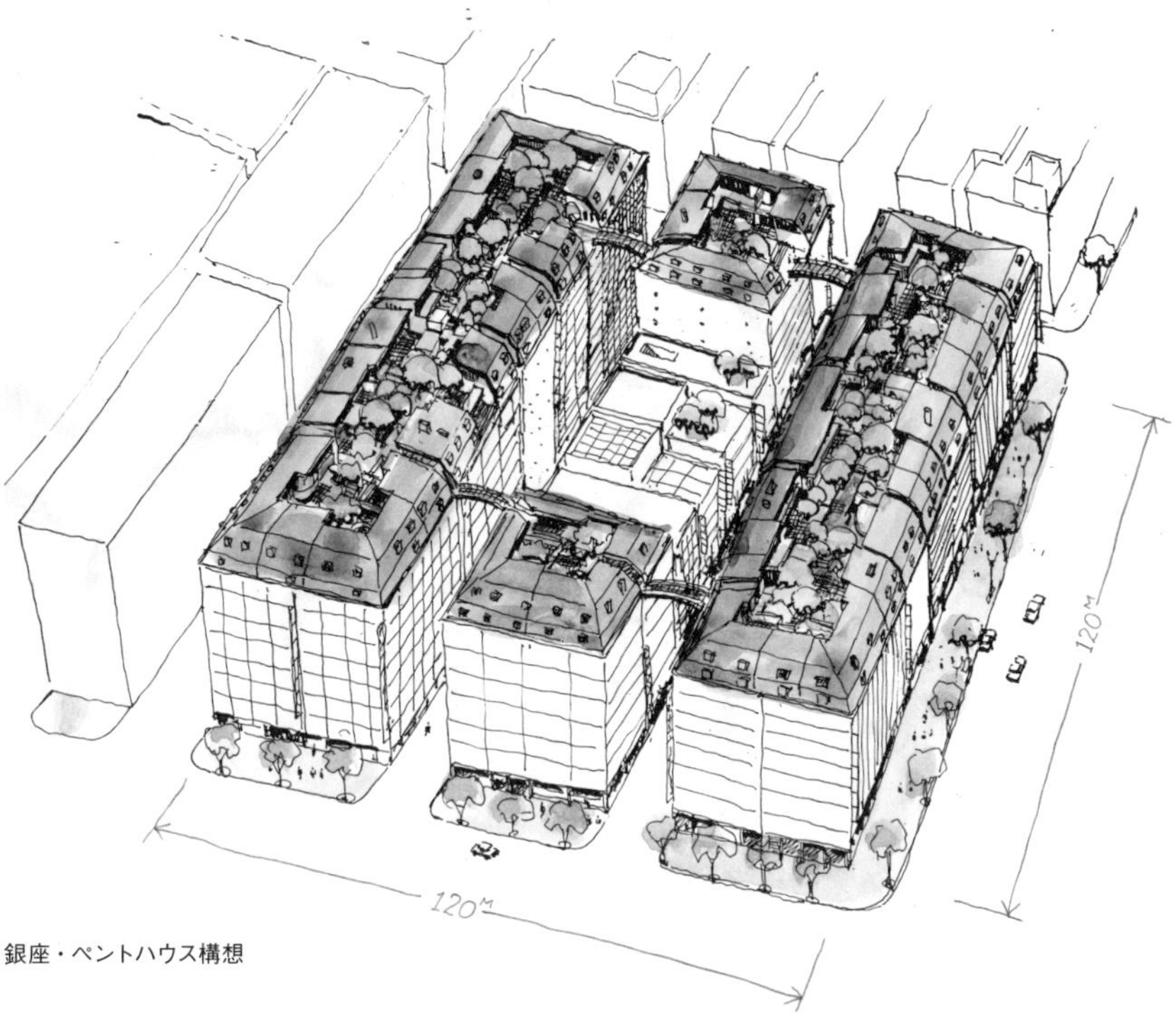

銀座・ペントハウス構想

7 日本建築画像大系時代

（一九八五〜八九）

尾島研究室には毎年、優秀な学生が数多く集まり、研究範囲はますます広がっていった

「21世紀の東京」合宿

追分セミナーハウス 8・12～15 '85

by K. YABUNO

1 「日本建築画像大系」の出版

本研究を開始したのは一九八〇年の春、中国科学院で半年間の在外研究を終えて帰国した時であった。日本建築が中国ではまったく知られておらず、今日の近代技術も欧米の模倣としか見られていないうえ、日本の伝統建築は中国の模倣とすら考えられている事実を知ったことが動機となった。日本建築の本質を世界に知ってもらうと同時に、日本人自身が自分たちの建築についてもっと知ることが大切である。

一九八一年春、岩波映画の成瀬慎一カメラマンに相談したところ、高度な専門的内容を容易に理解させるには、問題点を絞った映像技術が最適であるという。

一九八二年、文部省に申請していた建築の総合評価手法の一般研究助成を三ヵ年継続で受けることができ、「二十一世紀に伝える建築の映像体系」について、各分野の専門家との話し合いや編集作業に本格的に取り組むことになった。研究グループとして、早稲田大学の各分野の先生方、鈴木恂、風間了、中川武の各教授、嘉納成男、渡辺仁史の各助教授らに加えて、東京藝術大学の前野堯助教授、東京大学の香山壽夫助教授、神戸大の森山正和助教授らとともに、岩波映画で建築に関する数百本の映像記録を試写し、検討を重ねた。その結果、すべてを独力で制作することは不可能で、実際に可能な本数と内容の整理、普及にあたっては、岩波映画の高村武次専務を中心にジェス、日本環境技研、朝日出版等で検討してもらうことになった。

一九八三年、五本柱を立て、プロデューサーに片野満さんをお願いして試作に入った。三十人

今なぜ、早稲田にビデオライブラリーか

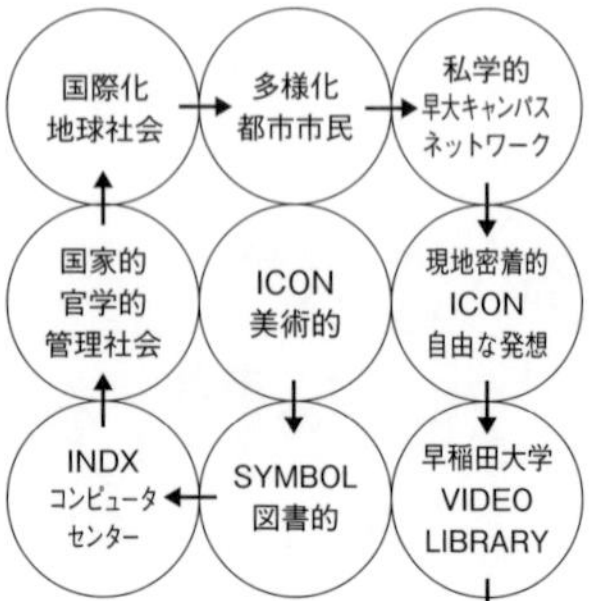

将来の「早稲田大学ビデオライブラリー構想」

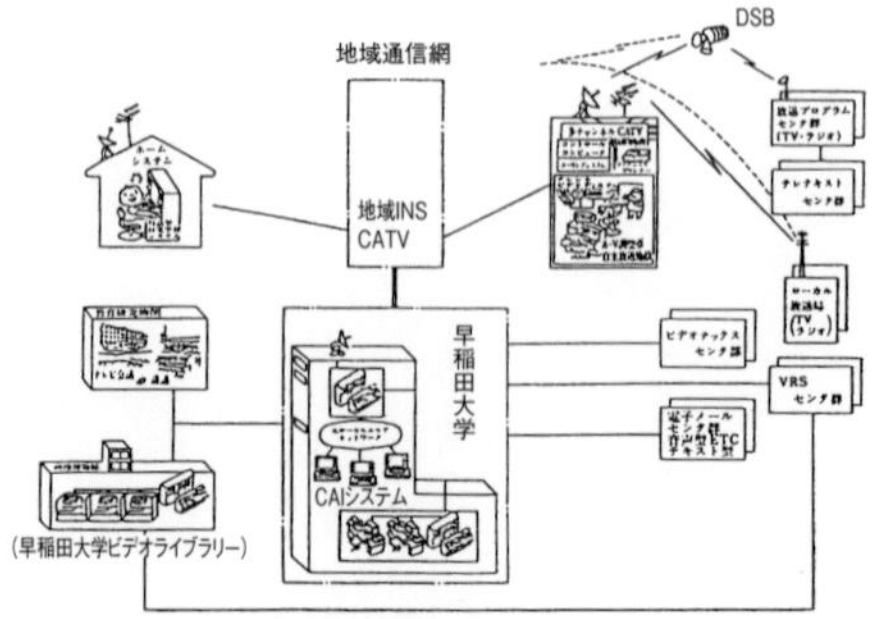

の専門家を選び、一人一人と面談しながら二十一世紀に残す日本建築の本質について検討を重ね、二十本の録音と三本の映像試作を行った。個々の建設記録と違って大系化を意図した企画だけに、その進捗状況は経費面を第一として遅々として進まない。一九八四年、文部省に申請した三年計画の最終年に当たり、とりあえず専門家たちの貴重な考え方を一冊にまとめることによって、初期の志と経過を関係各位に理解していただき、あらためてさらなる協力をお願いすることでこの大計画推進の第一歩とした。

この五年間の苦闘をＮＨＫ出版の竹内幸彦さんと本山明さんが『21世紀建築のシナリオ』と題して単行本にまとめて下さることになった。

現代の建築は二十一世紀に何を遺しうるか。本書は、広がり続ける建築分野の技術と思想を一望にとらえ、二十世紀に築かれたハード技術を基礎に、二十一世紀に使えるソフトを織り込んだ、まったく新しい時代へのシナリオである。

本当の自然、本当の建築とはいったい何なのか。多様な価値観を持つ人々の暮らし方や真の要求、いろいろな建物の使われ方や使い方、見せ方や考え方、建築の素材が持つ本来の性質、近代建築のすばらしい技術の真髄、建物をつくる現場の過程、そこに働く人々の仕事に打ち込む美しい姿。こうしてつくられた建物や町並みは、歴史的にどう評価され、保存されていくのか。

一九八四年にこのシナリオを完成し、このテーマに従って、十五本のビデオ製作を岩波映画に依頼した。一本二百万円として二十五本で五千万円の費用は、企業からの寄付によった。この成功で、引き続き一九八八年頃から住宅シリーズ二十五本に取り組み、一九八九年にシナリオが完成した。

「早稲田大学ビデオライブラリー構想」（一九八四年十二月）

「建築の総合評価手法の開発研究」（一九八五年三月）

『21世紀建築のシナリオ』（一九八五、日本放送出版協会）

その前文によれば、

「この豊かな日本社会にあって『衣食足りて住足らず』といわれ、戦災復興に始まり四十年、住宅をつくり続けてきた私たちは、やっと一人一部屋、一家族に一軒の家を持つに至りました。しかし今、その家は実際には二十年ももたないバラックにすぎないことに気づきました。そして、改めて欧米のすばらしさを再認識したわけです。

私たちは今こそ、本格的な家づくりを目指す時代を迎えようとしているのではないでしょうか。私たちの先祖がつくり上げてきた民家のすばらしさを、最近の街並み保存運動の中に見ることができます。それらの民家は百年も二百年も、時としては五百年もの長きにわたって使われ、保存されてきております。こうしたすばらしいものを見るにつけ、私たちは今日の豊かさを背景として、過去の文化や文明の蓄積を最大限に生かした二十一世紀の家をつくる必要があります。

私たちは、歴史の挑戦に勝ち抜いて来た日本古来の伝統技術や技能を、さらには世界で最も先進している日本の先端技術を駆使して、世界に誇れる日本の新しい文化遺産としての『二十一世紀の家』をつくりたい。

この社会的要求に応えるため、ビデオによる日本建築画像大系の第二期として『二十一世紀の家』シリーズを企画致しました。本書は、そのシナリオ原作で、各界の権威の方々からヒアリングを受けて、その結果をもとに、改めて書きおろして頂きました。

第一期『二十一世紀の建築』シリーズビデオは二十五本の大系として、すでに早稲田大学出版部にお世話になりました。第一期同様、本企画を成功させていただけますよう切にお願いする次

「日本建築画像大系」台本（岩波映画作成）

「日本建築画像大系」のパンフレット

『21世紀住宅のシナリオ』（一九八九、早稲田大学出版部）

第です」

以上のような挨拶で再び寄付をお願いすると同時に、原著者を探して実感したことは、この分野の研究者が意外に少ないこと。さらには、寄付が集まらなかったために、「二十一世紀の家」シリーズのビデオ大系の出版に当たっては、第一期の「二十一世紀の建築」シリーズ以上に多方面の協力者が必要で、一九八八年、通産省の産業構造審議会、住宅都市産業部会の方々を中心として世話役会をつくってもらって、資金面での協力を得た。また前回同様、建築業協会の支援を得て、世話役として企業側から次のような方々が加わった。浅野忠利（竹中工務店）、北村龍蔵（東京ガスハウジング）、峰政克義（清水建設）、永井邦朋（東京ガス）、漆谷康（清水ハウス）、立岡弘（大建工業）、滝沢清治（大和ハウス工業）、御立年次（ノーリツ）、小山勝（ミサワホーム）、岡屋武幸（日立化成工業）、笠原高治（殖産住宅相互）、山崎雄司（東陶機器）の皆様であった。大学からは、尾島研究室の諸君、中でも研究員の藪野正樹さん、助手の須藤諭君らが中心となって、たびたび編集方針やテーマについて検討を加えた。

かくして、二十六人（コラム⑪参照）のヒアリングを早大ビデオライブラリースタジオにて一九八七年六月から一九八八年十一月の一年半にわたって実施し、ようやく原稿が集まり、一九八九年に脱稿にいたった。

このビデオシリーズの成果は、当初、寄付によって作成したからには贈呈すべきと考えたが、住居編で予算不足になったことに加えて、次に予定している「都市シリーズ」の作成にはとても寄付が集まらないと考え、少しでも次の製作費を入手するため、早大出版部に販売してもらうこ

「日本建築画像大系」のCD-ROMは日本語版のほか、英語、韓国語、中国語版がつくられた

とにした。その売り上げの二〇％を理工研に寄付してもらい、次のシリーズ作成に充てることにした。また、英語や中国語版さらにはCD-ROMなどへの転換も考え、二〇〇五年度の日本学術振興会に助成を申請。幸い、三百万円の支援で中国語は許雷君、韓国語は李垠錫君、英語は中川直子さんが担当し、十四本分をCD-ROM化した。

また、都市シリーズとして七本、建築シリーズの追加として三本、二〇〇七年時で合計六十本が完成している。

2　『東京大改造』と『東京 21世紀の構図』出版

『東京 21世紀の構図』は、一九八四年（昭和五十九）夏に着手して、二年間、画家の藪野正樹さんと健さん、尾島研究室の伊藤寛、長谷見雄二、佐土原聡、須藤諭、依田浩敏君らと軽井沢や熱海で合宿を重ねた。東京の巨大さと歴史の重みに何度も何度も踏みつぶされそうになりながら、明日の東京のあり方を模索し続けた。

その間、電通の機関紙『月間アドバタイジング』に「東京大改造構想」と題して、ルポライターの佐藤靖子さんを相手におしゃべりした記事を十二回連載（一九八五年四月〜一九八六年三月）。筑摩書房の島崎勁一さんがこの記事を『東京大改造』と題して出版してくれた。同じ時期に、同じ章立てで二冊の本を出版することの是非も議論した。しかし、両著書は補い合って価値を高めこそすれ、マイナスにはならないと判断された。

その理由として、『東京 21世紀の構図』は二十一世紀の東京を実際に描いた構図であり、その

『東京 21世紀の構図』（一九八六、日本放送出版協会）

姿を見せながら、その風景へいたる過程を示したものである。これに対して『東京大改造』は、二十世紀末の東京を語って問題点を明らかにしたものであり、あくまで改造への提案であった。したがって、本文中に示した構想はあくまで私の構想であって、二十一世紀の東京を建設するための青図になったかどうかは、読者の判断に委ねざるをえない。本書の作成に参加した研究室の諸君はもとより、早大、東大、藝大、九大、熊本大、明大、名大、工学院大などで講義を受けた学生たちは、いずれは専門家として各界で活躍するであろうし、本書を一読された方々が共感し、共鳴していただければ、巨大な東京もまたその方向へ動いていく。二十一世紀の東京は、自然に生まれつくられるものではなく、私たち一人一人の意志と合意で建設されるものである。であるからこそ、東京文化が世界文明として二十二世紀にも三十世紀にも生き続けるのだ。

『東京 21世紀の構図』は本文も構図もともに未完成であり、継続研究中のスケッチ集であるが、そこに記した以下の記事を再読すると、当時の予想がいかに当たらなかったかも思い知らされる。たとえば、一九八五年の予想と、二十年後の二〇〇五年の現実を比較すると、傍線が「はずれ」た部分。

「二〇〇一年の私は六十三歳である。大学の選択定年まであと二年間残されているが、その後の生活設計を考えて身辺を見まわす。いつか妻と二人きりの毎日である。子供は既に結婚して近くに住んでいるはずであるが、呼ばない限り顔を出さない。しかしテレビ電話で孫たちの様子はよくわかっている。念願の銀座ルネッサンス構想が着々と進んでおり、世界中から銀座文化に接するための見学者が押しかけ、刻々と銀座の出来事が世界中の茶の間に報道されている。本書が

『東京大改造』（一九八六、筑摩書房）

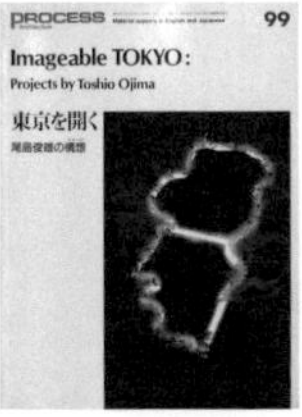

『プロセスアーキテクチャー』第99号（一九九一年十一月号）

藪野兄弟の情緒的絵画のおかげで版を重ね、今や二十世紀の古典として、二十一世紀に至っても売れるため、何かと世界中の人々と接する機会が多くなり、多方面から寄せられた研究テーマや資料で、書斎や接客の間が一千立方メートルにも拡張した。一九九〇年当時であれば、都心にこれだけの空間を借りるだけで毎月百万円したであろうが、わずか二十万円と月給で十分支払うことができる。二人だけの寝室や居間以外は北側で日の当たらない部屋が多いが、しかし空調が完備しているため、自分の大切な資料はもとより、親から受け継いだ書画骨董も無事保管できる。

　大学へは週に二度、学会や各種の委員会は相変わらずで、毎日のように夜遅くまである。国際的集まりも多く、とても郊外に住んでいたら身体がもたなかった。隅田川から東京湾を見渡すことのできるこのマンションは六十階建てであるが、私の階は十八階。これは大学時代の学籍番号であり、大学の研究室の階も十八階であるという単純な理由で選んだ。三十六階から上の階は見晴らしがいいためホテル部分になっていて、各種のルームサービスを自宅でも受けることができる。週一回は友人の子供たちが出演するという芝居や映画を妻と二人で観に行く。この時間はどんな委員会にも優先して予約されている。健康管理のため、妻がいつの間にか自分の肉体のヘルスキーパーになっていて、中央コンピュータと相談しており、自分の意志で自分の肉体行動を決めることができない。時として反乱するが後から必ず後悔する。この都心のマンションには八ヵ月、夏は八ヶ岳の山荘で二ヵ月、冬は伊豆で二ヵ月、子供たちの家族や外国からの来客と一緒に、のんびり小説を読んだりテニスやゴルフをして過ごす。しかし、東京の家や書斎の資料、郵便や電話はすべて別荘というより一族の拠点としての夏と冬の家へ転送されるので、仕事に影響はない。東京の家は完全に夫婦の仕事場であり、世界の仲間たち、大学の学生や研究者たちとの協同

伊東の山荘で、娘の糸乙と

の仕事場の一部であって、人間性を取り戻しているのはこの別荘で過ごす四ヵ月である。

友人たちはすでに第一線の仕事から解放されて自分の家庭を田舎に移して畑仕事をしている者や、地方議員として町並み保存運動に情熱を燃やしている者が多い。また、外国のコンサルタントとして国際的に忙しく飛び歩いているのは、学生時代から幹事役だった連中である。いずれもボランティア活動であって、日本を実際に動かしている連中はすでに四十代の教え子たちであり、自分たちの役割は八十代の両親や幼児の孫たち、外国からやってきた級友たちやその一族と別荘で生活することである。六十代はのんびりすることが最大の日本への貢献と思われた。

思えば、この年代に建築学会会長や理工学部長を務められた吉阪隆正教授が亡くなられたのである。先生の全集は後に十七巻にまとめられ、出版された。常々健康には十分な注意を払っておられながら、第一線で活躍され続けた無理が短命の原因ではなかったか。教え子たちが全集を編集してくれるほどの生を送ってこなかった私は、自叙伝のまとめが毎日の仕事である。自叙伝の自費出版ブームをつくらせたのが松井源吾先生の『縞』シリーズであった。一九八四年にNHKから出版した『絵になる都市づくり』の中で、人生二十年周期説で描いた五年単位の人生設計図を見直してみる。

伊勢神宮の二十年遷宮周期はやはり日本人のリズムに適していたのだろうか。よく自分のリズムとも合っており、四つの山と谷の最後の山を登りきらんとしている。世間では波に乗って成功した男と称される反面、精神的には最低の谷にあり鬱々の毎日であった。それでいてなぜか女子学生には好かれて研究室は女性やアジアの留学生が目立つ。『うつ』が強くなるほど、不思議と研究室に活気が出て、卒業生や仕事仲間の往来が激しくなる。『うつ』でいる限り彼らの邪魔

松井源吾先生の『縞』シリーズ　その一（一九八二年三月）からその二十二（一九九八年四月）まで毎年続き、一九九八年八月、松井政枝夫人の『睡蓮』で終わる

をしない配慮がさらに自分のうつ病をひどくする。『うつ』の時は三階の吹き抜けの自宅のアトリエで江戸時代のテレビを観るか、別荘で自叙伝を書く。『そう』の時は都心の仕事場や大学の研究室で情報発信を続け、屋上に登って畑仕事や郊外でのハンティングやフィッシングを行う。二十世紀の酒仙画家のごとくに心的に自由な創作活動を続けている。仲間たちや学生たちは、私の生活様式を晴耕雨読《そううつ》型と称し、二十一世紀の中流階層の望ましい姿ともいう」

以上、いかに予想からはずれた人生を今、歩んでいることか。こんな短い文章に何と二十ヵ所もの「はずれ」があるとは信じられない以上に、恥ずかしい限りである。

3　日本建築学会百周年とアジアの百人交流

一九八四年十一月四日、日曜の朝十時頃、突然、芦原義信先生夫妻来宅。「中国のどこへ行っても貴君の大きな足跡に落ち込み、溺れそうになった」と楽しそうに話されたあと、ひとしきり中国について私の考えを熱心に聞いてお帰りになった。その後、「熱くなる大都市」について、渋谷の芦原事務所で二、三度、二人きりで勉強会をして下さった。そして、日本建築学会会長になられた時に、ぜひとも事業理事になって日中交流と百周年記念事業の手伝いをしてほしいとの要請。かくして、学会百周年記念事業委員として、またアジア圏の交流部会長として思う存分に働かせてもらうことになった。

一九八六年には日本建築学会創立百周年記念事業が各種催された。中でも「アジアの建築交流

一九八六年、広島で開催されたアジア百人交流会で、左より水谷頴介さん、私、何林さん（中国・同済大学教授）

国際シンポジウム」は、芦原義信会長の「開かれた学会、明るい学会」の目標にそってアジア圏交流部会が中心となり、日本とアジア各国の人びとが交流した。シンポジウムに先だって、五月と七月に、日本建築学会を代表して九つの国と地域へ百十二名の訪問団を送ったところ、幸い、各地で大歓迎を受けた。そして九月のシンポジウムには、十三の国と地域から百二人の参加者をお迎えすることができた。

福岡会場では五百十人、京都会場では七十人、東京会場では三百七十人のアジア各国からの同学の士の参加を得て、延べ千百人を超える人々が終始友好的に、このアジアの建築交流国際シンポジウムを成功に導いてくださった。福岡での船上レセプション、広島での厳島神社や原爆資料館の見学、京都での雅楽観賞、東京でのさよならパーティーの雰囲気は後々まで語り伝え、受け継ぐ価値があるほどにすばらしかった。一九八六年十一月の建築学会理事会で正式に「アジアの建築交流懇談会」の設置が認められ、継続的な活動態勢が整った。

一九八六年四月九日、日本建築学会創立百周年記念日は、皇太子殿下をはじめ、総理大臣、文部大臣、建設大臣のほか、文化庁長官、日本学士院・日本藝術院の院長、海外からは英国、中国、豪州、韓国などの建築学会会長が出席され、帝国ホテルは文字どおり晴れ舞台となった。

昼の学会式典では、皇太子殿下から「安心して住める大都市をつくってくれることを、特に今後の建築界に期待する」とのスピーチをいただいた。夜の晩餐会では学会三万余人を代表して、構造系から武藤清先生が「超高層が何本できても本質的に都市の共同溝を主体とする地下支持施設が完備しなければ、都市生活者は本当に豊かな空間を得ることはできない」と挨拶。計画系を代表して丹下健三先生は「東京をさらに立派な都市に発展させるためには、都市基盤施設の充実

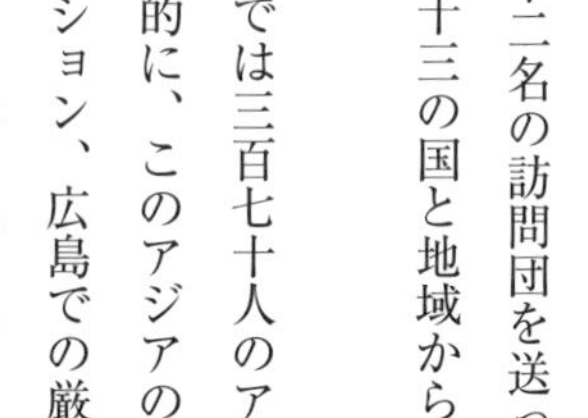

一九八七年、アジア百人交流会で、左より林慶豊さん（台湾建築学会会長）、私、王世燁さん

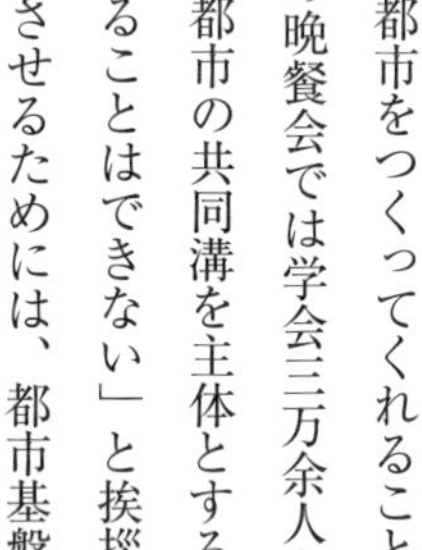

モンゴル建築交流会で、左より山田初江さん、私、小川信子さん（一九九一年七月二十一日～八月八日）

が不可欠で、ご列席の総理大臣や建設大臣に、この分野への前向きのご配慮を要請する」とのスピーチ。学会会長の芦原義信先生が、私の専門分野へのはなむけの式典にして下さったのではないかと思われたほどに、ありがたい言葉と盛大な祝宴であった。

芦原義信（一九一八～二〇〇三）建築家。法政大学教授、武蔵野美術大学教授、東京大学教授を歴任。日本建築学会会長、東京大学名誉教授、日本芸術院会員、文化勲章受章

4　黒川紀章さんと「2025年緊急提言」

日本は歴史上、今が最も豊かな時代であることを誰しもが認めていながら、この機会をどのように生かすかの論が少な過ぎる。なぜなら、今も好況の波が去ったあとの不安におびえているからである。

一人ひとりの貯蓄を未来に向けて投資する方法として、明治維新は学校教育、戦後は工業への基盤投資が思い切り行われた。今日は、豊かな老後のために安心できる生活基盤をつくることではなかろうか。また、留学生が日本人と親しく交わるコミュニティー形成が必要であり、情報化社会の情報基盤を幼い頃から操作できる家庭環境をつくることが大切である。

その具体化に当たって、大学人の立場から二〇〇一年の近未来住宅はかくあるべきという姿を描いて、読売新聞社から出版したのが『未来住宅』である。本書では、二〇二五年の未来都市の基盤とその時代の生活様式を論じている。都心やウォーターフロントの住宅は今日の欧米のごとく、また郊外の木賃アパートや戸建て住宅、別荘などはあくまでも日本的にという発想であった。

この本を出版するきっかけは、一九八六年十二月二十五日から新宿のヒルトンホテル「伊万里」に特別会議室で、ロッテの重光武雄オーナーと黒川紀章さんと私の三人で「東京湾人工島構想」に

『未来住宅』（一九八八、読売新聞社）

ついて話し合い、毎月一回勉強会を開くことになったことであった。

一九八七年三月二十二日、赤坂の黒川紀章さん宅に招かれた。マンションのワンフロアーが自宅とオフィスを兼ねている。夫人の若尾文子さん共々のご接待で、京都から移築した茶室ではいろいろな茶道具を見せてもてなして下さった。

話題の中心は、東京の土地と住宅問題の解決策として「東京改造計画の緊急提言」の進め方であった。

東京湾の中央に人工島をつくって土地問題を解決する提案に賛同してくれる学者が少ないため、特に環境問題に関して研究してくれという。

東京湾の埋め立てには反対であるが、十二万ヘクタールあった海面の二万ヘクタールはすでにこの五十年間で埋めてしまった。しかも遠浅の干潟の海を埋め立てたことを思えば、真ん中にクリークの入った人工島をつくるのであれば、海流やヒートアイランド問題から見て、神戸のポートアイランドの例もあり、考えてみようということになった。東京の土地問題はあまりに深刻であった。早大法学部の篠塚昭次教授は土地法学会をつくられ、この学会と共同で藝大の清家清教授、神戸大の早川和夫教授等とともに十月には建築学会の神戸大会で「地上げ問題の解決法」について討論した。

一九八七年五月五日、グループ２０２５（代表：黒川紀章、共同発表者に佐貫利雄、白根禮吉、石井威望、寺井精英、尾島）の「東京改造計画の緊急提言」の主旨は次に示す内容である。

「東京首都圏の住宅問題を解決するに当ってサラリーマンが入手可能な地価にするためには、

「東京改造計画の緊急提言」（グループ２０２５）

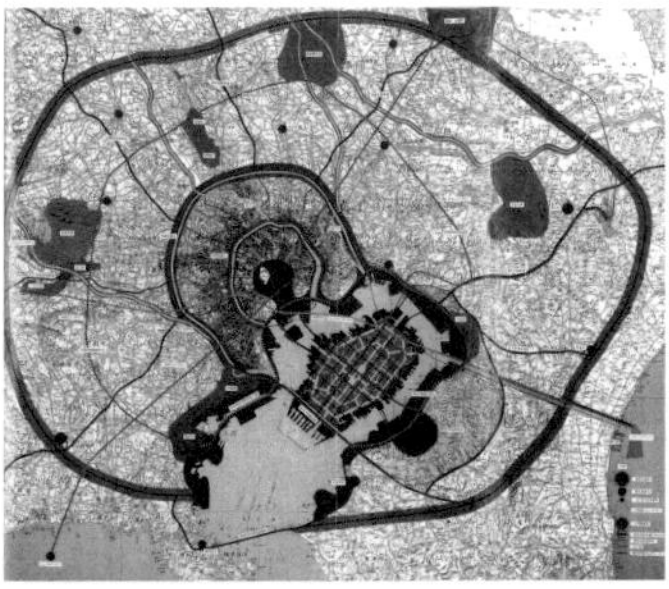
東京湾人工島計画（東京改造計画の緊急提言）

東京を再生する。そのためには、東京湾に新島三万ヘクタールの埋め立て計画について、総合的・長期的に展望する。わが国の対外純資産は千億ドルを超え、一九九七年には五千億ドルになるが、経済資本大国日本の地位はそれほど長く続かない。今こそ決断すべきである。一九八三年末の個人金融資産は四百五十兆円。今回の東京湾新首都新島の造成費は約七十兆円で、付加価値をつけ、これを個人に売却すれば百兆円の利益を生む」

リニアモーターや大深度地下トンネル、九十九里沖の第三国際空港、首都圏中央パークロード、核都市間環状幹線、外と内の環状水路等を描いた首都圏将来像の提言であった。この提言の十分の一でも実現していれば、一九九〇年代の失われた日本の十年が救われたであろう。黒川さんがこの後、中国や中近東でこのようなプロジェクトを存分に実行していることを考えれば、ロッテの重光さんならずとも、今日、日本の財界や官公庁に憂国の士があまりに少ないように思う。

5　額志会とアメリカ村構想

一九八七年三月、早大政経卒（一九六八年）の額賀福志郎代議士の後援会をつくるに当たって、藤井裕士、鶴田宜彦、曽根伸穂、中島基之君らのたっての要請で会長になる。額賀さんは橋本登美三郎代議士の後任で、茨城県第二区の選挙基盤は安心というだけに、なかなかの人物である。会の名前は当初「額味噌会」として発足するが、代議士の出世に合わせて会名を変えるという提案に全員賛同したので、まずは二十人ほどの会員で旗上げした。会費はなしで、そば屋の二階で

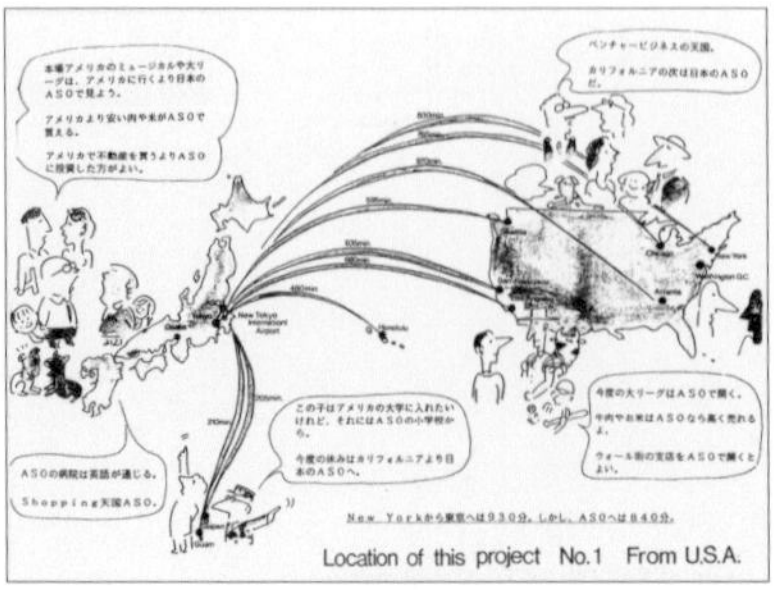

アメリカ村構想

政策会議を一年に二、三回開くという簡単な後援会である。

一九九〇年に額賀代議士が通産省の政務次官になり、日米関係の友好推進策としてアメリカ村を計画した。このＡＳＯ計画は「成田空港の近くに、米国のようなスポーツ施設や大学を備えた国際産業文化交流地点（アメリカ村）を建設し、外国企業の日本進出を活発にする」という主旨で、学識者とゼネコン、金融、流通などの業界関係者を集めた研究会を、通産省と社団法人広域関東圏産業活用化センターを事務局として立ち上げた。候補地は茨城県麻生町で、構想は二〇〇〇年までの十年間に六百ヘクタールの土地に約二兆円を投入する大構想であった。

一九九二年三月、このアメリカ村の立地を佐原市に計画変更し、地元の北見さんが山村大臣と交渉し、長崎のハウステンボスを見学。アメリカ側のコンサルタントからはアンセル・アダムズの写真を贈られ（私の研究室にいつも飾られている）、いよいよお互いに自国で共同研究に入った頃、アメリカ大統領がブッシュ（ジョージ・Ｈ・Ｗ・ブッシュ、一九八九～九三年在任）からクリントンに代わって中断してしまった。

一九九九年二月五日、銀座のホテル西洋銀座での額志会では、建設省の小沢一郎さんと伊藤滋先生の参加を得て、再び額賀さんを中心に勉強会を始めた。額賀さんは当時、総理候補と目され、一九九九年四月から東大の西村清彦教授、竹内佐和子助教授、早大の佐藤滋教授、東工大の原科幸彦教授、官から小澤一郎、竹内直文、斉藤親さんらが集まって、毎月一回の朝食会。二〇〇〇年五月には『大都市再生の戦略』、二〇〇一年十月には『地方都市再生の戦略』を政・産・官・学の共同声明と題して、早大出版部から出版した。

二〇〇一年十一月二十九日に国会稲門会を開催して、森喜朗総理を会長に、額賀さんを幹事長

アンセル・アダムズの写真

『大都市再生の戦略』（二〇〇〇、早稲田大学出版部）

『地方都市再生の戦略』（二〇〇一、早稲田大学出版部）

に、政・学の交流も推進した。

額賀さんはその後、自民党の政策調査会長になり、都市再生や地域再生に強い発言力を持った。しかし、小泉長期政権下にあって橋本派の献金疑惑などで中二階族に祭り上げられ、急速に立場をなくした。額志会は私の大学総長選不出馬や幹事連の企業不振もあって活動を中断したが、額賀さんが二〇〇五年に防衛庁長官、二〇〇七年には財務大臣になられたので、二〇〇八年を期して、新しいメンバーで再び動き出すことにした。

6　赤坂「ふく屋」での都市再生勉強会

一九八七年一月一日、自宅で行った新年会では、五十四人もの学生やOBたちが朝から晩まで飲み食べ続けていた。その時の話題は、一九八六年に出版した『東京大改造』と『東京21世紀の構図』で、これを実現するためには人脈研究が第一ということになった。手始めに、新宿・柿傳で「新宿駅再生」について高木文雄元国鉄総裁と伊藤滋先生の話し合いで、人脈の大切さを確認。二月から毎月一回赤坂四丁目の料亭「ふく屋」で勉強会を始めることにした。東京大学の伊藤滋先生を中心に二年間で十六回、十八人のゲストを招き、話し合った。

田村嘉郎（建設省審議官）、大崎東一（東京都都市計画局長）、依田和夫（住宅都市整備公団理事）、松本弘（財団法人民間都市開発推進機構副理事長）、内田祥哉（東京大学名誉教授）、八十島義之助（東京大学名誉教授）、児玉幸治（通産省産業政策局長）、木内啓介（建設省都市局長）、伊藤茂史（建設省住宅局長）、立石真（建設省住宅局審議官）、佐藤本次郎（内閣官房室技術審議官）、

新宿駅再生について話し合う。左から伊藤滋さん、高木文雄さん、安田社長と私（新宿・柿傳）

土手彬（日本鋼管株式会社副社長）、高木文雄（株式会社横浜ＭＭ21社長）、青木久（立川市長）、荒木寛（東京臨海副都心株式会社常務取締役）、片山恒雄（東京大学生産技術研究所教授）、椎名彪（建設省技術審議官）、沢田光英（財団法人日本建築センター理事長）、以上の方々であった。

このような勉強会は、ＩＢＭの天城ホームステッドで一九七五年にも体験し、理解していたことであるが、視野を広くするのに役立った。

また、久々に一九八九年十二月一日から二泊三日で情報化フォーラムの合宿に参加した。竹内啓、吉川弘之、広松毅、長谷川文雄の東大先端科学技術研究センターメンバーに加えて、板東真理子、日下公人、清原教授、宇部教授、宮川教授、矢田教授、野本教授、野田教授、市村教授らで、情報化の未来とそれを推進する人脈も見えてきた。情報化社会にあって、二十一世紀の東京を大改造するには、結局は人と人、フェイス・ツー・フェイスの場をいかに上手に結ぶかが大事であるということを学んだ。

同様の研究会として、一九九三年三月から毎月一回の研究会のほか、各グループに分かれて何度かの海外調査を含めて二十余回も続いた、電力中央研究所主催の「有識者会議」もまた素晴らしい勉強会であった。メンバー二十人は、石井威望、石田愈、宇沢弘文、内嶋善兵衛、私、茅陽一、菊竹清訓、北野康、黒田玲子、小島明、近藤次郎、佐和隆光、鈴木基之、槌屋治紀、中村桂子、宮本みち子、村上陽一郎、薬師寺泰蔵、綿抜邦彦、和田秀徳の先生方に、電力中央の依田直理事長ほかのスタッフである。成果は依田理事長監修、電力中央研究所編著の『人類の危機 トリレンマ』ほか四巻（一九九八、電力新報社）がある。トリレンマとはエネルギー・環境・経済成長の三つをいかに調和させるかを論じたものである。

ＩＢＭ天城ホームステッド（一九八九年十二月）

『人類の危機 トリレンマ』（依田直著、一九九八、電力中央研究所）

佐和隆光編の『地球文明の条件』（一九九五、岩波書店）は第一研究グループの成果で、この第五章に「二十一世紀の都市像」と題して私も執筆した。グループでの海外調査は、専門が異なる先生方と同行できたため、実に刺激的であった。

7　下町マンハッタン構想

下町マンハッタン構想を最初に提案したのは、柿沢弘治さんの選挙支援で招かれた「荒川区民の会」の選挙応援会である。当時、地盤沈下の三重苦に悩んでいた荒川区の人たちから非難叱責を浴びせられることを覚悟で、超高層住宅への移転という下町マンハッタン構想をお話しした。ところが心配は杞憂に終わり、逆に、ある種の感動を与えたようであった。つまり、土地利用について住民なりの夢を持っていたけれども、これまでは出口が見いだせないでいた。そんな中で、上手な開発によって昔の繁栄が取り戻せるなら是非やってみたいという熱意が、超高層空間に住むことへの拒絶反応を吹き飛ばしてしまったようである。

考えてみれば、ゼロメーター地帯の防災危険区域にあって、いざ水難、火災に襲われれば、生き残る確率は極めて低い。白鬚防災拠点に巨大なコンクリートの壁ができたのは、それだけ自衛策としてやらなければいけないという思いが強かったということになる。山の手地区ではあれほどのコンクリート壁はとてもつくれない。行き詰まった限界状態の中から大きな力が生まれたといっていい。また、零細工場主は、騒音や悪臭を周囲にまき散らしているということで、新しく周辺に移り住んできたマンション住民から迫害を受けているという現実もあった。この地区には

『地球文明の条件』（佐和隆光編、一九九五、岩波書店）

私の好きな場所（週刊新潮一九八七年四月十六日号）

印刷工場やおもちゃ工場など、東京という国際都市においてのみ成立しうる多種多様な工場やソフト産業が立地している。大きな生産工場は第三次全国総合開発計画の工場再配置でほとんど転出した。そもそも東京にあるからこそ存在しうるような零細工場ばかりで、他の場所へ移ろうにも移れない。職業を替えようにも替えられない人々が数十万人も下町にいるのである。

京都の町家に見られるコミュニティーと同じように、下町のコミュニティーは、江戸から続く何百年の生活の知恵である。それは都市生活者にとって最も重要な、生きていくための知恵である。それが下町にはまだ残っており、これを再生させ活用できないか、というのが下町マンハッタン構想の原点である。

「下町マンハッタン構想」という名称は、江東デルタがニューヨークのマンハッタン島に類似していることから名づけた。街の区画割りも極めて整然と碁盤目状に仕切られ、江戸時代からつくられた運河を中心として、東西南北に明確な水の路と新しくつくられた道路によって区画されている。これを利用して、錦糸町駅を中心にした地域に井の字形に水の路を復活させる。これを中心に旧水路を復活させて、北十間川と隅田川の河口である墨田公園、枕橋に二重水門を設ける。一方、北十間川の西側の中川に面する小原橋にもう一つの二重水門を設ける。北十間川を再生させ、横十間川とつなぎ、さらには南の小名木川、仙台堀川をつなぐ。横十間川は顕在であるが、残念なことに大横川が業平橋から小名木川にいたる間はすでに埋め立てられた。その上にはささやかな親水公園と称して、コンクリートの小川がチョロチョロ流れており、非常に惨めな状態に置かれている。ちょうど小名木川、大横川、横十間川と北十間川に包まれた面積がニューヨークのセントラルパークに相当する広がりとなる。そのためには、二重水門によって水位を常にコン

カミソリ堤防断面図

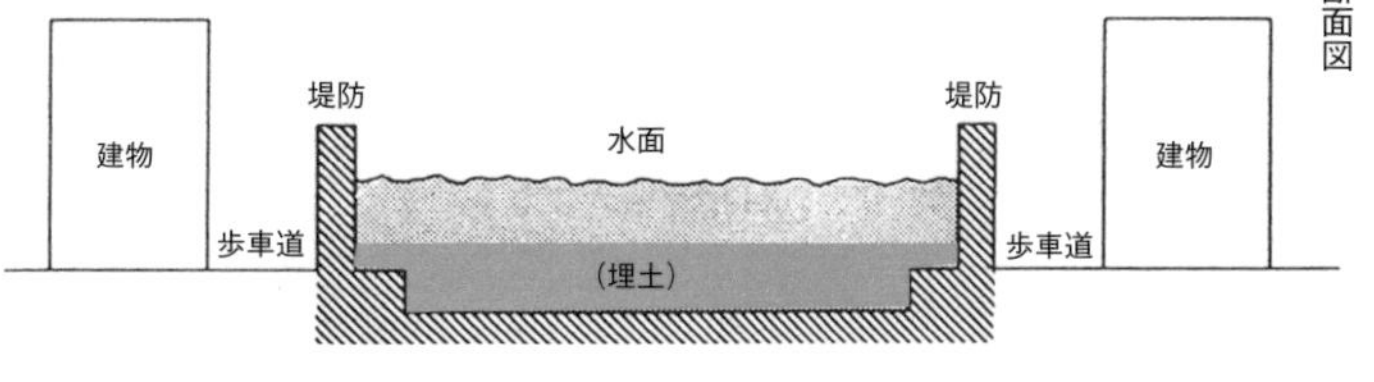

トロールし、隅田川や荒川の一～二メートルの潮位変動を吸収する。それと同時に、ゼロメーター地帯よりもさらに深いところに運河を掘ることによって、陸との水位差を一定にする。運河の防潮堤やカミソリ堤防が完全に不要になるように、水位はコンピュータでコントロールする。運河水門を二重水門にして段差をなくすことにより船の出入りのみならず、陸レベルと気持ちのいい水際線を構成することによって、水際の風景が蘇生する。水際から離れるにしたがって、マンハッタンのように高層の建物をつくり、高層の建物をつなぐペデストリアンデッキによって高層街区がつくられる。この高層化されたところは大深度地下を活用し、高度の土地供給処理施設をつくることによってアップゾーニングを可能にし、さらに土地の高密度利用を可能にする。同時に、水路に沿った地域は、歴史的な江東の風情を残す。そのためにも、残さなければいけない河川・運河の水位を調整する二重水門を設け、カミソリ堤防をなくすることである。さらに荒川や隅田川における大堤防を強固にすることによって、決して水没しないという安心感から低水位型の江東の水景を取り戻す構想である。

カミソリ堤防（東京・江東地区）

セーヌ川・サンマルタン運河。水位が調整され、水際はまちの人びとの憩いの場になっている（パリ）

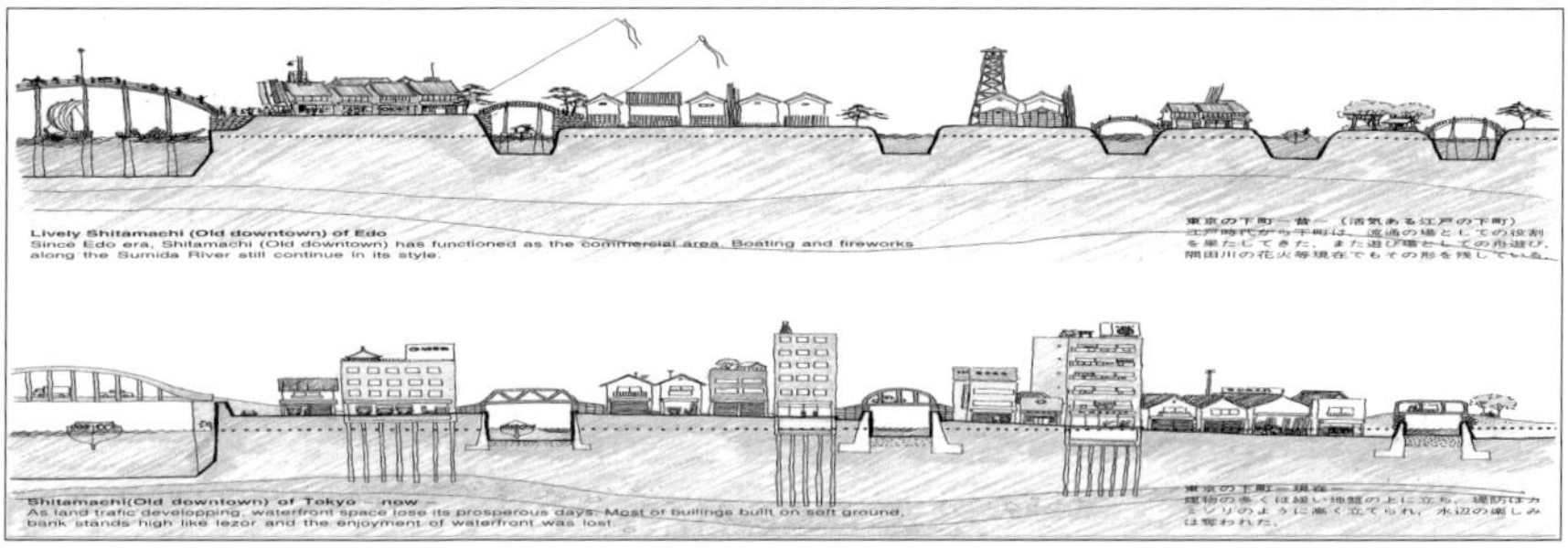

未来の下町のイメージ。運河の水位を安定させ、そこに江戸情緒あふれる街並みを再現する

コラム

⑪「日本建築画像大系」（JAV）

◉「建築編」

①「建築の鑑方」として

日本の住宅（中川武）＊（＊：CD-ROM化済み）

絵本による住環境のイメージ形成（延藤安弘）

建築の再生（香山壽夫）＊

生活様式を生む建築（上田篤）＊

地域文化財の考え方（西川幸治）＊

②「建築の素材」として

木から教えられてつくる（大江宏）＊

コンクリートの可能性（鈴木恂）

鉄の自由さと優雅さ（池原義郎）

アルミニウムの近代感覚（菊竹清訓）

ガラスの持つロマン（穂積信夫）

③「建築の造り方」として

建築をつくるための儀式（後藤久）

コンピュータ利用の設計（渡辺仁史）

市民参加の設計（山崎泰孝）

工事現場の実態（二階盛）

ホテル建築の設計と考え方（古田敏雄）

④「建築の先端技術」として

住宅の設備革命（北村龍蔵）

ヒートポンプの利用（成田勝彦）

都市再開発の手続（近藤正一）

地震と建物の振動（風間了）＊

コンピュータと工事管理（嘉納成男）

⑤「建築を創る人々」として

施主は建築のプロデューサー（加藤辿）

社会的発注としてのコンペ（設計競技）（近江栄）

本物を造る職人（前野まさる）

知的生産としての設計業（池田武邦）

建設業脱皮の時代（佐藤嘉剛）

◉「住宅編」

⑥「住宅の使い方」として

働く主婦の家（坪内ミキ子）

子供の遊び場のある住宅（大村璋子）

フランソワーズの住居論（F・モレシャン）

床の間のある家（木村治美）

ホテル型住居（川端麻記子）

「21世紀建築のシナリオ」と建築
シリーズ全二十五巻

「21世紀住宅のシナリオ」と住宅
シリーズ全二十五巻

ヘルシー生活の未来像（土屋喜一）

⑦「住宅の選び方」として

家づくりホビー論（加藤辿）
おまかせ住宅（岡田徳太郎）
自然を基本とした住い（川端英揮）
フローティング・ハウス論（渡辺嘉人）
住宅地を考える（山田学）

⑧「住宅のつくり方」として

住宅の構法（内田祥哉）＊
積層集合住宅（藤本昌也）＊
高層集合住宅（浅野忠利）
内装と外装（鈴木徳彦）＊
リフォーム（浦上隆男）

⑨「住宅の設備」として

給排水（安孫子義彦）
給湯（御立年次）
浄化槽（岡屋武幸）
自然エネルギー利用（木村建一）
ホーム・オートメーション（富永英義）

⑩「住宅の機能」として

トイレ・洗面所・浴室（山崎雄司）
高齢者と住い（在塚礼子）＊

居住空間と家具・収納（高橋公子）
住宅の音（立岡弘）
未来住宅とエレベーター（松倉欣孝）

◉「都市シリーズ」として

風の道を解析する（尾島俊雄・鍵屋浩司）
都市と車の共生（尾島俊雄・高橋信之）
安心できる都市（尾島俊雄）
市民のための災害情報（村上處直）
東京の先端風景（尾島俊雄）
地域冷暖房（尾島俊雄）
メガストラクチャー（菊竹清訓・原田鎮郎）
大深度地下ライフライン（尾島俊雄）
ヒートアイランドと風の道（尾島俊雄・鍵屋浩司）

◉「文化シリーズ」として

S-PRH（尾島研究室）
W-PRH（尾島研究室）
C-PRH（尾島研究室）
宮大工 西岡常一の世界

都市シリーズは、各ビデオにそれぞれ単行本がある

五十本のCD-ROM

8 早大理工総研所長時代

（一九九〇〜九四）

首都圏東京を１本の超々高層ビルにまとめた「東京バベルタワー」。今日のスプロール都市に比べて、地球環境にどう寄与するかを計算し、その結果を模型にした。（高さ 10 ㎞、底辺 10 ㎞）

1　東京大学先端科学技術センター客員教授として「システム・テロ・テクノロジー」研究

東京大学先端科学技術研究センターの設立者・猪瀬博工学部長は、同先端研について次のように述べている。

「東京大学は総合大学で、社会から学際的な研究活動を期待されています。工学系のなかでも社会的ニーズの高い先端科学技術の研究者を中心に、そこに人文社会系の人たちも加えた横断的な組織をつくって、学際的な共同研究を進めようというもので、形骸化を避けるためには、人の出入りが可能な組織にしておく必要があります。この研究所のモットーは流動性です。学部や学科がそう簡単には人を出してくれませんから、私はご本人を説得したあと、その学部の教授会に、任期を終えたら必ずお帰ししますから、かわりに、そのときのための受皿を用意しておいてくださいとお願いをしたのです。

はじめから私は、トップクラスの研究者が来てくれないかぎり理想は達成できないと思っていましたが、流動性をうちだしたからいい人に来ていただけた。しかも来てくださった方が、先端研の理念をプッシュしてくださって、それをきっかけにしてご自分も仕事を伸ばしていらっしゃるのをみていると、お願いしてみて本当によかったと思います。初代所長の大越孝敬さんや二代目の柳田博明さんのような若い先生方が、ものすごい馬力で、私が考えていた以上にうまくやってくれました」

『ジェネリック・テクノロジー発振』（東京大学先端科学技術研究センター編、一九九一、三田出版会）

『東大先端研』（那野比古著、一九九一、ＮＴＴ出版）

この先端研に二つの客員教授のポストが用意され、その一つ、「システム・テロ・テクノロジー講座」の名前は先端研の造語であった。その意図するところは、いわゆるテロリストのテロではなくて、「保全」という意味に使っているようで、システム・テクノロジーの保全ということらしい。先端研に招聘された時に、「システムが巨大化し、ヒューマンスケールを超えたシステムが組まれた時に、その保全は大変大きな問題である。そこで巨大システムの保全に関する技術を確立し、その問題点を明らかにしてほしい」と、大越孝敬センター長からいわれた。

私は、東京大改造、つまり巨大都市を二十一世紀型に新しく改造することが研究テーマで、戦災復興のドタバタから、都市計画なき状態でスプロールし続けた首都東京を大改造すべきという研究をやってきたが、先端研ではこの巨大化した都市システム系の保全技術を考えてもらいたいという。

ニューヨークのシステム系、つまり道路、橋、エネルギー、水といった都市ライフラインや交通システムは、マンハッタン周辺に広がっていく都市の拡大に追いつけず、維持が困難になっていた。経済成長が止まって、都市の基盤整備の更新ができなくなっていた。橋がボロボロになり、地域暖房の蒸気パイプラインが吹っ飛んだり、道路がおかしなことになっていた。東京はいずれその二の舞になる。

私は、これまでアメリカを見習いながら、日本の戦災復興の都市システムでは駄目だから、アメリカやヨーロッパのように大改造すべきだと考えて、パリ、ニューヨークを追い越すための巨大都市・東京の基盤整備を考え続けてきた。だが、大越先生の保全の技術を抜本的に考えてはど

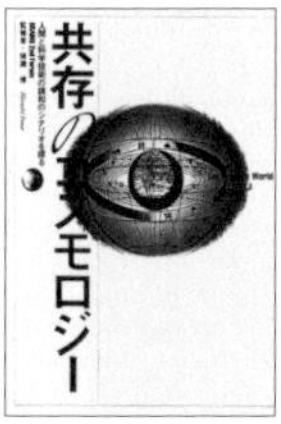

『共存のコスモロジー』（猪瀬博監修、一九九二、UPU）

東京大学先端研三号館、尾島客員教授室にて

うかという説得は、私にとっても大変興味深いテーマだと思った。

最初は一九八八年から二年くらいあればできると考えた。しかし、保全に関するデータ集めが大変だった。特に東京の基盤整備のデータが少ない。たとえば、水道は何年につくられ始めて、どれくらいで普及し、下水はいつごろからつくられたか。ガス、電気、あるいは交通システムに関しても、データがありそうでない。とにかく街がどんどん広がっていくので、戦前のデータはないとか、戦後も最近の五年間はあるけれども、十年前はないとか、そんなことで基盤施設のデータ集めに全力投球した。

その反面で、横浜の「みなとみらい21」や東京の「十三号地」など、埋立地に新しい技術がどんどん使われている。そうすると、今つくられるデータをまず整備保存することが、過去のデータを見つけて保存するより火急の仕事だ。今のデータも、放っておけば蓄積されない。スカイフロント＝空の際物、ウォーターフロント＝水辺の際物、そしてジオフロント＝地中の際物、その辺の先端技術はどうなっているか、あるいは施設はどうなっているかということを、きちんと資料保管しておかなければいけない。

システム・テロ・テクノロジーのデータとして、まず水道から、下水から、ガスからと集め始めた。あまり面白い研究ではなかった。実に面白くないデータしか集まってこなかった。今つくられている新しい分野、たとえばウォーターフロントやライフラインのデータを集めて解析してみると、欠陥だらけである。こんなものをつくっていては駄目で、問題点を告発しなければいけないこともわかってきた。

名実ともに末端技術ともいえる先端技術の研究である。メガストラクチャーやナノテクノロ

「システム・テロ・テクノロジー研究」東京大学先端研の客員教授としての成果報告書

上：東京湾開放構想

一九八八年、東大の伊藤滋先生に、先端科学技術研究センターのシステム・テロ・テクノロジー講座の客員教授に呼ばれた。電力がその典型だが、巨大なシステムが定着した時に、保全や非常時を含めて、サスティナブルにはどうなのかについて研究するためだ。巨大なシステムの維持・保全もさることながら、実は近代建築は、つくった瞬間から劣化する。法隆寺は手入れしているから千四百年もっている。超高層ビルは五十年、百年経ったらどうなるのか。むしろ、つくった時から壊し方――破壊工学も必要な時代だ。

そこで、東大の先端研におられた竹内啓先生、平田賢先生、村上陽一郎先生という、最先端の優秀な学者と一緒に共同研究した。たとえば、三浦半島と房総半島の富津岬のところでダムをつくって水を掤けば一気に東京湾を埋め立てることができるとか、いくらでも巨大なメカニズムはつくれるが、それをいかに維持・保全するかという研究である。

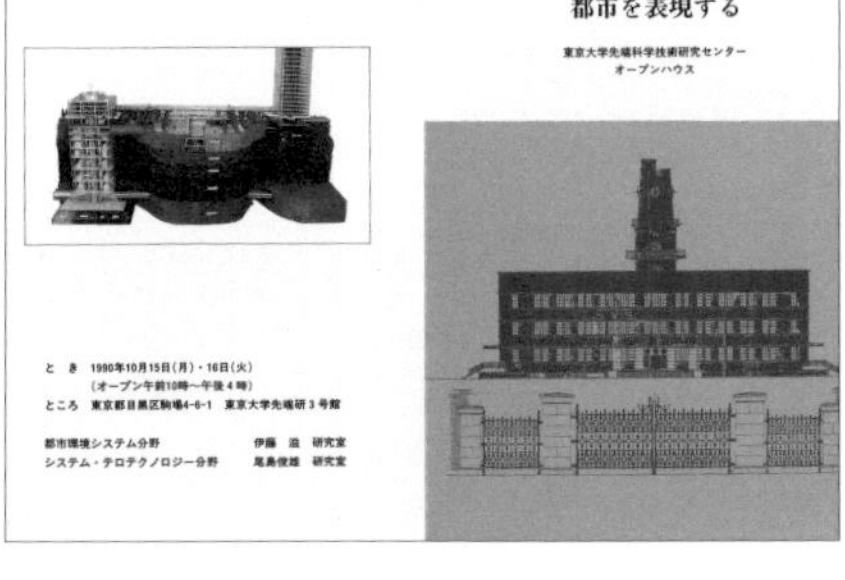

ジーのごとき先端研究と違って、建築や土木は不特定多数に向けての技術であり、極めて保守的で、いろいろな淘汰に耐えてはじめて都市に使われる。永遠に使えるような、あるいは陳腐化に耐えるような技術を使わなければならない。したがって、システム・テロ・テクノロジーこそ都市分野の技術として必要不可欠である。さまざまな新素材は、太陽の曝露や地中での変化も体験せずして使い始められている。つくられてから十年も経たない新素材が、五十年も百年も耐えなければならない地盤に使われたり、あるいは埋立地に使われたりしては困るのである。しかるに、二十二世紀に生き残れるとは思えないような素材が、非常に大事なところに使われている。非常時には、それが災害の原因になることもありえるわけで、メンテナンスが十分に行き届いていればいいが、経済的に保守できなくなった場合には、そこが引き金になって崩壊していくことも考えられる。ヨーロッパやアメリカの基盤整備に比較して、日本は急速に都市がつくられたため、非常時には危険なこともありえる。あるいはまた、陳腐化が予想以上に進むこともありえる。特にコンクリートなどは心配である。二、三十年前につくられたコンクリート系の施設の寿命が次々尽きているとの告発もある。

　このような基礎的調査研究を進めることにした結果、東大先端研は早稲田の尾島研にとってオアシスのごとき存在になった。二年の予定が四年間にわたり、昭和初期に建設された東大先端研三号館の半分を独占し、尾島研のスタッフの半分以上の大学院生がここを本拠に研究活動を行った。村上公哉、三浦秀一、高偉俊君らがその中心だった。

　また、竹内啓、伊藤滋、村上陽一郎、平田賢の諸先生らと月一回の「東京湾ドレネージ共同研究」は面白かった。浦賀水道にダムをつくると十万ヘクタールの海が簡単に干拓できるが、その影響を考えるブレインストーミングだった。

2 超々高層建築『千メートルビルを建てる』の出版

巨大都市の生活は、日本に限らずアジアにとって必然性があり、人間生活には厳しいけれども地球環境にはやさしいと考える。そのことを立証するために、一九九二年に開催されたブラジルの地球環境サミットにNGOの一員として参加した。世界で最も過密で、最も巨大な首都圏東京を一本の超々高層ビル（東京バベルタワー）にまとめて入居させた場合、今日のスプロール都市に比べて地球環境にどう寄与するかを計算し、その結果を模型にし、ビデオにまとめて報告した。

超高層ビルに住まわされる立場に立って考えれば、生理的・心理的問題を含めて人間の本能において極めて大変なことと知りつつも、日本の近代建築はひたすら高さと巨大さを求めて発達してきた。日本の二十世紀はこれからのアジアのモデルである。

このような問題に対して、私たち専門分野に携わる者のみならず、広く一般の人たちに、今、建築界が考えていることや、あるいは研究している超々高層建築の現状を理解し、知っていただくことがいかに大切か、私は日本建築学会の会長になって、懇談会や座談会の機会あるごとに痛感した。なぜなら、建築はつくる側より使う側の要求をもっと大切にしなければ、これからの成熟社会に本当の豊かさや潤いを提供することができないと考えたからである。

一九九二年の日本は経済のバブル最盛期であった。その頃、竹中工務店の原喬さんの要請で、千メートル超高層ビルの委員会（㈶エンジニアリング振興協会）を三年間、私が委員長になって

『千メートルビルを建てる』（一九九七、講談社）

推進した。また、その後、財団法人日本建築センターで二年間、千メートル、千年、千ヘクタールのハイパービル研究会が開かれ、国際会議や数多くのシンポジウムが開催された。その間、阪神・淡路大震災があり、高層建築に対する拒絶反応が起きるかと思いきや、むしろ超高層のほうが安全ではないか、とすら考えられ始めた。近代建築技術はハード面のみならず、ソフト面での建物の使われ方を研究するに当たって、超々高層建築の研究推進は意義ありと思われた。

こうした背景の下に、一九九七年十一月、講談社の園部雅一さんの勧めで、超々高層建築の原稿をまとめた。日本の建設業界が、もしアジアマーケットを考えるなら、まず日本で千メートルタワーを一本建設し、その体験をした後にアジアの途上国につくることが大切であると考えた。そのためにも超々高層建築の研究や調査の必要性を市民に知っていただく。少なくとも、そのユーザーとなる市民に、建築界が考えている現状を理解していただきたいと考え、講談社から『千メートルビルを建てる』を出版した。

3　『異議あり！ 臨海副都心』出版

一九九二年春、『異議あり！　臨海副都心』を岩波ブックレットとして出版した。この本を出したきっかけは、一九九一年、「沿岸域の日米シンポジウム」で、東京臨海副都心の乱開発に関して「東京の学者は何をしているのか！」との関西の学者からのアジテートであった。

一九九一年五月のセミナーで、私は「引き返す勇気を持とう！　臨海副都心計画」という問題提起をし、多くのマスコミの話題になった。しかし残念ながら、何らの見直しもなく建設が進

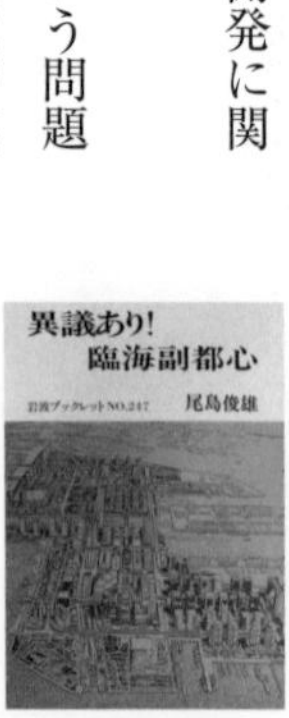

『異議あり！ 臨海副都心』（一九九二、岩波書店）

行している過程を見るに及んで、再び十一月に本格的な見直しを求めた。この第二報に続いて、第三報は、アナウンスメントエフェクトの大きい岩波ブックレットを選び、『異議あり！ 臨海副都心』という強烈にアピールする題名をつけて出版した。その後、皮肉なことに経済面から、この開発の見直しが余儀なくされた。すでに先行投資されたインフラストラクチャーはともかくとして、ヒートアイランド問題やライフライン問題、さらには埋め立て地盤問題、住宅問題、あるいはまた経済問題等を考えれば、数多くの「異議あり！」の声が出て、ついに臨海副都心開発の見直しが行われた。硬直した東京都の行政体質こそが一極集中の弊害であり、日本の世界におけるあり方にも影響を与える事件であった。

建築学会にウォーターフロント特別研究委員会が設立され、東京湾や大阪湾の関係者から事情聴取を行ったところ、あまりにも多くの矛盾が内部からも指摘され、その対策には啞然とするばかりであった。サンフランシスコのミッションベイ開発の見直しほどの大改革は要求しないものの、せめてロンドンのドッグランド並みの再考は期待したい。その発想について、この本の一部を以下に引用する。

「ヘリコプターや人工衛星から東京の空を眺めてみると、直径六十キロメートルのダストストームにすっぽり包まれている。そのなかは日中のアスファルトやコンクリートの熱に加えて、工場や車、冷暖房のエネルギーが滞積し、真夏には熱帯夜が続く。そんな東京上空から見た風景のなかで、東京湾はクールアイランドとして、東京湾奥から首都圏三千二百万人の人びとに海の涼風を送っている。

その東京湾が動いているという。たしかに、明治時代の地図と今日の地図を比較するとき、海岸線が一変し、岬の位置や輪郭が似ても似つかぬ形態へと変化している。埋め立てによって、湾の形状が変わった。だが、それだけではない。自然はゆっくりと、しかも確実に、ときには激震をともなって大地を変え、風を起こし、水を運ぶ。水はすべてを洗い流し、海にそそぐ。海浜は美しく激しく存在し、だからこそ古人は白砂青松をもって日本の風土としてきた。

恵まれた豊かな自然を持つ東京湾の周囲に、たった百二十年間に三千二百万人を超える人びとが集まり、今なお年間四十万人を超す人びとが集まってきている。東京への一極集中はとどまることを知らない。その一極集中の中でも丸の内を中心とする東京都心部の一極集中は加速し続けているのである。（略）

一九八〇年代の中曽根民活は東京の拡張をさらに助長させた。その結果、東京都は臨海部に七番目の副都心構想を打ち上げざるをえないことになった。最初、鈴木都知事は構想に慎重だったが、いつの間にか、臨海部に世界都市東京の情報発信機能としてのテレポートタウンを建設し、超高層の企業の殿堂をつくることに傾注してしまった。新宿副都心の十倍、十兆円の臨海副都心を今世紀中に建設し、一九九四年にはその過程を誇示する東京フロンティアの開催を計画し、不朽の都市像をそこに求めたのである。（略）

現実につくられている臨海副都心の構造は、超高層の乱立する鉄とガラスとコンクリートの巨大な壁を、高さ百メートル、長さ二キロメートルにわたって築くことになってしまった。

このような時代錯誤のプロジェクトが、今、誰が主体者で、誰が受益者であるかわからないまま、静かに建設され続けている。建設受注者が第三セクターである発注者に人を送り込み、五選

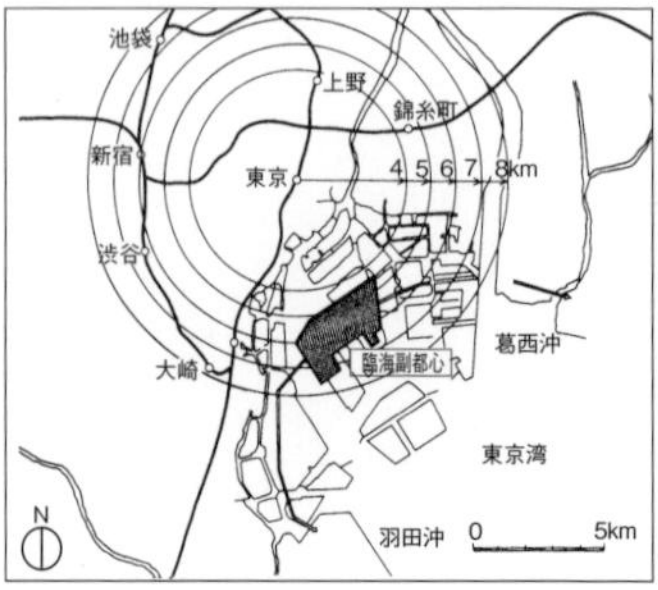

臨海副都心の位置（臨海副都心開発事業化計画より）

のありえない鈴木都政が一九九六年の東京フロンティアを目途に、今、主体者なきままに、巨大な環境破壊の建設工事が粛々と進められている。すでに進出を決定した企業は、行政当局の東京フロンティアの延期、インフラストラクチャーの工期のズレなどを理由に、契約も履行しない上に、受益者負担の原則を崩し、八兆円とも十兆円ともいわれる先行投資の受注に狂奔し始めている。この巨大な先行投資のツケは、最後には都民にまわされようとしている。だが、多くの都民は、それに気づいているだろうか。このような実態を本ブックレットで少しでも明らかにし、改めて東京臨海副都心のあり方を公論に付すべきと思われる。今からでも、臨海副都心の見直しは、必要であり、可能であると私は考えている」

このような思い切った内容を書いた動機は、東大先端研の客員教授としてシステム・テロ・テクノロジー分野に籍を置き、東京湾ドレネージ研究会に参加し、臨海副都心のあり方に疑問を持ち始めたことによる。センター長の柳田博明教授の持論、研究者は自分の提言に対しては全人格をかけるべきであるとの「アジテーション」に乗せられてしまったこともある。このような経緯があって、従来体験しなかった社会的責任と義務を果たしたいと考えたからである。

臨海副都心のような進行中のプロジェクトに関しても、ノーといえる日本人が増えていくことが必要であり、その必要性を痛感した。

4 八ヶ岳山荘と「母の死」

大学院生時代から山仲間が少なくなり、一人で山歩きをするようになった。特に五月の連休の八ヶ岳は最高に歩きやすく、富山の奥座敷が立山であったように、東京生活での奥の院は八ヶ岳と勝手に決め込んだ。下山ルートは決まっていて、美濃戸山荘から八ヶ岳農場で茅野駅行きのバスに乗った。しかし、夕方五時を過ぎると八キロのバス道を歩かねばならず、バス停付近に山荘を持つことができたらと密かに考えていた。

一九六八年にベンチャー企業を興して、仕事仲間たちが増えるにしたがって、夏の合宿場として山小屋があったらと考え、長野県が売り出した初期の別荘地を購入することになった。日本環境技研を設立して二年目にして利益が出たこともあって、早速、秘書の石垣美智子さんに現地に行ってもらって手続きした。

最初の山荘は、練馬の自宅を建て替えるに当たって、これをそのまま移築した。テントよりはましな生活ができる程度の山荘であるが、学生たちはもとより、田舎の両親も気に入ってくれた。母は特にこの地を好んでくれて、夏の涼しさや五月のつつじを見るため、富山から友人たちと一緒に来て利用してくれた。

しかし、新会社で購入したにもかかわらず、残念なことに社員は誰も使わなかったので、結局私が買い取ることになった。伊東や八ヶ岳に山荘を持つことは経済的には採算がとれないはずであるが、不思議に苦にならなかった。若さゆえの活力と、自分自身の利用頻度から考えれば十分

八ヶ岳山荘の移築・改装は研究室スタッフが総力をあげて当たり、二年かけて完成させた

に採算が合った。精神的ゆとりや豊かさは、海や山の家と同様、富山に父母の家があることでも満たされていた。

山荘への無駄な支出は、父方である尾島家の家風とは違っていたが、母方の家風であると母は喜んでいた。そして実によく伊東や八ヶ岳の家を使って楽しんでくれたことが、何よりも嬉しかった。

このほかに、大学の研究室が狭いため、「二号館」と称して都内に別の家も借りていたので、家内からは自宅には投資せず、外にばかり無駄な出費をするといわれ続けた。しかし、二号を持つよりは二号館のほうが許せるではないかと独断実行した。

一九九〇年春、歌手のマイク真木さんが家内の友人と一緒にやってきて、富士五湖の山小屋を購入してくれないかという。ログハウスであるうえに、石の暖炉や立派な木製の家具付きであることが気に入ったので、早速それを購入。解体して、高橋石材店のトラックで八ヶ岳に運搬。既存の家はすべて薪にする。研究室のスタッフが総力を挙げて二年間で移築。八十川淳君を中心に村上公哉、洪元和君らの努力で、一九九一年十一月には暖炉の組み立ても完成し、十二月二十七日に八ヶ岳山荘の完成パーティー。同じ頃、伊東の山荘も吉国泰弘君の努力で改装する。この数年のバブル期に株式投資で得た利益で何とか借金することもなく、二つの山荘を大改築したので、富山の両親や友人らとともに夏冬の休みを一緒に過ごす場ができた。特に八ヶ岳の山荘では、藝大の天野先生から聞いていたフランク・ロイド・ライトのタリアセンの生活を意識していた。この移築した山荘を誰よりも喜んでくれたのが母であった。富山と東京の真ん中に立地することに加えて、夏の乾いた気候と高い松風が吹き抜けるベランダが気に入ったようだ。

中村南二丁目の二号館アトリエ前で。左より、小林千加子さん、姉、王興田君、私、伊藤寛君

その母の死が一九九三年九月二十五日、学生たちと大改築した八ヶ岳の山荘はたった二回しか使えなかったのである。死の一ヵ月前、東京の病院から富山へ連れ帰る途中、この山荘に泊まった。八月十一日から三泊四日の短期間であったが、この山荘のおかげで、家族一同とともに安らかな最後の数日間を過ごすことができた。それだけでこの八ヶ岳山荘の価値は私には十分にあったと思う。山荘の一室は母の部屋として遺品を安置することにした。

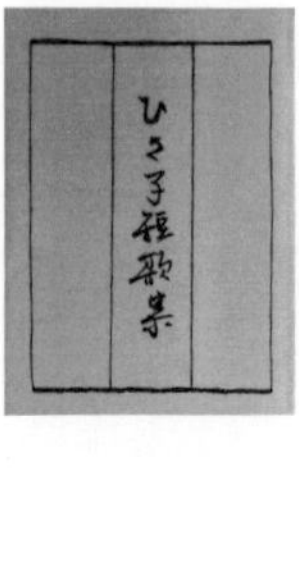
母・ひさ子の短歌集

二〇〇三年から毎年、お盆の頃に一週間、ライトのタリアセンのように、尾島研の夏合宿をこの山荘で行うことにした。NHKブックスの『東京 21世紀の構図』で予測した、一年のうち別荘暮らし二ヵ月間の予定が一週間しか過ごすことができないのが現実ではあるが、少しでも予測に近づきたいと考えている。

二〇〇六年夏に、卒業論文・修士論文・博士論文等をこの山荘に搬入したが、大学引退後の文献はすべてこの八ヶ岳に置くことになろう。

5 理工研を全学的な理工総研に

理工学部創立八十周年を機会に、理工学部付置の理工研（理工学研究所）から全学的産学共同研究機関として理工総研（理工学総合研究センター）の設立を決議した。この理工総研に独立した研究所と総合大学院をつくり、独自の研究と教育を産学共同路線で進めるためである。早大理工総研にかけられた世間の期待は大きく、学部の限界、大学院大学時代における基礎的な研究に対して、国公立大学や国家をも超えるかたちで、企業や世界を結ぶ共同研究教育機関を早稲田大

早稲田大学理工学総合研究センター

学に併設する。八十年前に、私学の早稲田が理工学部をつくったと同じような、それ以上の役割を理工総研に期待したからである。

すでに早稲田は、理工研や材料研を中心として委託研究制度を設けている。しかし、それは特定の先生方が、特殊なかたちで企業との共同研究をしているということで、組織的に認められ、社会や世間が期待するようなレベルには達していなかった。早稲田大学が次の時代における産学官共同のガイドラインを定めることで、新たなる挑戦を可能にし、早稲田の次の飛躍に備えることが大切と考えたからである。

国立大学ですら、大学院大学時代にあってお金も場所も人も少ない状況に直面している。問題は、早急に「場」と「お金」と「人」をどのようなかたちで具体的に導入するかということであった。

教育という大義に対して、研究という大義をどのように明確化し、また、研究に対する権利と義務をどのようなかたちで表現し、そして自由競争の中で理工総研に対して、どれだけの研究基金を設立しうるか。早大のガイドラインに記されている範囲で、オープンマインドとオープンマネーを取り入れることが可能か。アメリカの大学に対してわが国の企業がお金を投下すると同じように、きれいなかたちでお金と人が自由に出入りするための仕組みがつくれるか。教育という成果のわかりにくい分野に比べて、研究成果は実質的にも利権や権力と結びつきやすい科学技術社会の競争下にあっては、お金と企業、お金と人との癒着関係は極めて難しい問題である。しかしながら、研究開発における権力構造は、かつての国家社会から企業社会への移り変わりと同じように、企業社会から市民社会への移り変わりの中で、権力の持っている内容が違ってくる。お金を浄化し、外部の人を登用する、大学人が企業に入って、また戻ってくる。こうした自由な

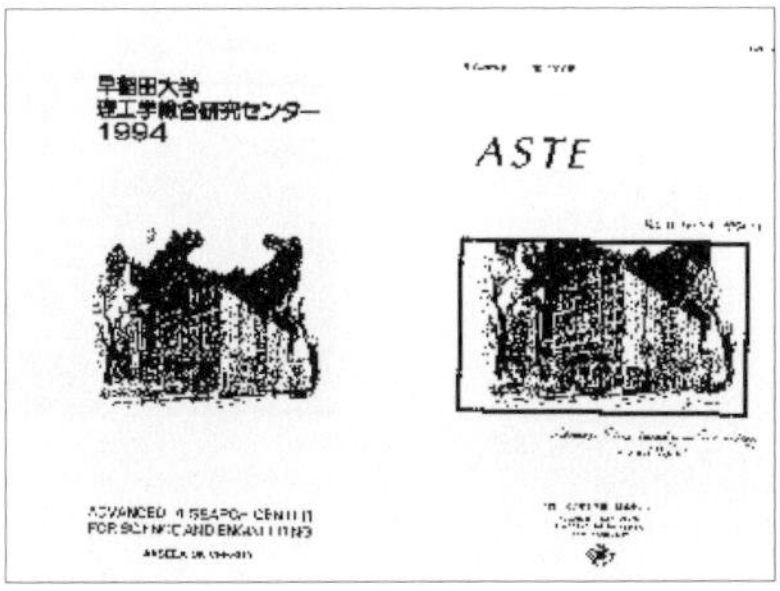

早稲田大学理工学総合研究センター報告書

人とお金の相互乗り入れ、そのためのインタフェースやフィルターをどうつくるか、極めて簡単ながら難解な論理構造を解き明かす試みに早稲田の理工総研が成功するならば、お金と人と場の問題は解決できる。

こうした状況は早稲田大学のみならず、わが国の国公立大学もこのような社会的要請に応え、生き残りの戦略を練っている。

一九九二年十月、第十四代理工学研究所所長になり、この考えどおり理工将来計画で四十億円募金を成功させ、産学協同研究センター棟を建設、理工総研へと脱皮することが重要だった。

一九九三年四月、理工学総合研究センターの初代所長となって、東大先端研時代に体験した以上の新しい制度と改革を実行した。藤本陽一、大附辰夫、大坂敏明教授らの全面支援もあった。外部からの人と空間とお金を早稲田の学生たちに与えるためには、専任扱いの客員教授ポストと募金による建物を利用して競争的資金を導入する。優秀な学生たちに論文を書かせ、国際的に活動できる場を与えるためには、なりふり構わず妥協を厭わなかった。

理工研最後の所長として、また理工総研の初代所長として改革をスムーズに進めるために、理工八十周年時の学部長・加藤一郎教授、大学院委員長・堀井健一郎教授、理工研所長・藤本陽一教授の下で理工系将来計画委員長としてまとめ、一九八七年三月に答申した「理工系の明日」に記したことを行動規範とした。この練りに練った計画を、一九八九年、平山博教授を学部長に推薦して実行に移した。私が一九九〇年九月に建築学科主任教授となり、平山学部長とともに理工学部の大改革を実行したのは、建築学科を独立させたいという野望もあった。各学科の主任とともに若手教員の黒田一幸、松本和子、永田勝也、内田種臣、逢坂哲弥、足立恒雄、大附辰夫の各

早大理工総研創立仲間。左より富永英義、大坂敏明、藤本陽一、大附辰夫の各教授と私（八ヶ岳・富永山荘にて）

教授らが支援してくれた。この当時のことは、『早大理工80年をふりかえる』の第十章に藪野健さんのスケッチ入りで記録されている。この潜在的努力があってこそ、私が理工総研所長、理工学部長時代に着実なる改革を可能にしえたのである。

具体的に記せば、

◉理工の求める学生像は、何かで世界一。（創成入試の実現）

◉理工の教師像として厳しさと豊かさを求めて、客員教授の大幅導入を実施。

◉WIT（Waseda advanced Institute of Technology）構想はRISE（Advanced Research Institute of Science and Engineering）として実現。

◉カリキュラムの抜本改正と選択の自由度は理工文化論を挑戦科目として新設。

◉各学科のデシプリンを超えたプロジェクトチームの必要性はRISEのプロジェクト研究室で実現。

◉社会との新連携システムの発展として理工総研に社会先端的共同研究体制をつくる。

◉早稲田大学アーカイブをつくるに当たって、通信ネットワークを充実し、理工リエゾンオフィスとして all waseda. com が実現。


一九八五年頃の本部キャンパスでは、大隈銅像前に理工の産学協同研究反対の大きな横断幕が張り出されていたが、十年後の一九九五年にはまったく逆の様相を見せている。

理工総研所長として、まずは募金で建設した三千平方メートル（五十室）のプロジェクト研究

理工総研パンフレット

『早大理工80年をふりかえる』（早稲田大学理工学部、一九八八）

『建築設備の技術革新』（尾島俊雄監修、建築インフラ研究会編、一九九四、早稲田大学出版部）本庄早稲田リサーチパーク構想について記した

室はソフト研究をベースにすることにし、実際の実験室は本庄に、さらには北九州研究学園都市内に十分なる空間を確保することにした。本庄ではBSW（Bio-sphere of Waseda）の構想の下に、建築（尾島）、機械（大聖・永田）、通信（富永・大附）を中心に特別室を設置し、本部との共同研究を申し出た。しかし、なぜか奥島総長は言を左右して前進させないため、住宅・都市整備公団との共同研究を進めていたBSWスタッフは意欲失墜の極みに達し、仕方なく北九州の拠点確保に全力投球することになった。北九州市の全面支援を受けた段階で、本部がまたも大学院の進出を約束したため、理工総研と競合し、両方とも失敗しかねない結果を招く。理工の力が大きいだけに、文系中心の本部と調整することは実に困難である。しからばと、理工学部は二つ以上に分割することによって、二学部長以上の反対があれば理事会案を否決できるうえ、三学部長の提案で新しい体制も可能となる学則を考えた。早稲田が時代に乗り遅れないためにも、理工系の学部を三つ以上に分割する必要性を痛感したのである。その結果、二〇〇二年五月の教授会で、理工学部を三つ以上に分割することを決議し、私の理工学部長としての役割を終え、同時に大学行政にこれ以上立ち入らないことを決意した。

　しかし、二〇〇五年には学術院制度の導入で、理工三学部は一学術院に、理工総研も理工学術院の一部になるなど、私の理工系改革はまだ道遠しである。

6　職藝学院の創設

一九九二年、日本有数のコンピュータ会社インテックの創立者・金岡幸二さんが富山国際大学

理工総研九州研究所。大江匡理工総研講師の指導で、福田展淳君らが基本設計を行った。実施設計は日本設計

を富山県大山町で開校された。この時、富山高校の後輩で、地元で設計事務所を経営する稲葉實さんと一緒にそのお手伝いをしながら、建築分野でも地方の文化や地球環境に寄与する教育機関をつくらなければと話し合った。

それから二年後の一九九四年正月、帰省していた私を稲葉さんが訪ねてきて、中沖豊富山県知事や大山町長の支援もあって、新しい職人学校をつくることになったので学院長を引き受けてくれという。稲葉さん自身が理事長になって経営責任をとるならと承諾した。

かくして、富山国際大学に隣接して、木造二階建ての校舎が三棟建設された。幸い五億円余の寄付を得て、一九九六年四月、第一期生として建築職藝科（大工）三十二名、環境職藝科（造園）十二名の生徒が入学した。

オーバーマイスターとして東京から田中文男棟梁を招き、大工のマイスターは島崎秀雄棟梁、家具は柿谷正さん、造園は嶋倉雅人さん、教授として稲葉實、池嵜助成、柿谷誠、久郷愼治、上野幸夫さんら、すべて地元富山県の逸材を集めての発足で、教えるほうも教わるほうも真剣そのものであった。

「いかなる人生、いかなる行い、いかなる芸術にも、先立つべきは手仕事である」という理念の下、環境職藝科は「建築のわかる庭師」の育成に当たった。一年次は造園施工・管理の基本的知識、技能の習得として、造園道具の基本的な使い方やロープワークなどの基礎的なこと、植栽・芝生・樹木等の手入れと管理、造園施設施工用機械の使用法、花壇・坪庭の造成、測量実習や基礎製図等を学ぶ。二年次は、住宅庭園やモデル庭園の造成を通して、実際の施工・管理を学び、三級造園技能士検定受検に備える。

職藝学院
富山県内外の建設業界・造園業界等の支援で、大工・家具・建具および造園・園藝のプロ（職藝人）養成を目的に、全国でも珍しい専門学校「富山国際職藝学院」として一九九六年四月開校。二〇〇六年四月、「職藝学院」と改称した。二〇〇七年五月、日本建築学会より第一回「教育賞」を受賞

建築職藝科は大工コースと家具コースに分け、大工コースは一年次で大工道具の基本的使い方から測量実習、基礎製図を通して、木造建築物における手仕事の基本を習得し、二年次には再生可能な木造住宅の施工や規矩術の基礎を学び、機械に頼らない手仕事による木組みを体得する。家具コースは、一年次に無垢材の特性を理解するため、椅子や引き出し付き道具箱を制作。二年次は、無垢材の特性を生かし、住宅に付随する家具やキッチン、棚、テーブル等の家具のほか建具も制作する。年間一人百万円の授業料では教材費が賄えず、軌道に乗り始めた二年目からは実際の建物を受注し、実習用教材とすることで収支を合わせることができた。かくして、教えるほうも教わるほうも一段と気が抜けなくなった。

一九九八年には早大尾島研が獲得した文部科学省の未来開拓学術推進研究事業の木造完全リサイクル住宅の建設を学院で受託した。これが実にすばらしい成果を生み、NHKをはじめ国内外の関心を呼び込んだ。

一九九九年には「荒井邸（けやきの家）」新築や、門松づくり、上滝中学校の「雪見の庭」をつくって大山町の人々にアピール。二〇〇〇年には「尾崎邸」と「飯山邸」の作庭工事を完成。「加藤ハウス」は金物を使わない木組みで新築し、家具展や合掌造りの茅葺き替えの体験もした。二〇〇一年にはアメリカやドイツ、ロシアと技術や教師の交流を開始して、国際の名に値する活動を始めた。二〇〇二年は椚山《くぬぎ》の廃校になった学校校舎を実習棟に移築し、古材の活用を開始。高度な匠のレベルの仕事に着手するにつれて、卒業後も助手として本校に残る研究生が増え、生徒たちの目の輝きも違ってきた。

その間にも校舎や実習棟が学生の実習教材として次々と建設され、本館には「とやま名匠情報

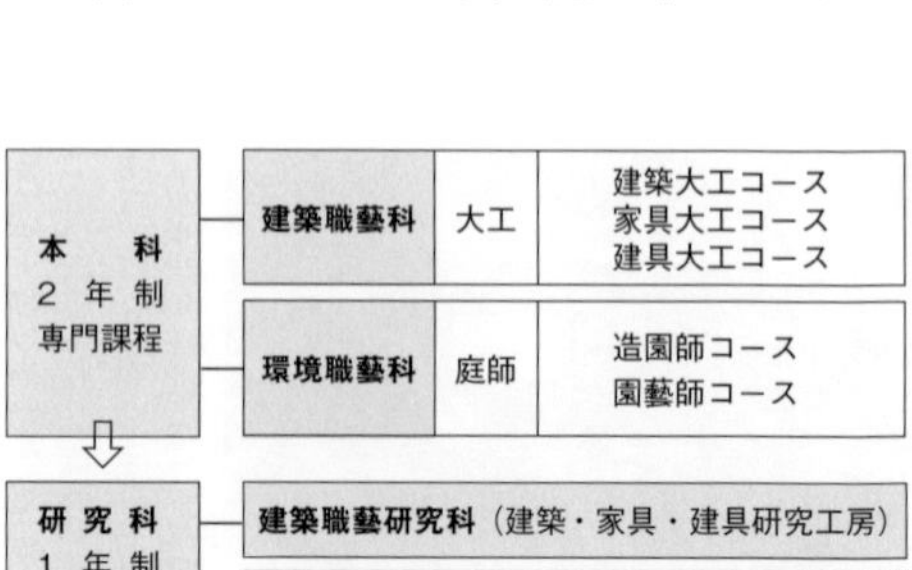

職藝学院のカリキュラム

センター」として大工道具の博物館や図書館、生涯学習施設を完備した。

二〇〇一年に中沖富山県知事が初めて来訪され、すでに県や町からの補助金がない状況下で、上手に運営している学院の実態に感動された由。私は卒業式など特別の行事にしか登校しない分、私の研究室で実施している完全リサイクル型住宅の再築や生活体験の測定を通して、大学院生たちが毎月のように学院を訪ねた。また、理事長以下、副学院長の丸山順治さんや事務職員、学生たちとの関係は実に上手く運んだ。大学の卒業謝恩会と違って、当学院の謝恩会は師弟関係が実に微笑ましく、別れを惜しんで抱き合い、涙を流している様子に毎年のことながら感動する。

話題のものつくり大学は二〇〇一年度開校、二〇〇三年度には国から百億円余の助成金ですばらしいキャンパスが埼玉県行田市に完成した。田中棟梁や私も富山での経験を買われ評議員に加わっている。四年制で製造と建設の二コースあり、それぞれ百八十人の定員で一学年三百六十人の施設は、職藝学院に比べて立派過ぎると思うが、それでも実験施設が不足という。実験室に頼れない富山の場合は、現場実習を中心にした古民家の再生などを行っているが、これは学校経営に確実にプラスになるうえ、教育効果も上がる。このやり方には新聞やテレビも好意的で、卒業式には必ずやってきて卒業生たちの自信に満ちた姿を報道してくれる。おかげで宣伝費も不要で、毎年定員以上の入学希望者がある。学生たちの就職先を先生方が手分けして斡旋していることも大きい。

二〇〇六年三月の第九回卒業生は四十九人。開校して十年間で卒業生総数は五百余名、富山県知事賞や富山市長賞が授与され、卒業生は県内外で活躍している動向から、ＮＨＫも卒業式の様子を伝えてくれる。絵になる都市づくりの同志が確実に増えてゆくのを実感する。

地元出身の目立て名人の道具を展示した情報コーナー

7 韓国稲門建築会と大韓建築学会

一九九一年四月、谷資信・稲門建築会会長のお供で、松井源吾、石黒哲郎、戸沼幸市、中川武と私を加えた六人の教授で、朝日貞明さんの案内で韓国稲門建築会（尹鎔宇会長）に出席した。この時が初めての訪韓で、宋廟や家制度について教えられるところが多く、儒教の国・韓国の学会についても文化の違いを実感した。

第二回目の訪問は一九九三年三月、大韓建築学会大邱支部と慶北大学を訪問し、都市環境工学について講演する。洪元和君が博士になり、母校に帰るに当たって、都市環境工学の講義を兼ねて大学の様子や都市生活者の実態とともに、韓国の地方都市を見学した。キーセンパーティーも体験させてもらったが、韓国のお酒の席はなかなかのもので、昔の日本の芸者もかくやあらんという上手なもてなしであった。

第三回目の訪問は一九九五年十月、大韓建築学会五十周年記念講演。洪元和君の案内で高麗大学と延世大学を訪問し、両校の産学共同研究施設を見学。日本より数年遅れてスタートしたが、すでに日本の大学以上のスケールで動き始めていたのには驚いた。芦原義信先生と内井昭蔵先生と私の三人が金眞一先生の自宅に招待された。静かな山里の雰囲気を持つ日本風の平屋建てで、キムチや梅酒などの壺がたくさん裏庭にあった。また歴代会長と懇談した夜は、九十歳から六十五歳まで、みななかなか愉快な先生方で、日本語が本当に上手であった。

第四回目の訪問は二〇〇三年十一月、金眞一先生の招待で、大韓建築学会での講演は「東京の

韓国稲門建築会。朝日貞明さんと谷資信教授を中心に
（一九九一年四月十九日〜二十一日）

旧日本総督府。今は撤去されている
（一九九一年四月二十日）

大深度地下ライフラインとヒートアイランド問題」であった。私はこの機会に、清渓川の現地調査とともに「この都市のまほろば」について取材。この機会に韓国稲門建築会を再生させるため、ロッテホテルで大学の先生方を中心に集まってもらった。急遽、東京から後藤春彦教授にも来ていただいて相談し、金眞一代表と洪元和幹事を選出して、活性化を要請。嚴徳紋初代会長、一九九一年当時の二代目の尹鎔宇会長ほか、役員が高齢で機能しなくなっていたため、若手で勉強会を開くのが目的であったが、この韓国稲門の若手研究者連絡会パーティーが刺激になって大騒動となる。儒教の国だけに長幼の序が大変であった。二〇〇五年春に手打ちができ、朴彦坤会長、金英厦副会長、洪元和幹事が決まり、ホッとする。

二〇〇六年には中国稲門建築会が尹軍会長の下、趙城埼君をはじめ三十人ほどのスタッフで発足することが総会で認められた。韓国・台湾以上の大勢力になっていくであろうが、そのためにも稲門建築会本部にはもっと資金源が必要である。

大韓建築学会五十周年記念講演で訪韓の際に、金眞一先生の自宅で。左より芦原義信先生、その後に金眞一先生、私、洪元和君、内井昭蔵先生、金先生のご子息（一九九五年十月二十日）

韓国稲門建築会。（後列）左より洪幹事、金副会長、嘉納教授。（前列）朴会長と私

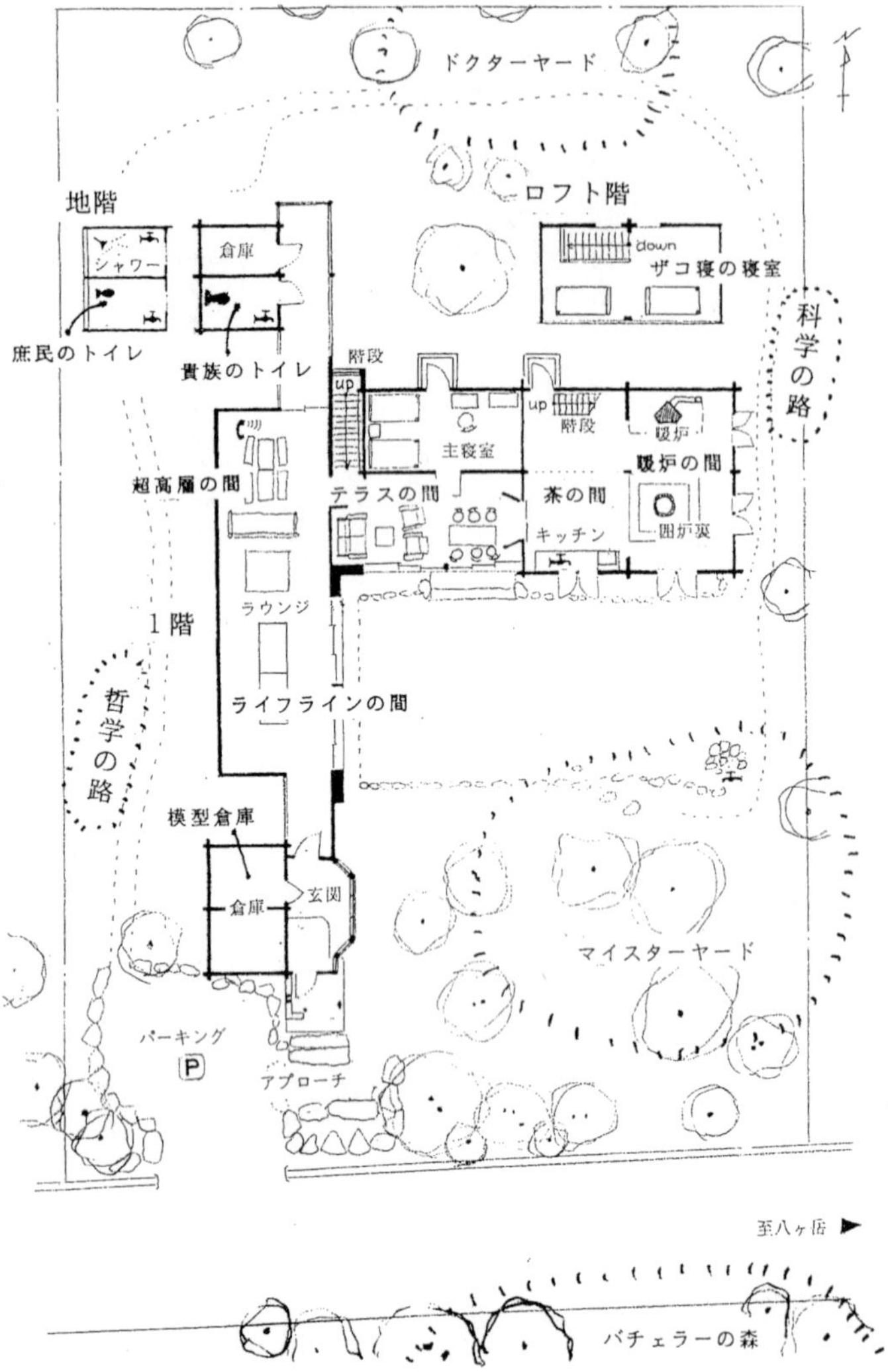
ドクターヤード
ロフト階
down
ザコ寝の寝室
地階
シャワー
倉庫
庶民のトイレ
貴族のトイレ
階段
up
科学の路
up
主寝室
階段
暖炉
暖炉の間
超高層の間
テラスの間
茶の間
囲炉裏
キッチン
ラウンジ
1階
ライフラインの間
哲学の路
模型倉庫
倉庫
玄関
マイスターヤード
パーキング
P
アプローチ
至八ヶ岳
バチェラーの森

OJIMA LAB.....

尾島茅野山荘...

樹木に囲まれて。八ヶ岳登山の拠点でもある

マイスターヤードと名づけられた外部活動の場

八ヶ岳山荘には尾島研究室の全卒論・修論 1,000 冊が製本され収蔵されている

毎夏、研究室のメンバーが 10 人ほどずつ2泊3日で交代で利用する

コラム ⑬ 伊東山荘

伊東山荘を訪れた村上雅也さんと村上處直さん（上）、藪野正樹さんと私（下）

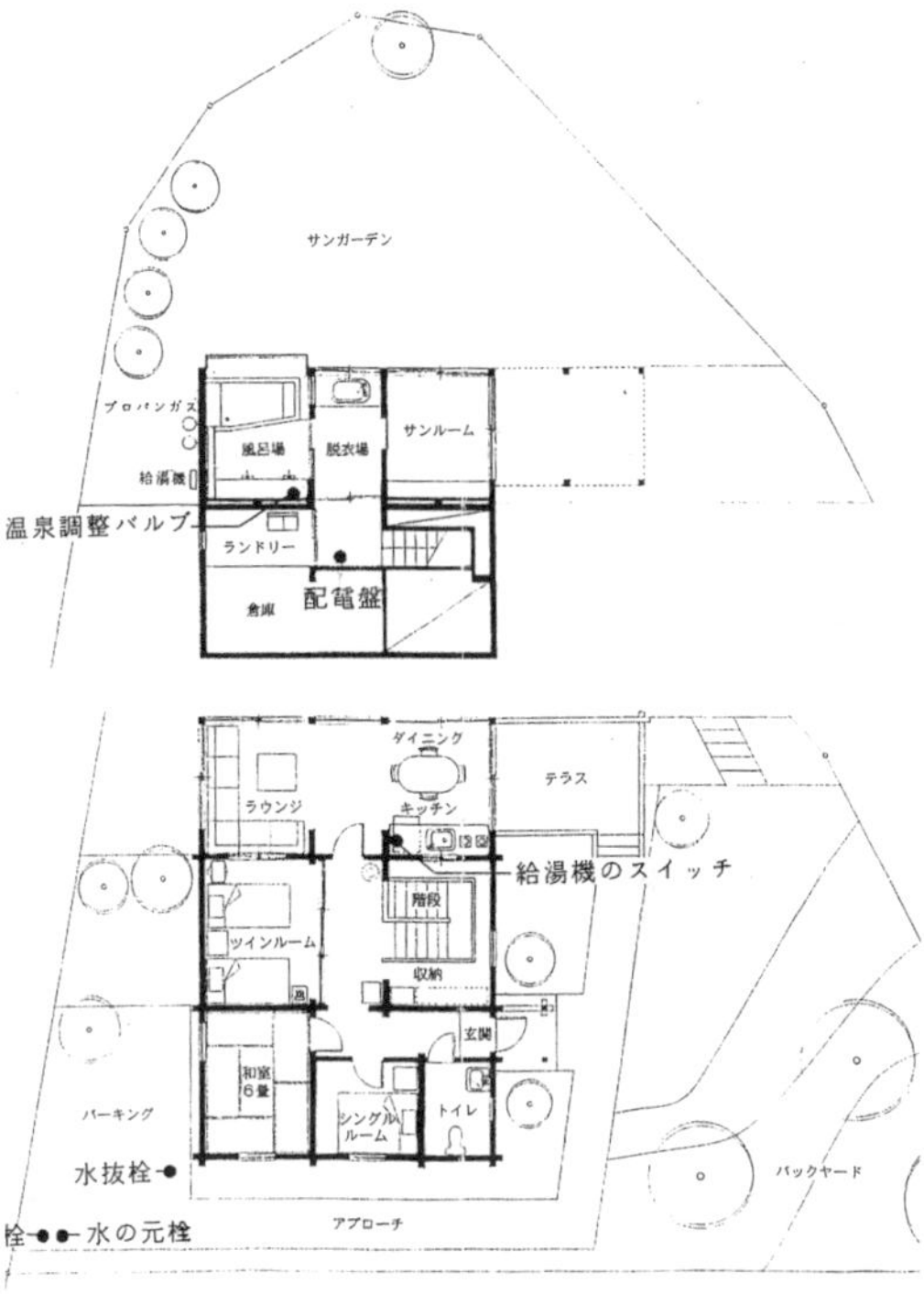

上：右側の建物はフィンランドのログハウス。左側は一部ベランダを改修・増築した
下：研究室の学生たちと

コラム

⑭ 学校法人「富山国際職藝学院」の創立と経過

◉はじめに

職と藝を結ぶ「職藝」を建学の理念とし、新しい時代の大工と庭師という手仕事によるものづくり職人育成の専門学校「富山国際職藝学院」が、平成八年（一九九六）、創設された。

立山連峰の雄大な自然景観に包まれた富山県富山市東黒牧台地の、大学・企業研究所等を含む「研究学園むら」に、県内外の実践的スタッフを得て開学して十一年を経過した平成十八年（二〇〇六）、全国各地で活躍する卒業生を支えつつ、職藝の理念のさらなる展開のために、校名を「職藝学院」と改めた。

富山県という地方であるにもかかわらず、北は北海道から南は沖縄までの全国から学生が集い、これまで多くの大工と庭師の卵が巣立った。二〇〇六年第九期生までの三百八十九名（本科三百七十四・研究科十五）はプロの大工として各地で活躍している。

学校名：職藝学院
学院長：尾島俊雄　副学院長：池嵜助成　オーバーマイスター：田中文男・中曽根弘
設置者：学校法人富山国際職藝学園（富山県富山市東黒牧二九八）　理事長：稲葉實

◉職藝学院の開学

高度成長期以来、技術革新と生産効率追求の波に押されて手仕事の大切さがおざなりにされ、それによって日本固有の伝統技能を受け継ぐ職人の著しい減少をきたしてきた。

職人の技と心を学び、「職藝人」をめざす

講義棟

実習棟

そのような状況の中、多様な価値観・多才な能力を持つ「人」を偏差値とは異なる方法で評価し、その能力を引き出し、新しい住文化・環境文化の創造をめざす担い手を育成すべく、そして地球環境を大切にすることを原点に職藝学院は開学した。

①建学の理念

「職藝」とは、伝統によって培われてきた職人の技を意味する「職」と用の美とその芸術性を追求する職人の心を意味する「藝」とを結んで生まれた新しい用語で、職藝学院はこの「職藝」を建学の理念に掲げ、「結」を表すシンボルマークのもとで日本の伝統技術を継承しつつ、二十一世紀にふさわしい建物づくり・環境づくりに携わる新しい専門家「職藝人」の育成をめざしている。

②学科の構成

「環境がわかる大工」「建築がわかる庭師」をめざし、従来区分では異分野である「建築職藝科(工業)」と「環境職藝科(農業)」からなり、基礎基本重視の実践教育を行う。

「建築職藝科」には建築・建具・家具の大工三コースがあり、大工道具の扱い方や無垢の木材による木組みを中心に日本の木造軸組伝統構法を学ぶ。

「環境職藝科」は庭園師・園藝師という庭師の二コースを持ち、生きた花卉《かき》・樹木や自然石などの自然素材の扱い方を中心に日本の伝統造園技法を学ぶ。

小学校の木造体育館を移築再生し、作業場として使用

学生による庭づくりの実習の成果

③実物教材の実習演習

実物教材とは、実際に使われる建具・家具を含む建物づくりや庭づくりのことで、それらは地域一般から提供していただく。必要な設計や手続きなどを経て、学生の手でつくり上げられる。

教育効果や地域貢献等を考慮して教材を受け入れる。実務的な準備を経て時間割に組み込み、学生に提示して実施する。学生たちは、緊張感の中でさまざまな実物教材に取り組みながら、伝統技能に留まらず多様な技や業を学ぶ。

これまで、木造の新築・解体・再生、文化財の保存修復、用途は住宅・古民家、ギャラリー、多目的ホール、厚生施設、神社・寺院、茶室・門・塀、土蔵、収蔵庫・車庫・物置等々、さまざまな実物教材を実施してきた。現在、教材の数は累計で百二十件を超えている。

作業場には古民家の古材などが教材用に保管されている

9

日本建築学会会長時代

（一九九五〜九九）

アップゾーニングとダウンゾーニングで緑を復活、ヒートアイランドからクールアイランドへ

1　阪神・淡路大震災と「父の死」

一九九五年一月十七日午前五時四十六分、兵庫県南部地震M七・二、震度六（後に阪神・淡路大震災、震度七・〇）発生。

一月十九日のNHKニュースで、東京であれば逆に政府の支援策が遅れ、もっと大きな被害が出たであろう、と比較したことで神戸市民からクレームがつき、話し方に注意すべきと悟る。一月二十一日のNHKニュース解説で災害と情報公開の必要性について話す。一月二十三日、NHK教育テレビで防災マニュアルのあり方について解説。その一部を記す。

「阪神大震災の中心となった神戸市の笹山市長は、『市の防災計画は万全であった。ただ、市の予測を超えていた』と話しています。確かに、神戸市は日本の土木・建築技術の粋を集めた都市です。しかし、倒壊したり、延焼した建物の大部分は、現在の基準法では不適格であったことを専門家が指摘しています。とすれば、専門家にはその危険性は十分わかっていたはずです。

問題は、その実態が市長にも市民にも正確に知らされていなかったことです。

私は、日本建築学会で、この分野の専門家に、既存不適格建築を学会で公表してはどうかと聞いたところ、調査は公表しないことを原則に行っている以上、それは無理だといわれました。

また、鈴木都知事は『東京は過去の経験から、兵庫県や神戸市とは違う』と自信のほどをのぞかせていました。しかし、国土庁による南関東地震の被害想定では、冬の夕方、震度六以上で十五万人の死者と八十一万棟の建物崩壊、二万ヘクタールの延焼を予測しています。

今回の災害から、国土庁のシミュレーション結果について、都知事の再検討を望みたいと思います。

なぜなら、東京・練馬区光が丘の広域避難所では一ヵ所で五十四万人も収容し、遠い所からでは直接距離でも六・五キロメートルも歩かなければならないことになっています。途中の避難ルートの危険性を考えて、『一時集合場所』があります。『一時避難場所』とすれば、そこにはそれ相応の備品や管理者を置かねばならない。しかしそれができないため、行政側の責任回避策として、『避難』ではなく『集合』という言葉を使ったのだと聞きました。

頼みの警察や消防も、平常時でさえ手いっぱいの状況ですから、結局は市民も知事も最後は自衛隊頼みになります。しかし、東京の場合には、その災害規模から考えても、また一説によれば、首都機能を持つため、クーデターの危険性から緊急出動は容易でないとも聞いています。この最後の頼みの綱である自衛隊の行動計画こそ、最も知りたい情報です。それによって、自分で自分を守らねばならぬ心構えが違ってくるからです。

村山首相は国会で『初めての体験なので』と弁解していますが、国の危機管理の不備を露呈したもので、災害対策基本法そのものに問題があると見るべきです。

私は最近、『建築インフラ研究会』と『安全街区整備に関する研究会』の二つの委員長を務めました。『建築インフラ』というのは、『ライフライン』が切れた場合に、建物自体の持つ設備で自立できる仕掛けのことです。救命救急センターや総合病院などでは、現に備えられている設備は数時間程度ですが、実際に医師が要求しているのは、その五倍から十倍、少なくとも水は十日

阪神・淡路大震災現地調査（一九九五）

分、電力は三日分が必要とされています。しかし、そのための設備費が大きくなりすぎ、非常時だけのためにそれだけの予算は出せないというのです。

しからば、どうしても危険な所や、高度な情報集積地にあっては、街区単位でその対策をすれば、用途の違った建物で、しかも被害の状況によってはお互いに融通しあえるのではないでしょうか。

たとえば、それぞれの建物が持つ自家発電機や受水槽、衛星や無線を使った通信施設等を連結させる。あるいは防災センターや食糧、医薬品等を含めて、街区単位での共同管理組織を検討したいものです。

しかし突き詰めていくと、今日の縦割り組織の中では、それぞれのライフラインは、巨大なネットワークと多ルート化によって、決して供給を停止させないシステムになっています。したがって、地区レベルの共同施設に対しては予算化できないことや、現行事業法の運用から不可能なことがわかりました。その有効性だけは確認されたものの、影響するところの大きさから取り扱い注意としていまだに公開されていません。

対策を具体化し、責任を明らかにすればするほど、逆に本当に知ってほしい危険な情報は、予算化や現行法を変えなければ生かされないことになります。そのような情報は、知事や市長にも、また市民にも公開されず、一部の私たち建築界の専門家だけしか知らないのが現状です。

私たち建築家や技術者の持っている正確な情報を公開することは、勇気と犠牲を伴います。しかし、大災害を軽減する最良の策は、危険な情報こそ一般市民に公開することではないかと考えます」

二月二十五、二十六日、阪神・淡路大震災の現場を視察し、災害の恐ろしい光景に触れ、対策の重要性をあらためて認識した。

一九九五年五月十三日、母の三回忌を富山の料亭「松月」で開く。笹山みどりさんや尾島治一郎さんら三十人出席。父の二人の兄姉と比べて父の様子がおかしい。母が亡くなって、父一人の暮らしはよほど淋しく、悲惨になったための脱気力か。お手伝いの川瀬さんに毎朝十時から夕食が終わるまで食事や洗濯など身の回りのことなどしてもらっていたが、やはり家族がいないためのわがままか、お酒を余計に飲み、散歩中に時々倒れるという話を聞いていた。八月十二日、父が外で倒れたと隣家の沢田克己医師から電話。このままにしておけば二、三日の命しかないが、中央病院へ行けば延命策がある、どうしましょうかとの打診である。県の委員会で一緒だった館野政也院長に依頼して入院後の面倒をお願いする。

一九九六年一月一日、浜多弘之さんと一緒に入院中の父を見舞う。紙に字を書いて新年のあいさつ。父の目から涙が流れる。涙を流す父を見たのは初めてであった。一月二日の帰宅前に再び見舞うが反応なし。

一月十七日、県立病院で十一時四十八分死去。その時間はちょうど井深ホールでＮＨＫの阪神・淡路大震災一周年記念合同シンポジウムの司会中であった。そのため、死際に会えなかったことをずっと後悔する。一月十九日通夜、二十日の葬儀は西ノ番斎場で行い、四月七日、京都の西本願寺に納骨する。

2

東京大学生産技術研究所客員教授として「高次モニタリングとモデリング解析」

私が東京大学の先端科学技術研究センターで客員教授をしていた頃、月尾嘉男名大教授が生産技術研究所で客員教授をしていた。その月尾さんのポストを一九九四年八月一日から引き受け、一部と五部の共通客員教授になる。原島文雄所長の下で、一部の岡田恒男教授と五部の村上周三教授の共同研究者になった。三十年前の一九六五年に勝田研でお世話になった時と変わらぬ生研の建物の二階に一研究室を与えられた。Melow・山田モデルを用いてヒートアイランドによるオキシダント公害の解析を共同研究のテーマとした。二十年前から解明したかった、臨海部の工場汚染がヒートアイランド現象によってオキシダントとなり埼玉のほうへ落下する、というシナリオをシミュレーションで確認するためであった。毎月一回の共同研究会には、尾島研からは高偉俊君と杉山寛克君が参加した。

東大生研にはトップランナーの優秀な実学の先生方が多いため、共同研究者には恵まれていた。当時、私が早大理工学総合研究所所長を兼ねていたこともあり、原島生研所長と話し合い、東大と早大の通信ネットワーク回線を完備するに当たり、たくさんの先生方と親しくなった。

竹中工務店技術研究所の小林昌一所長とも共同研究をすることで、一九九五年六月の生研公開は大人気であった。六月八、九日の展示テーマは「東京再生モデル」。東大生研の2B−22室に東京の未来模型を置き、早大理工総研55S−810研究室をワークショップ会場として、大深度地下模型や東京クラスター模型、下町の現状模型を置いて、ATM回線とNTT−ISDN回線で接続。

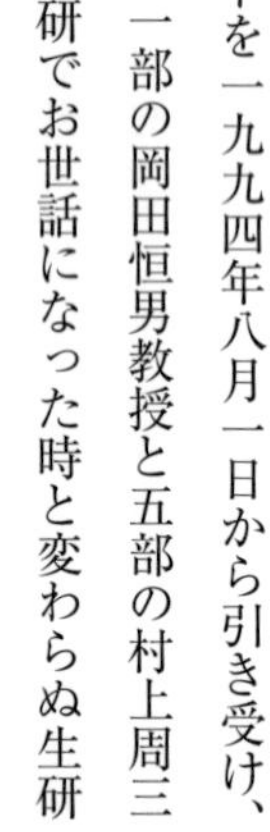

東大生研「巨大化するアジアの都市環境—そのモニタリングとモデリング」

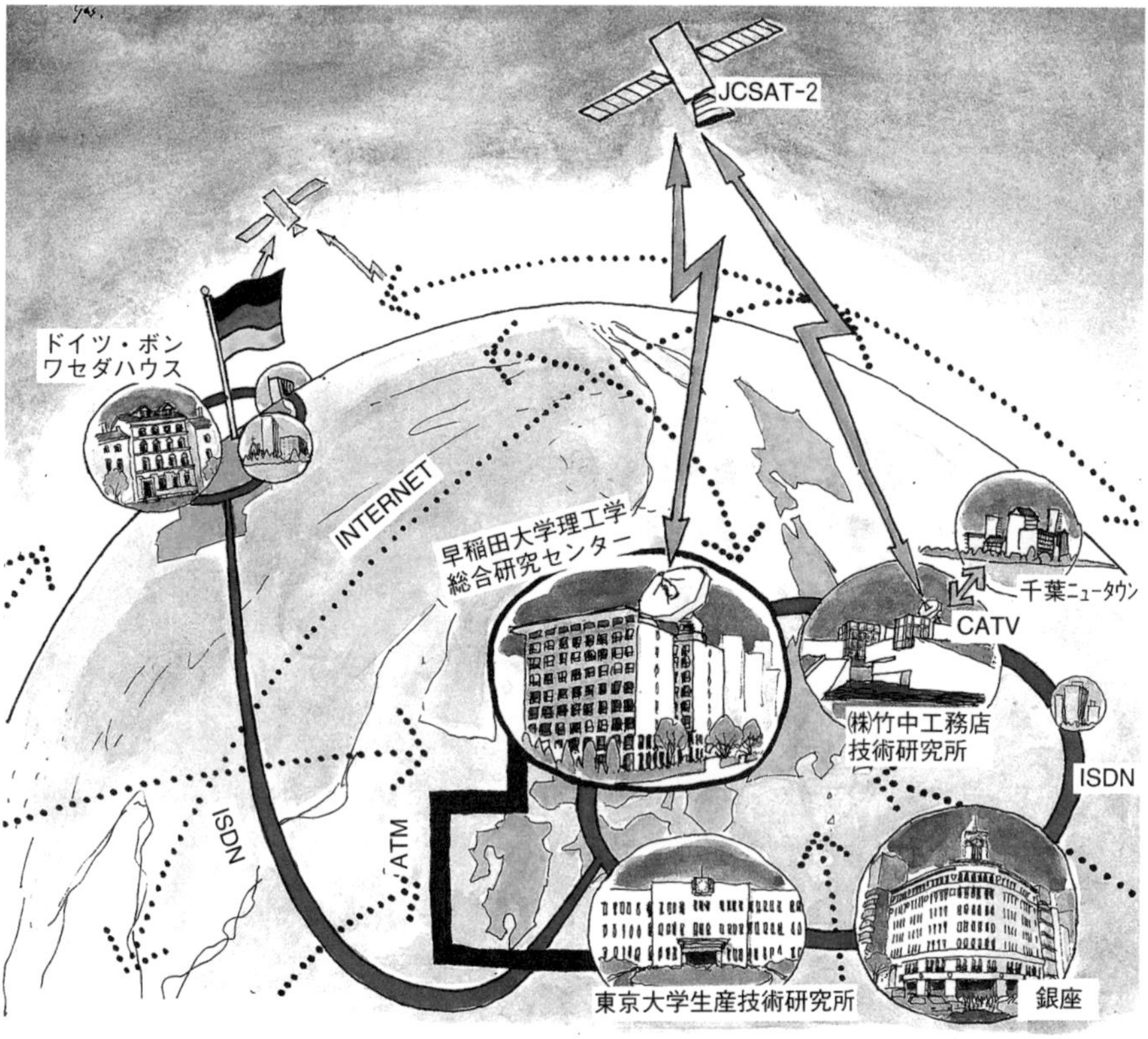

多次元数値情報 ATM ネットワーク研究室
ATM-Networked Laborotory

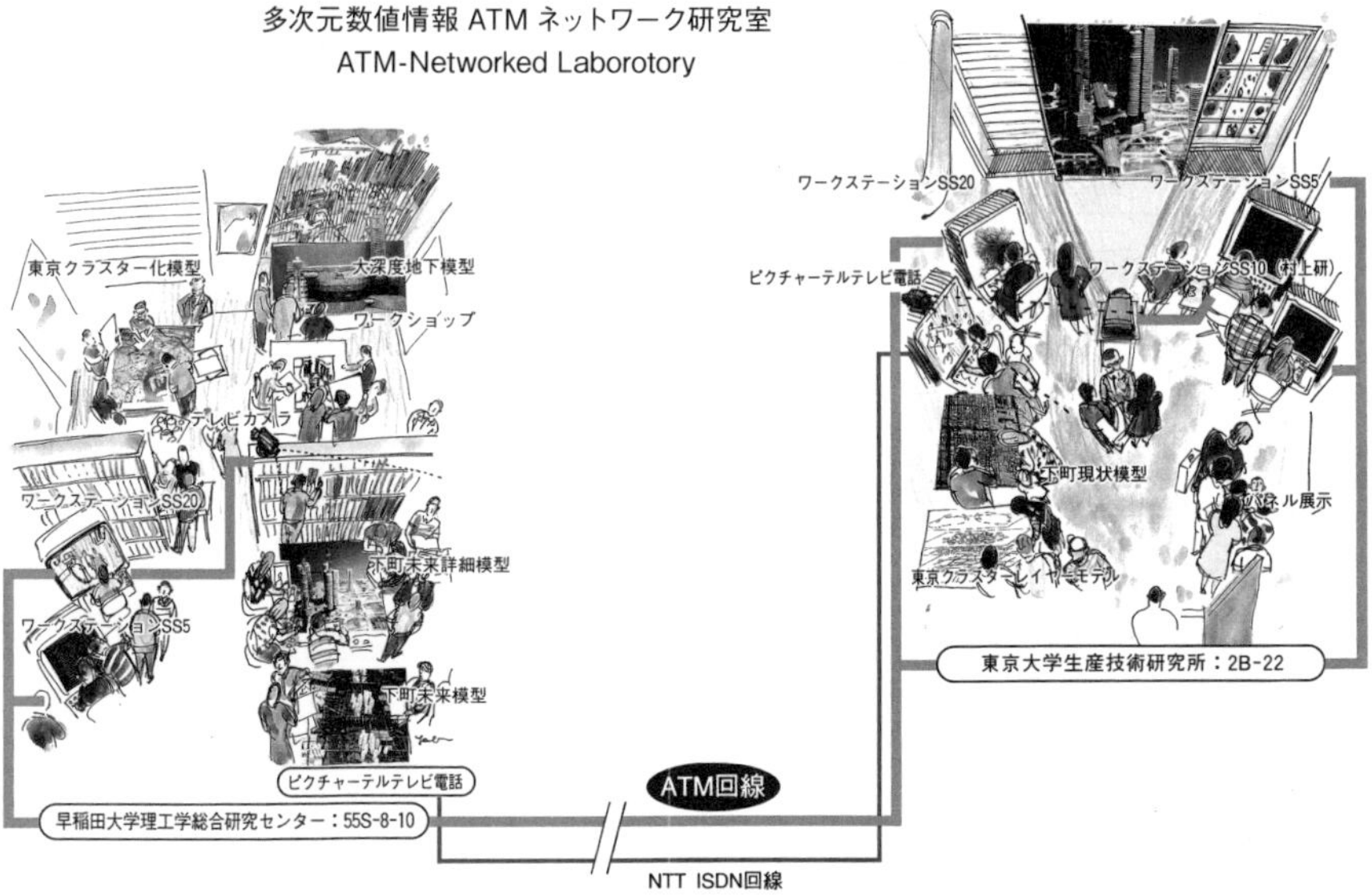

テレビ会議ならぬ、映像回線の研究環境をつくり上げることに成功した。多次元数値情報ＡＴＭネットワークは、多くの研究室と結ぶことが可能であることを実験で立証した。住都公団（当時）、竹中工務店、財団法人日本気象協会のサテライトラボとして、国土地理院の細密数値情報や宇宙開発事業団のリモートセンシングデータの活用を容易にすることもできた。東大の村上、高木、片山、原島等の研究室と早大の富永、高畑、村岡、安田研を結ぶことによって、国立大学が持つハード（インフラ）と私立大学のソフト（自由度）の相互活用を可能にした。東大生研の原島所長と早大理工総研の私がお互いの大学の客員教授を兼任し、両方に研究室を持ち、場所を違えてもＬＡＮをつくることが可能であることも立証できた。

その結果、二年の予定が、三年目には「高次モニタリングとモデリング解析」の客員講座を担当し、一九九六年八月の生研公開では「巨大化するアジアの都市環境—そのモニタリングとモデリング」について講演して、これからのアジア研究に大きな基礎をつくることになった。また、日本建築学会会長に当選したのもこの期間中で、未来開拓学術研究で元・生研所長であった鈴木基之教授の支援を受けたのもこの三年間の成果であった。

㈳日本建築学会総会で（一九九七年五月）

3　日本建築学会会長としてＣＯＰ３声明

一八八六年創立の日本建築学会が百十一年目を迎えた一九九七年、私が四十五代目の会長に選出された。会員は三万九千名を超え、日本では最大級の学会である。日本建築学会は、世界に類を見ない学会で、建築といえば欧米では芸術分野が中心になっている。しかし、わが国は明治維

一九九七年度日本建築学会大賞。左は大谷幸夫東大名誉教授、右は大崎順彦先生（東大教授、清水建設副社長、大崎研究所所長）

新の近代化の中で、当初から日本の風土や歴史的な経緯を踏まえ、地震や台風などの自然災害を考慮に入れた「学術・技術・芸術」の総合的な建築のアカデミーとして、「造家学会」という名称でスタートした。「ECO」という言葉は、ラテン語の「oikos」（家）から出ており、「家」とは単なる箱物ではなく、そこに住む人々が持続して生きていくことができる生活環境を含めたソフトとハードの両面を兼ね備えた意味を持つ。地震や台風にも安全で、芸術的にも歴史的にも馴染める「家」を「造る」ためのアカデミーをめざして「造家学会」と命名したのは、明治の先駆者たちの知恵であろう。

この「造家学会」は濃尾地震を契機に、一八九八年に「日本建築学会」と名称を一新して二十世紀を駆け抜けてきた。しかし二十一世紀を直前にして、いま一度、世界的視野に立って日本建築学会の二十一世紀を考え、私は以下の五項目を会長就任時の公約として掲げ、実行した。

第一、「安全と安心に関する総合的な学会基準の作成」では、建築基準法改正に伴う仕様規程から性能規程化への対応とともに、学会の安全に関する既存諸基準の総見直しをする。

第二、「地球環境への行動指針の作成」では、一九九七年十二月のCOP3京都会議にNGOの立場から二つの決意を会長声明のかたちで発表する。

第三、「建築教育と国際資格制度」については、建築関連四団体と共同して教育訓練に関する認定制度を中心に、具体的検討に着手する。

第四、「役員の選挙制度の改正」を通じて、会員が学会活動に参画する機会を平等に確保する。

第五、学会の国際性とステータスの向上に向け、インターネットのホームページを通じて学会

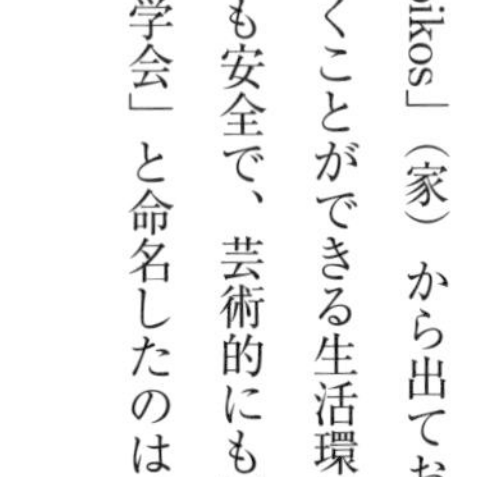

一九九八年度日本建築学会大賞。左は志賀敏男東北大名誉教授、右は斎藤平蔵東京大学名誉教授

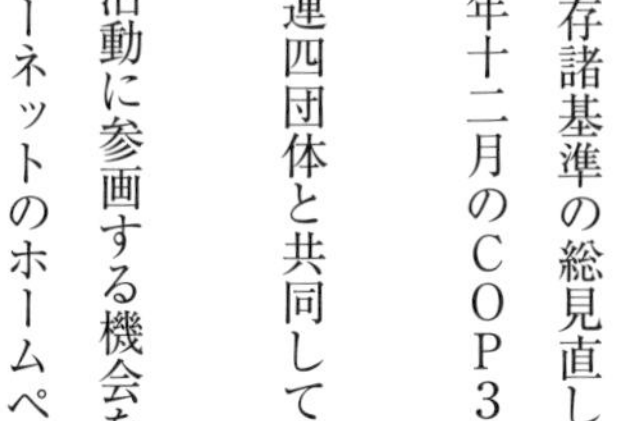

芦原先生の文化勲章受章を祝う会で。右より芦原夫妻、私、井上雄二（建築士事務所協会会長）、村尾成文（建築家協会会長）、菊竹清訓（建築士連合会会長）、今井治輔（建築業協会会長）

情報を開示する。そのほか、土木学会（会長・松尾稔）との正副会長会議、亀井静香建設大臣（当時）との懇談、建設省当局との行政改革や建築基準法改正を通じて、学会の政策推進機能を充実させる。

二年目からは第六の行動目標として、「子供と高齢者に向けた学会行動計画の作成」、第七に学会創立の理念でもある「進む建築、導く学会としての政策立案機能の充実」を掲げ、学会の倫理綱領策定に取り組む。

一九九〇年からスタートした地球環境特別委員会の成果を基にして、一九九七年十二月のCOP3京都会議での日本建築学会会長としての声明は、「建築分野における生涯炭酸ガス排出量は、新築では三〇％削減が可能であり、また今後はこれを目標に建設活動を展開すること」「炭酸ガス排出量の削減のために、わが国の建築物の耐用年数を三倍に延長することが必要不可欠であり、また可能であると考える」というものであった。

建築学会は個人の資格で参加しているアカデミーである以上、行動指針や声明はいくら発表しても法人社会の今日、実行の段階で艱難が伴う。しかし、会員のモラルや倫理がしっかりしていれば、いつかは実現する。そのためにはと、小林陽太郎名誉会員を顧問とし、村松映一副会長・高橋信之理事を中心に倫理綱領を定めた。

早大出身の学会長、佐藤武夫、木村幸一郎、吉阪隆正、小堀鐸二、谷資信に次ぐ六人目のランナーとして、私は「在野精神」を貫いた。日本建築学会会員三万九千人のうち稲門会員は千八百人と四・五％にすぎないが、評議員は百二十人中の二十二人（一八％）、三十名の理事のうち八名

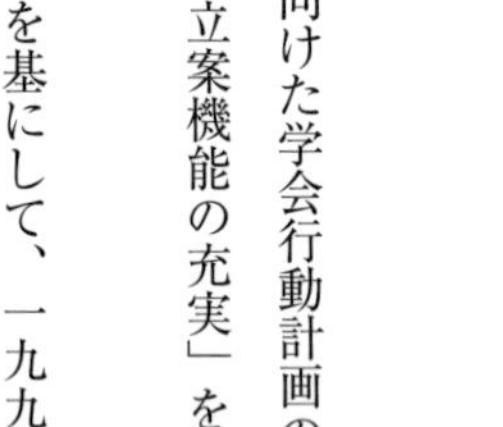

早大出身の三会長がそろった、日本建築学会（私：右）、建築家協会（穂積：左）、東京建築士会（菊竹：中）合同新年会（一九九八年）

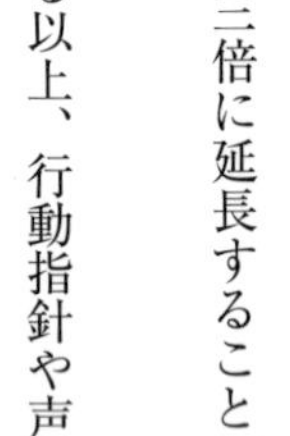

『環境革命時代の建築』（一九九八、彰国社）

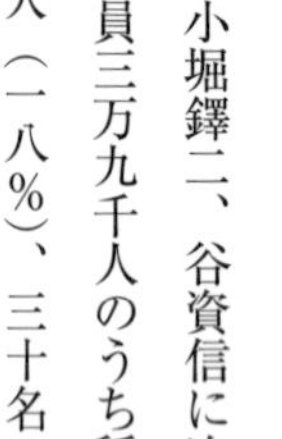

『都市居住環境の再生』（一九九九、彰国社）

（二六％）、会長・副会長五名中の二名（四〇％）は早稲田出身会員で、この大きな基盤と学会事務局長の斎藤賢吉さんに支えられ、学会長の職は忙しかったが、実に気持ちよく、充実した二年間であった。

東京建築士会会長の菊竹清訓先生、日本建築家協会会長の穂積信夫先生とご一緒した一九九八年の新年会の鏡開きは、何と全員稲門出身であった。

4 「アーキテクチュア・オブ・ザ・イヤー」で東京環境革命宣言

「アーキテクチュア・オブ・ザ・イヤー」展のプロデューサーは、一回目が丹下健三、二回目は篠原一男、三回目は木村俊彦、四回目は磯崎新、五回目は三宅理一、六回目に私の出番となった。この催しは、建築と社会の関わりを求めて建築関係五団体が共催し、建築デザイン、構造、建築史などさまざまな領域で、的を絞った展覧会・シンポジウム・出版を行っていた。

私に与えられたテーマは「環境革命時代の建築」であった。都市環境のあり方について広く議論を起こしていくことが目的で、私たちが住んでいる二十世紀の巨大都市がどのような問題をかかえ、それを乗り越えていくためにはどのような課題をクリアしていかねばならないかを真正面から取り上げてほしいという。

展覧会は、そのような危機意識を下敷きに東京の現実を冷静に認識し、そのうえで二十一世紀へのビジョンをいかに築いていくかを問う。市民の一人ひとりが、自分たちのまちである東京の現実に積極的に参画することが問題を打開する糸口となるはず、というのがアーキテクチュア・

アーキテクチュア・オブ・ザ・イヤー。建築関連五団体が中心となり、建築と社会の関わりを求めて一九九三年にスタートした

オブ・ザ・イヤー展実行委員会委員長の三宅理一さんが、プロデューサーである私に要望したことであった。

世界一巨大で過密な東京首都圏は、働く人たちにとっては世界一効率のいい都市であったからこそ、今日の日本の発展があった。しかしこれは産業革命下での競争で、二十世紀後半には欧米をキャッチアップするため産業基盤への投資に明け暮れてきた。しかるに、欧米ではすでに都市文化の競争時代に入っている。

今日のロンドン、パリ、ローマ、ニューヨークの輝くような美しさと都市生活者の活力を見る時、日本の公共投資のあり方や千二百兆円もの資財の使い方がいかに間違っていたかを思い知らされる。今、私たちが安心して投資するに値するのは、私たち自身の身近な生活基盤の整備であるという考えの下に、「'98アーキテクチュア・オブ・ザ・イヤー展」では、私たちの職場や家の現状がいかに危険であるかを知らせることにした。同時に、上手に投資すれば、二〇五〇年には世界一すばらしい都市生活も可能であることを十分説明したいと考えた。

展示は、構造設計を日大の斎藤公男教授に、インテリアを伊藤寛さんにお願いし、模型とビデオは、私自身や家族、さらには日本中の人びとのために、東京の現状と未来をわかりやすく説明した。一九九八年十月二十七日から十一月八日の毎晩、私も新宿NSビルの会場にいて、来場者と一緒に考え、話し合いをした。

首都再生七つの対策として「心」「点」「線」「面」「超」「歴」「遷」のプロジェクトを一刻も早く推進すること。このNSビルの展示とシンポジウムには、何と四万五千人の来場者があった。国は首都機能移転を検討しているが、遷都で国会だけが安全な場所に移ることを見過ごしてよ

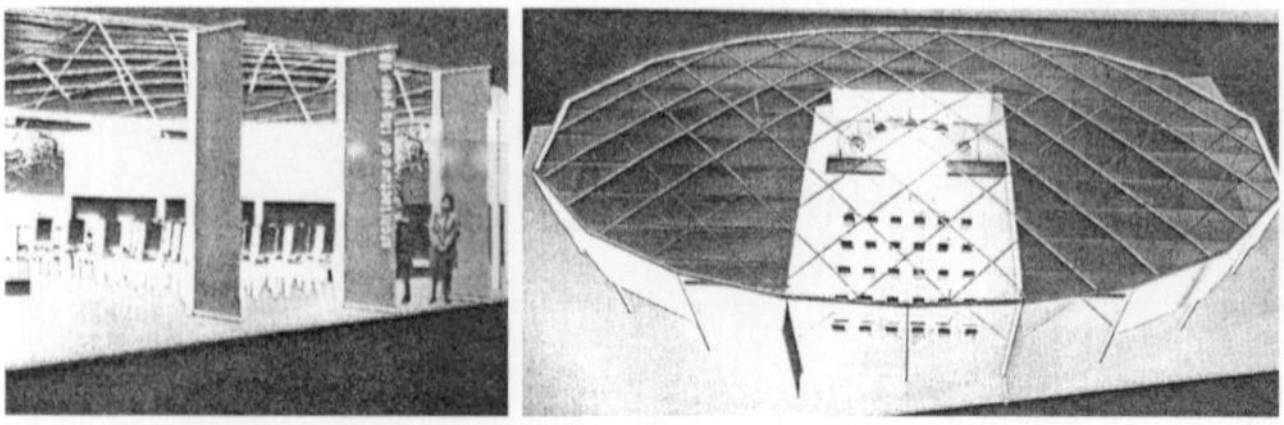

「'98アーキテクチュア・オブ・ザ・イヤー」展会場（新宿NSビル、構造設計：斎藤公男、デザイン：伊藤寛）

いだろうか。莫大な国費を投じ遷都を行う前に、今ある東京の問題を解決すべきではなかろうか。

5　未来開拓研究推進としての完全リサイクル住宅

一九九七年十二月、「COP3」（京都会議）で日本建築学会は「日本の建築寿命を今日の三倍、新設建物のCO$_2$発生量は三〇％削減させる」という声明を学会長名で出した。

組織事務所やゼネコンの活躍するGNP至上の建設産業は、六百五十万人の労働者をかかえ、産業別就業人口では一〇％を占めるのに比して、ゴミ不法投棄の九〇％は建設廃棄物である。

二十世紀の使い捨て文明から、新世紀のストック型のリサイクル文明を確立するために省資源・省エネルギー型の建築から完全リサイクル型の建築様式や生活様式をつくり上げると同時に、斜陽化する建設業を抜本改革し、植林や造園産業に転換する政策など、地球環境への寄与を建設業界が総力を挙げて取り組む時代である。『はうじんぐめもりい』（一九七八）、『完全リサイクル型住宅Ⅰ（木造編）』（一九九九）、『完全リサイクル型住宅Ⅱ（鉄骨造編）』（二〇〇一）、『完全リサイクル型住宅Ⅲ（生活体験と再築編）』（二〇〇二）、『完全リサイクル型住宅Ⅳ（ハイブリッド編）』（二〇〇七）を出版。

日本の建築様式の代表として伊勢神宮がある。伊勢神宮の式年遷宮は千三百年の歴史を持ち、百二十五社殿中十六社殿が二十年ごとに更新される。建築材料・儀式・建築技術などすべての面を継承するため、六百人のハード、ソフト両面のスタッフが神宮に常勤し、完全なるサスティナ

『完全リサイクル型住宅（木造編）』（一九九九、早稲田大学出版部）

『完全リサイクル型住宅Ⅱ（鉄骨造編）』（二〇〇一、同）

『完全リサイクル型住宅Ⅲ（生活体験と再築編）』（二〇〇二、同）

『完全リサイクル型住宅Ⅳ（ハイブリッド編）』（二〇〇七、同）

ビリティを維持していた。一九九三年がその第六十一回目であったが、一九五〇年頃から建築基準法によって基礎に建物を緊結する構造様式が不可欠になり、金具が多用されるようになった。そのため、新築時の強度は確保されても、長年の耐久性や解体性の面では著しく劣った、リユース困難な建築様式になった。

ライフスタイルにおいても、家長制度の崩壊で家の継承性が薄れ、都市化とともに核家族化が進み、少子高齢化が拍車をかけて「家」や「町並み」のサスティナビリティが保障されなくなった。

二十一世紀に入って、このような二十世紀型建築様式の見直しが始まっている。住宅のミンチ解体と不法投棄が問題となって、その対策や法がつくられている。

完全リサイクルとは、住宅建設に使われた資源が解体後に一〇〇％新たな住宅の建設やその他の製品の原料として利用されることである。そして住宅の建設・運用・解体時に排出される二酸化炭素（ＬＣＣＯ^2）と、その間に植物等によって吸収される二酸化炭素がバランスし、完全な資源循環系が成立する状態を示している。

リサイクル型住居の試作に当たって、自然の生態連鎖系で完結させる木造を主構造体とした試作を富山で、人工の産業間連鎖でエネルギーを使用するが、限りなく物質循環系を求めた鉄を主構造とする試作を九州で行った。いずれも一九九七年から二〇〇二年三月までの五年間、日本学術振興会の未来開拓学術研究「低環境負荷・資源循環型居住システムの社会工学的実証研究」（プロジェクトリーダー：尾島俊雄）として試作したものである。

富山の「Ｗ-ＰＲＨ」は木造、土壁、石基礎等の天然素材と大工による手づくりで、一九九八年新築、一九九九年居住実験後解体、二〇〇一年三月再築。本格的に百年以上使用に耐える住居として再現した。その間の実測ではリサイクル率九〇・六％という高い目標に到達。新築時に敷地内に持ち込んだ総物質量に占める廃棄物割合は七・五％であった。これらのほとんどは木材の加工時に出た端材や鉋屑等であった。それ以外には、木材の養生に用いられたラスボードや建材の梱包材、釘の入っていた箱などが廃棄物として発生した。木質系廃棄物の元の木材量に占める割合は一一・三％で、一般の工務店などではこの値は経験的に一〇％程度といわれ、富山では一般的な住宅と同等か、少し多くの木質系廃棄物が発生した。

九州の「S-PRH」は、新日鐵、旭硝子ほか大企業の協力の下に、鉄、アルミ、ガラスなどの人工建材を用いて一九九九年新築、二〇〇〇年十月完成、簡易実測の後十月解体、二〇〇一年二月再築。その間のマテリアルバランスでは四百五十年間に一回資源が廃棄されるだけの省資源型住宅となった。

また、両住宅ともに自然換気を取り入れたエコデザインであることはいうまでもない。

6　銀座に尾島研究室（第一期ＧＯＬ）を開設

一九九六年十二月二日、日本建築学会会長に当選したのを機会に、銀座プレイガイドビル二階の一部屋を四十万円／月で借用、「GINZA OJIMA Lab.」（ＧＯＬ）を開設し、この頃に馬場璋造さんと対談した記録を以下に抜粋する。

馬場――先日、日本建築学会会長になられたということでお聞きしたいのですが、尾島さんは、

研究室主催「尾島研究室三十周年記念」パーティー。浙江大学建築学科より掛け軸が寄贈された（早大理工学部にて、一九九六年十月二十五日）

私の事務所の下のフロアに「GINZA OJIMA Lab.+JPR」という名前で部屋を借り、そこにはコンピュータとお茶道具がセットされている。コンピュータとお茶、この対比の中で、どのようなことをお考えになっているのか、お聞きしようと思います。

尾島――JPRは「JES PROJECT ROOM」、JESは「JAPAN ENVIRONMENT SYSTEM」の略で、三十年ほど前、日本の環境をシスティマティックに考えるため、万博を契機に、修士を出た連中を集めてコンサル事務所をつくりました。加えて大学紛争中でしたから、大学の研究室の資料を持ち出し、コンサルタントを始めた時代です。

馬場――大学が持っているソフトを民間に売ることによってブローカー業的に。

尾島――その危惧よりは、環境問題は地球レベルになっていくことを心配した。修士というのは海軍的な要素があり、何人か集まらないとやれないところがあるんです。その点、ドクターの連中は空軍的で、一人ジェット機に乗って、という雰囲気です。ドクターは世界共通のあるステータスを持っています。いずれドクター時代になって、一人一人が地球環境に対してものをいう時代がくると考えていました。あの頃から三十年、やはりドクター時代がきました。留学生を含めて一人一人がコンピュータを持って、一人一人が提案する時代。研究室の留学生もいずれ韓国や中国、アメリカ、ヨーロッパに帰りますが、インターネットでお互いにつながる。いよいよ空軍時代で、プロジェクト・ルームが必要とされる時代がきた。

馬場――修士は群れて、ドクターは一人というのは実際にわかる気がします。コンピュータとの対応で、かなりはっきり現実のものになって出てきているわけですね。

尾島――そうです。しかし空軍の連中には母港が必要です。

馬場――飛びっぱなしじゃなくてね。

尾島――降りる場所がいる。その場所としてサロン的な機能が必要で、それには銀座の拠点が最適です。このプレイガイドビルには六階に東京建築士会、三階に馬場さんがおられる。私の研究室の卒論生はいずれ千人、修論生は三百人、博士は五十人くらいになります。世界中に卒業生がいますから、その連中の拠点をつくる。「銀座」という場所には、多様な専門家が情報の拠点を構えています。私の研究室の場合、「ラボ」がいちばんいい。アトリエはちょっと恥ずかしいし、サロンというと遊びっぽい。それでオーバードクターの連中が集まってラボにしようとなった。

馬場――そういう場所にお茶道具を置くというのも、ある意味では大切ですね。

尾島――お茶っていいんですよ。コンピュータと人、人と人がこの場所で触れ合うインターフェースとして、お湯のたぎる音を聞きながら、銀座の真ん中で旧知の連中と話し合う雰囲気がいい。

　銀座通連合会からの委託で銀座の町づくりを十五年間やってきて、七年前から中央区の銀座・東京駅前まちづくり協議会の会長になっているのに、看板一枚動かさないと非難されていますが、しかし、銀座のまちの人たちとずいぶん仲良く話し合っているのです。十五年間、物を動かさないで話し合っているのも、彼らが本当に求めていることを知るためでした。これまでの銀座は単に稼ぐ場所でした。みな不動産屋になってしまう可能性がある。それではいかんと思い、十五年前、今六十代の人たちが四十代の時から議論してきて、ようやくわかりかけてきた。税金問題等含めて、居住用財産だったら土地も安く相続できるとか、銀座に住居を構えようという人たちが急に出てきたんです。バブルがはじけたこともあって、いよいよ銀座に住む時代がきた。銀座に住んでも、こんな静かなお茶の時間が得られる。老後こそ住むのは銀座だという雰囲気

ＧＯＬ主催、日中都市環境研究会二十周年。左より、尹軍、バート、崔栄秀、右端は長谷見君

を体験していただくために、この場所で、「銀座まちづくりセミナー」を精力的にやろうと考え、十五年間集めた資料をわかりやすいかたちにして、いよいよこれから公開します。

馬場――そういう点では、銀座のまちにとっても、バブルの頃に計画を立てて進めなくてよかったといえるかもしれませんね。

尾島――銀座の人たちって意外と見てますよね。バブルを含めて、ロングレンジで。さすが老舗の方々はいろいろな意味で世界を見ておられます。

馬場――だからバブルの時も浮き足だっていなかったわけですね。やむをえず、オフィスにするなんてことがあっても。

尾島――銀座の老舗の二代目や三代目の方々はしっかりしてます。ものすごくシブチンだけども。学生たちと共々に非常に勉強させてもらっています。

馬場――そのコンサルの内容は環境問題だけではなくて。

尾島――最初は私の研究室は環境問題がきっかけで、屋上の冷却塔騒音やエネルギー問題、駐車場の地下通路、ゴミと烏の問題などから入っていった。話し合っているうちに生活がわかってきて、住居問題に関わるようになった。十五年間調査した結果、インフラをきちんと整備すると居住環境もすばらしくなる。特に、銀座という名前は全国に五百もある。研究室としては東京に絞って調査するけれども、研究室の学生たちは全国から来ていますから、全国の地場商店街をもう一度再生する。銀座で成功すれば、全国で仕事ができる。

馬場――今まで蓄積したデータをコンピュータで呼び出せるし、人に見せてわかる。今の人だったら、そういうフェイス・ツー・フェイスで説得する材料になってくるわけですね。

尾島——十年ほど前に、五十万円ずつ集めて、英國屋の小林さんが社長になって「銀座メディアネットワーク」という会社をつくったんです。親父たちに怒られながら、四十代の人たちが中心になってやったが失敗した。私がその首謀者で、呵責の念にとらわれているんですが、彼らの失敗はハードなインフラを持たなかったことです。せいぜい『街角君』ぐらい。それにコンピュータが今ほどのレベルに達していなかった。でも、その時代の先駆的な試みや体験が、今ものすごく役に立っているわけです。

馬場——そういうことを含めて、世界のメイン舞台の一つになるということなんでしょうね。ただ商品だけ並べておくのではなくて、そこに住んでいる人を含めて舞台である。

尾島——銀座の人たちと話をしてますと、それをヒシヒシと感じますね。生きている証をもう一度確認し、次の世代につないでいきたいということですね。

馬場——銀座のいい時代から銀座に住めなくなった時代、青山や渋谷がにぎやかになって銀座がダウンした時代があり、最近また盛り返してきた。そういうことを踏まえて、次の世代にどう伝えるか。住んでいる人たちは、リアリティをもってわかってきているところがあるんでしょうね。

尾島——生態連鎖系とはつないでいくことであって、どうやって持続的につないでいくか。日本橋・銀座が甦るかどうかは、高齢者の立場をどうつくるかにつながっていく。そういう意味では、バブルがはじけて非常によかったと思う。銀座は銀座らしくあることがアメニティを保つことであり、日本橋は日本橋らしくあること、江戸の日本橋、明治の銀座、その伝統なり雰囲気が変わらないこと、そのためにはそこに住んでいる人たちの意識を取り戻すことがルネッサンスでもあるわけで、その片棒を担ごうと。

銀座五丁目界隈、歩行者天国の様子

馬場——この場所の活用価値がこれからますます出てくることを期待しています。

一九九七年四月八日、ＧＯＬ主催でフェアモントホテルでお花見会。四月二十一日、壁面を〇・二メートル後退させれば、銀座通りの容積は八〇〇から一、一〇〇％に。高さ規制三十一メートルから五十六メートルになる。私のペントハウス構想が消え、銀座に人々が住む夢を消したことになる。十五年間の努力は水泡に。しかし、われわれは必ずや再挑戦するであろう。

一九九八年五月、ＧＯＬトークサロン開催。毎月一回。野口弁護士ほか。

一九九九年一月二十五日から二月七日の二週間、日中都市環境交流会の成果展示会。三月二十七日、銀座第一期ＧＯＬ閉鎖、喜久井町へ引っ越す。理由は、土曜・日曜のみならず、夜七時から朝九時まで使えないことが最大の障害であった。これでは私自身がＧＯＬに行く時間がまったくとれない。銀座は、二十四時間年中無休都市でなければならない。

7　自宅の引っ越しと「ギャラリー太田口」の開設

一九九六年八月十二日、新菱興産の加賀美忍社長との雑談中、練馬区中村二丁目の自宅四百七坪を売りたいという。早速、夜中に現地視察すると、松と梅と桜の老木がすばらしく、門の見越の松が気に入った。その後、いろいろあって忘れていたら、高橋信之さんが裏交渉していたらしく、半年後、庭木がすべて撤去された状態で買う破目になってしまった。

一九九七年一月十一日、藝大の菅原安男名誉教授（当時九十二歳）の遺作で、父に似た「ゴリ

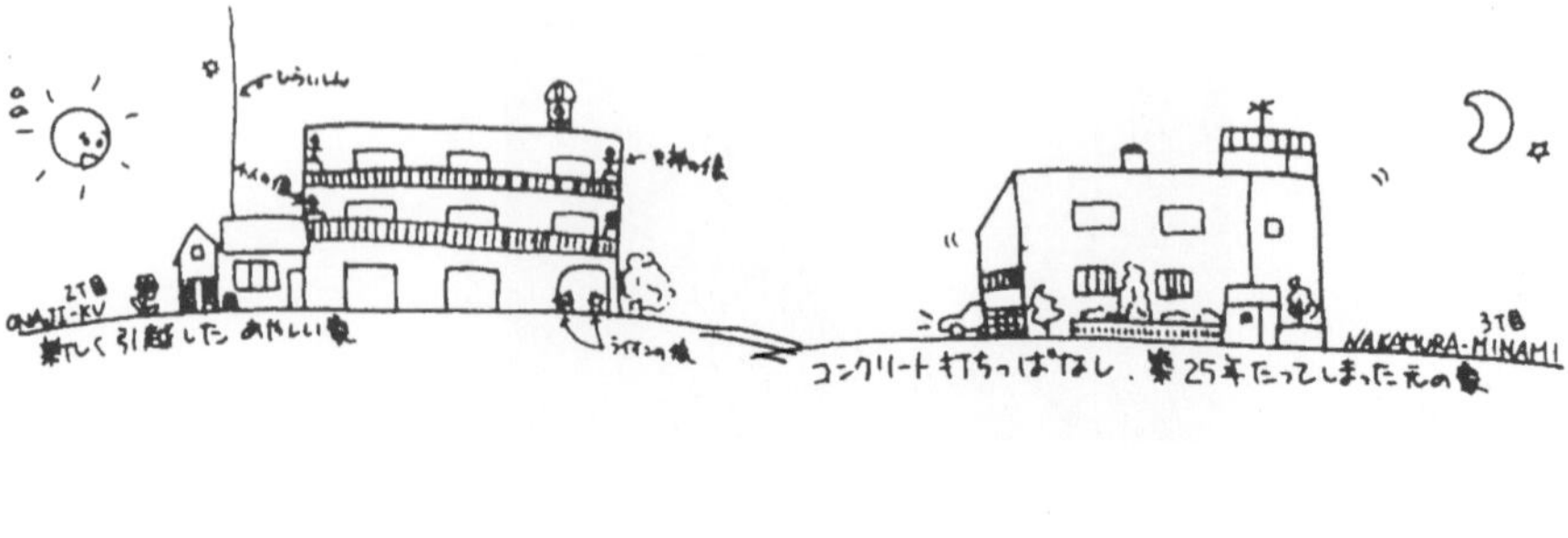

長女・糸乙の引っ越し案内より

上：両親が亡くなった後、空き家になっていた富山の家を改装した「ギャラリー太田口」中庭
中：同、離れ座敷（米田大工作）
下：母屋の一階はパソコン教室・ギャラリーなどとして一般に開放している

ラの帝王」を買うことにしたのは、父の遺産であり父の胸像代わりであった。

二月二十三日、住友不動産に中村南二丁目の二号館を売却。中村南三丁目の自宅は、伊東豊雄さんの設計した建物であることを話し、撤去しない条件で久保さんに売却。旧加賀美宅の土地は一部を売却して資金を調達。その後の改修が大仕事であったが、庭は横山勝さんが全面協力してくれて見違えるように美しくなった。三月二日に引っ越しを開始し、十五日に終了した。

一九九九年九月、両親が亡くなった後、三年も放置されていた富山の家の奥座敷や居間を一般に利用可能なギャラリーとするために、職藝学院に頼んで大改装した。

二〇〇〇年一月七日、「ギャラリー太田口」オープン。五月には前野さんの「岡山での町づくり展」に合わせて、「ギャラリー太田口ニュース」を町づくり新聞として発刊する。六月には富山出身の有名画家五人展を開催したが、売れる雰囲気をつくるには、別の努力が必要であった。

二〇〇二年九月二十二日、「ギャラリー太田口」の向かいにあり空家になっていた旧田中金庫店を「ギャラリー太田口Ⅱ」として改装し開設。タウン・トレイル『太田口物語』を藪野正樹さんと高口洋人君の共著で出版する。監修者としてその前文に記した言葉は、

「平安時代、現在の富山市から大山町一帯は土豪太田氏の管理下にあって、太田庄と呼ばれていた。中世の戦乱下で当時の歴史遺産は焼失したが、江戸時代には前田藩の統治で富山に城下町が築かれ、飛騨街道への出入り口は太田口と呼ばれ、筆者の高校時代までは賑わっていた太田口通りも少子高齢化で、小学校の統廃合ですっかり人通りが消えてしまった。

太田口通りに隣接した日枝神社は、富山藩主前田家の氏神として庇護され、毎年六月一日に行

右：移転した練馬の自宅（施工：佐藤秀工務店）
左：床の間に亡き父の胸像代わりの「ゴリラの帝王」が置かれている

空き家になっていたビルを再生した「ギャラリー太田口Ⅱ」。1階には職藝学院出身の造園家たちのオフィスが入っている。庭や屋上の植栽は彼らによる。集会に使えるスペースや離れの茶室（写真：下2点）などがあり、まちの活性化のために活用されている

町づくり新聞『ギャラリー太田口NEWS』

ギャラリー
太　田　口
N　E　W　S

第四号 2002年11月発行
発 行 者
ギャラリー太田口
〒930-0063 富山市太田口通り1-5-7
Tel:03-5286-3136
Fax:03-5291-6855
高 口 洋 人（早稲田大学講師）
杉 安 由香里（早稲田大学修士）

富山市再生にあたっての
太田口通りの役割

講演を聞く太田口通り関係者

地方都市の再生について考える「第十四回 都市再生研究会」（アジア都市環境学会主催）が九月二十一日、ギャラリー太田口Ⅱで開催された。「第三回太田口まちなか再生懇談会」を兼ねた今回は、尾島俊雄早稲田大学教授を始めとする学識経験者の他、富山県自治体関係者や太田口通り関係者など約二十五人が参加し、富山市および太田口通りのまちづくりについて活発な議論が交わされた。

十月十四日（体育の日） ギャラリー太田口Ⅰ
「パソコン」「茶道」「言葉の集い」「和紙ちぎり絵」教室
合同作品発表会開催

無風快晴、絶好の発表会日和である。九時三十分、有志一同、中庭に集合し生徒代表（能瀬和雄氏）より開会の号令を頂く。各自持ち場に戻り来場者を待つ。十時、沈黙を破り人、人、立っている場所がに比して発表作品が大きくより多彩になったことで、退屈せずのどかに秋晴れの一日を満喫しておられる。家族連れが多く子供達が庭で戯れている。まこと牧歌的である。「体育の日はギャラリーの発

われる山王祭りは二十万人以上の参拝者であふれ、太田口通りもこの時ばかりは人で埋め尽くされる。日枝神社境内には、もう一つの社として、商売・工芸の神を祀った麁香《あらか》神社があり、日枝神社とは違う崇敬《そうきょう》講という講を結んでいる。日枝神社の東隣が私の家で、父母が亡くなったあと空き家にしていたが、商店街の強い要請もあり、『ギャラリー太田口』として改造。改築工事は職藝学院の生徒たちの手による。かつては子供たちの遊び場であり、サーカスも開催されていた日枝神社の境内は、今はすべて駐車場として使われ、子供たちの遊ぶ姿は消えてしまっている。この駐車場を少しでも減らし、高木や藤棚などを配して緑を多くする工夫を凝らし、再び祝祭空間として復活させ、地域の求心力を高めるために、日枝神社周辺の街区を神社結界として、原則、車の進入を禁止する。これにより参拝者や歩行者が安心して歩ける空間を確保し、都市の魅力である人と人との出会いの場を回復する。この案には、日枝神社の平尾宮司も大賛成で、町の人たちの協力に期待を寄せている。幸い『ギャラリー太田口』に続いて、二〇〇二年、真向かいの空き家を『ギャラリー太田口Ⅱ』としてオープンすることになり、そこでは職藝学院を卒業した女性造園家たちがリイフスという造園会社を設立した。まずはこの町に住み、お店や庭を自分たちの手で改装するのを見てもらう。若い女性たちが毎日自分たちで庭づくりやお店の改装工事をしている風景は、高齢化した町に活気を与え、彼女たちを中心に新しいコミュニティーが生まれることを期待した。高岡に嫁いだ妹らが世話役になって、お月見やお茶の野点で話題になった『ギャラリー太田口』と若者たちの多く出入りする『ギャラリー太田口Ⅱ』は、屋上緑化や新しいガーデニングの展示など、まったく違った活気と雰囲気で生まれ、地元の新聞やテレビでも報道され、太田口通りは少しずつ活気を帯び始めている」

2000年(平成12年)2月9日 水曜日 社会 (24)

太田口通り（富山）再生願い

富山国際職藝学院長 尾島氏の実家改築

来月、ギャラリー開く

4月から学生住み込み 住居、庭を手入れ

ギャラリー太田口の開設を伝える地元紙

右：『太田口物語』（尾島俊雄監修、藪野正樹・高口洋人共著）
左：ギャラリー太田口パンフレット

コラム ⑮ Architecture of the Year 1998

①「心」：都心の居住環境の安全保障のため、大深度地下ライフラインを建設する。

大深度地下ネットワークトンネルは、平常時は電気、ガス、上中下水、ゴミ搬送および一般物流の幹線として地上のインフラ負荷を低減し、災害時には都市機能をバックアップし、海と内陸を結ぶ緊急物資の輸送路や瓦礫搬送路となる。

②「点」：ドミノ災害を防止する火除け空間やヘリポートの救援拠点広場を分散配置する。

国土庁（当時）の災害シミュレーションによれば、冬の夕方、関東大震災型（M七・九）の大地震が襲うと被災規模は最大となり、建物全壊三十八万戸、死者十五万人、負傷者二十万人の予測。これだけの大被害に対応するためには、自衛隊等の救助・防災拠点広場が必要である。

③「線」：クールアイランドを創出する河川と緑地を再生し、風の道をつくる。

東京をもう一度人間の住みやすい街にするためには、水辺は貴重なオープンスペースであり、都市に生活する人びとの人間性回復の場である。生活に密着する自然のネットワークである水の環状ルートを復活させ、豊かな水辺空間で海からの「風の道」を取り戻す。

④「面」：市民参加型の木造密集住宅地の事前復興に公費を投入する。

平成九年八月、東京都はM七・二の区部直下型地震を想定してその被害予測を出した。それによると、地震発生後の焼失面積は目黒区で二七%、中野区二六%、江戸川区で二五%となった。また地震発生一日後の断水率は足立区が六八%、江東、葛飾区は六二%、停電も目黒、世田谷、葛飾、江戸川区が三〇%以上、ガス供給停止率にいたっては中央、墨田、江東、足立区で一〇〇%と一極集中の脆弱な東京を露呈した。都では木造住宅密集地域等において二十年の目標を定め、そのうち二十五ヵ所を重点整備地域、十一ヵ所を重点地区に指定し、十年以内に早急に整備をする方針を出した（平成八年）が、果たして災害に強く、安心して住み続けられる街はいつになったら手に入るだろうか。

⑤「超」：超法規的ハイパービルによるコンパクトシティーを考える。

スプロールをくい止め、アスファルトとコンクリートに覆われていた地表面を水と緑のあふれる自然空間に開放するためには、建物の集約化と高層化が不可欠である。新しい都市空間と都心居住を可能とする千メートルビルは、都市をコンパクト化し、新しい生活様式のフロンティアを生む。

⑥「歴」：東京の歴史と文化を継承するランドマークをつくる。

東京はお世辞にも美しい都市とは言い難い。しかし、東京で生まれ育ち、働く人びとはそんな東京に心の拠り所となる原風景を求めているに違いない。現存する東京の建物・景観の中で百年後にも残すべき建物を選定した。

⑦「遷」：首都機能移転による東京再生の是非を問う。

Architecture of the Year 1998
'98アーキテクチュア・オブ・ザ・イヤー展
環境革命時代の建築──巨大都市東京の限界と再生
プロデューサー:尾島俊雄[早稲田大学教授]
1998年10月28日[水]−11月8日[日]/新宿NSビル
平日11:00-20:00/土日祝10:00-19:00/最終日は17:30まで/入場無料
[主催]日本建築学会/日本建築家協会/日本建築士会連合会/日本建築士事務所協会連合会/建築業協会 [共催]次世代街区フォーラム [後援]東京都/毎日新聞社
[協力]新宿NSビル株式会社/新宿NSビル商店会/陸上自衛隊第1師団/早稲田大学尾島研究室/日本大学斎藤研究室/芝浦工業大学三宅研究室
[協賛]NTTファシリティーズ/大木建設/大塚商会/大林組/加賀田組/鹿島/技報堂/熊谷組/久米設計/健心社/建報社/五洋建設/佐藤工業/佐藤総合計画/三美印刷/清水建設/彰国社/昭和情報プロセス/
スタンダード・コピーセンター/セコム財団/大成建設/竹中工務店/ディーエム情報システム/鉄建建設/東亜商会/東京ガス/東京ガス豊洲開発/東京電力/東京美装興業/戸田建設/飛島建設/
都南印刷/西松建設/日建設計/日本電信電話/日本ビルサービス/野村不動産/日立建設設計/冨士工/不動建設/前田建設工業/
松井建設/松田平田/ミサワホーム/丸善/三菱地所/森本組/ヤマギワ/山下設計/六興電気
[特別協力]インターオフィス/川島織物/神鋼鋼線工業/新菱興産/セントラル硝子/SONY/大成建設/太陽工業/ダウ化工/竹中工務店/日本軽金属/三菱化学/ヤマギワ
[展示協力]大林組/岡部憲明アーキテクチャーネットワーク/鹿島/隈研吾建築都市設計事務所/清水建設/大成建設/竹中工務店/日本設計/早稲田大学佐藤研究室/早稲田大学古谷研究室
東京
2050
1998

コラム ⑯ PRH（完全リサイクル住宅）

東京湾に年五億トンの生ゴミが捨てられると、二十年で埋め立てられてしまうという衝撃報告を受けたのが一九七二年、マンダラ構想発表時であった（『建築文化』特集）。日本の美しい山谷と峡谷に今のままゴミが捨てられると、完全に埋まるという事実。

自然の生態連鎖系で完結させる木造を主構造体とした富山での試作（W-PRH）と、人工の産業間連鎖でエネルギーを使用するが、限りなく物質循環系を完結させる鉄を主構造とする九州での試作（S-PRH）を提案した。

実験の成果を夢で終わらせないために、普及に向けた研究も行われている。W-PRHでは、古材の活用を促進するため、古材を回収、ストックし提供するシステムの確立が急務。これに対して、北陸家材リユースセンターをNPO法人として立ち上げて準備を進める。試算では、古材を活用して年間二十軒程度、W-PRHが建てられる。S-PRHは、もっと大がかりなリサイクル施設の整備が必要。建材リサイクル研究会で研究が続けられ、実現に向けて、ユビキタス技術などICチップを建材に埋め込んで出荷後の状況を最後まで把握する試みも視野に入れる。

PRH研究とは性格を異にするが、W（木造）、S（鉄骨造）での研究成果を踏まえた「究極の家」としてC-PRHを位置づけた。C-PRHのCは「ceramic」の「C」。木のいいところと鉄骨やアルミなどのいいところを抽出してハイブリッド化を図るC-PRHでは、新たにセラミックを取り入れることでリサイクル不要の家、つまり永久に朽ちない家をめざす。そのために建材一つ一つの耐久性が検証されている。

「究極の家の目標は、その家に住めば人間のリサイクル＝再生産が確実にされるようなもの、つまりロボット普及時代にあっても、家族が最高に幸せな暮らしができる家にすること」

W―PRH（富山プロジェクト）

W-PRH（富山プロジェクト）

富山県大山町に建設した実験住宅。かつては循環型社会であった日本の民家の伝統技術を見直し、現代の技術と併用して、資源循環と低環境負荷をめざした。1棟の住宅がその周辺にある一定の森林資源等によってつくられ、資源・エネルギーの自立が可能な、住宅の建設から廃棄までのプロセスの確立とライフスタイルを提案した。1998年完成、1999年居住実験を経て解体、2001年再築。

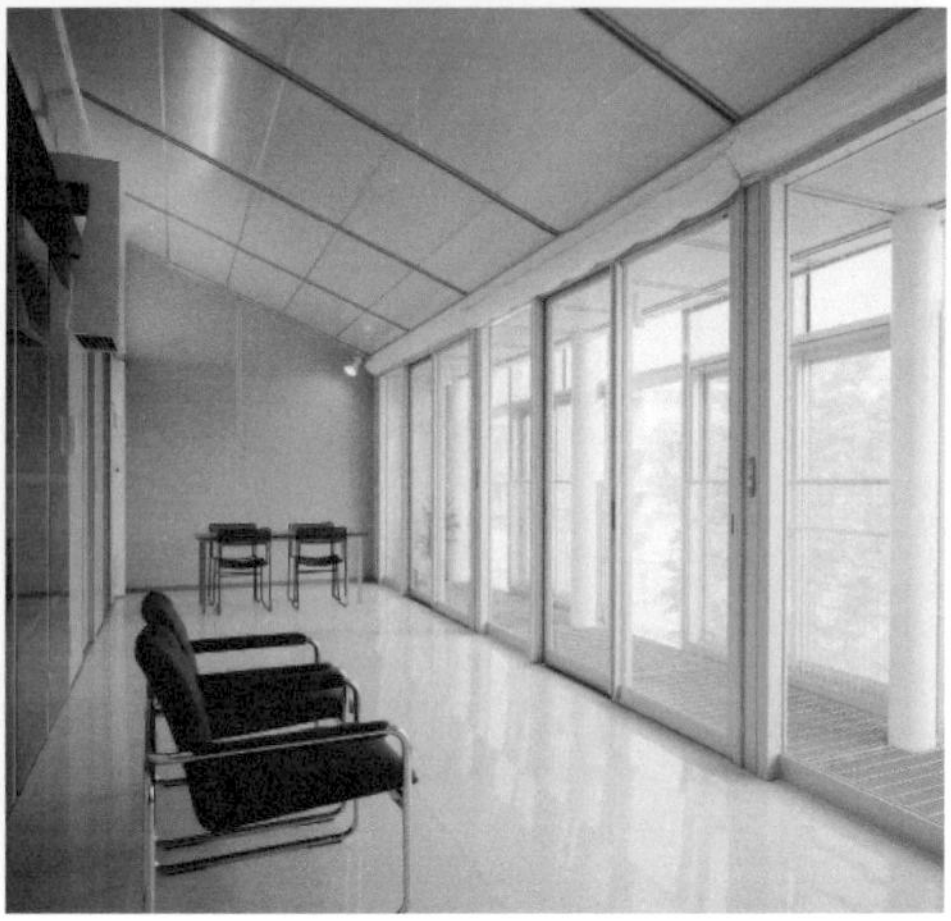

S-PRH（北九州プロジェクト）

福岡県北九州市に建設した実験住宅。現代のテクノロジーを駆使して資源循環・低環境負荷を達成しようと、2000 年 10 月に新築完成、11 月から解体を開始し、2001 年 2 月に再築完成した。

主要構造を鉄製とし、接合部は解体可能であることを考慮した簡素な形態で、接合の簡略化、カートリッジ化を図る。建て方を容易にすると同時に、接合部の強度を保障するため、施工に際して現場での溶接は一切行わず、溶接の必要な部分は工場溶接とする。各部材は一人でも施工が容易にできるように細分化し軽量化を図る。個々の部材を単純化し、生産者 - 設計者による一貫システム設計を可能とする。

構造体の保護による高耐久性の確保：構造軀体は耐用年数を高めるため、構造軀体の外側に外壁を設け鉄骨の軀体を風雨に晒さない。また、湿気を避け乾燥状態を保つ。

C–P R H（岐阜プロジェクト）
現実に普及するリサイクル型住宅は、各地域における資源や気候の特性を生かして両者の技術を使い分け、最適な資源循環・省エネを達成する、ハイブリッド型リサイクル住宅（SW-PRH）となる。そこで今までの研究成果を生かし、岐阜県におけるモデルではセラミックスに着目し、各務原市のVRテクノジャパン内に建設した。

10

早大理工学部長時代

（二〇〇〇〜〇四）

東京駅八重洲口のグラントウキョウ南棟と北棟の完成で、八重洲通りから行幸通りへと海風が通り抜ける「風の道」が完成する。
海風が遡上して生け簀都市に風穴を空けるための実測と実験では、地球環境シミュレータを使って自然の風をとらえ、風が流れ、にじんでいく様を確かめることができた。これらの研究は近い将来、アジアの諸都市で必ず役立つ技術となるはずである。

1

早大理工学部長としての理工文化論

一九〇八年、私学で最初の理工学部を早稲田大学が創立したのは、創立者・大隈重信の情熱と竹内明太郎氏の篤志であった。「理工」の名称が早稲田で生まれたのは、工を修めるには理科によって基礎を十分に修める必要があるという先達の知恵。その意味では、早稲田の理工は名実ともに二十世紀の日本を牽引した。事実、その後、多くの大学で理工学部が生まれた。

二十世紀は人類史上最も「理工文明」の栄えた時代で、理工学部の叡智は人類に未曾有の繁栄をもたらした。一方で、核兵器の開発や深刻な環境問題を引き起こし、人類に刃を向け始めていることも悲しい事実である。

二十一世紀の人類に課せられた命題は、人間の手を離れて暴走する「理工文明」をいかに人間の手に取り戻すか。それには「理工文明」から「理工文化」への転換が必要である。大量生産・大量消費の物質文明から脱して多様な価値と精神社会を認めようとしている流れがそれを裏づける。

二〇〇一年度からの入学生たちに対して、早稲田大学理工学部の教職員が一丸となって挑戦する「理工文化論」を開講した。この授業は、各界で活躍している早稲田大学教授陣に加えて、学外の著名人がそれぞれの立場から「理工文化」への熱き思いを早稲田の心のふるさとである大隈講堂で語る。このようなまったく新しい試みに卒業単位を与えたことや、伊藤滋先生とピーター・フランクル先生をこの講義の専任教授としてお招きできたこと自体、新世紀の夜明けにふさわし

早稲田大学理工学部キャンパス

いと考えた。

毎週土曜日の午前中、大隈講堂での講義風景は実にすばらしく、次の世代の若者たちの熱心な聴講と討議に、新しい息吹を実感した。この講義は大隈講堂内のみならず、大久保キャンパスの教室にも同時放映された。

二〇〇〇年九月、第四十五代理工学部長に就任して最初の仕事は、理工学部に文明と同様に文化の大切さを伝えるため、大隈講堂で開講した新入生のための挑戦科目であった。

2　岐阜「ワボットハウス」プロジェクト

二〇〇〇年十月二十一日、東大先端科学技術研究センターでご一緒した大須賀節雄教授が学部長室を突然訪問。岐阜県の大野慎一副知事を同伴され、慶応義塾大学が大垣市のソフトピアジャパンで情報通信研究所を開所したが、ついては早稲田大学は各務原市のテクノプラザで「ものづくり研究所」をつくってほしいとの相談であった。

理工学総合研究センターへの委託研究で何を中心に「ものづくり研究所」を開設すればいいかを考えることにした。二〇〇一年二月二十六日、慶応の三田校舎で、石井威望先生立ち会いの下で梶原拓知事と話し合いのうえ、「建築とロボット」の研究所ではいかがかということになった。

二〇〇二年二月十一日、大野副知事にＷＡＢＯＴ‐ＨＯＵＳＥ（ワボットハウス）研究のコンセプトを示すと早速了解された。予算二十億円で毎年五億円として四年間実施する大型プロジェクトである。契約相手は理工総研か理工学部かで揉めたが、結局、理工学部長の責任で知事と総

『理工文化のすすめ』（二〇〇二、東洋経済新報社）

理工学部長室のスタッフと。左より、大和田秀二、勝田正文、私、松本和子、小松尚久の各教授（二〇〇一年）

長間の三者契約とすることで落着。大隈会館で知事と総長と私の三人が五十名の立会いの下で調印した。二〇〇二年四月より二〇〇七年三月までの五年間、毎年四億円、総額二十億円の委託研究の契約成立。二〇〇七年四月からの五年間はそのプロジェクトのアフターケアをすることも合意した。私の定年が二〇〇八年三月であることから、研究所長は一番若い菅野重樹教授とし、三輪敬之教授、橋本周司教授と私が副所長で補佐することにした。ロボット関係は菅野、三輪、橋本、高西、山川の各教授ら、情報は小松教授、地域系は三輪教授と藪野教授に私、建築は私と嘉納教授。二十億円の予算はロボット：情報：地域：建築が八：二：二：八ということで最初に決定した。

昨今の少子高齢化に伴って、かつては第二次産業で活躍していたロボットを第三次産業に導入すること。特に家庭内サービスやエンターテインメント分野で使用するロボット開発はさかんに行われ、ロボットが実態としての生活空間の一部を形成することも夢ではない。しかしながら、人間がロボットと生活を共にし、便利さや快適さを得るために、どのような空間を設計すればよいのか、という指針はまだ見えていない。

3　総長選で「都の西北、早稲田の杜」構想

一九九五年、理工総研の拡大策で大坂敏明教授と奥島康孝総長が対立。

一九九七年一月、日本建築学会長に就任した時、学会か大学かの二者択一で学究者の道を選択した。

一九九八年四月二十五日、大場一郎教授から早大総長選の出馬要請。奥島総長の初心であった

『ワボットのほん』（1～7および合本）（二〇〇二～、中央公論新社）

再出馬せずという予想に反して、出馬するのは解せないからとのこと。加えて、川勝平太教授辞職で、早稲田に対する夢と希望がくだけた。六十歳の健康診断で血圧百八十五―百十五、コレステロール二百八十の要注意勧告もあり、後任人事に長谷見雄二君を指名し、建築研究所に割愛願いを提出する。六月十八日、理工学部長選では宇佐美学部長と私が七十七票の同票で、事実上の辞退。

一九九九年の正月は家族四人で出羽三山と温海温泉でゆっくりし、学校行政にこれ以上参画しないと決心したことで、解放感に浸る。三月には木村建一教授が選択定年で退職された。四月の自宅の花見は盛大であった。富山の太田口町を再生させることに余生を送ることを考え、十二月九日の家族会議で、学校行政にはもう関わらないことを話して理解を得る。

しかるに、二〇〇〇年五月十九日の第十八期日本学術会議会員に当選し、さらに六月二十二日には理工学部長に選ばれてしまう。

百二十五周年募金に当たっては、關昭太郎常任理事等に理工百周年と併設するよう要請したが、簡単に拒絶された。理工学部は文系学部に比べて一：七の比で意見がまったく通らない。二〇〇一年四月七日、奥島総長とこの件で直接話し合ったが、募金に関しても実に強気である。

四月十七日、伊藤直明さんが逝去。精神的に支えてくれる人がいなくなった状況下にあって、建築学科教授や理工のOBたちから、理工学部長として、総長選出馬の強い要求を受ける。

二〇〇二年五月一日、突然、大坂敏明教授が入院し手術することになった。建築一途の学者の道を歩む決心をしてきたこれまでの立場を考え、加えて心の支えであった伊藤直明さんや大坂敏明教授の不幸を考えて、総長選を辞退することにした。五月四日、中川武さんと水間英光さんを

早大大隈講堂を描いた切手（二〇〇一年十月十九日発行、原画：藪野健）

自宅に招いて総長選について話し合うと、募金問題や大学運営のためには奥島体制の継続を望む様子。そんな時に、商学部の山本哲三教授から、『中央公論』に総長選出馬の抱負としてか、「都の西北、早稲田の杜」の投稿を要請された。（コラム⑱参照）

早稲田大学在籍半世紀、この大学に尽くすこともまた、「この道一途」の人生であるが、「建築一途」と「早稲田一途」のどちらをもって自己実現するかは、原稿の出来栄えで決めようと考えた。上手に書けば前者をとって「日本全国の都市のまほろば」を書く。でなければ余生を大学行政にと考えた結果、幾度も抜本的に書き改めながらも、結果は、英文誌にも転載され好評であった。山本先生や河野編集長に教わったことは、誰にとっての「まほろば」かという主体者を明確に書くことであった。理工学部という認識科学の学府にあっては、主体者は不要であった。常に真理は一つであったからで、人文系では真実はいくつもあるからだ。また、早稲田一途では、奥島・白井両君にはとても及ばないこともあった。かくして、少なくとも五年間、一都市五日間として百二十都市で六百日、「この都市のまほろば」追求に時間を割くことを心に決めた。

総裁選の結果は白井克彦理事対津本信博教育学部長の一騎打ちになり、白井さんが総長になる。その後は予想どおりで募金は苦しく、建築学部の独立と理工改革の大きな夢も消えかけているが、しかし、理工内部の争いや分裂を回避したことにより、弱者なりの生存を可能にしたと考えている。九月になって大坂教授が突然逝去されたこともあり、結果として正しい選択をしたように思う。

「小渕・森・小泉内閣での相次ぐ緊急経済戦略会議において、都市再生は最重点の取り組みとなった。世界は工業社会から情報社会に転換しつつあり、経済戦略の拠点としての都市間の競争が熾烈になっている。その証拠に、ＥＵやアメリカの都市は輝きを増し、上海やシンガポールの躍進は目を見張るばかりである。それに比べて、日本の都市の凋落はあまりに激しい。とりわけ国際的に見た東京首都圏の地盤沈下は顕著である。そこでいま、国際競争力のある世界都市形成に向けたプロジェクトが求められている。

二〇〇二年三月、都市再生特別措置法が成立した。民間事業者による都市再生を促進するため、十年間に限定し、政令で指定した緊急整備地域に国費を重点投資するというものである。これに伴い、内閣に設置した都市再生本部が中心になって、官民一体の都市再生を推進するプロジェクトを企画している。しかしながら、限りある財源の下では、どの取り組みも先行きが不透明である。そこで私は、東京首都圏三千三百万人の知の求心力と、これまで蓄積されてきた未利用資源に注目してみた。

①大学の見直しで若者の新しい能力を活用せよ。

三月二十六日、私は中国最重点大学である清華大学の王大中学長と対談する機会を得た。私の勤務する早稲田大学理工学部が四ヘクタールのキャンパスに一万人の学生と二百五十人の教授を擁し、年間研究費は国と企業から五十億円であるのに対し、清華大学は四〇〇ヘクタールのキャンパスに二万人の学生と二千人の教授を擁し、年間研究費は国と企業から百五十億円ということである。このほか軍からの費用を加えて、物価換算すれば十倍以上の差がある。そういう大学と、これから格付け競争をしなければならないのである。それで

王大中・清華大学学長と対談（二〇〇二年三月二十六日）

もわが理工キャンパスの数少ない教職員で世界レベルの研究や教育が維持できているのは、七百余の非常勤講師や客員教授に支えられ、東京首都圏の情報中枢に存在しているからこそである。

②都心高層化で世界都市としての景観整備を。（略）

③資源循環に大深度地下を活用せよ。（略）

首都圏の三大未利用資源について述べたが、それを生かすも殺すも結局は人々の意志であり、精神力である。早稲田大学をはじめ、日本の大学の危機が各方面から指摘され、日本の社会も国家も、未曾有の困難の中にある。しかし、この事態は私たち大学人にとって千載一遇のチャンスかもしれない。

私は、大学こそが、新しい国際社会にあって日本の文明を世界文明として認める種を宿す役割を果たしたと考えたい。とすれば、過去の蓄積・成果をいまこそ世に出すときであり、その継承・発展のためにも、また世界トップ水準の大学人を育むためにも、有志・在野精神にあふれた学生を世界中からスカウトし、それを受け入れる組織や都市施設をつくるべきである。図（左頁上）は稲門建築会会員有志の提案である。

（「都の西北、早稲田の杜」、『中央公論』二〇〇二年六月号より抜粋）

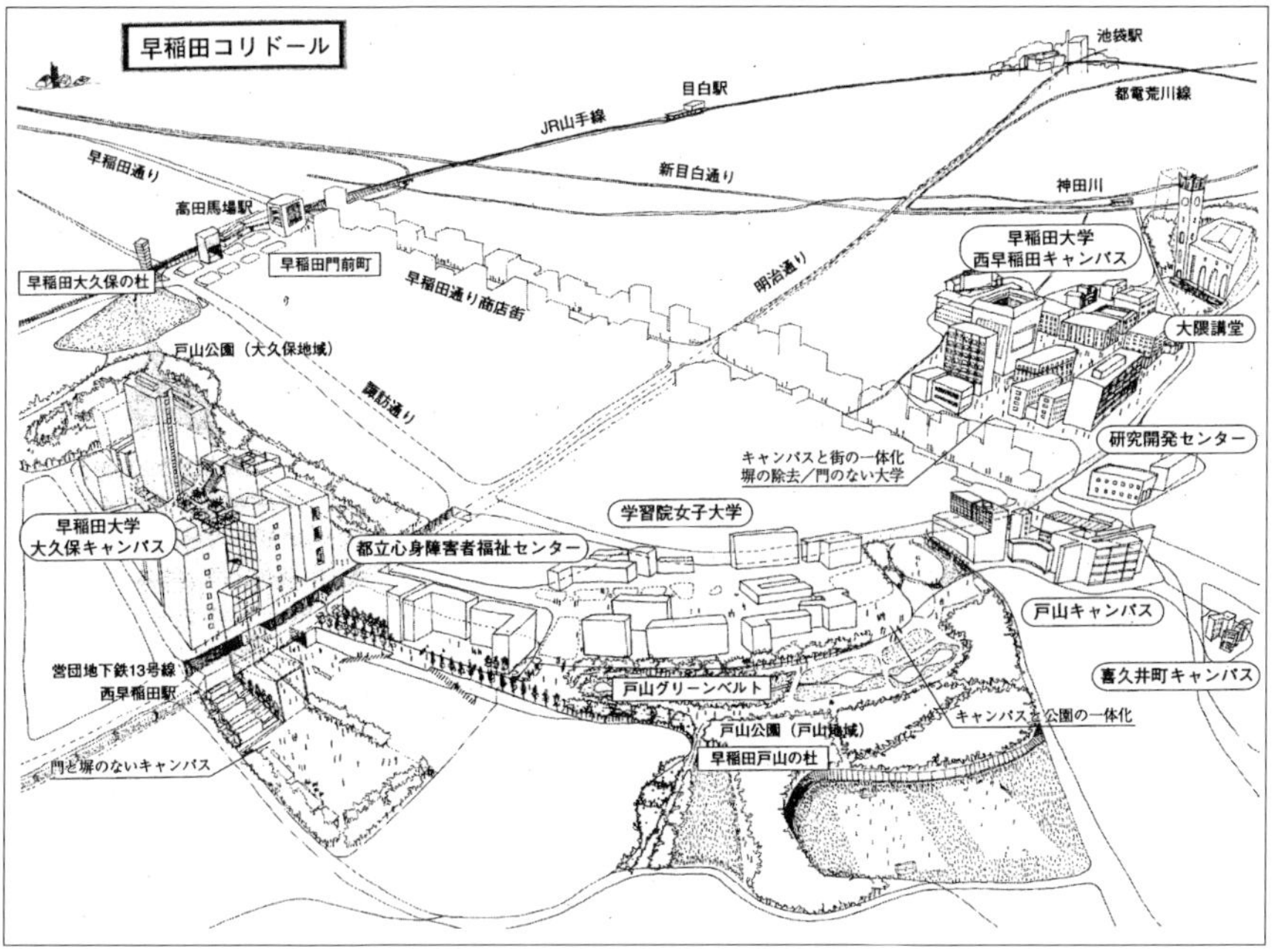

稲門建築会会員有志の提案による「早稲田コリドール」構想

INSIGHT AND ANALYSIS FROM THE JAPANESE MEDIA • AUGUST 2002

JAPAN ECHO

THE POLARIZATION OF EDUCATION　A Positive View of the New Curriculum
The Truth About Declining Scholastic Achievement

JAPAN IN A CHANGING WORLD　Washington Takes an Alarming Turn
A More Assertive Economic Diplomacy
Environmental Governance in Asia: Toward a Regional Approach

LEGISLATING FOR AN EMERGENCY　A Basic Law on National Security

REPORT CARD ON THE KOIZUMI REFORMS　Pressing Ahead with the Reform Program
Recovery from Recession May Take Decades
The Inevitability of Change

ASIAN FOCUS　Tapping Tokyo's Great Potential

英文誌に掲載された中央公論 2002 年 6 月号「都の西北・早稲田の杜」の英訳

ASIAN FOCUS

Tapping Tokyo's Great Potential

OJIMA TOSHIO

The world is changing from a manufacturing society to one that is information-based, and competition between cities as focal points of economic strategy has intensified. As a result of these competitive efforts, cities in Europe and the United States are increasing their attractiveness, and Asian metropolises like Shanghai and Singapore have been achieving rapid progress that is truly something to behold. By comparison, Japan's urban centers have been deteriorating dramatically. From an international standpoint, the declining position of the Tokyo metropolitan area is especially remarkable. What is needed now is a project aimed at shaping the capital into a globally competitive city.

Under the Urban Renaissance Special Measures Law enacted in March this year, the government will direct priority funding to specially designated "urgent development regions" over a period of 10 years with the aim of promoting the revitalization of cities at the hands of private-sector developers. The Urban Renaissance Headquarters established by the cabinet will seek to further urban renewal by masterminding projects based on public-private cooperation. But given the limits on the financial resources available for this government-led undertaking, it is unclear how much it will be able to accomplish. I therefore have decided to focus on a form of revitalization for Tokyo that draws its power from the tremendous intellectual resources of the 33 million people living in the metropolitan area and its store of untapped resources.

UNTAPPED RESOURCES

After becoming Japan's political power center in the early seventeenth century as the seat of the Tokugawa shogunate, Edo developed into the country's biggest metropolis, both in population and in the scale of the farming land from which it drew its food. The shogunate commanded annual revenues of 8 million *koku* of rice, a *koku* being about 180 liters, enough to feed an adult male for a year. Renamed Tokyo and made the official capital following the end of the shogunate in the nineteenth century, the city was the focus of Japan's efforts to catch up with the leading countries of the West, where the Industrial Revolution was already in full swing. It acquired an accumulation of labor-intensive factories and led the country's shift from an agricultural society to an industrial one. Industrial zones were built on land reclaimed from Tokyo Bay, and forward-looking public investment in such infrastructure as port facilities, thermal power plants, and industrial waterworks helped fuel the development of private-sector businesses. In addition, the coastal industrial complex fulfilled a role as a pilot model for development in other regions. The entire nation was transformed into a giant industrial archipelago.

In our own age, as other Asian nations have undergone economic development, cities in Japan with a concentration of labor-intensive factories have inevitably declined. Even so, the five ports in Tokyo Bay continue to handle 500 million tons of shipping annually, and the structure of mass production and mass consumption remains intact, resulting in giant mountains of trash. Nowhere in the world are water, energy, and materials wasted and thrown away to the extent that they are in the Tokyo metropolitan area. In the last 50 years, 20% of Tokyo Bay—20,000 hectares—has been buried, largely under the metropolis's rubbish. One of the three untapped resources that I propose to employ in revitalizing Tokyo is this massive store of waste.

The second unused resource that I would tap is Tokyo's high-priced, underutilized land. At present, some 60,000 hectares of land—an area equivalent to the 23 wards of central Tokyo—is going unused in the metropolitan

AUGUST 2002　59

4　『中央公論』に「この都市のまほろば」連載

二〇〇二年四月十二日、中央公論新社の関知良編集企画部長から「日本一〇〇都市」企画案が送られてきた。企画のねらいは、日本文化と文明を知る人間の営みの集積である都市にさまざまなかたちで表出する現象からそれぞれの特色をあぶり出す。それが二十一世紀の日本のアイデンティティを確立する。一年に十二都市、十年間のプロジェクトにする。毎月一度『中央公論』誌に掲載し、一年に一冊の単行本をまとめる。二〇〇二年十月号より毎号六ページ、書籍は二〇〇三年十月から、B5判二百八ページ、千八百円。執筆は、全体監修を尾島、取材は早大都市論チーム、修士以上三チーム、ワーキンググループとして藪野、高橋ほか。執筆は著名作家を随時。問題は取材制作費で、全額早大理工総研のプロジェクト予算とする。

以上の企画案について四月十四日、拙宅で関、高橋、藪野さんらと相談する。

その後、河野通和編集局長と関さんが来校し、『中央公論』六月号の「都の西北」記事のお礼と一〇〇都市シリーズの可能性を打診され、これに対して色よい返事をしたことから急に話が具体化した。問題は早稲田がスポンサーになり、一都市百万円としても毎年千二百万円で十年間、一億二千万円のプロジェクトをこのテーマで、企業から寄付を受けることが可能かどうかであった。「都の西北」の原稿を実際に書いてみて、並大抵ではない時間と労力が必要であることも痛感していた。監修中の岐阜のロボット研究のPR誌ですら、二百万円×七巻＝千四百万円の費用と労力は大変で、この点から無理な提案であった。一方で、自分の研究成果を発表する場と考えれば一、二年間は可能性ありで、とりあえず条件付きの返事をする。最初の十二都市一千万円

『この都市のまほろば』（二〇〇五、中央公論社）

の調査・取材費等は、関、高橋両名で大林財団や旭硝子財団に申請する。そのうえ尾島研のプロジェクト予算から半分支出して、文章は私、写真は高橋、絵は藪野、編集は関で、プロの作家や写真家に頼まず、取材も四人でやることになった。まずは松山と別府を一緒に旅することにして、二〇〇二年十月十九日出発。

①都市の主体者を取材。（尾島）

②消えるものを写真に、③残すものも写真に。（高橋）

④創ること—絵によって考未来学—イラストで示す。（藪野）

都市環境工学を四十年間も研究し教えていながら、物質科学に終始し、人文科学に触れることがなかった私にとって、この試みは新鮮であった。都市の主体者を求め、その声を聞くことの重要さ、真理より真実によって都市の営みが行われていることを痛感した。私の余生の勉強としても卒業生のためにも、これから研究し、その成果を共有できると考え始めた。しかし半年にして、写真と絵の担当者から旅行日程の調整の困難さや下請的仕事はご免したいというクレームがつく。文章のほうにも出典の不明瞭さや主観に終始することに対する編集方のクレーム。結果として、費用面でも二年が限界で、二〇〇四年十二月をもって解散せざるをえなくなった。

二〇〇五年度からインターネットやホームページを使い、私の退職記念事業の出版費でやりくりすることを考えた。

この間、インターネットを使ったブログを立ち上げる話もあったが、初心を貫くかたちで、一〇〇都市を五巻に分けて出版することを決心する。

公共建築賞の審査に参加したのは一九九四年から二〇〇四年までの十年間であったが、その間

まほろばシリーズは雑誌『中央公論』二〇〇二年十月号から二十一回にわたり連載した。別府港にて、尾島、藪野、高橋、関の四人組（二〇〇二）

会津（東山温泉芦名）取材中。（二〇〇五年二月七日）左より、池上徹彦学長、女将、私、後ろは増田幸宏君

に高階秀爾（東大名誉教授・西洋美術館館長）を中心に、木村治美、見城美枝子、谷口吉生、鈴木博之、阪田誠造、香山壽夫、柳沢孝彦さんらと日本中の公共建築を見ながら、地域に根ざす公共建築のあり方を議論したことも、これからのこの都市のまほろばを考えるに役立った。

また、二〇〇二年十月に、このまほろばシリーズの第一回で取り上げた松山市を訪ねた時に、日本景観学会に招かれたことも刺激的であった。二〇〇五年六月、「熱海の景観とその主体を問う」と題した日本景観学会熱海大会では実行委員長を頼まれ、熱海城撤去や靖国問題等を考えたこともまほろばシリーズを継続する力になった。また、総長職には終始反対であった妻が、まほろばシリーズには大賛成で、写真撮影を引き受けてくれることになり、路銀と葵の印籠なき黄門的取材旅を続けることにした。

5 日本学術会議第十八期、第十九期会員

日本学術会議は、科学が文化国家の基礎であるという確信に立ち、わが国の科学者の内外に対する代表機関として科学の向上発達を図り、行政・産業および国民生活に科学を反映・浸透させることを目的として一九四九年一月に設立された。内閣総理大臣の所轄の下に置かれている「特別の機関」であり、二百十人の会員により組織され、会員の任期は三年である。

一九九九年十二月二十四日、第十八期の会員候補者として、日本建築学会から構造系の中村恒善元学会長（京都大名誉教授）と計画系の私が推薦された。建築学研究連絡委員会として二名の会員枠を、関連十学会から推薦された十六人の選挙人で選ぶ。環境情報科学センター（一）、空

気調和衛生学会（二）、地盤工学会（一）、日本火災学会（一）、日本風工学会（一）、日本建築学会（五）、日本コンクリート工学会（一）、日本都市計画学会（二）、日本雪工学会（一）、プレストレストコンクリート学会（一）で二〇〇〇年一月に選挙の結果、日本建築学会の候補者である中村先生と私が過半数を集めて当選する。

二〇〇一年四月、第十八期会員二百十人は総理大臣官邸で授与式。国家公務員特別職（月給一万七千円、実出勤二十日／年）となる。四月の最初の総会は、何が何だかまったくわからぬまま、会長・副会長の選挙があり、会長に吉川弘之教授、副会長に吉田民人教授と黒川清教授が選ばれ、第五部会では会員三十三人から部長、副部長、幹事として富浦梓、岡村甫、荒井賢一、吉田勝久の各教授を選出。東大先端研と生研で客員教授を七年間務めていたので、三十三人中十人ほどと面識があったが、皆目わからぬままのスタートであった。早大理工学部長を兼務していた多忙さもあって、第十七期から継続の中村恒善先生にすべてをお任せするしかなかった。

二〇〇二年四月からは「価値観の転換と新しいライフスタイル特別委員会」委員、社会環境工学研連では計画工学、環境設計、都市地域計画の三専門委員会を担当して、そのオブザーバーとなり、また建築学研連の委員となった。

第十八期は第五部の方針もあり、吉川会長が求めている「日本の計画」(Japan Perspective)に寄与する仕事を各委員会で行うに当たり、①生活環境設計専門委員会は、石山修武教授に二十一世紀の日本の建築様式とライフスタイルについて、②計画工学専門委員会は、佐藤滋教授に二十一世紀の日本の都市生活のあり方、特に地方都市の生活基盤や都市生活の様式について、③都市地域計画専門委員会は、大西隆教授に世界都市としての都市基盤について、それぞれ専門委員の人選と提言をまとめて下さるよう要望した。

その結果、三年間の成果として、①は、手入れの行き届いた超高層建築として日本の新しい建築様式をつくれば、香港とは異なる新しい日本の都市文化をもたらす。②は、一律的インフラ投資ではなく、それぞれの都市に見合った多様な社会資本や自然資本の活用により、大都市は世界の都市化に合わせて、地方都市は地方経済を考えるべき。③は、世界都市としての安全、安心を保障する超高効率な都市基盤投資の必然性として、日本文明の新たなる挑戦となる大深度地下ライフラインが東京に必要、と報告。

このような専門委員会の成果が「日本の計画」委員会にどう反映したかは別にして、一九四九年からの五十年間を振り返って、日本建築学会選出の学術会議会員は、岸田日出刀、坂静雄、吉田淳二、内藤多仲、武藤清、西山夘三、仲威雄、横尾義貫、加藤渉、小堀鐸二、藤本盛久、志賀敏男、木下茂徳、柴田拓二、内田祥哉、伊藤滋、中村恒善に続いて私は十八人目で、計画系では五人目であることを考えると、その重責を感じる。

「日本の計画」がめざしたのは、地球規模の問題解決への積極的貢献で、学術に携わる者の立場からコミットメントのあり方を提示した。二十世紀を総括して、「行き詰まり（Dead End）」、「袋小路（Blind Alley）」、「逃げ道なし（No Way Out）」という問題の発生から、二十一世紀に向けて四つの再構築が必要であると報告した。

①人類の生存基盤の再構築、循環型社会、軍備によるSecurityから、Sustainable human development へ。

②人間と人間の関係の再構築：価値観の転換と新しいライフスタイル。
③知の再構築：新しい学術の大系。
④人間と科学技術の関係の再構築：生命科学と倫理。

二〇〇二年一月七日の公開講演会で、酒井泰弘筑波大教授が「日本の計画」について「生活者の視点で考える」として、「吾唯知足」こそいま私たちにとって大切であると話されたことが印象的であった。

「日本の計画」は二〇〇二年十月の総会で中間報告された。その要点として、吉川会長は、今日の日本は個人の力が発揮できないことが原因で社会が活性化せず、国際貢献も見えにくくなっていると解説された。

第十八期の夏合宿は、二〇〇一年六月は鳥取大学、二〇〇二年七月は熊本大学、二〇〇三年七月は京都大学で開催された。この合宿で多様な価値観と社会的地位を持つ会員との私的交流が生まれ、科学者コミュニティーの大切さを痛感した。同時に、総合科学技術会議で日本学術会議のあり方が検討されていた。その結果、両者を車の両輪として機能させ、一方は政府の短期的科学政策立案を、一方は長期的にアカデミー機能を持たせることになった。二〇〇二年五月、建築学研連で「ヒートアイランド現象」専門委員会の設立を要望し、五部の特別枠で専門委員枠四人をもらった。委員には三上岳彦、足永靖信、森山正和さんを選定する。

第十九期は二〇〇三年七月二十二日午前、総理大臣官邸で任命式。中村恒善先生の後任には友澤史紀・東京大学名誉教授、会長には黒川清教授、副会長は戒能通厚教授、岸輝雄教授、第五部

京都・竜安寺のつくばい「吾唯知足」

長に久米均教授、副部長に小林敏雄教授、幹事は池田駿介教授、御園生誠教授。
二期目の私は、学部長を辞していたので、日本学術会議に全力投球する価値ありと判断した。七月二十三日の第十九期第一回の総会後に行われた「学術の在り方常置委員会」で早速委員長になり、第六部の河野義明筑波大教授と第二部の水林彪都立大教授（後に一橋大教授）が幹事になった。「この都市のまほろば」を書くために伊勢に滞在中、第五部が担当することになった「大都市をめぐる課題特別委員会」について、久米秀五部長から電話で委員長就任を要請された。慣例上決定している建築学研連委員長、第十八期に専門委員会に特枠で認めてもらった「ヒートアイランド現象専門委員会」を「ヒートアイランド現象研究連絡委員会」に格上げしてもらったことから、これも委員長になった。さらに運営審議会設置の「建て替え委員会」では岸副会長の下で幹事になる。常置委員会委員長は運営審議会の構成員であることから、毎月一回の運審に出席しなければならない。かくして、予想以上の重責を背負って、第十九期の二〇〇三年から二〇〇五年の間は日本学術会議の仕事に週二日以上専念せざるをえなくなった。そして、全力投球することになった。（活動成果についてはコラム⑲参照）
日本学術会議の改革に伴い、第二十期からは「人文科学」「生命科学」「理学・工学の科学」の三部制となる。現行二百十名の会員数は変わらず、現行七部制のデシプリンベースから、三部制のメリットベースになる。しかし、その三部のあり方、あるべき姿についての討論・審議は十分なされているとは思えなかった。

日本学術会議第十八期第五部夏季合宿に参加した会員（二〇〇二、熊本・阿蘇）

6 ヒートアイランド対策要綱と「風の道」

二〇〇一年の夏は異常気象といわれた猛暑で、連日熱帯夜と真夏日が続いていたところ、NHKがハイビジョンによる二時間番組で「東京・ヒートアイランド」を取り上げた。その後、二〇〇二年六月二十九日にも「NHKスペシャル」でこの問題を取り上げた。その時のディレクターが三十年前のNHK放送（当時も同様の取材を受けたのである）のビデオを見て、まったく同じような問題の指摘に、その時と今といったい何が変わったのかと聞かれた。その違いは、当時は予言者的不安に駆られての発言であったが、三十年経った今日は各分野の数多くの専門家に支えられ、共同研究を進めている点であると答えた。研究室の学生たちは一九七五年版の『熱くなる大都市』を「幻の名著」、「早すぎた警告書」などというが、彼らが生まれる前の予告がようやく実感され始めたからであろう。

世界最大の都市・東京（首都圏）は別格として、一千万人以上の日本のメガシティーは大阪（近畿圏）と名古屋（中部圏）がその対象となる。これらの日本の大都市は温帯に属して、冷房も暖房も必要不可欠であるにもかかわらず、都市施設としての地域冷暖房は限られていた。しかしヒートアイランド現象の発生で、この三大都市はともに、五年平均で三十℃以上の真夏日が年間五十日を超え、熱中症が急増する日最高気温三十五℃以上の日が十五日以上、日最低気温が二十五℃以上の熱帯夜が三十日以上も記録されている。

すでに政府は「ヒートアイランド対策大綱」を二〇〇四年三月に策定し、各省庁や地方自治体

『ヒートアイランド』（二〇〇二、東洋経済新報社）

はその具体的対策に追われ、多大な公共投資がその対策に投入されている。しかし、ヒートアイランド現象の緩和には、ライフスタイルや価値観の転換とともに、自然と都市のあり方を考えるためにも科学的に大都市の気象を観測することが不可欠である。日本全国スケールでの気象観測網は相当に充実した反面、大都市では密度の高い気象観測データはまったく不足している。

以上の背景の下に、二〇〇五年四月、日本学術会議「大都市をめぐる課題特別委員会」の委員長として、また「ヒートアイランド現象研究連絡委員会」委員長として「ヒートアイランド現象に対して効果的な対策を立てるために、大都市の高密度気象観測体制を充実する必要がある」という声明を出した。

①盛夏日中、三十万人を動員して挙行された市民参加の打ち水キャンペーンは記憶に新しい。しかし、打ち水効果や夕立の雨効果がどれほどあるのかすら、わかっていない。都市スケールで見たときのインパクト効果には自ずと限界があるとして、モニタリング体制の完備があって初めて詳細な意味での検証が行いうるのである。

②都心の大気を〇・五℃冷却するためには、都市の冷房廃熱を東京湾に捨てるのに莫大な建設投資が必要で、その社会的有効性を立証するための科学的データが必要である。

③東京ウォールが問題になっている。東京湾からの海風がほとんど一日中吹くという現象すらわかっていないうえに、もし一日の海風効果が世界最大の新宿地域冷房プラントの数十倍にも相当するとすれば、これを有効利用する効果は絶大である。

ヒートアイランド対策としての建物配置や、形状、建築材料の選定、河川や道路計画のあり方や効果が十分にわからぬまま、公共投資が行われている。また、公園・緑地の配置計画によってヒートアイランドに大きな影響を与えるとすれば、これを科学的に実証する必要がある。
④この半世紀に進行したヒートアイランド現象は、これから半世紀かけて公園や河川等のクールアイランドを導入することで解決する。そのためにも、都市環境気候図を作成し、「風の道」を計画するなど、これを検証する数値モデルの作成が必要である。そのためにも、大都市での高密度な常時観測を至急実施するとともに人工衛星等によるリモートセンシングを併用し、数値モデルの整合性を図る必要がある。
⑤東京・大阪・名古屋地区のそれぞれ百キロ圏については五キロメッシュ、高さ方向五層、都心十キロ圏にあっては、一キロメッシュよりも高密度な観測点の設置とその解析チームを整備する必要がある。

二〇〇四年の記録的暑さで、ヒートアイランドが大きな話題になった。特に、東京の汐留シオサイトが東京ウォールとなり、海風を遮断、新橋から虎ノ門の気温が三～四℃も高温になった。汐留の高層ビル群は、ビル風対策として強風についての風道実験は環境アセスメントで十分に行われ、構造設計に当たっての風対策も当然実施されていた。しかし、海陸風と呼ばれる東京湾からの海風は都心の気温より四～五℃も低いため、実に有効である。

二十世紀に入って、化石燃料で近代都市がつくられるようになると、太陽も風も何でも自由につくれる。外乱としての風も、激しい太陽も、夜間冷却もすべて建物で遮ってしまうことで外乱をなくしたあとは機械で調整する。

水でいえば、最初は上水が普及するが、下水は遅れる。エネルギーも電力会社やガス会社が一生懸命供給するが、誰も排熱を捨てに行かない。物流も捨てるほうのゴミは税金で賄わなければならない。

つくばの建築研究所で汐留の千分の一模型実験をやってもらったところ、建物が並んでいると、そこに風の道ができる。建物の並べ方によっては完全に風が止まってしまう。たとえば、汐留の七本あるビルのうちの二本を抜いた模型実験をすると、東京湾からの風が都心へサーッと流れていく。「風の道」が国道や河川のように地図上に明記されれば、熱帯夜やヒートアイランドを吹き飛ばしてくれる神風になる。このような大胆な提案を実行に移すためにも、科学的計測が不可欠と考えたからにほかならない。

7　稲門建築会会長とマイスタースクール

二〇〇三年六月、第十九代稲門建築会の会長を引き受けることになったのは、桜井清前々会長（当時久米設計社長）と柴田寛二前会長（当時山下設計社長）がそれぞれ四年間、稲門建築会長を務められたことに加えて、百二十五周年の募金事業があったからである。就任に当たって受けた『早稲田建築ニュース』の直撃インタビューを引用する。

「この十年を『失われた十年』という人もいますが、危機はむしろこれからです。中でも『早稲田建築の危機』というのは深刻で、これはまた日本建築界の危機ともいえます。

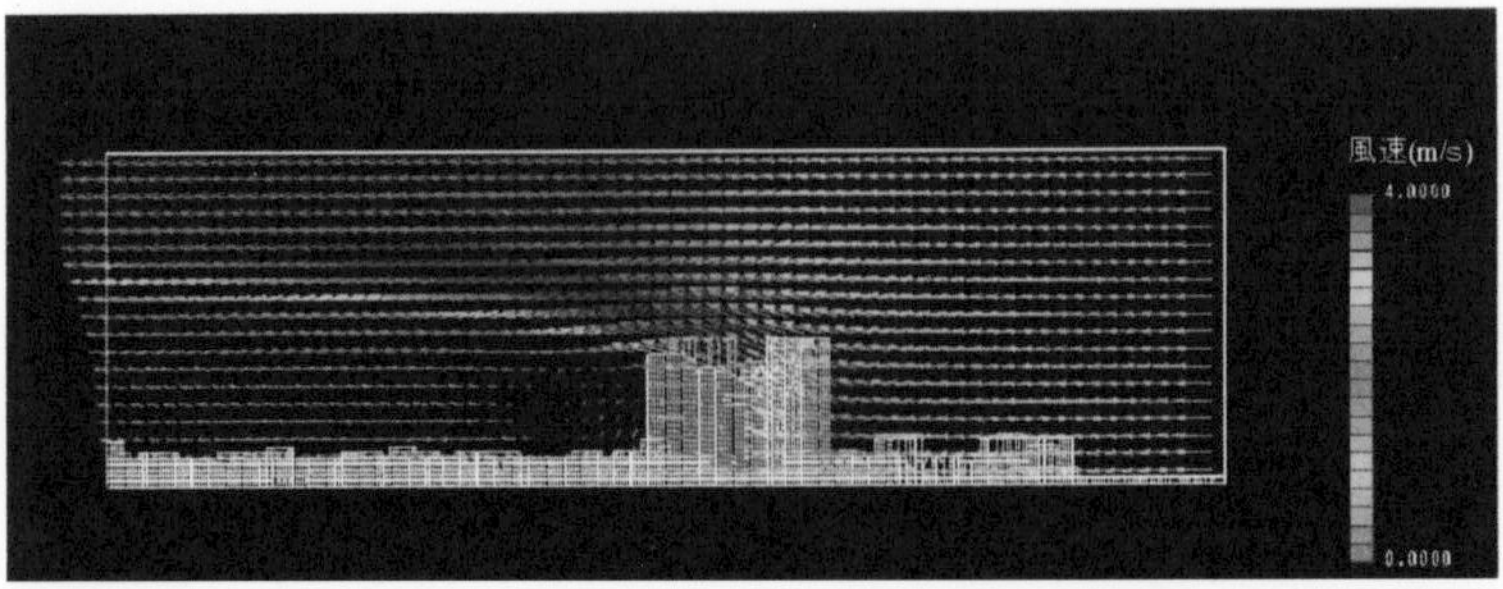

汐留の気流。現状モデル垂直断面・シミュレーション結果

日本が本当の先進国になるのか、途上国のままなのか、その分かれ目は建築文化が理工文明から離れて一つの学門として自立することにあります。早稲田が海外三百余の大学と交流をする中で、約半数が建築学部を持っています。建築学を自立させ、社会的ステータスを持たせることができるかどうかが早稲田建築にかかっています。それは日本が工業社会から知的文化社会になれるかどうかということ。そのために稲門建築会には大変大きなミッションが与えられています。五十年の蓄積と二万人という膨大な早稲田建築の同士は大変な財産で、その活躍如何が日本の建築文化を世界の中で位置づけるうえで大切な役割を担っています。前会長以下、稲門建築会を支えた方々と共に、ひと働きしなければなりません。

二〇〇一年の理工学部長時代に私は、広報と就職を併せた理工リエゾンオフィスをつくりました。全国の支部、卒業生、各学科などと連携した産官学の情報共有機関として『all-waseda.com』を開設。アメリカや中国などの大国を相手に知的財産を維持するためには、年をとっても働いてもらえる、いわばＯＢの力を活用する場づくりが必要です。都心の大久保キャンパスではＩＴ技術を駆使した教・職一体の活動を開始しています。稲門建築会では『一理事に一仕事』をやってもらいたい。ケネディではないが、『稲門建築会が何をやってくれるかではなく、会員、理事は稲門建築会のために何ができるか』ということを考えていただければ幸いです。

建築界の危機、それを救うのは早稲田建築であり、建築文化を育てることこそ、日本が本当に尊敬される国になるかどうかです。日本の建設業は二十世紀に『蛾』と『蝶』の識別もないまま大量発生しました。二十一世紀はその選別を迫られています。稲門建築会の会員は大きな『蛾』になるよりは小さな『蝶』になる努力をするときです」

会長になって最初の仕事は、会費徴収であった。二〇〇五年次、稲門同窓生のうち、早苗会（大学、大学院／一九一〇〜）一万三千人中八千百人、稲友会（工手学校／一九一一〜四八）五千五百人中六百人、稲工会（高等工学校／一九二八〜五一）千三百人中二百人、甍会（専門部工科／一九三九〜四九）八百人中三百人、稲芽会（産業専修学校・芸術学校／一九六四〜）三千百人中千四百人の、合計卒業生二万三千七百人中一万六百人と、半数が連絡可能会員である。そのうち、会費納入者が二千三百人と、卒業生のたった一〇％にしかイヤーブックとニュースを配布していない。無料のメルマガ送信者は四千人である。会長四年間の任期中、公約として会費納入者三千人、メルマガ五千人を目標として、職場や学年幹事に働きかけることにした。

稲門の年会費五千円は他大学に比べて二倍というが、会費相当のサービスをしているであろうか。最近のプライバシー保護やダブルスクール時代にあって、同窓会の持つ意味やその活動のあり方について再考すべき時であろう。

それにしても五千円前後の年会費でニュースが年に三報、新装なったイヤーブックが一冊、メルマガが毎月一回、年三回の見学会、合同クラス会、理事会、各種選挙支援に加えて、早稲田マイスタースクールの開催など、やり過ぎのようにも思う。

しかし、「建築のデジタル設計」「プロフェッショナルプログラム」「マネージメントプログラム」の連続講義に加えて、その出版はすばらしい成果であった。稲門建築会の実力は偉大であることを卒業生諸君によく知ってもらいたい。私も会長になって初めてわかったことであるが、この力を十分に活用されることを希望する次第である。

『建築産業再生のためのマネジメント講座』（早稲田大学建築マイスタースクール研究会編、二〇〇五、早稲田大学出版部）

『電通本社ビル』（大林組・早稲田大学建築マイスタースクール研究会、二〇〇五、建築資料研究社）

『建築デジタル設計』（早稲田大学建築マイスタースクール研究会、二〇〇七、ＮＰＯアジア都市環境学会）

コラム ⑰ ワボットハウス

二〇〇二年十一月、岐阜・ワボットハウスの起工式に、「先人木を植え、後人木の下に憩う」の象徴として、各務原のテクノプラザの会場に十メートルの欅を植樹し、その門出を祝った。

四輪走行自動車が近代都市に大きな影響を与えたように、ロボットは住居や建築のあり方を変えるであろう。「癒し」や「介護」などの特性を持つロボットが実際に家庭や社会に入り込んだ時、人間関係の絆はどうなるのか。その成果を待つ前に、すでにテクノプラザ南側の広大な敷地ではロボット工業団地が造成中で、二〇一〇年頃には一千人規模のベンチャー企業による先端ロボット産業都市が出現する。VRテクノという仮想現実科学都市から、現実の科学都市に向かって動き始めているのだ。

人間と同じロボットをつくりたいという夢を実現するためには、まず人間とは何かを科学的に解明することが必要である。認識科学という「Science for Science」の正統的研究とは別に、まったく新しい学問分野として、人形が歩き、話し、

岐阜テクノプラザ

人を助けるような機械としてのロボットをつくりたいという夢、目標、価値を前提に設計を始めるという新しい科学技術が誕生した。生命科学と同様、これを設計科学として認知することによって、日本の科学技術創造立国の新しい柱にすれば、ロボット学が科学の一分野を形成し、認識科学をベースとする自動車産業以上のロボット産業が誕生するであろう。

ワボットハウス研究所のヒューマノイド・ロボットを見守るコックピット（番人小屋）は、これこそが未来の人間が住み続けたいと考えるであろう理想的な住居である。この家には人と同じレベルのロボットでなければ入居させないことにした。なぜなら、人間の世界を破壊する強力なロボットの侵入を恐れるからだ。

ワボットハウスでつくられているロボットは、すべてコンピュータによって設計され、動くことから、その建物もまたコンピュータで完全に設計するデジタル設計手法によった。意匠、構造、設備の設計をすべてコンピュータで設計した日本最初のデジタル設計建築といえよう。

ワボットハウスで活動するロボットの多くは、東京の早稲田大学キャンパスで操作されている。その間の情報伝達は、大久保キャンパスから早大本部、丸の内、岐阜、大垣ソフトピアジャパン、各務原テクノプラザ、そしてワボットハウス研究所にいたる高速回線で結ばれている。

ワボットハウスの情報研究棟（B-2棟）は延床五百平方メートル、八階建ての鉄骨鉄筋コンクリート構造で、二〇〇五年秋着工。高さをテクノプラザの建物群で最も高くしたのは、隣接したロボット工業団地や各務原市の市役所、航空宇宙科学博物館と光ワイヤレス通信で情報通信するためである。

内蔵しているコンピュータに事前にプログラムしておけば、リモート・コントロールする必要

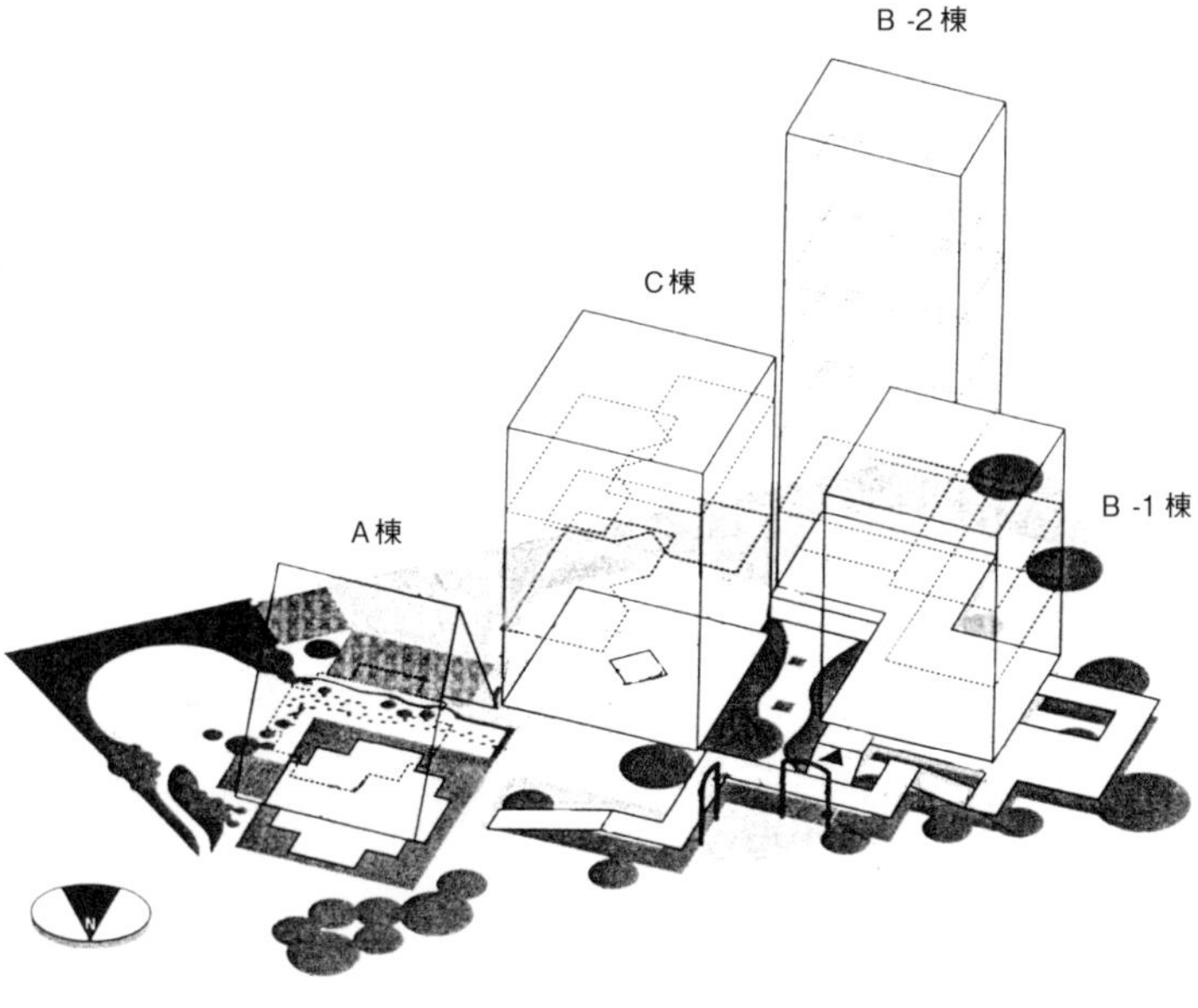

ワボットハウス研究所。三角屋根のA棟、中央にC棟、B棟は中層部と低層部からなる

はないが、プログラムが破壊され、あるいはリモコンシステムに不具合が生じると間違えて動作をする。また、人間が間違った情報を与え、誤ったプログラムや信号を入力すれば、ロボットは人間が予期せぬ行動をする。ロボットには善悪の制御機能が組み込まれていない。したがって、人間の健全な意志を正確にロボットに情報伝達して、危険なロボットをつくらないためには、ロボット本体の機能と同等の研究開発が要求される。

私はワボットハウス研究所の敷地（二千七百平方メートル）を三等分した。人間だけの空間、ロボットだけの空間、人間とロボットが共生する空間の三つの結界を設けた理由は、それぞれの自由をできる限り保障するための仕掛けと仕組みを考えたからである。

A棟は、日本で最初に生命を持ったロボットであるワボットを生み出す人間が住むにふさわしい家。その設計に当たって、当然ながら伊勢神宮の建築様式が思い浮かんだ。日本人の精神基盤である「たらふく飲み、たらふく食べ、安らかに寝ることが最高の幸せであり、その永遠の繰返しこそが神道の奥義である」という価値観を育める場としての家づくりである。したがって、この建物の建材も伊勢の神宮備林である岐阜県加子母村の木曽檜を四本、丸太のままこの家の大黒柱とした。また、太陽と民族の生命源である天照大御神の神徳であるソーラーエネルギーを科学的に活用することによって、このA棟の建築様式とした。ここでの生活様式は、この家を永遠に維持するに値する価値観と行動能力を持つロボットを創造する神に代わる人としての研究者が住むことを条件とする。（コラム⑯「CIPRH」参照）

B–1棟は、人間が他の種を奴隷化して人間らしく生きようとした結果の戦争社会を根絶するため、平和の使途としてのロボット、人間の四苦八苦である生老病死はもとより、人間から肉体

ワボットハウス研究所内につくられたロボットと人間が共に住む家（B-1棟）

右からB-1棟、B-2 棟、C棟

労働や知的労働を解放してくれ、機械としてのロボットを創造するにふさわしい研究棟。

　B-2棟は、ロボットにVR人格を与えた時、その法的責任体制を担保する情報管理棟として、電磁波シールドや各種認証装置、Hot-site や Cold-site の情報保管室等を持つとともに、ロボットのメッカとなるに必要なLANや無線LAN、世界各地のロボットとの情報ネットワークの拠点的機能を持つ建物。

　C棟は、この建物自体がロボットであり、アメリカ合衆国の独立宣言を真似ていえば、ロボットの、ロボットによる、ロボットのための建築棟である。最初はロボットによって建設する予定だったが、現在はロボットは人間の人件費より高価なため、人間がつくることになった。しかし、建設したC棟はあくまでロボットのための空間である。一般の家ではロボットが自由に出入りし動き回ることは制限されているのに比べて、このC棟であれば、研究開発中の少々危険なロボットであっても自由に実験できる試作空間で、各種ロボットの教育と訓練を可能とする空間として建設された。重いロボットが床や壁に衝突して傷をつけても人間に叱られることのないロボット天国である。ロボットに与えられた地球上初めてののロボット王国の領土は、十二メートル×十二メートル×十二メートル。この室内空間はロボットにとっての自由空間であり、ロボットが要求するエネルギーや情報に関しては、ユビキタスバリアフリーを保障している。

ワボットハウス研究所内につくられたロボットのための家（C棟）

コラム ⑱ **都の西北に「早稲田の杜」構想**………「Views from Japan, June 2002」より

◉東京再開発

早稲田大学理工学部でこの三月、「早稲田コリドール（回廊）プロジェクト」がスタートした。

理工学部長の尾島俊雄氏（元日本建築学会会長）は『中央公論』二〇〇二年六月号の「都の西北、早稲田の杜」で、その構想の一端を明らかにする。東京を再生させるには三つの未利用資源を活用しようというのだ。

第一は東京湾に流れる水、大量のゴミから発生するエネルギー、埋め立てに使われる大量の廃棄物という物質の再生利用。第二はパリの二分の一、マンハッタンの三分の一しか使われていない都心十キロの空中と地中の有効利用。第三は首都圏に集中する百三十万人の学生や多くの有力大学の連携。まず都の西北一帯を文教特区とし、五十億円程度の国費を投入すれば、数兆円もの民間投資を生むと試算する。二〇〇七年に明治通りに開通する地下鉄十三号線で池袋、新宿、渋谷の三副都心が結ばれ、世界最先端のブロードバンドを地下鉄に併設すれば、百万人余の知的財産のコンテンツを生み出すと予想する。

高度千メートル、千年寿命の構造物がたった三ヘクタールの土地に建築可能で、地表五十メートル以下には安定した地盤もあり、地震にも強い職・住・遊一体の都市コンビナートができるという。実現をぜひ期待したい。

コラム ⑲ 日本学術会議での成果

第十九期日本学術会議「学術の在り方常置委員会」の審議結果として。

◉「提言」

科学者および科学者コミュニティーは、その使命たる真理を探究するために、何にもまして、自主独立の精神を堅持し発展させねばならない。日本学術会議が近年主張している Science for Society は、科学者が時の政府や利潤追求を目的とする産業界の要求に直接に応えることを意味するものではない。時の政府や産業界の要請は、その本性上、真理とは独立に、その時々の状況に応じて浮動するものであるから、真理を探究する科学者は、むしろ、そのようなものからは、常に絶対的な距離を保たねばならない。国はまずは「国益」を考えるのに対して、科学者は何よりも「普遍的人類的価値」――さらには「地球上の生態系全体の価値」――を追究する存在であり、「国益」として主張されることと「普遍的人類的価値」とが、時に相容れない場合も存在する、ということにも注意が必要である。Science for Society における Society は、狭く一国のことではなく、人類全体の Society の意味に解さねばならない。しばしば「中立的発言」などと翻訳される科学者の Unique Voice とは、以上のような、「普遍的人類的価値の追究の視点に立つ、真理の探究者ならではの発言」の意味に解されるべきである。(略)

科学者および科学者コミュニティーが、以上のような存在としてこの国に確固とした地位を築くためには科学者コミュニティーを代表する組織が必須であり、新日本学術会議がそのようなものとして発展していくことが切望される。総合科学技術会議がその時々の政府の科学技術政策を担当する行政組織であるのに対して、日本学術会議は科学者が協力しあって科学的真理を探究し、科学を発展させることを目的の一つとする学問的組織であるから、当然に、最も基本的な学問的組織たる学協会を基礎とする運営が重要であり、引き続き、デシプリンを基礎とする研究連絡活動が不可欠である。（略）

「大都市を巡る課題特別委員会」では、十六回もの委員会やシンポジウムを開催した上、三つの勧告と、三つの声明を出し、二〇〇五年四月十九日、総理に直接手渡すことになった。

「勧告一」として、建築学研連（尾島俊雄委員長）が「地震防災上の既存不適格構造物問題」、「勧告二」として、環境設計専門委員会（長谷見雄二委員長）が「大規模地下空間の総合的防災基準と危機管理体制の確立」。「勧告三」として、シンポジウムでの発言から、特別委員会として「広域災害時の安全確保策として、救急医療体制と情報通信ライフラインの整備」の必要性を認めた。

また勧告は具体性に欠け、声明のほうが適当ということから、「声明一」として都市地域専門委員会（小林重敬委員長）が「大都市地域づくりの新たな仕組みとして、大都市地域と単位地域の両面の必要性」、「声明二」として「都市再生の最重要課題として、水辺の緑地と保全・再生の必要性」について計画工学専門委員会（陣内秀信委員長）が担当することになった。「声明三」としてヒートアイランド研連（尾島俊雄委員長）が「大都市の高密度気象観測体制の充実」について作業責任を持った。

以下に第一四四回総会で全員一致で可決された勧告の要旨を示す。

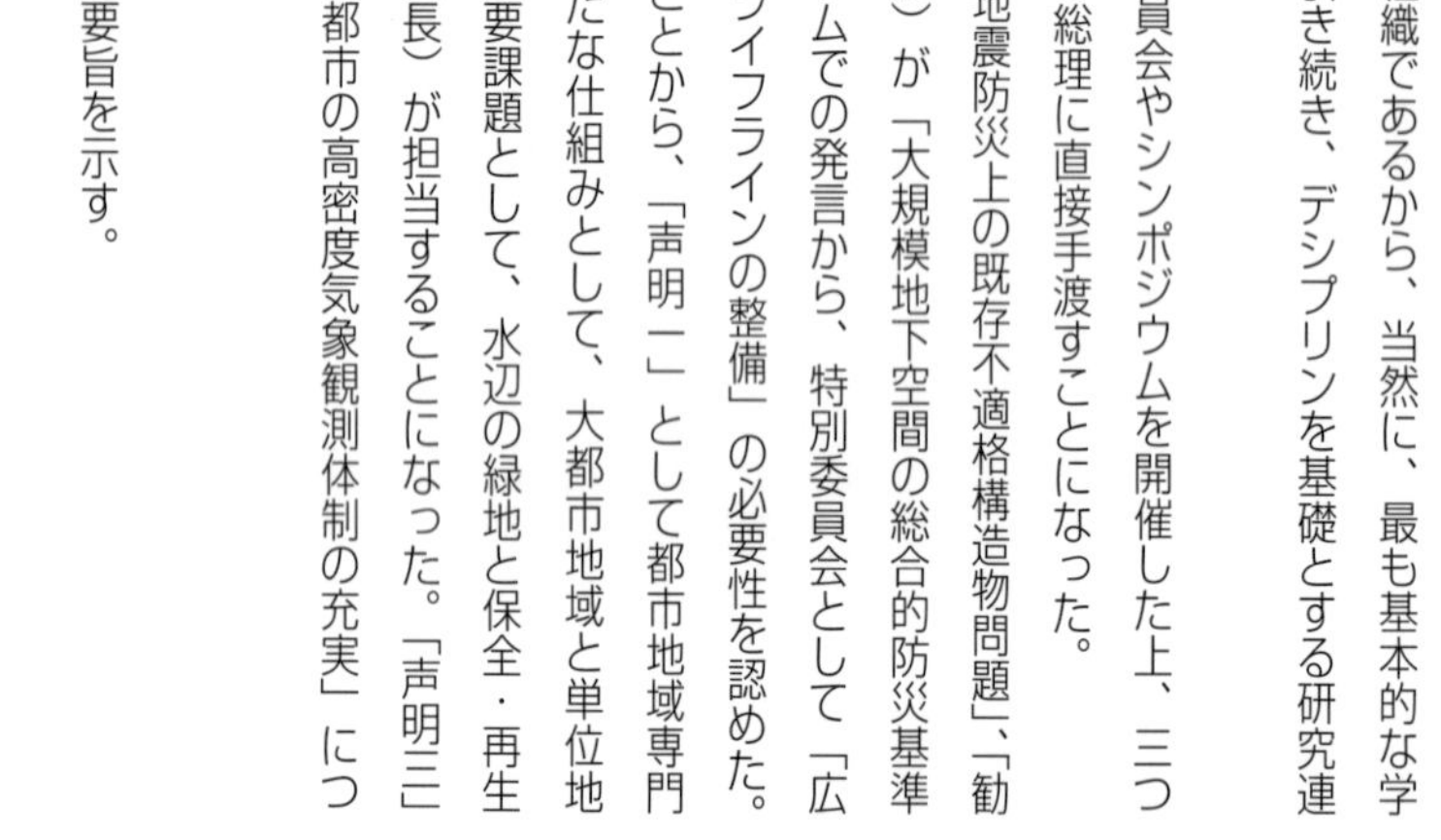

認識科学と設計科学（日本学術会議）。「秩序原理」という概念を通した新しい学術体系の構築

◉大都市における地震災害時の安全の確保について（勧告）

成熟社会に入ったわが国は、発展著しいアジア地域の大都市とは異なった問題、とりわけ大都市集中から脱却し分散型社会をめざすとともに、大都市生活者の生活の質の確保に方向転換を進めるべき時期に来ている。

わが国は世界有数の地震国であり、関東大震災、阪神・淡路大震災の例を見るまでもなく、人口が過度に集中している大都市における巨大地震災害が危惧されている。このような状況において、実証的な根拠のある地震防災関係に絞った提言を行うことは急務であり、以下の三項目を勧告する。また、勧告の背景にあるより基盤的課題については、別途声明においてその認識を示すこととした。

①地震防災上の最重要課題として、既存不適格構造物の耐震性強化（耐震補強）および危険な密集市街地の防災対策の推進のため、必要な法改正をはじめ抜本的な対策を立て早急に実行に移すべきである。

②大規模化・複合化する都市地下空間について、地震をはじめとする災害に対する統合的防災基準および危機管理体制を確立することが必要である。

③大都市の広域災害時における安全確保対策として、病院船の建造や感染症対策等の救急医療体制、また、情報・通信インフラ、大深度ライフラインによる重要業務集積地域への支援体制、および広域災害時の防犯対策などを早急に整備する必要がある。

勧　告

大都市における地震災害時の
安全の確保について

平成17年4月

日本学術会議

日本学術会議勧告「大都市における地震災害時の安全の確保について」（二〇〇五年四月）

以下に第一〇二五回運営審議会で認められた声明の要旨を記す。

◉生活の質を大切にする大都市政策へのパラダイム転換について（声明）

成熟社会に入ったわが国は、発展著しいアジア地域の大都市とは異なった課題に対処する必要がある。私たちは、東京首都圏をはじめとする大都市圏の再生のための都市計画主体の再構築と地域住民の積極的な参画の方向を検討するとともに、大都市圏を安全で魅力あるものにする最重要の戦略の一つとして、水辺・緑地・風の道などを最も重要な都市インフラとして位置づけ、さらに、大都市の持続可能性サスティナビリティを追求する観点から、ヒートアイランド現象に対する効果的な対策についての検討を行った。

①市街地縮減時代を迎えるわが国の大都市は、新たな土地利用計画を策定する仕組みと主体の創出が必要であり、同時に大都市の多様な機能を担う部分としての単位地域（コミュニティーなど）を対象として、人々がまちづくりを主体的かつ積極的に推進できる方策が必要である。

②生活者にとって身近な水辺と緑地を、公共の安全と福祉を増進する重要な都市インフラとして認識し、それらを公有地・民有地の違いを問わず一体のものとして保全・再生を図る仕組みをつくり、実行に移す必要がある。

③ヒートアイランド現象に対して効果的な対策を立てるために、大都市の高密度気象観測体制を充実する必要がある。

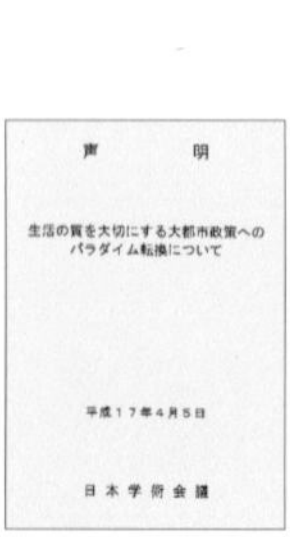
声　明

生活の質を大切にする大都市政策への
パラダイム転換について

平成17年4月5日

日本学術会議

日本学術会議声明「生活の質を大切にする大都市政策へのパラダイム転換について」（二〇〇五年四月）

「新しい学術の体系」は、知的・好奇心からくる「あるものの探究」としての「Science for Science」を認識科学。価値・目的を持つ「あるべきものの探求」としての「Science for Society」を設計科学。自然法則を秩序原理とする理工学は物質科学。信号性プログラムを秩序原理とするのは生命科学。表象性プログラムは人文・社会科学。これらのすべてを必要とする人工物システム科学は設計科学と位置づける。これを建築分野にたとえれば、物質としての建築の安全性については理工学の法則がすべてであるが、そこに住む人々の安心については人間のDNAに刻まれたゲノムという信号性プログラムが決定要因。また、安全・安心を守るための社会システムとしての建築基準法には人文科学の表象性プログラムが用いられる。建築は人工物システム工学の典型であり、設計科学そのものと考えられる。また横断型基幹科学技術こそ建築の総合設計に必要不可欠である。

かくして新しい「設計科学」としてのイノベーション手法が必要な時代である。

科学を知学と訳していれば、明治維新の文明開化を推進した帝国大学の七学部はデシプリンベースの学問でなく「自然と人間」「日本の歴史と社会」を考慮した、今よりもっと共存の道を歩めたのではないかと考える。日本学術会議の第十八〜十九期に、「あるものの探究としての認識科学」と「あるべきものの探求としての設計科学」が新しい学術の大系として付加すべきと提言している。それは新しい秩序原理である「法則性に基づく物質科学」と「信号性プログラムに基づく生命科学」と「表象性プログラムによる人文・社会科学」である「物質界」「生物界」「人間界」の三つの階層にまたがる人工物システム科学としての設計科学の必要性である。私は、未完のプロジェクトのすべてに、これからは設計科学の考え方が必要になるように思う。

コラム ⑳ ヒートアイランド対策としての「風の道」

首都圏ではヒートアイランド（熱の島）がヒートコンチネント（熱の大陸）と思えるほどに発達し、二十世紀末には、巨大なヒートアイランドの中に残された皇居や新宿御苑はクールアイランドと呼ばれるようになった。

東京に限らず、日本の大都市は、今や「建物」という粗大ゴミと「熱」という新しいゴミで埋まろうとしている。この百年で地球上の平均気温は〇・六℃上昇したのに比べて、日本の大都市は二・四℃上昇、東京では二・九℃と五倍の速度で上昇している。熱を持ち、汚染された大気のかたまりが上空を環流しているさまを想像すると、巨大な都市・東京はまさに三千万人の「生け簀空間」だ。過密状態で酸欠になっている都市に自然の風を通さないと、私たちは養殖人間になってしまう。天然人間であるためには、自然の風が重要だ。

東京は今、「都市には風を、海には森を」をキャッチフレーズに、二〇一六年夏季オリンピック開催をめざしている。都市に風を通すことが重要なテーマの一つになっているわけである。

一九六四年の東京オリンピックでは、私は井上宇市先生のお手伝いをして、丹下健三さんの国立代々木競技場の換気設計を担当した。冷房する予算がないため、室内に風を起こすことで居住環境を確保したのであるが、その時、五〇分の一の模型実験を行った。それはオリンピックという特別なプロジェクトだからこそできたことであった。

一九九二年のバルセロナ・オリンピックでは磯崎新さんのお手伝いをした。夜、モンジュイックの丘に上ると、石でできている地面は夜になっても暖かく、そこに風が吹いていてえもいわれぬ心

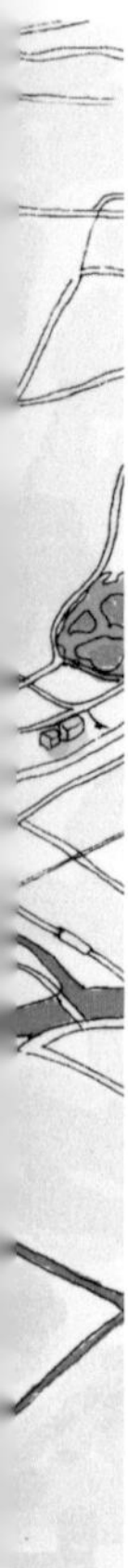

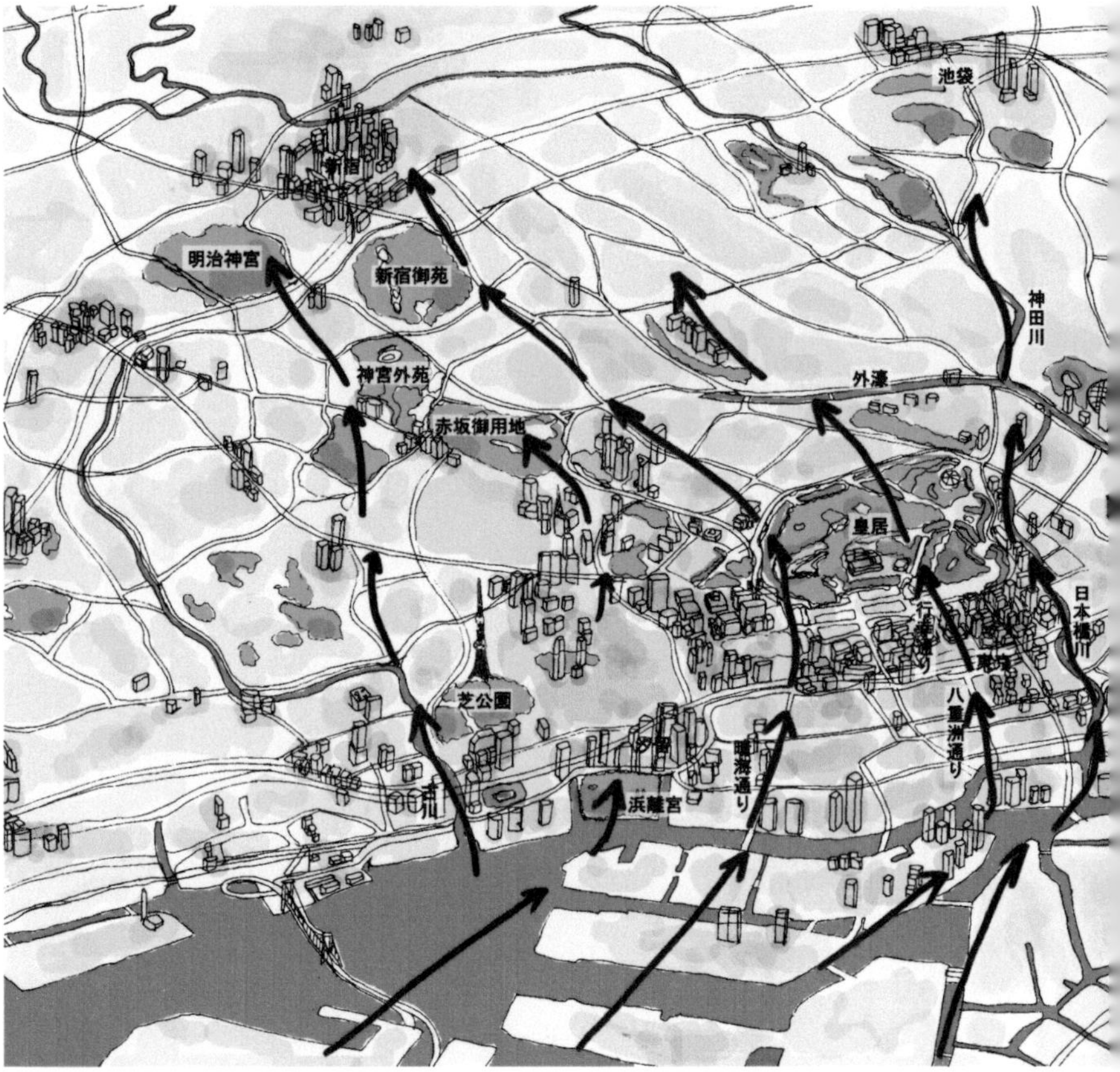

東京都心「風の道」プラン

地よさを感じた。そういう地中海の気候を考えて、磯崎さんの設計した体育館にいかに自然の風をうまく組み込むかを考えた。強制噴流の風であればコントロールは容易だが、噴流域をはずれた環境の中で自然の風がどう動いていくかは、計算と実測と実験を組み合わせて初めてわかることであり、科学技術を超えて職人的に感知する能力が必要だ。私は、それを丹下さんの代々木競技場の研究で培うことができたと思っている。

そして二〇一六年の東京オリンピックは、三千万人の東京首都圏のための「風の道」を確保することがテーマである。そのための一つの試みとして、東京駅周辺を整備して海風を皇居まで通す「風の道」をつくり、日本橋川の上を走る高架道路を撤去して、海風から川風へ、その川風が遡上して生け簀都市に風穴を空けるための実測と実験を行っている。地球環境シミュレータを使って、自然の風をとらえ、風が流れ、にじんでいくさまを確実に計算し、都市環境気候図をつくっているわけだが、この技術は将来必ずアジアの国々にとっても重要なノウハウになるだろう。

私たちはこれまで、鉄道や道路、上下水道など人工のインフラをつくるのに一所懸命であった。しかし、これからは水路や公園緑地を活用して、緑、風の通り道といった環境インフラ整備が重要になる。そのためには、都市に必要な「風の道」「緑の道」「水の道」を記した地図をつくり、そこには建物を建てないというルールを決めて、都市を再構築していくことが必要である。「風の道」「緑の道」をつくれば、それは永遠に使える環境インフラになる。

日本がこれまで五十年かけてつくり上げてきた近代都市を、これから五十年かけて再生させていくことは可能だと、私は信じている。今や、考え方の転換が確実に起こり始めている。「風の道」はその第一歩である。

東京都心 風の道

◉東京と北京オリンピックのための自然環境インフラ

二〇〇八年の北京オリンピックに向け、北京市の大改造計画が一九九〇年頃から本格化していた。それは、二〇〇〇年と二〇〇四年にも北京はオリンピック招請に熱心であったことからもうかがえる。その計画の中心にいたのは清華大学の呉良鏞教授で、北京のヒートアイランドや水問題にも熱心であった。

北京は水の都といわれた時代もあったことから、大運河（京杭）を利用した南水北調計画も実現し、二〇〇八年には北京旧城周辺水路を水上観光ルートとして再生した。

また、長安街の東西大街路は「太陽の道」として、世界でも直線最長にして、幅員最大の道路を完成。南北の「風の道」としては南の飛行場を廃止し千ヘクタールの森を、北の田畑千ヘクタールをオリンピック記念・森林公園にする。かくして、森と水の都市としての骨格を形成、緑のクールスポットとしての東西南北の軸線は「風の道」として完成させた。その結果、直径三十キロメートルから四十キロメートルのヒートアイランドがクールアイランドによって分断された。

この北京大改造計画（下図「北京オリンピックの緑地計画」）を東京都心に同縮尺で描いてみた（右頁「東京都心　風の道」）。

安藤忠雄氏は、石原慎太郎都知事からの「東京を世界一、安全・安心で美しいまちにしてほしい」との要望に、臨海埋立地に百ヘクタールの「海の森」をつくり、電線の地中化によって街路樹を植え、「風の道」をつくることを提案。この安藤提案を支援する構想として、最初に北京と東京の中心部を比較したのが「東京都心 風の道」である。

北京オリンピックの緑地計画

か・かた・かたち

自己実現の「カタチ・形」を創る時期

――成熟社会の大都市生活

建築は実学であり、その実学を建築学者として志してきたが、「学者は聖職である以上行為すべきでない」という、二十年以上も昔に聞かされた飯田亮さんの言葉は、その後も重く深く心に残り続けてきた。したがって、一刻も早く学者を卒業しなければと、二〇〇五年十月一日、日本学術会議会員を終えた日をもって学者を卒業することにした。

まずは、日本人の地域に根ざした生活文化をもっとわかりやすく解説し、その文化が自立し共生できるかどうかを都市環境の面から裏づける。少なくとも江戸時代の二百五十年間、日本の地方都市は幕藩政治の下に自給自足の文化を育んでいた。そうした地方の主体性や生活文化こそ、ヨーロッパの国々が模索している地域共同体そのものではなかろうか。「ニーズ」と「欲望」を分け、新しい「職」を創造し、「公」と「私」のあり方を問い直す。新しい都市環境学を創り上げることによって新しい都市のカタチを創ることである。

二十世紀の日本は三千万人から一億二千万人の人口増をいかに確保したかを考えると、近代産業の拠点を大都市圏に集中したことによる雇用機会の増大があった。

二十一世紀においては、首都圏三千四百万人、近畿圏一千七百万人、中京圏九百万人の合計六千万人は、当分はアメリカ型の市場主義によるしかあるまい。しかし、地方都市の六千万人はヨーロッパ型の反市場主義に基づく地域共同体に転換することで、人口減少社会に備えてはいかがであろうか。

一極はグローバルスタンダードに基づく市場原理の都市像であり、一極は日本の自然環境と共生した田園都市像である。前者は、産業リサイクル型のインフラストラクチャーに支えられたコンパクト型都市像である。平常時の生産活動には最高に効率的であるが、非常時や高齢者にとっては極めて生きづらい。「水の路」や「風の道」、「緑や太陽の道」をつくり、自然の営みが肌で感じられるオープンスペースを都市の骨格に入れ込んでいく。

後者は、見捨てられつつある過疎地や地方の小都市に自然環境共生型住居をつくり、それぞれの住居には高度なテクノロジーを使用し、地方振興資金を利用したバイオマス利用や雨水利用により自立型自然環境共生都市をつくる。

都市は都市らしく、田舎は田舎らしくつくり、その両方に生活拠点を持つことによって、世界の文化や文明を理解する日本人のライフスタイルをつくる。「職寝分離」や「老若分離」、都市と田舎の住み分けではなく、それぞれの地域に適したかたちでの生活様式や建築様式を創り上げ、併用することで日本の都市の新しいカタチを創造する。

文明の衝突を考えると、日本はナンバー・ワン競争を避けねばならない。巨大人口を持つ中国やインド等、アジアの台頭とキリスト教やイスラム文明の衝突を考えれば、地球環境や世界平和を可能とする多様な価値社会と新しいライフスタイルを模索する必要がある。そのためには、文化の共存によるオンリー・ワンと自己実現の道を探ることである。世界文明の覇者としての帝国主義の末路を日本は原爆で体験し、終戦を決議した以上、地域文化を大切にしながら、世界平和に貢献すべきである。日本人の食文化は健康ライフであることを世界が学んだように、次は日本の建築文化が地球環境に最も貢献することを教え、啓発することをもって自己実現の道と考えるからである。

11

アジア都市環境学会時代

（二〇〇五〜）

1990 年代の虹橋空港に着陸した当時の上海の街は、土漠の如き風景であった。1990 年頃、天津大学から私の研究室に留学し、日本でも活躍していた王興田君が 10 年ほど前に帰国。今や中国有数の建築家に育ち、2007 年 11 月 10 日の上海浦東新区の写真を電送してくれた。ロンドン・ニューヨークを超える勢いで、492 m の上海環珠金融中心（森タワー）も既に偉容を見せている。

SUPER BRAND

1　アジア都市環境学会を創設

アジア都市環境学会設立の動機は、日本での都市環境の研究成果を本当に必要とするアジアの国々に、もっと広報する必要性を感じたからにほかならない。特に、中国との六十八回に及ぶ体験交流や、尾島研で学んだ三十余人の留学生の将来を考えて、そのリーダーとして崔栄秀・洪元和・王世燁・高偉俊・尹軍・王興田君等を理事にした。

この第一の期待は、毎年一回、日本とアジアの都市で国際会議を開催することにある。研究成果は日・中・韓三ヵ国の建築学会が編集する『Journal of Asian Architecture and Building Engineering』に投稿する。国際会議そのものは、尾島研ＯＢのサロン的雰囲気に終始するミニ会議を本望とする。この会議は、本当に腹を割って困っていることや心配なことを話し合い相談する場、仲間の知恵を集める場にしたいと考えている。せいぜい二十〜三十人の発表で、言葉は自国語、進行や資料は英語にしてはどうかと思っている。

この会の名称を「ＮＰＯ-ＡＩＵＥ」としたのは「Asia Institute of Urban Environment」の略であるが、基本的には覚えやすい「アイウエオ」で、最後の「オ」は「Ojima Lab.」のメンバーが最初は主になると考えたからにほかならない。

二〇〇一年七月、北九州大学で行われた「アジアにＰＲＨを普及させる国際会議」をアジア都市環境学会主催の第一回国際会議とした。この会議は早大の北九州理工総研開設記念とあって、末吉興一北九州市長も参加、その夜、浙江大学の舒士霖名誉教授同席の下に第一回理事会を開催

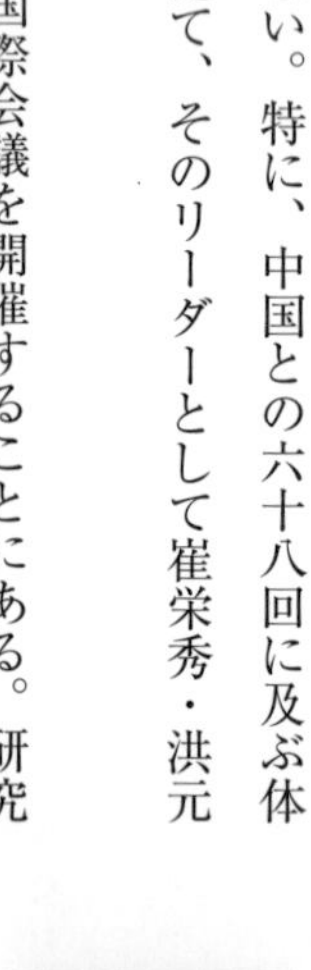

『Journal of Asian Architecture and Building Engineering』

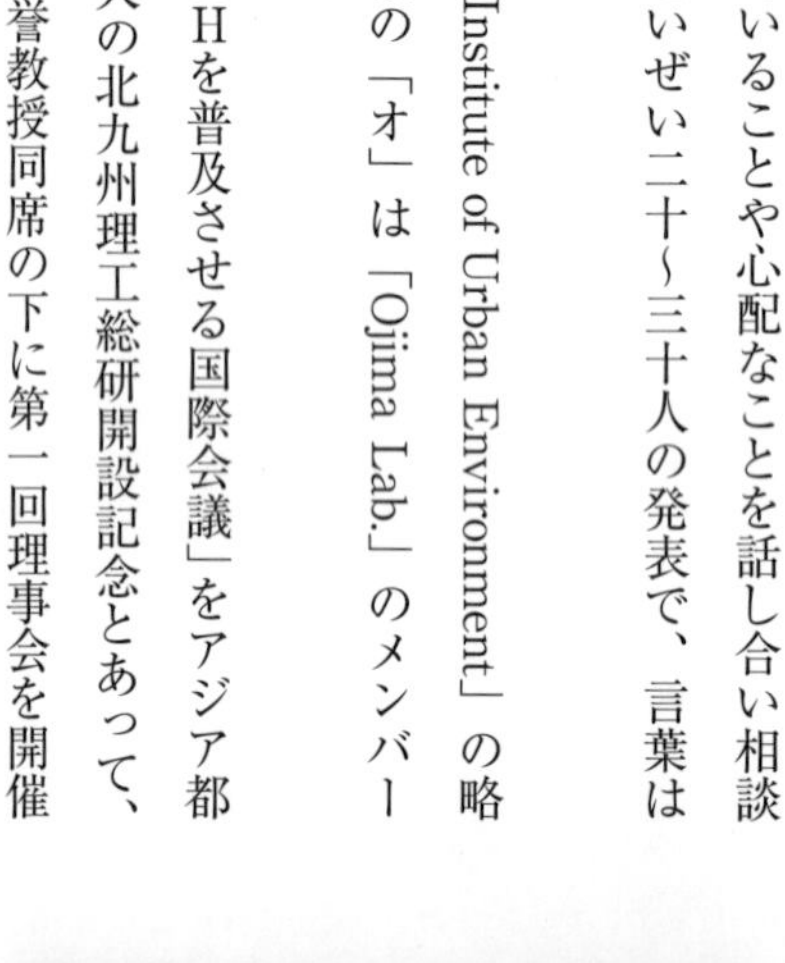

アジア都市環境学会創立第一回理事会（二〇〇一年七月、北九州大学にて）

した。

　二〇〇三年三月五日、上海万博のために同済大学が主催した国際会議で、私は日本万国博の技術講演を行った。その夜にアジア都市環境学会第二回理事会を上海電力学院院長の任建興教授や天津大学の王興田教授らを中心に開催し、この学会をNPO法人（特定非営利活動法人）化することや尾島研のOT-NETをNPOの部会に移すことを決定。二〇〇三年十二月にこれまで継承してきた日中建築交流会（六十八回に及ぶ実績がある）をこの委員会が引き継ぐことにした。

　第三回理事会から正式に議事録を作成、事務局を北九州から東京へ、事務局長は依田浩敏君から小林千加子さんにして、内閣府にNPO申請を行った。NPO設立を急いだ理由に、PRH（完全リサイクル住宅）の残存処理があった。国の委託研究成果としての実験住宅は、研究期間終了後には固定資産税や光熱水費が必要になる。その会計処理のできる法人格としてNPOが最適で、二〇〇四年十二月、内閣府から正式にアジア都市環境学会がNPO法人として認可された。

　二〇〇五年六月二日の第四回理事会で、理事長に私、副理事長に中国の尹軍君、韓国の洪元和君、日本の吉田公夫君、九州支部長は依田浩敏君、関西支部長は森山正和君、関東支部長は市川徹君、北陸支部長は浜多弘之君、東北支部長は須藤諭君、海外理事として、崔栄秀君（大連）、王興田君（上海）、王世燁君（台湾）を選出。

　日中建築交流会を引き継ぐことになった「アジア都市環境委員会」は高偉俊委員長、NPO法人をつくる直接のきっかけになったPRH担当は「完全リサイクル委員会」として委員長は福田展淳君、その補佐として高口洋人・中島裕輔両君。「都市環境設計委員会」はデワンカーバート君を委員長に、吉國泰弘・伊藤寛・鈴木俊治君らが補佐。「都市エネルギー委員会」は、佐土原

『都市環境学』（二〇〇三、森北出版）
都市環境学の教材

『城市　環境学』
李海峰君が中国語に翻訳した

聡委員長を村上公哉・原英嗣君らが補佐し、ＤＨＣ協会を支援。「ＮＰＯ災害情報センター」を担当する都市防災委員会は長谷見雄二委員長を鍵屋浩司君が補佐。国際会議担当は外岡豊君、広報・図書は三浦昌生君と渡邊浩文君、「百都市研究会」は増田幸宏君が委員長。尾島研ＯＢを中心にしたこの国際学会の事務局は、家賃のこともあり練馬の自宅に隣接して移設した二号館を本拠地とするが、銀座の尾島俊雄研究室（ＧＯＬ）を集会所として利用することに決定した。

　二〇〇五年十一月二十四日、第二回の国際会議は、西安交通大学と中国建築学会の共催で、西安交通大学にて開催。百余編の論文と三百余人の参加者を得た。

　第五回理事会は二〇〇六年一月十七日、ＧＯＬで開催。将来構想を話し合うとともに、委員会活動を軌道に乗せることに成功した。

　第三回国際会議は、東京の日本建築学会大ホールで、二〇〇六年十月「激動するアジアの建築と都市環境」をテーマに二百五十余人の参加者を得た。第四回国際会議は釜山で二〇〇七年九月に「大学キャンパスにおける水・エネルギーＣＯＰについて」と題して開催、第五回国際会議は日本で、二〇〇八年十月頃、「コンパクトシティー」のテーマで開催する予定。

2　社団法人・都市環境エネルギー協会の活動

　一九七〇年の『サイエンティフィック・アメリカン』は、一八六〇〜一九六〇年の北半球の気温実測から、二〇〇〇年までに大気中の炭酸ガス濃度が五〇％増加し、平均気温が三〜四℃上昇、埋蔵化石燃料の五〇％が燃やされれば一〇℃も上昇すると予測していた。果たして、三十年前の

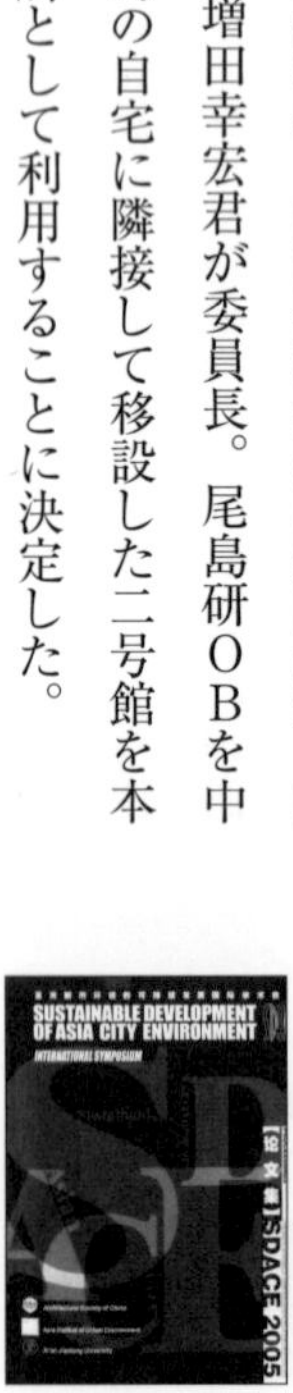

第二回アジア都市環境学会主催国際シンポジウム（西安交通大学、二〇〇五年十一月）論文集

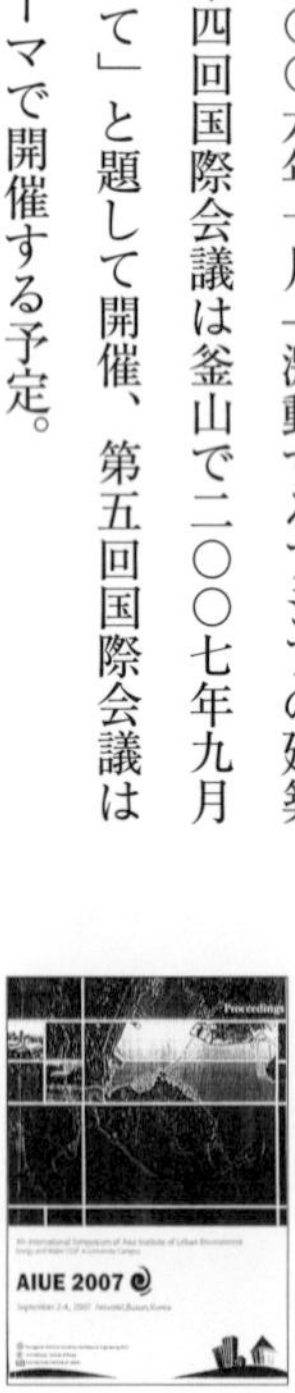

第四回アジア都市環境学会主催国際シンポジウム（釜山、二〇〇七年九月）論文集

予測どおりになってしまった二十一世紀、世界中がようやく温暖化防止に立ち上がりつつある。一九九七年、COP3で京都議定書が採択され、世界各国の二酸化炭素などの地球温暖化ガス排出枠が決定した。二〇〇一年のCOP7では、日本の温暖化ガス排出量を一九九〇年比で六%削減を決定、二〇一〇年に向けたエネルギー消費削減のカウントダウンを余儀なくされた。

一九九〇年の日本のエネルギー消費は二酸化炭素に換算して十一億トンであったのに対して、一九九五年は八%増の十二億トン。このまま放置すれば二〇一〇年には十三億トンとなり、目標の十億トンに対して二〇%も上昇してしまう。

問題は都市エネルギーの増加である。オフィスや家庭、コンピュータや自動車などで使うエネルギー増加、それによって都市周辺に生じる煙霧層がつくり出す温室効果、都市の建物の凹凸やコンクリート、ガラス等の日射による高温化等のヒートアイランド現象である。都心が低圧部となり、周囲から都市風によって汚染した空気が中心部に集まり、上部の逆転層によって都市内部の気流の上昇を阻止するので、都市域内に閉鎖した循環系をつくる。つまり、ヒートアイランド内部の大気は高温となるうえによどみやすく、汚染空気が濃縮される。

地球温暖化対策の具体策としても、ヒートアイランドを解決する手法を見つけることが急務である。しかし、その原因は私たちの日常生活そのものにあり、価値観とライフスタイルを変えない限り、この問題は抜本的に解決しない。

産業革命による化石エネルギーの消費で近代的建築や都市が出現した。工場や車、冷暖房の普及で都市への人口集中とエネルギー供給が加速し、電力・ガス・石油・石炭など都市へのエネルギー供給が急速に増大し続けた結果がヒートアイランド現象である。その緩和のためには、上水

『地域冷暖房』㈳地域冷暖房協会創立十周年記念号

都市環境エネルギー協会のポスター

道に対して下水道があるごとく、エネルギー供給の結果としての都市廃熱を排除することが必要である。地域冷房がその代表で、熱を捨てるための都市供給処理施設の必要性である。また都市排熱の有効利用で、少しでもエネルギー消費を少なくする対策も不可欠である。

そのためには、一九七〇年の日本万国博覧会会場で実現した地域冷房システムを都市に普及させることが重要であった。一九七二年に設立した地域冷暖房協会を一九九二年に社団法人とし、二〇〇六年には都市環境エネルギー協会と名称変更したのは、電力・ガス・石油などのエネルギー利用の結果として排出される都市エネルギーを、環境に配慮して有効に活用するための仕掛けづくりに本格的に挑戦するためである。それには経済産業省所轄の㈳熱供給事業協会との合併も視野に入れねばならない。

気がつけば私も七十歳で、協会で私自身が定めた理事長定年の歳である。しかし、ロスタイムの挑戦機会を与えてもらって理事長をそのまま継続し、まずは東京の清掃工場の排熱利用配管のネットワーク化から始めることにした。国土交通省・環境省・経済産業省・東京都・再生本部等を巻き込んだ本格的CO_2削減プロジェクトの開始である。

3　各種財団法人での奉仕活動

二〇〇五年十月から財団法人の理事、評議員としての活動を本格的に開始した。その背景は、長いゼロ金利時代の継続で利子による収入減と国の科学技術基本法による科研費の増大である。二〇〇四年度の国の研究推進予算総額は三・六兆円、うち公募の競争的研究資金が三千六百六億円（文部科学省の科学研究補助金千八百三十億円に加えて、各省庁の公募型として、文部科学省の科学技術振興調整費三百八十億円、戦略的創造推進予算四百五十億円、環境省の地球環境研究四十九億円等々）。これに比べて、日本の主な財団の研究助成額は、二〇〇五年度一億円以上の予想では、上原生命九・二億円、トヨタ四・八億円、三菱四・七億円、武田四・〇億円、武田計測三・九億円、住友三・七億円、旭硝子三・五億円、セコム二・〇億円、東レ一・六億円、内藤一・二億円、松下国際一・二億円であった。合わせても四十億円に満たず、国の百分の一程度である。したがってその使われ方を再考しない限り、研究者育成を目的とした財団設立の意味が薄れてきているのである。ただし、日本財団の三百億円や東京財団の十億円等は例外としている。

二〇〇五年三月、東京会館で旭硝子財団の理事懇親会が開かれた。瀬谷博道理事長、内田啓一専務理事のほか、伊藤良一（東大）、遠藤剛（東工大）、私（早大）、川口幹夫（ＮＨＫ元会長）、児玉幸治（元通産次官）、近藤次郎（元学術会議会長）、田中健蔵（元九州大学長）、西島安則（元京大総長）、野依良治（ノーベル賞受賞、理化学研理事長）、吉川弘之（元東大総長）等である。野依理事の緊急提言は「日本の大学には研究者は居ても学者が居なくなった。独法化した国立大学では、競争資金をベースとして研究すればするほど、ますます人類生存のための地球環境を考えるような人材育成は困難になる。限りある資金でも使途が自由な財団研究助成のあり方を抜本的に考える時だ」。

この提言に私も大賛成であった。未来開拓研究費を得た体験から、五〜十年継続的資金で異なる研究活動のリーダーが若干の研究者と一緒にその成果を評価し、研鑽し合う場の手当てが少ないこと。常々、研究費の出し方やその評価に時間と費用をもっと使うべきだと考えていたからである。その日の夕刻、セコム財団理事長代行の橋本新一郎さんと世田谷にある財団法人住宅総合研究所を訪問し、峰政克義専務理事等と懇談した後、橋本さんとセコム財団のあり方を話し合う。

知財立国をめざす日本の将来や、セコム財団に二百億円もの私財を投下した飯田亮さんの志を考えると、健全なる財団見直しが急務であること、またインキュベータをつくる必要性大なることを確認した。それは早大に理工総研をつくった頃以上に重要になっている。日本学術会議で五年間、「新しい学術のあり方」や「日本学術会議のあり方」を検討する間にもその大切さがわかった。しかし、その実行段階で行き詰まっていた。

そんな時、大隈講堂で建築学科の卒業設計、卒業論文、修士論文の優秀者発表会があり、その講評に立ち会った。春休みというのに千名以上もの出席者に驚いたが、各先生方の評価はなかなか面白かった。ある学生は認識科学としてのあるものの姿を調査分析し、学会論文や博士論文のレベルに達しているが、テーマとコンテンツがミスマッチであった。しかし、あるべきものの姿としての生きることを追求した設計科学的作品も多く、将来を期待しうる学生たちが育っていることを実感した。

石山修武教授が突然大きな声で、「そんな調査や提案は誰にでもできるが、誰がそれを実行するのか。提案して実行できなければ自分でやるべきで、自分もできないような提案ならするな！」と講評した。二十年ほど前、セコムの飯田さんと、「学者は行為できない立場だからこそ、安心して自分の考えたことをそのまま話せる。実業家は実行しなければならないから、なかなか本当のことがいえない。お互いそれをわきまえて協力しよう」と話し合ったことを思い出した。飯田さんと「大深度地下トンネルの事業化やセコム財団のこれからについて」、お互いに再認識したのも、つい最近のことであった。しかし、昨今は実業家が実業をせず、学者が人格を賭けて提言しない時代になってきたようである。

地球人類の安全を考える科学者コミュニティーをつくる仕掛けと仕組みを考えるに当たって、人と人との組み合わせを考え、SSS（Safety Smart Studio）の創設支援を財団に期待することにした。

また、目下関係している財団で喫緊に困ったのは、財団法人海洋都市開発研究会の寺井精英理事長が病気になり、初代理事長の野田一夫さんと相談して二人で廃止手続きをしたことである。二十年前の創立時は、日本の財界や学会を代表するきら星のごとき理事、評議員が名を連ねた都市海洋財団の末路は淋しかった。財源の少ない財団では、理事長の活躍いかんで閉鎖せざるをえないのが、日本の財団の限界であろうか。

大林都市研究振興財団は、私が日本建築学会会長時代、大林芳郎会長の要請で理事になった。子息の大林剛郎さんを中心に一年に何回か、見晴らしのよい品川の本社ビルで理事会が開催され、その懇談は楽しい。理事には佐和隆光教授や、磯崎新さん、妹島和世さんなどがいるからである。

鹿島学術振興財団の理事会では、鹿島一族（鹿島昭一会長、鹿島公子、渥美伊都子、平泉渉、石川ヨシ子さんら）とともにKIビルで、巽外夫三井住友銀行元頭取や小堀鐸二京大名誉教授、福岡正巳東大名誉教授らとの懇談会も楽しく、これもまた日本の現代を象徴するサロンであろうか。この財団の専務理事に新しく安富重文さんが就任された。この機会に、原島文雄東大名誉教授らと相談し、アカデミックフォーラムの設立をお願いすることになった。

森記念財団は、創立者である森泰吉郎の業績を記念して設立された。会長は高山英華、伊藤滋先生が継ぎ、評議員会はソニーの大賀典雄元会長、伴襄元建設事務次官、森稔社長、福川伸次元通産省事務次官、牧野徹元建設事務次官らで、森タワーの五十二階で開催される。理事の蓑原敬さんを中心として時代のテーマを選んで提言する都市問題解決の報告書は、ユニークで参考になる。この森財団が別途NPO法人「都心のみらいを考える会」を設立し、伊藤滋先生を座長にアクションプログラムを開始したのは森稔社長の要請であろう。

それにしても日本でも本格的財団活動はこれからである。若手、現役には研究補助金を、高齢者には活動の場を提供することによって、アジアのリーダーを育成し、多様な価値観と日本文化を世界に知らしめる活動を各種財団で行うことも、私に課せられた使命と考え始めている。

二〇〇六年、五年以上かけた国際文化会館の建て替えに当たっては、日本建築学会に要請し、その支援で保存再生することができた。これも日本の財団に対する私の使命感がなさせたように思える。

二〇〇七年頃から、各種財団で地球環境を考える自主研究が目立ち始めている。その先陣を切って、旭硝子財団「地球環境を考える役員・評議員懇談会」の第一回目が二〇〇六年十二月四日に、第二回目は二〇〇七年七月四日に三菱クラブで開催された。元学長、元社長、元事務次官、元大使、元最高裁長官など、十余名の方々が五時間以上も討論し、産業界の財団で日本がアジアや世界の一員として果たすべき使命を提言しようと動きだしている。みな、隠居の身分といえば失礼だが、私自身も多分野の方々と日本学術会議時代とはまた違った気楽な気持ちで討論に参加していると自由な発想がわいてくる。一九七〇年のローマクラブが世界に与えたがごとき提言が

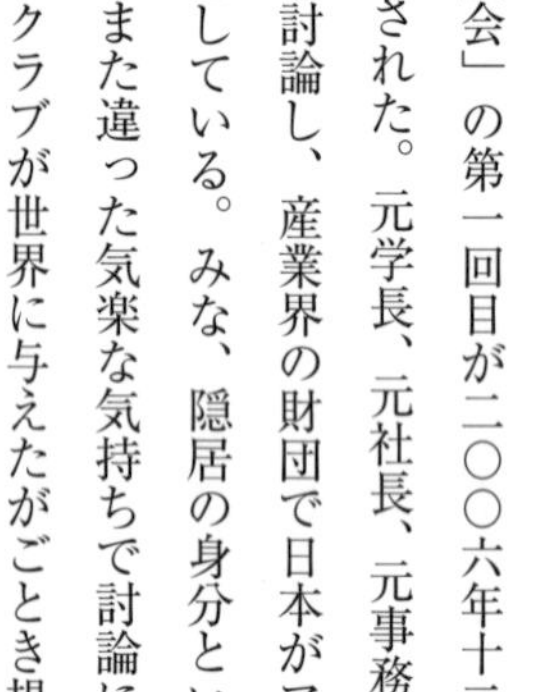

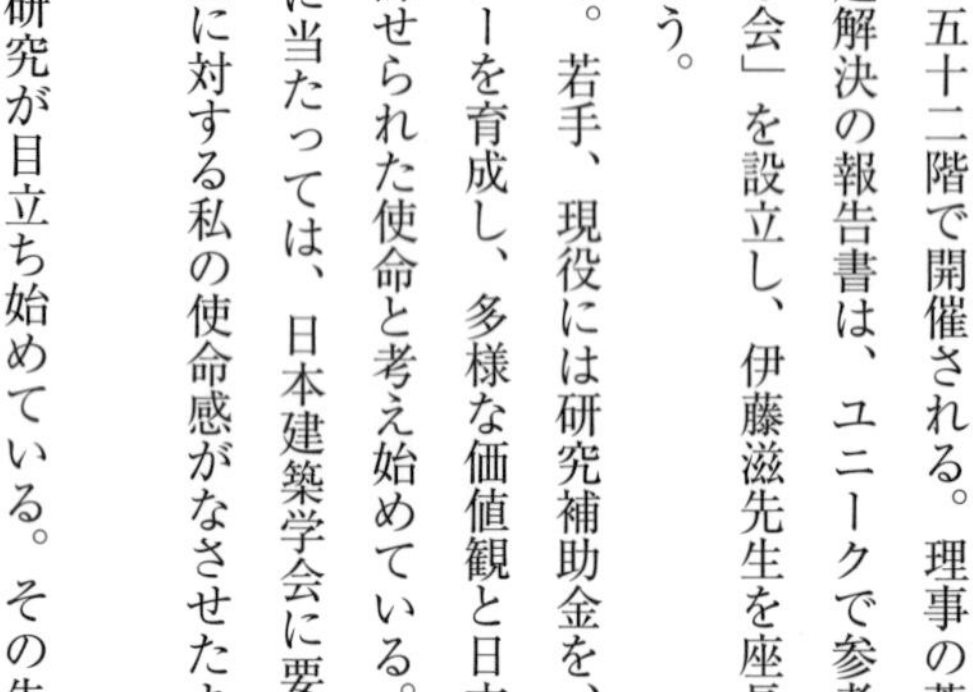

右：再生した国際文化会館の会館五十周年記念レセプションは天皇・皇后両陛下をお招きして開催された
左：再生に協力された森稔社長と

できれば幸いである。

4　二〇〇八年の北京オリンピックと二〇一〇年の上海万博

中国での北京オリンピック（二〇〇八年）と上海万博（二〇一〇年）開催は、日本における東京オリンピック（一九六四年）と大阪万博（一九七〇年）に類似しており、その波及効果を空間や建築技術の面から考えてみたい。

上海万博は、浦東地区に近い黄浦江の川岸四百ヘクタール（大阪万博は三百ヘクタール）に二百（大阪万博は百六十）の展示施設が予定され、日本経済新聞が予測するＧＤＰ（国内総生産）は日本の高度成長と軌を一にするという。入場者の予測も七千万人と、空前の入場者を集めた大阪を一〇％以上上回ると推定。一日七十万人の会場への輸送手段と七～八万室のホテルが必要となる。

上海市の科学技術会堂での講演は一九七九年から二十五年間に通算七回も行った。そのうち「日本万国博覧会会場での地域冷暖房計画」については、ほとんど同じ内容で五度も話したことになる。なぜなら、毎回主催者と聴講者が異なっていたからである。

二〇〇六年七月二十六日、上海欧米留学生会主催の講演会は、特に大きな影響を与え、また与えられることになった。中国の留学生たちが帰国して与えられる特権は、北京オリンピックや上海万博のごとき国際プロジェクトにおいて発揮される。彼らの国内外での人的ネットワークが十分に活用されているからである。私の講演は三十分ほどの短時間であったが、新聞記者やテレビ

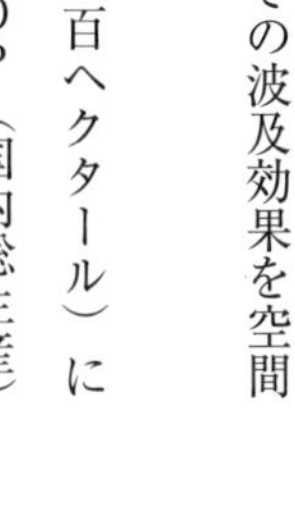

上海欧米留学生会主催講演会で基調講演を行う（二〇〇六年）

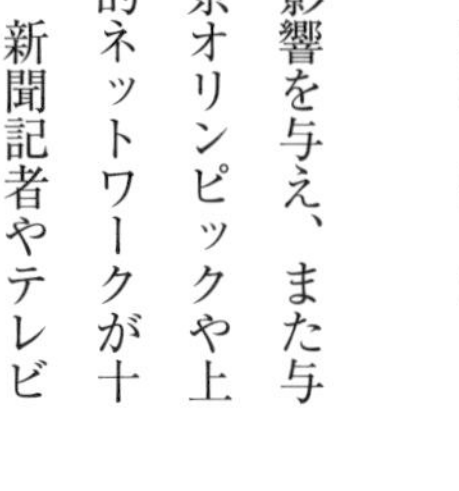

北京オリンピックの都市計画プロジェクトリーダーである呉良鏞精華大学教授と（一九九九年二月、私の自宅にて）

報道者に二時間も取材されて、その成果が翌日の新聞に大きく報道されたことからも欧米留学生会の影響力の大きさがわかる。

二〇〇四年、同済大学の顧問教授に任命されたのは、上海万博へのプロジェクトを共同で提案するためであった。Ｊパワーの吉田公夫君やＪＥＳの増田康広君をはじめ、経産省の支援で高偉俊君や許雷君らも協力して、幾多の作業や提案を上海市やＥＸＰＯ協会に対して報告してきたが、その反応はいまひとつであった。しかし、法治よりは人治社会と思える中国で、上海市の欧米留学生会の支援を得たことは大きく、その幹事の藏廣陵さんから日本の商社を紹介され、上海万博の事業支援に乗り出すことになった。

この欧米留学生会出席の帰途、天津商学院から要請された顧問教授を受けたのは、張健君の職場支援と博士論文指導が主目的であったが、それ以上に、私にとっては念願の中国における民生用エネルギーの実態調査に役立つと考えたからである。

上海万博における電力や水、地域冷房用エネルギー源を考えるに当たって、中国各地にいる卒業生や大学に原単位データの調査依頼が必要になり、日本の㈳公共建築協会の調査団とともに二〇〇六年九月、再度訪中することになった。この時、最初に訪問した長安では、吉林建築工程学院の五十周年ということで、卒業生の尹軍学長から思いもかけず名誉教授を授与された。これも旧満州国の首都・長春を中心とする東北三省のＣＤＭ調査に役立つと考えた。また、日中文化交流会の提清二さん、品川正治さん、小林陽太郎さんらの要望もあり、尹軍、韋新東、崔栄秀さんらと、ＥＳＣＯやＣＤＭ調査を「ＮＰＯ・ＡＩＵＥ」の事業として本格的に考え始めることになった。

中国・同済大学顧問教授に任命される（二〇〇四年十一月、上海にて）

中国・天津商学院顧問教授に任命される。張健理事と（二〇〇六年七月）

次に訪問した杭州では、一九八〇年以降顧問教授をしている浙江大学での講演を機会に、王竹学科主任から提案された浙江大学に都市環境センターを設立することであった。浙江大学をベースに、中国の都心や経済開発区のESCO事業を推進することができれば、留学生たちの拠点になるのみならず、これからも日系企業の支援も得やすいと考えている。

かくして、A：長春・吉林建築工程学院（名誉教授）、B：天津・天津商学院（顧問教授）、C：杭州・浙江大学（顧問教授）、D：上海・同済大学（顧問教授）の四拠点校を中心に、上海万博の設計支援やCDM事業等、日中建築技術交流を推進することになった。特に、上海万博をモデルとして、DHC計画やヒートアイランド対策を成功させれば、日本の環境技術が中国をはじめとするアジア各国の地球環境寄与に役立つと考えている。

5　第二回東京オリンピックを機会に

二〇一六年のオリンピックを日本に招致するに当たって、二〇〇六年春、候補地を巡り福岡と東京が競うことになった。福岡市は、早くから磯崎新さんを中心に、石山修武さんらはその準備に余念がなかった。一方の東京は、石原慎太郎都知事に自信があったらしく、完全に出遅れてしまった。その結果、福岡市が有望と報道されたため、都は、突然、安藤忠雄さんに東京のイメージアップを依託し、電通と日建設計がこれを支援する体制がとられた。そんな状況を安藤さんから大林財団の理事会後の懇談時に聞かされた。二回目を東京でやるのなら、箱物中心ではなく、「風や水や緑」とともに安全・安心を重視したマニフェストが都民にとって大切と話し合って、

中国・吉林建築工程学院より名誉教授を授与される。左は尹軍学長（二〇〇六年九月）

ESCO（Energy Service Campany）省エネルギーに関する包括的なサービスを提供し、クライアントの利益とともに地球環境の保全に貢献するビジネス。省エネルギー効果の保証等によるクライアントの省エネルギー効果の一部を報酬として受け取る。

CDM（Clean Development Mechanism：クリーン開発メカニズム）先進国が発展途上国で地球温暖化ガスの排出削減事業に資金や技術面で協力し、削減分の一部を先進国が排出権として獲得できる仕組み。京都議定書に盛り込まれた温暖化防止策「京都メカニズム」の一つ。

すっかり意気投合し、安藤支援を約束した。その後、安藤さんと銀座の尾島研究室で北京オリンピックの施設状況や東京の「風の道」等について話し合うことになった。

八月下旬、東京と福岡がデッドヒートを演じているとの新聞報道もあり、福岡市の強力なアピール等も聞かされていた時、都知事の特命秘書が銀座の研究室に来て、福岡よりは東京がふさわしい理由について、審査員に配布するためのレポートをぜひ出してくれという。一晩で書いて提出したのが左記の提言である。

◉東京オリンピック二度開催の意義

二〇〇八年の北京オリンピックの成功は、二十一世紀はアジアの時代と世界史に告げることになろう。その関連施設投資はいうに及ばず、北京の都市景観は驚くほど整備され、東京の外環に相当する六環すら完備し、すでに東京を超える都市建設が国威をかけて進行している。注目すべき水不足解消には、南水北調計画で長江の水を北京に注いで水の都を実現。またオリンピック公園は一千ヘクタールに及ぶ大森林公園として森の都とするなど、アジアで最も輝ける世界都市の風格を形成しつつある。これはオリンピックの開催あったればこそ、中国内での重点建設投資の合意形成ができたものである。その結果、首都北京が輝くとき、中国国民の誇りと自信は如何ばかりのものになろうかと察する。

かくの如くにして、東京はアジアの首座を北京に譲ることを許せば、大国中国との差が開くばかりとなる。二〇一六年の候補地・福岡では北京にどう考えても成功度合いで勝てないばかりか、もし東京で二度目の開催が決まれば、日本の首都である東京はアジアの中心都市として世界が認

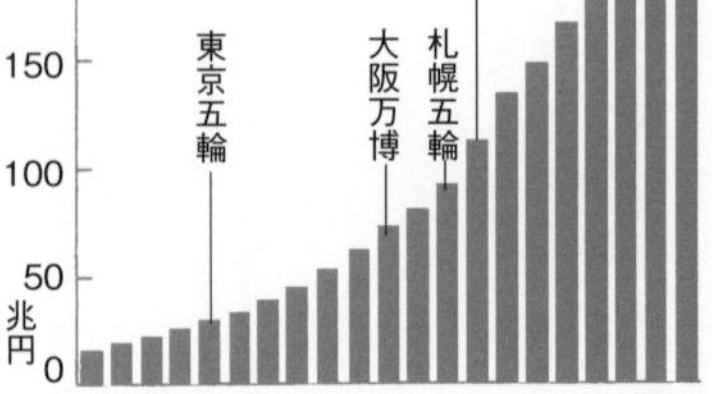

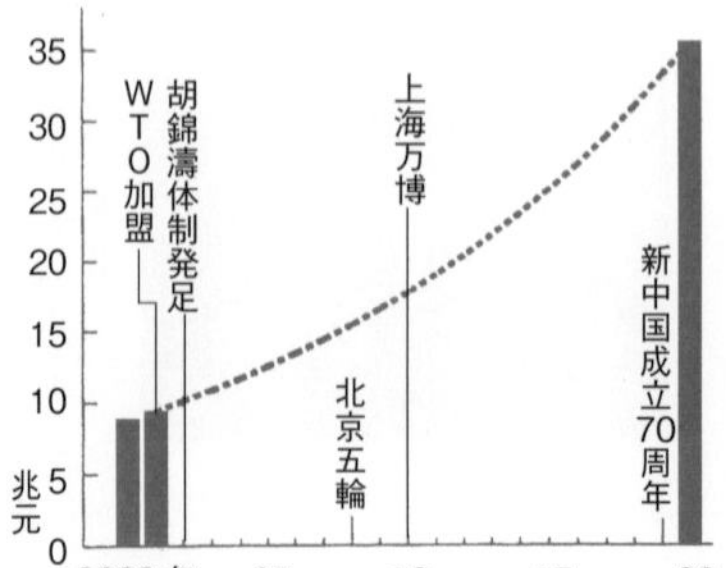

日本（右）と中国のオリンピック・万博経済効果の比較（日本経済新聞二〇〇四年十二月四日号より）

め、日本国はもとより、国民としても再び自信と誇りを持つことになる。

二〇一二年のロンドンオリンピックは三度目である。やはり大英帝国の首都ロンドンは、世界の首都との印象を強くし、英国民の誇りと自信は限りないものとなった。イギリスが一九〇八年、一九四八年、二〇一二年と三度もロンドンでのオリンピック開催にこだわった理由は、英国の誇りを賭けて世界の首都を印象づけるためであった。

アメリカは四度開催した中で、ロサンゼルスでは一九三二年と一九八四年の二度開催した。その理由は、太平洋諸国でのアメリカの地位を高めるためであった。フランスもまた、二度ともパリで一九〇〇年と一九二四年に開催し、さらに三度目もパリを候補としてイギリスのロンドンと激しく争って負けはしたが、パリ以外の都市を候補にしなかった。オリンピックは国威を賭けての争いだからである。ほかに、アテネは一八九六年と二〇〇四年、ストックホルムが一九一二年と一九五〇年の二度開催しているほかには、ベルリンもローマもモスクワも二度目はまだ開催できていない。途上国が一度開催したいという意味とはまったく違う価値が、二度目の開催意義である。首都は市民や国の顔であり、その顔を美しく輝かす機会をつくるチャンスは滅多にない。ロサンゼルスの二度目は五十二年後、東京もまた二〇一六年に開催できれば五十二年後に相当する。ロンドンは一度目の一九〇八年から三度目の二〇一二年まで、平均五十二年に一回の開催である。継続は力なりというが、文化であり、都市の魅力と活力を物語る指標である。ハコモノとしてのオリンピック関連施設を十分完備し、オリンピックの開催を可能とする文明を持つことは、一回目の開催に不可欠であるが、二度目になると市民の内面的生活にも入り込んだ文化を共有してのオリンピック開催となる。選手がオリンピックゲームに参加することに意義があるよう

開催年	開催地	入場者数（万人）
1958	ブリュッセル（ベルギー）	4,145
1967	モントリオール（カナダ）	5,031
1970	大阪（日本）	6,422
1992	セビリア（スペイン）	4,180
2000	ハノーバー（ドイツ）	1,800
2005	愛知（日本）	＊1,500
2010	上海（中国）	＊7,000

戦後の大規模万博開催地と入場者数
（出典：博覧会国際事務局。＊は主催者計画）

に、市民丸ごと参加の祭典を可能にするのは二度目である。

成熟した日本の社会にあって、石原都知事が東京オリンピックの誘致に当たって建築家の安藤忠雄氏をコーディネーターに選んだのは正解である。彼はまず首都東京から電柱をなくし、木を植え、河川を再生し、風の通る道を創ることを、新しく施設をつくる以上に大切と考え、また行動しているからである。彼の日頃の行動規範としての「志」に私も期待するからである。限りある国力と民の力を分散させることなく、日本列島にこれ以上、後利用を考えない無駄な巨大競技場や施設投資をすることなく、しかも二十一世紀のアジアにおける日本の存在を世界に印象づけるためにも、二度目のオリンピックは是非とも東京で開催しなければならない。

元日本建築学会会長　尾島俊雄（早稲田大学建築学科教授）

この報告がどの程度利用されたかは別にして、東京都が福岡市に辛勝することで、東京が日本代表のオリンピック候補地になった。安藤さんと都の関係者で二、三度、東京と北京を比較しながら東京での対応策を検討することになった。東京都が十年後の計画案をその後発表し、都知事選のマニフェストとして、①海に森を、②都市に風を、③都民に安全と安心を、というキャッチフレーズを出すことになった。具体的には一千ヘクタールを緑化して臨海部に「海に森」と「グリーンロードネットワーク」を形成して、東京湾からの涼しい風を呼び込むことでヒートアイランド現象を抑制し、「緑と水の都」を再生する。その実行可能な科学的資料をつくる人選を依頼されたので、伊藤滋先生と相談のうえ、五、六人のスタッフとともにその支援体制づくりに入った。

石原慎太郎都知事の三選が確実と思っていた二〇〇七年新春、景観学会主催で黒川紀章さんの文化功労賞をお祝いする会があり、私の挨拶の後、黒川さんはいつもと違って長話を始めた。話はプーチン政権に及び、政治に異常な関心を示す黒川さんに、心境の変化を感じた。それで、「以前から建築界として黒川氏を参議院に推薦する話がありましたが、その気になったのですか」と聞いたところ、「そんなはずがありません」とのことであった。しかし、それから一週間後、突然、東京オリンピック反対をマニフェストに都知事選に立候補し、推薦人になってくれとの要請。「緑の和の会」を立ち上げるという名目であったが、芸術院会員の池原義郎先生ほか、建築家の仲間たちも、困ったという以外に言葉がなかった。

四月八日、予想どおり、石原慎太郎二百八十一万票、浅野史郎百六十九万票、吉田万六十三万票、黒川紀章十六万票という悲惨な結果になってしまった。さらに六月には、夫人の若尾文子さんと一緒に参議院選挙に立候補。私は、「共生の思想」に賛同し、黒川紀章全集には推薦文を寄せた立場としてとまどいを感じたし、何か腑に落ちないというのが多くの建築界の仲間たちの意見であった。

二〇〇七年十月十二日、突然の逝去（享年七十三歳）に、新聞・雑誌は異端の鬼才が遺した作品を紹介し、建築家の枠を超えた活躍の様子を報じた。

6　銀座・並木通りに尾島俊雄研究室を再開設

二〇〇八年四月、四十三年間続いた早稲田大学理工学部建築学科の尾島俊雄研究室は、法人格なき銀座・尾島俊雄研究室（GINZA OJIMA Lab.：ＧＯＬ）として銀座に再開設することになった。事務所は東京都心・銀座八丁目の並木通りに、本拠は練馬区の二号館に置く。十年前の一九九七年一月、銀座二丁目のプレイガイドビルで開設したＧＯＬは二年間で時間もお金も続かなかったことがよい経験になった。

早大時代と変わらぬ仕事を続けるため、卒業生の何人かに協力してもらう予定である。大学の拘束がなくなる反面、自立することによる社会的責任は別なかたちで大きくなる。この際、隠居のライフスタイルを日本でも可能にするためにも、新しい研究室の運営を成功させたい。

また、こうした研究活動を支援する組織としてＮＰＯアジア都市環境学会やＪＰＲ（ジェス・プロジェクトルーム）との共同研究体制を考えている。スタッフは五、六人で、私に万一のことがあっても社会にご迷惑をかけることのない体制で、これまでにやり残した仕事を実行していきたいと考えている。

人生のライフステージを年譜（三五四〜三五五頁）に記すが、二十年周期で五年ごとに分けたうえ、ライフステージを三ステップとした。一九三七年から一九六五年の三十代までが子供時代、三十代から六十代までは社会人のライフスタイルで走馬の時代、六十代からは隠居のライフスタイルで馬を降りて歩く時代と考えた。

現役時代、早大時代の恩師たちはすべて反面教師と考えてきたため、劣等感や競争心を持つことなく過ごしてきた。吉阪隆正、安東勝男、松井達夫、渡辺保忠教授らは、少なくとも自分とまったく別の能力を持っていると考えていたので、真似ようとか、追従しようとは考えなかった。常にその反対の発想と行動によって身を処し、先生方や学生たちと接してきた。しかし、定年後の

銀座・尾島俊雄研究室のある銀座八丁目並木通り、マジソンビル四階

銀座・尾島研究室でスイスの山歩き反省会。左より、小林紳也、伊藤正之、永井達也、小林昌一、尾島州一、私、阿部勤、星野芳久君（二〇〇七年九月）

ライフスタイルに関しては、反面教師としてではなく、素直に先達の行動規範を学びたいと考えている。井上宇市、池原義郎、穂積信夫、神山幸弘、田村恭、田中彌壽雄、木村建一の各名誉教授は、早大との接し方が実に見事で、お節介されている様子はまったくない。私も先輩たちを見習い、建築をベースに都市環境を自立して学び、研究し続けることが、初心を貫徹した人生といえよう。父母が与えてくれた「大きな志を遂げるには、大きな鐘をつく要領で」「蒔かぬ種は生えぬ」「自分の足で立ち、一人で生きる勇気を」、武者小路実篤の「この道より我を生かす道なし、この道を歩む」等を座右の銘としてである。

7　最終講義「都市環境学へ」（未完のプロジェクト）

一九七〇年代に都市環境工学を大学院の専修講座にし、研究室も都市環境工学研究室として、三十余年間。しかし、都市そのものの実態や主体者について調査したり、学ぶことがあまりに少なかった。その理由は、戦災復興と近代化を急ぐ日本の都市そのものにも問題があったからである。インフラ（基盤）なきスープラ（上物）先行型とでもいえようか。戦災で日本の都市の六〇％以上が灰燼に帰し、その復旧・復興に加えて、工業化の進展に伴って建築様式が一変し、自動車が都市に乱入してきた。都市計画の多くは区画整理事業や都市再開発事業として実施されていた。

その結果、自動車道を中心に上下水道や公園整備、電力・ガス・通信施設の整備が主で、官公事業としての土木工学主流の近代都市の建設に終始した。建築分野としては、区画整理された宅

井上宇市先生の米寿を祝う会にて。左から、牧村功、佐野武仁、岩井一三、井上宇市先生、木村建一さんと私（二〇〇六年一月二十二日、京王プラザホテル）

地の中で建築基準法と都市計画法を遵守して、その範疇でのデザインであった。したがって、建築学科で都市環境工学を教え、学ぶ者としては、せいぜい都市供給処理施設を活用しての工学的処理であり、自然環境と共生することなく、道路・公園の公的空間に接続する建築群をいかに上手に配置し、限られた人工インフラをいかに活用するかの学術にすぎなかった。それでも冷暖房の普及や情報通信、ＯＡ機器等、近代建築に不可欠な建築や都市設備の設計や公害対策など、「低次の欲求」を満足させることに忙しく、それが必須の課題であった。

日本地域冷暖房協会の創立も、冷暖房・給湯用のエネルギー供給施設を都市施設として認めさせる運動であり、そのためには社団法人化して国の支援を得、さらには都市環境エネルギー協会に脱皮させることが必要であった。

しかし二十一世紀は、近代都市文明から脱皮し、伝統文化を尊重し、多様な価値社会としての都市文化が求められる時代である。都市環境工学は都市環境学として守備範囲を拡張しなければと考えていた時、突然、大きな壁に衝突した。それは、人間の「低次の欲求」から「高次の欲求」社会に移行する段階にあっては、都市の歴史と主体者を考える必然性がある。人間社会では、主体者こそが都市環境評価の主役になることに気づいたのである。城下町、門前町、港町、宿場町等々、町づくりには大きな課題と使命があり、それは時代と場所によって異なる。建築の用途によってその形態や機能、デザインが一変するように、都市にあっても、工業都市や観光都市のように要求性能は一様でないからである。驚いたことに、そんなことを今頃になって気づいたのである。二十世紀、急いで先進国入りするため、日本の都市は全国一律に、金太郎飴のごとき街や住居を建設してしまったからである。

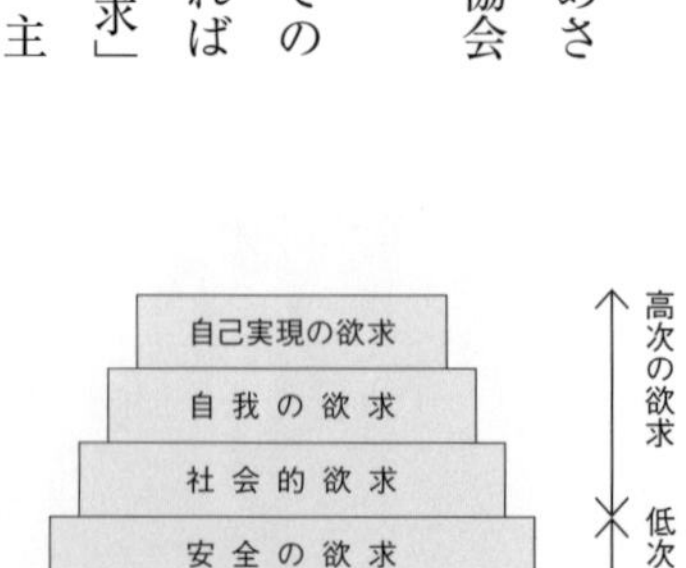

アメリカの心理学者・マズローの欲求五段階説

私たちの家の主体者は誰かと問われると、戦前までは戸主が家の主体者であり、絶対者であった。しかし今日、主婦が家の主体者かといえば、主人や亭主と称する者もいて、全員が平等でみなが主体者。同様に町や都市の主体者は、日本国家と同様にその存在が見えない。したがって、家や都市を評価するに当たっても、また町づくりに当たっても、主体者の要求性能が確かでないため、良し悪しの判断ができない。社会の主体者が明確でないまま、都市や環境の評価ができていないのが日本の現況なのである。

江戸時代の城下町では、領主や大名のごとき絶対者がいたため、その都市の風格も形づくりやすかったし、評価も容易であった。明治維新には日本帝国は天皇を主体者とする帝都をつくり、各都市はそれ相応に格付けされた都市基盤づくりが行われた。しかし、今日の一般の町づくりは主体者不在で、本当に何が必要なのか、評価が判然としない。たとえば、ある企業城下町の場合は、企業のためのインフラがつくられている。昨今ではその反省もあって、首長選挙にマニフェストが求められている。韓国・ソウルで、首長のマニフェストによって、暗渠となっていた清渓川が復活したのがよい例である。

日本の都市計画は中央官庁指導から地方自治体の手に移り、住民参加なくしては実現できなくなった今日、首長のつくるマニフェストは重要である。そのためには、住民自らの啓発研究、都市環境の基礎研究、そして具体的な提案研究が不可欠になる。しかし、本格的な住民主体の都市づくりのために残された研究テーマはあまりに多く、学成り難しを実感している。その結果が、次章に示す最終講義の内容となった。

都市の主体者（君主・市民）

・江戸　藩主・専制君主
・明治　富国強兵・殖産興業（勝つまでは我慢の子）
・昭和　企業法人は生命なき主体者・企業城下町
・平成　首長のマニフェスト（市民参加・NPO）

近代都市の巨大化（近代化－先進国）

・大量生産・大量消費・世界市場のNo.1（文明の衝突）
・多様な価値観とは、文化でOnly one
（建築自由と都市規制）

さて、二〇〇八年一月十二日、早大生活五十二年の最終講義に当たって振り返ってみると、本書『都市環境学へ』で示したように、また、別冊『尾島研究室の軌跡』に記されているように、実に建築三昧の時代であった。

「か」（〇〜三十歳）、「かた」（三十〜六十五歳）、「かたち」（六十五歳〜）、の「かた」の時代を振り返ると、五年ごとに刻んだ「躁」と「鬱」のサインカーブを描く人生のリズムが確かに見える。意識的に五年ごとにテーマを変えてきたこと、建築一筋に教え、学んできたことも年譜を見ると明らかである。あらためてやり残したことと、これからどうしてもやっておきたいプロジェクトを、残りの人生を考えて、十項目に絞ってみた。

早稲田大学創立百二十五周年（一八六二〜二〇〇七年）と理工科創立百周年（一九〇八〜二〇〇八年）記念行事が行われている最中、大隈講堂で最終講義を行うのは、卒業生や海外からの友人たちの参加を容易にするためであった。また、その結果、最寄りのリーガロイヤルホテルでパーティーを行わざるをえないことになり、出版とパーティーに関しては発起人会がつくられた。いよいよ人任せのライフステージに入ったようである。

しかし、最終講義の内容は、当然ながら自分で決めることで、本書の「か」「かた」は三十分ほどで終え、「かたち」について六十分、割くことにした。これまでにやり残した研究や仕事について話すことのほうが私にふさわしい、という卒業生たちの要望からであった。

尾島俊雄ライフメモリー（年譜）

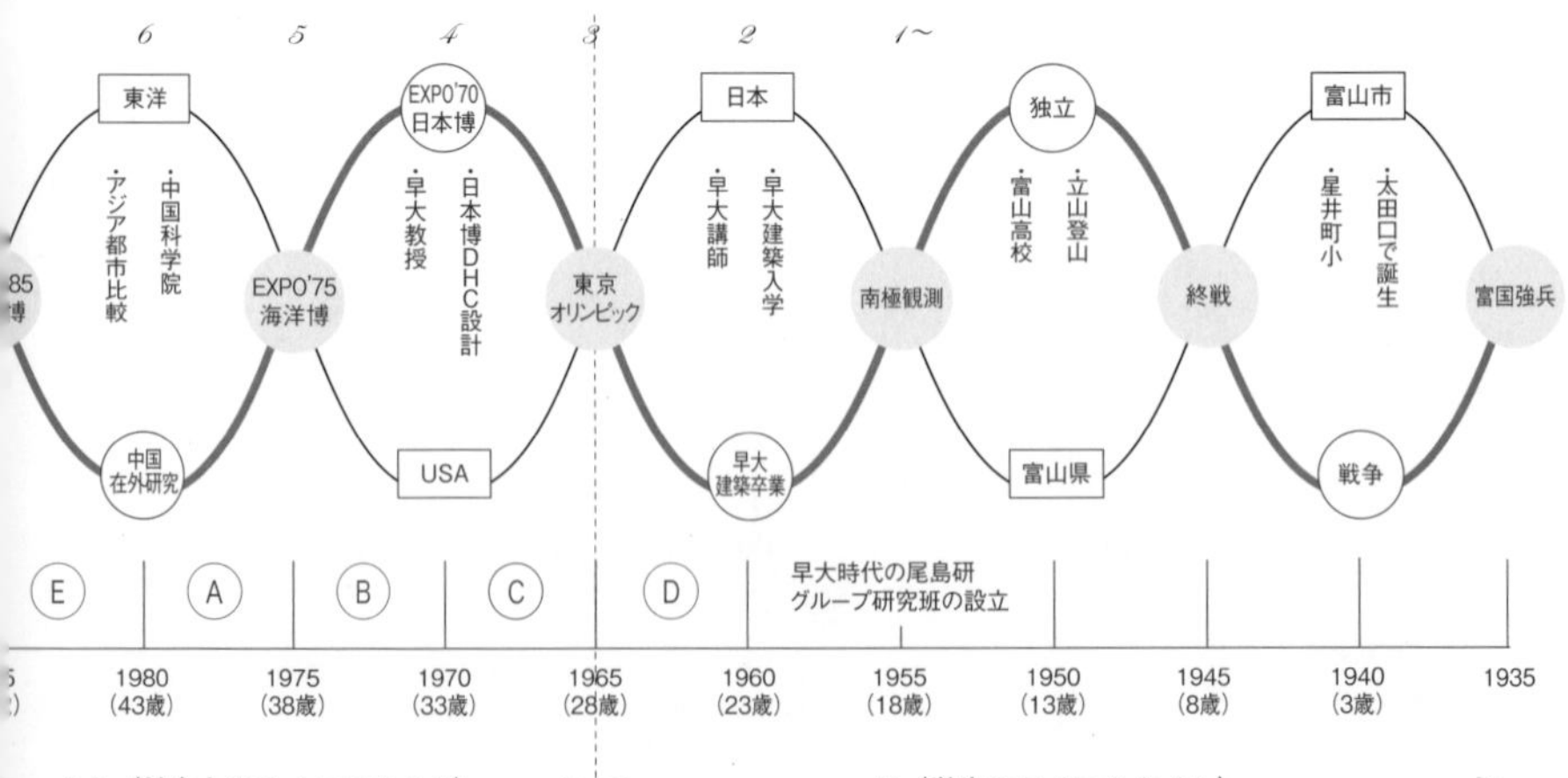

問題は、その内容である。ＮＨＫの人気番組「プロジェクトX《エックス》」は完成したプロジェクトのサクセスストーリーであるが、私の場合は、「未完のプロジェクトX《テン》」である。学者として、「See・Plan・Do」の順で整理すると、まず「Seeing」としての「プロジェクトI」は、日本を中心に激動するアジアの都市環境学の国際交流について。そのためにＮＰＯ法人アジア都市環境学会を発足させ、これをプラットホームとして活動する。

「プロジェクトⅡ」は、日本建築画像大系百巻を完結させること。建築編二十五巻、住居編二十五巻は完成しているが、これをＤＶＤ化するとともに、インターネットサービスで広報し、また英・中・韓国語版をつくる。まだ未完の都市編二十五巻と生活文化編二十五巻を加えて、全巻目標の百本を完成させ弘法すること。

「プロジェクトⅢ」は、「この都市のまほろば」として百都市の完結をめざす。「消えるもの」「残すもの」そして「創ること」を中心に、日本百都市、海外二十都市を全六巻にして出版。インターネットやシンポジウムによって絵になるオンリー・ワン都市をつくるための求法活動である。

「Planning」のプロジェクトとして、「プロジェクトⅣ」は、メガシティに不可欠なメガストラクチャーをつくること。超高層空間を活用して地表面を開放し、大深度地下空間を活用したライフライン幹線をつくる。その第一歩として、豊洲にライフアンカービルを建設。豊洲ＢＣＰを拠点に大丸有地区や新宿と霞が関を安全街区として大深度地下ライフラインで直結することにより、東京ライフの安全性を高める。

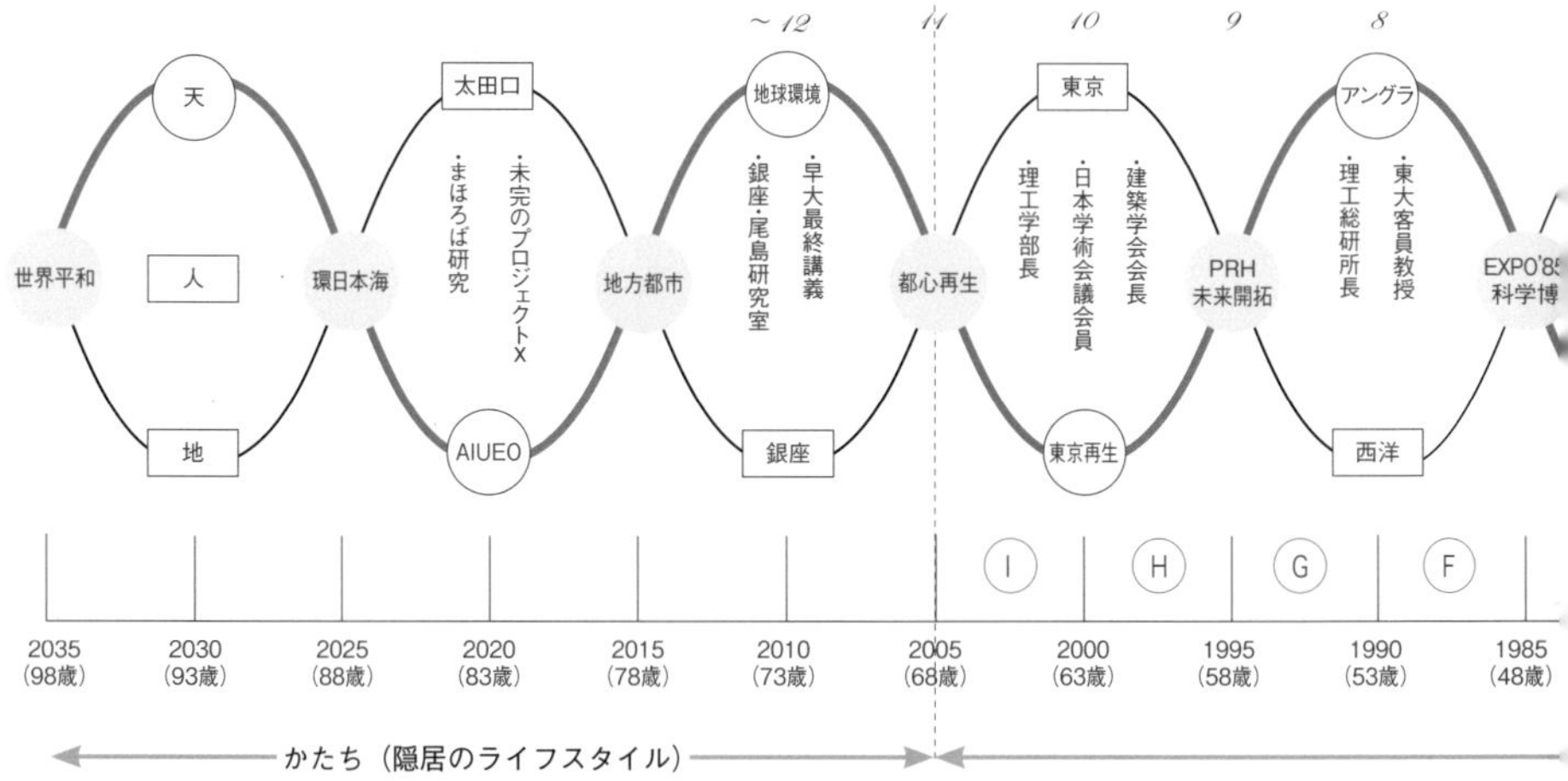

「プロジェクトⅤ」は、民生用エネルギーの有効利用として、各種用途別建築の原単位をベースに、現状DHCを見直し、未利用エネルギーを活用したネットワーク化を推進することで、地球環境に寄与する。

「プロジェクトⅥ」はヒートアイランド対策である。その実態を解明し、風の道を中心に都市環境気候図を創る。たとえば、大阪や名古屋、東京の都市環境気候図を出版することによって、事実上、風の道を都市計画道路のように位置づけて、建築設計者に参考資料を提供する。

「プロジェクトⅦ」は、自然の水路や緑地を再生することにより、「水の都」再生に寄与する。高水位型都市から低水位型都市づくりへ水政策の転換を促す計画を提案する。

「Doing」のプロジェクトについては、地球環境に具体的に寄与する設計に焦点を絞る。

「プロジェクトⅧ」は、日本の生活様式を考え、その要求に応える日本的建築様式をつくる。富山でのW―PRH、北九州でのS―PRH、岐阜でのC―PRHがそのモデルで、これをベースに建築が「不作為の殺人器」にならぬよう、また省資源・省エネルギー型地球にやさしい住のモデルとして、「当たり前の家」づくりを事業化する。

「プロジェクトⅨ」は、安心・安全な都市環境をつくるためには、ISOで基準化予定のBCPの手法をつくる。同時に、建築には損害保険が不可欠となる制度を国際基準で達成する。そのためにも、安心・安全問題を大所高所から考えるアカデミーをつくる。

「プロジェクトⅩ」は、スプロールした都市を都心居住の推進でコンパクト化する。具体策として、大都市のみならず、地方都市の中心市街地にも、歩いて暮らせる安心できる居住環境を実際に設計する。

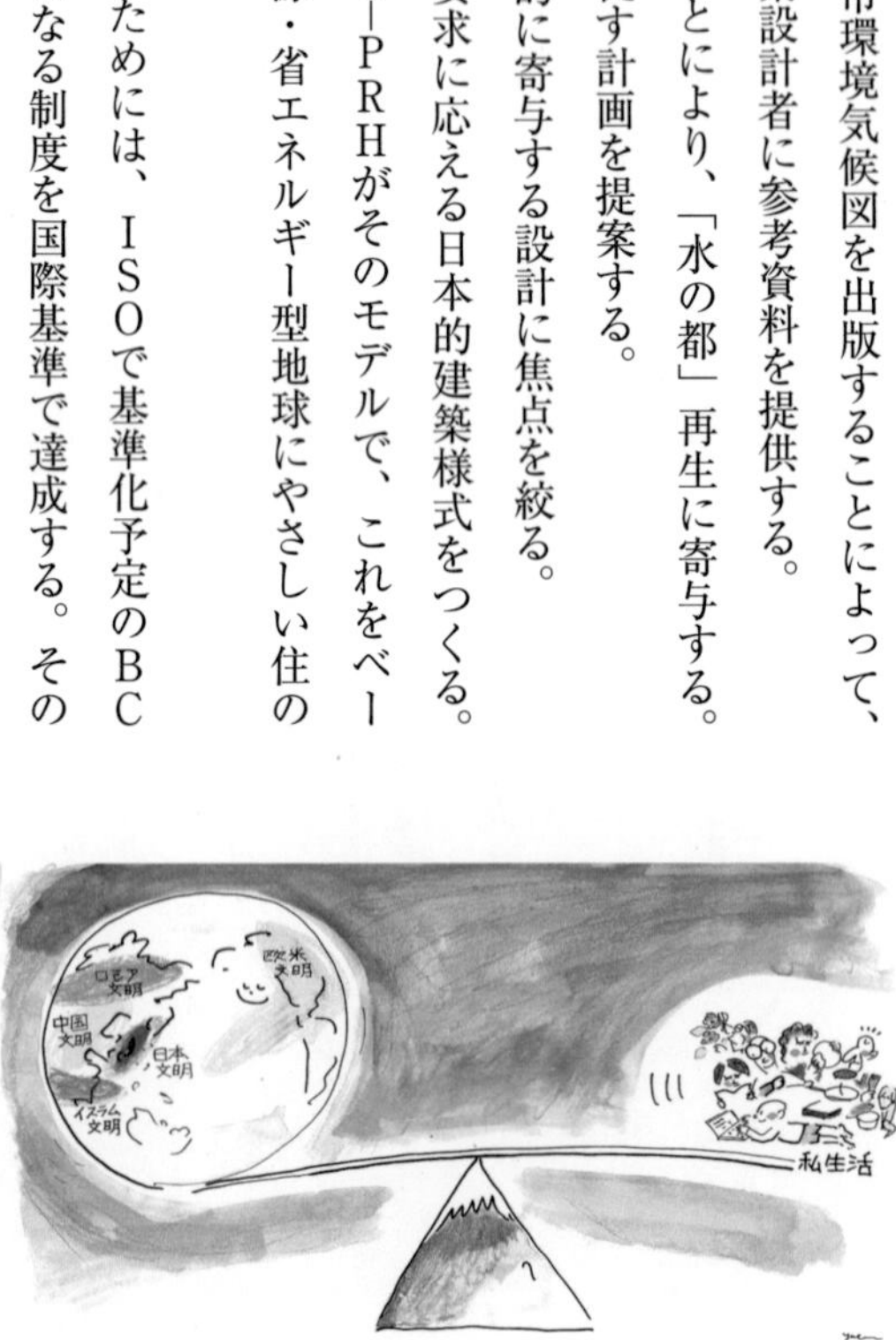

文明（科学技術）と文化（生活）のバランス

以上の「プロジェクトX《テン》」について、これまでの研究をベースに、故郷の富山や東京でその実例を示す。次章で本格的に達成するに当たっての考えを記す。

私は学生時代に恩師である井上宇市先生から「お前はまるで求道者だ」と常々いわれたことを今頃になって思い出している。そして、今はその都市環境学の求道者たらんとしている自己の考え方を大切にしたいと思う。

爱知世博会环境规划总工程师尾岛俊雄建议——

引浦江水为世博园区散热

见习记者 孟知行 本报记者 徐琪忠

"2010 年上海世博园区，各类展馆总规划建筑面积预计将达 80 万平方米。以每平方米供冷负荷 256 瓦的国际惯例估算，整个世博园仅空调总负荷就将超过 300 万瓦。这些热能排放到户外，将给整个园区甚至整个市中心带来严重的热岛效应。"

针对这一可能出现的问题，日本爱知世博会环境规划总工程师尾岛俊雄在昨天的"能源与大都市发展"研讨会上亮出自己的环保理念：利用滔滔浦江水，为 2010 年上海世博园区散热。

4.3 亿立方米江水带走园区废热

在尾岛俊雄看来，上海世博园区拥有天生的"绝对优势"：黄浦江由南向北贯穿整个园区，每年有 4.3 亿立方米的新鲜水量从这条黄金水道澎湃东流。

"江水，就是无可比拟的自然散热器。"尾岛俊雄介绍，在日本东京，近 100 年来人工排热增加 100 倍，平均气温升高了 2.9℃。科学家们在应对一项热岛效应的研究中发现，如果将市中心 620 平方公里上的废热直接排放到东京湾，海水的温度上升 0.3℃，而市内温度可下降约 0.5℃。

尾岛俊雄提出，作为未来的顶级城市，应充分利用未开发的可再生能源，例如江河水、自然风，这也是世博会的基本理念之一。上海世博会如能采用黄浦江进行散热，不仅可以有效降低区域气温，还能提高会场设备效率，让制冷系统降低负荷。

3万千瓦集中供冷系统连通浦江

实现江水排热，第一步必须建立集中供冷系统。尾岛俊雄解释，园区根据场馆分布，分设数个能源中心，由这些集中的冷却塔和供冷系统，通过四通八达的管网，把冷却水送到各个分散的场馆。同时，通过另一根管道，集纳制冷时产生的热量，排放入就近的黄浦江。

日本爱知世博会上，近 200 公顷的园区中设置了 7 个冷冻站，覆盖的空调面积约 10 万平方米，大量废热通过自然风和水池排出。而根据保守估算，上海世博园区 600 多公顷的区域内，能源中心的总容量将达到 3 万千瓦，是爱知世博会的近 3 倍。一旦建成，可能是世界上最大规模的集中供冷供热系统。

由于世博会大部分展馆都由参展国和企业自己建设，集中供冷供热方案无论在设备的管理，还是预算经济方面都具有无可比拟的优势。爱知世博会筹办方曾测算，采取集中供冷的场馆为建设者节约了近一半的基础设施投资。同时，也使园区得到了有效的美化。

200 米区域内江水升温不到 1℃

如果废热真的排放入黄浦江，会给江中的生态造成什么影响？

尾岛俊雄在相关的模拟实验中发现，升温最高的点是在排放口，但最高升温不会超过 3℃。根据生物学，在这一温度下，水中的各种生物基本不会受到影响。"而且由于江水始终处于流动状态，真正会因热量转移带来温度变化的水流带不超过 200 米，在这个区域内，水温平均升高不到 1℃。"

与江水排热相呼应，在世博园区的规划中，各种喷泉、水池、水幕、流水、喷雾等水的景观也将集观赏和降温于一体，为游客提供舒适的活动空间。

"这些设备的寿命也绝不是世博会召开的那半年。"根据尾岛俊雄的构想，世博会结束后，"一部分园区将保留下来作为国际交流和贸易中心，排热管道和部分集中供冷系统仍可发挥作用。其余的大容量冷冻机则可转移到机场、交通枢纽、大型建筑，得到再利用。

上：上海のヒートアイランド対策と景観対策の面から、黄甫江の河川水をヒートポンプの熱源水として利用する必要性について講演したところ、その記事が新聞各紙に大きく報道された。
下：2005 年の愛知万博で提案した環境管理システム。
会場内のエネルギー使用量、上下水道使用量、廃棄物発生量、また混雑状況などをリアルタイムで計測し、負荷を記録、計測結果を用いた消費予測による設備の先進的効率運転や資源消費量の削減を実現する。

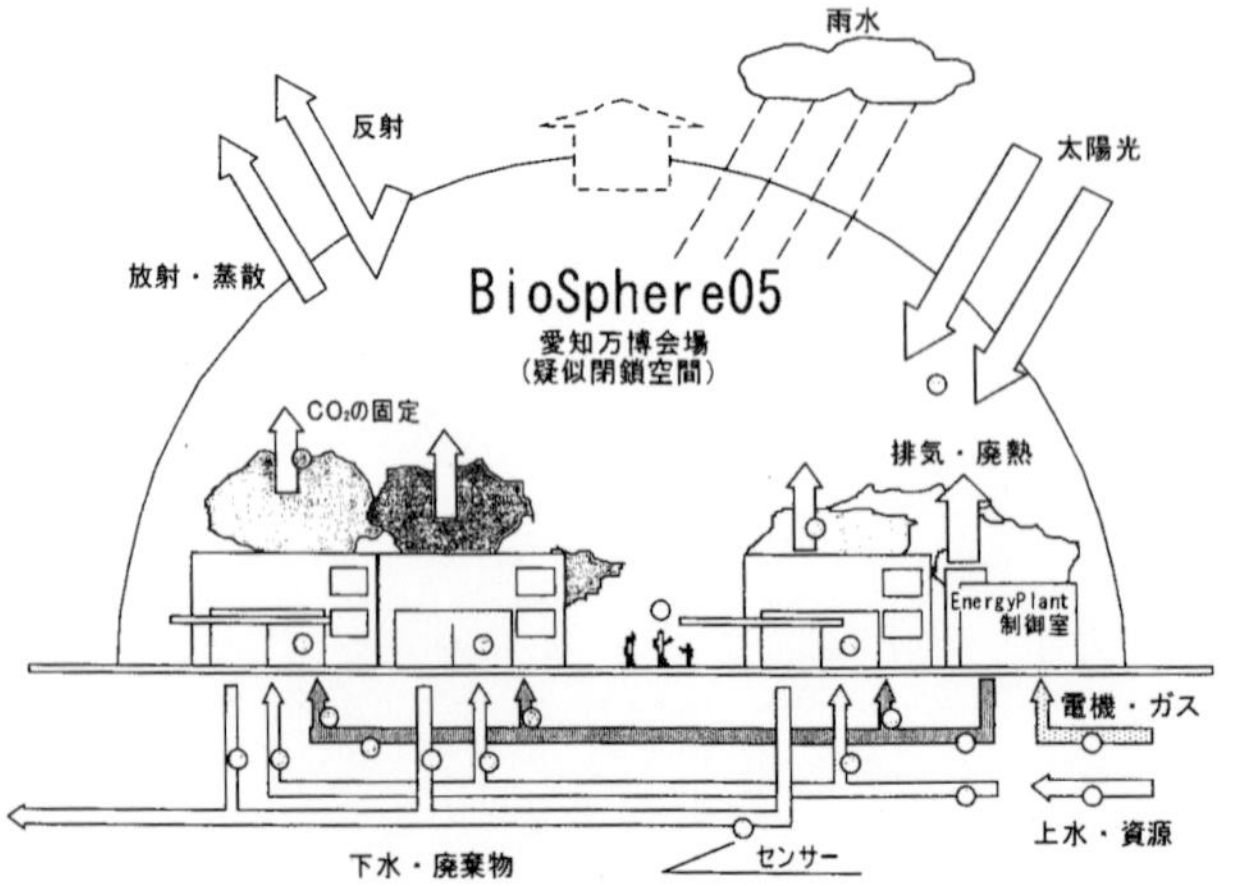

コラム　㉒安心できる都市づくり

◉安心・安全を考えるアカデミックフォーラムの必要性

日本のアカデミーである日本学術会議、日本学士院、日本工学アカデミーは、デシプリンからメリットベースになり、選挙からコオプテーションになった。研究者は競争的資金によって選別されるため、学者を育てず、研究戦士のみが育成される時代。このコオプテーションの手法は正解であろうか。世界に恥ずかしくないアカデミックフォーラム設立の必要性があると思える。

フォード財団やロイズ本社がニューヨークのマンハッタンやロンドンのシティーにその拠点を置くことの価値を考えれば、ネット社会こそフェイス・ツー・フェイスの場を必要とする。

日本学術会議の勧告(二〇〇五年四月)では、既存不適格問題から「八条」の改正と、官から民へ、公から私への責任と権限の委譲を要望した。同時に、災害保険制度の大切さを指摘し、大都市の災害対策としては安心問題に関心が寄せられ、結局は人と人、人と社会、さらには人のDNAを科学的に言及すべきことなどを実感する。

中央防災会議がミュンヘンリポートを活用して、防災対策として海外からの二次保険制度の必要性を指摘したように思われる。このことの持つ意味を考え、「SSS（Safety Smart Studio）」の創立と活動が重要であり、これについて次章の「プロジェクトⅨ」に示す。

◉大深度地下のライフラインについての考え方

村上陽一郎先生と二〇〇二年に対談した本の抜粋を以下に記す。

村上――先生は一時期、ライフラインの問題とつなげて、大深度地下利用ということを提案されていたことがありましたが、それがバブルの時代に、逆に大開発、都市開発といったことに結びついてしまったような観があります。先生のお立場からすれば、これは誤解を生じていたのではなかったかと思うんです。

尾島――このライフラインの「ライフ」には、まず、「命」という意味があります。「命綱」、つまり登山時のレッドザイルです。それから生活線という意味で、「生活」というライフもあります。もう一つは「人生」という意味のライフがあります。

人間は、緊急事態で三日間はなんとか耐えられるといわれています。生命線という意味では、この三日間が勝負です。この間に問い合わせ情報が錯綜し、通常の数十倍もの情報要求が一度に殺到するわけですから、日常の通信回線でもバックアップできない緊急時情報ネットが必要になってきます。

それから、地震が起きた場合、岩盤を伝わるP波の秒速を三キロとすれば、百キロ離れた震源地であれば三十秒ほどで伝わってくる。もし情報系が完備していたなら、その三十秒間にできることがあります。一方、シルト層のような柔らかい層であれば、秒速五百メートルで地震波が到達するので、三分間のゆとりが発生する。その三分の間に、ほとんどの建物でバックアップ装置を上手に作動させることができます。また、大深度地下からのバックアップがあれば、内陸部まで医療薬品などの緊急物資搬送の手配ができます。緊急の消火用水や飲料水なども含めた生命線としてのライフラインが確保されます。地下五十メートルぐらいの岩盤トンネルは絶対安全ですから、緊急必需品は三日以内で、臨海部から都心や副都心の新宿や環七ぐらいまで簡単に運べま

『安全学の現在』（村上陽一郎対談集、二〇〇三、青土社）

村上陽一郎（一九三六〜）
東京大学教養学部教授。専門は科学史、科学哲学

す。緊急災害対策が終わった後でも、瓦礫処理等の復旧作業に、相当な威力を発揮する。

村上——今のお話ですと、ライフラインといった場合には道路も入るんですか。

尾島——道路機能は入りますが、一般の人が使うような道路は考えていません。ごみの搬送と水のリサイクルとエネルギーです。たとえば、東京湾岸の火力発電所等からの廃熱を都心部に持ってきて、地域冷暖房用の熱源に利用する。

それから「人生」という意味では、百年サイクルを考えます。

（村上陽一郎対談集『安全学の現在』より抜粋）

コラム　㉓大学院「都市環境論」試験問題

大学院の「都市環境論」の講義は、前期、毎年十～十二回、大学院の学生は七十人から百人ほど、そのうち十～二十人は建築学科以外の学部・学科の聴講生であった。試験問題は必ず毎回の講義からキーワード一つを選んで出した。講義で終始独断と偏見を通したのは、解答者に私の主張や考えを変えるほどの貴重な刺激を期待し、次回の講義やプロジェクト推進に役立てるためであった。したがって採点するに当たっても、最初から正解はなく、解答者の考え方を私が理解できる限りは正解とした。

試験問題の一例を以下に記す。この年の解答者は七十余人。少なくとも、私はこの講義でも終始、賛の立場で話したつもりで、それに安易に賛同する答案は七十点、強烈な反対で、しかもよく理解できる場合、百点とした。採点方法については、ある程度、事前に学生たちに話したつもりであり、いつでも反論できるよう、すべての答案は今も大切に保管している。

下記の問題について解答者の賛・否の比率は七：三で、これを三～四日かけて採点した。私にとって採点中の時間は、どんな本を読むよりも、学生たちの真剣な考えを汲み取る刺激的な時間であった。「都市環境論」の講義を三十年間も続けられたのは、毎年新しく入れ替わる、成長著しい学生たちの活力と刺激あればこそであった。私の多くの出版物も講義後の復習や反省から生まれたものであることを最後に告白し、多くの学生たちに感謝する次第である。

◉大学院都市環境論の試験問題（例）　担当：尾島俊雄教授

以下の問題について有無・賛否を鮮明にしたうえで、貴方自身の考え方を二百字程度で記しなさい。

①アジアの都市環境問題で日本の果たす役割（有無）
②超高層建築や大深度地下利用技術の開発に国費支援の必要性（有無）
③ヒートアイランド対策としての「風の道」をつくる必要性（有無）
④東京のウォーターフロント開発（埋立地）の現況（賛否）
⑤未利用エネルギーを活用した広域地域冷暖房の可能性（有無）
⑥認識科学に対する設計科学の認知について（賛否）
⑦大都市にB・I・Dやコミュニティーを新政策としてつくること（賛否）
⑧日本人に適した生活様式や建築様式をつくること（賛否）
⑨建築のCAD活用としてデジタル設計手法をIFCで統一すること（賛否）
⑩都心居住やコンパクトシティを推奨すること（賛否）
（付）都市環境の問題や授業のあり方に関して、意見があれば書いて下さい。

コラム
㉔山のアルバム

1963年　剱岳

1975年　立山

1959年

1981年　ネパール・ヒマラヤポカラ街道トレッキング

1962年

1987年　黒部峡谷

1963年　剱岳

2000 年 8 月　瑞牆山

1987 年　立山・仙人湯

2006 年 8 月　尾瀬・燧岳

2002 年 8 月　蓼科山

2005 年 8 月　岩木山

1996 年　屋久島・縄文杉

1998 年　甲斐駒ヶ岳

2007 年 8 月　スイス・アルプス

1999 年　横岳

12

未完のプロジェクト実現に向けて

設計科学の時代

2007年8月、43年前に読んだ新田次郎の『アルプスの谷、アルプスの村』（61頁コラム③）を友人たちとともに旅することができた。夢見ていたマッターホルン山麓の風景が現実のものとなった。

プロジェクトI　アジアの都市環境研究交流（アジア）

私が生まれた頃の原体験に、日中戦争と日米開戦があった。国民学校二年生の時、玉音放送を聞かされて終戦。大東亜共栄圏構想や満州国建国の話題は、幼児の情操教育として強烈であり、父の満州出征や疎開地での体験は、大日本帝国を支えることの困難さ、労苦を実感させた。大帝国を維持するために国民の負担がいかに大変であるか、勝つまでは我慢の子、勝つとはどういうことかと、この当時から疑問であった。しかし、第二次世界大戦での日本の存在は、二十一世紀をしてアジアの時代にしたことも確かである。

二十世紀後半の日本や、二十一世紀に入っての中国、インドの高度経済成長は、二百年前のイギリスに始まる産業革命という近代文明が世界中に普及した結果であろう。二千年前のローマと漢帝国がつくった東西文明と、このイギリスから始まった産業革命による近代産業文明という二つの高波が、今日の日本文化・文明を、特異な型ではあるが、世界文明にまで高めようとしている。

私の初めての外国旅行は一九六三年の台湾遠征であった。日米開戦の暗号「ニイタカヤマノボレ」の呪縛から解放されるため、まずは新高山（玉山）に登ったのである。その後、五十余回の調査旅行はすべて欧米視察であったが、一九七六年にインドの仏跡調査と中国旅行で強烈なカルチャーショックを覚えた。

そのカルチャーショックを解くために、一九七九年には中国科学院に六ヵ月間滞在した。帰国後、一九八〇年から浙江大学を拠点に、哈爾浜《ハルビン》建築工程学院や重慶建築工程学院と早大建築学科との建築技術交流会を七年間継続した。百人以上の日中教授クラスの建築交流を実行し、

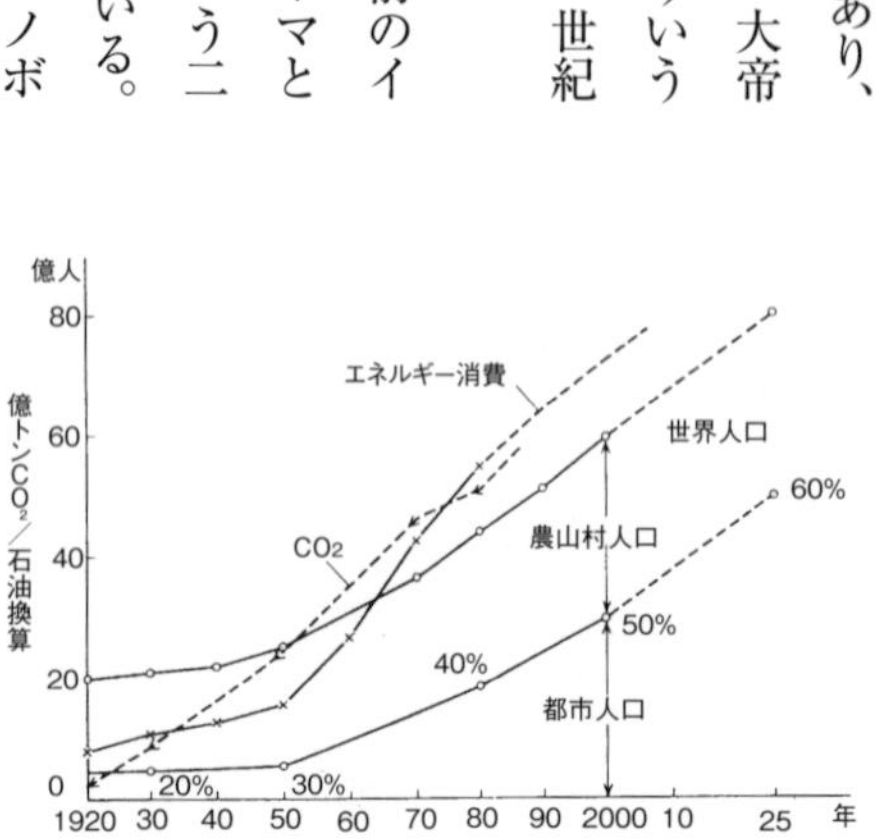

都市人口の増大とエネルギーCO₂の増加状況

一九八六年の日本建築学会百周年行事では「アジア百人交流会」を開催し、北朝鮮代表団をも招くことに成功した。一九九〇年に英文の学会誌『JAABE』（Journal of Asian Architecture and Building Engineering）を出版し、アジア建築交流国際会議の定例化にも成功した。二〇〇〇年にはＮＰＯ法人アジア都市環境学会を創立し、毎年、日中韓を中心に小さいながらも密度の高い国際会議を開催することにした。

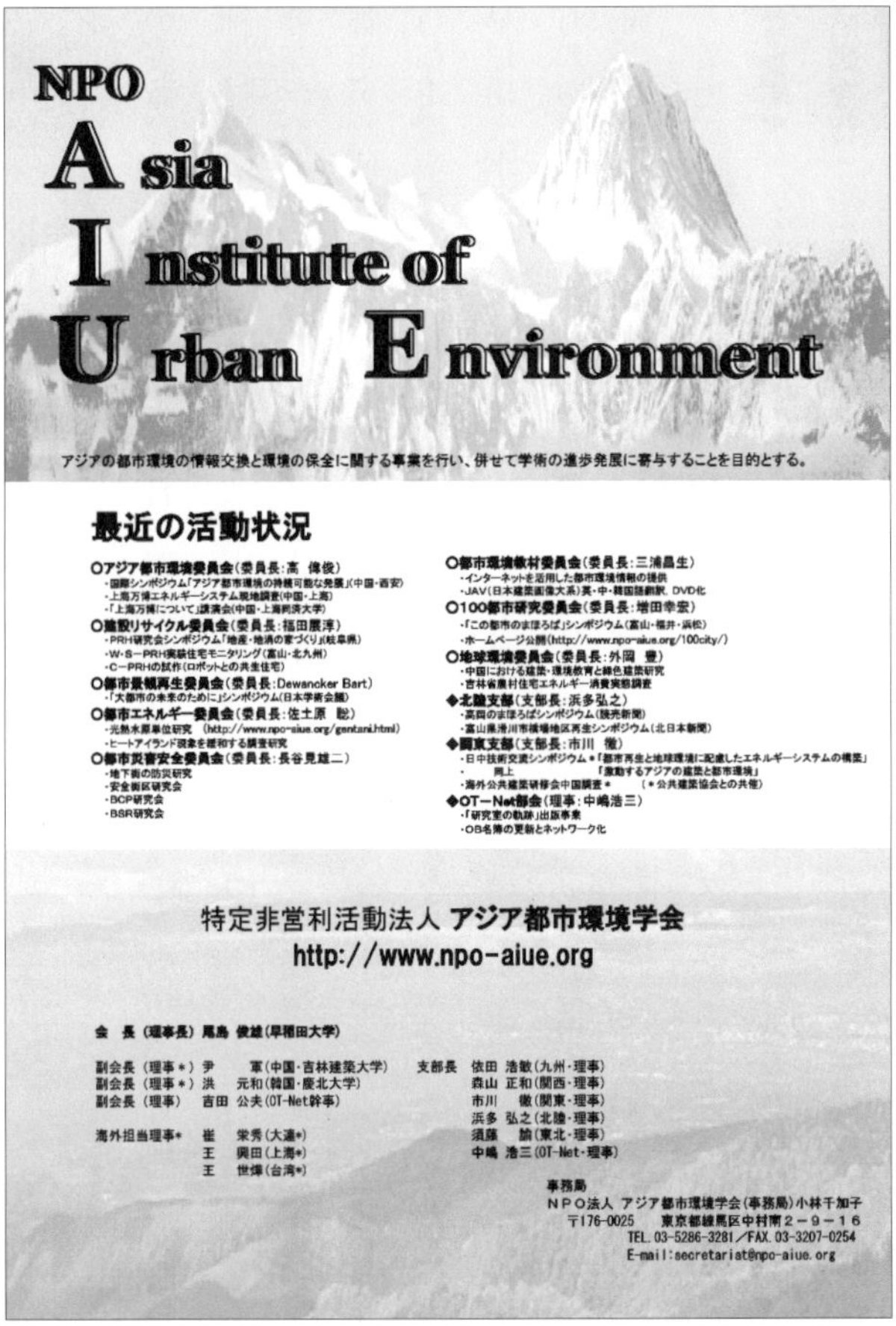
NPO
Asia Institute of Urban Environment

アジアの都市環境の情報交換と環境の保全に関する事業を行い、併せて学術の進歩発展に寄与することを目的とする。

最近の活動状況

○アジア都市環境委員会（委員長：高　偉俊）
・国際シンポジウム「アジア都市環境の持続可能な発展」（中国・西安）
・上海万博エネルギーシステム現地調査（中国・上海）
・「上海万博について」講演会（中国・上海同済大学）

○建設リサイクル委員会（委員長：福田展淳）
・PRH研究会シンポジウム「地産・地消の家づくり」（岐阜県）
・W・S－PRH実験住宅モニタリング（富山・北九州）
・C－PRHの試作（ロボットとの共生住宅）

○都市景観再生委員会（委員長：Dewancker Bart）
・「大都市の未来のために」シンポジウム（日本学術会議）

○都市エネルギー委員会（委員長：佐土原　聡）
・光熱水原単位研究　（http://www.npo-aiue.org/gentani.html）
・ヒートアイランド現象を緩和する調査研究

○都市災害安全委員会（委員長：長谷見雄二）
・地下街の防災研究
・安全街区研究会
・BCP研究会
・BSR研究会

○都市環境教材委員会（委員長：三浦昌生）
・インターネットを活用した都市環境情報の提供
・JAV（日本建築画像大系）英・中・韓国語翻訳、DVD化

○100都市研究委員会（委員長：増田幸宏）
・「この都市のまほろば」シンポジウム（富山・福井・浜松）
・ホームページ公開（http://www.npo-aiue.org/100city/）

○地球環境委員会（委員長：外岡　豊）
・中国における建築・環境教育と緑色建築研究
・吉林省農村住宅エネルギー消費実態調査

◆北陸支部（支部長：浜多弘之）
・高岡のまほろばシンポジウム（読売新聞）
・富山県滑川市稲場地区再生シンポジウム（北日本新聞）

◆関東支部（支部長：市川　徹）
・日中技術交流シンポジウム＊「都市再生と地球環境に配慮したエネルギーシステムの構築」
・　同上　「激動するアジアの建築と都市環境」
・海外公共建築研修会中国調査＊　（＊公共建築協会との共催）

◆OT－Net部会（理事：中嶋浩三）
・「研究室の軌跡」出版事業
・OB名簿の更新とネットワーク化

特定非営利活動法人 アジア都市環境学会
http://www.npo-aiue.org

会　長（理事長）尾島　俊雄（早稲田大学）

副会長（理事＊）尹　　軍（中国・吉林建築大学）
副会長（理事＊）洪　元和（韓国・慶北大学）
副会長（理事）吉田　公夫（OT-Net幹事）

海外担当理事＊　崔　栄秀（大連＊）
王　興田（上海＊）
王　世燁（台湾＊）

支部長　依田　浩敏（九州・理事）
森山　正和（関西・理事）
市川　徹（関東・理事）
浜多　弘之（北陸・理事）
須藤　諭（東北・理事）
中嶋　浩三（OT-Net・理事）

事務局
ＮＰＯ法人 アジア都市環境学会（事務局）小林千加子
〒176-0025　東京都練馬区中村南２－９－１６
TEL. 03-5286-3281／FAX. 03-3207-0254
E-mail:secretariat@npo-aiue.org

NPO 法人「アジア都市環境学会」の活動状況（稲門建築会機関誌『WA2007』より）

第四回アジア都市環境学会主催「大学キャンパスＣＯＰ」国際シンポジウム役員（韓国・釜山、二〇〇七年九月）

日中国交回復に当たって田中角栄政権下で実質的に働いたのが、富山県出身で義父と親交のあった松村謙三代議士である。また、私の訪中に当たって親身に世話をしてくれた早大政経学部の安藤彦太郎教授の影響で、日中友好交流をライフワークの一つとした。多数の尾島研卒業生らとともに活動する組織体として、NPO法人アジア都市環境学会を中心に、日本建築学会、中国建築学会、大韓建築学会、財団法人国際開発センター、国際文化会館等の支援を得て、アジアの都市環境研究を続けたいと考えている。そのため、インターネットや稲門建築会機関誌で、NPO都市環境学会の広報を行っている。この活動拠点となる今一つの大きな力として、浙江大学と早稲田大学にアジア都市環境センターを設立したいと模索中である。そのためには二〇〇八年四月から早大理工総研に長谷見雄二教授を代表とする「アジア都市環境PJ研究室」を私の基金で開設する。

また、アジア各国との実質交流にはビジネスチャンスが必要であり、そのためには、中国のみならずアジア各国CDMやESCO事業等、環境立国としての日本のパワーを活用したコンサル活動を行う予定である。

古今東西の古典文化として、日本の建築技術の向上に生ある限り尽くすことをもって、求道者を自負し始めた私の自己実現の道と考えるからである。

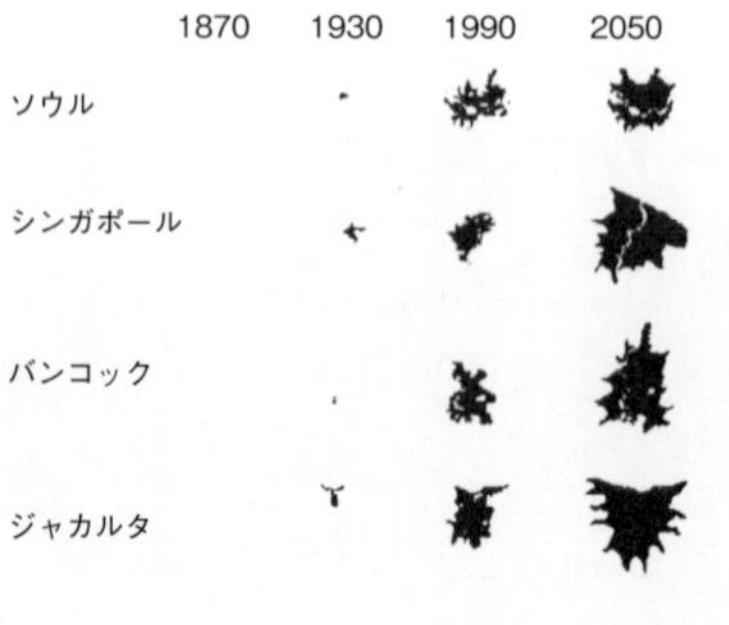

アジアの都市発展

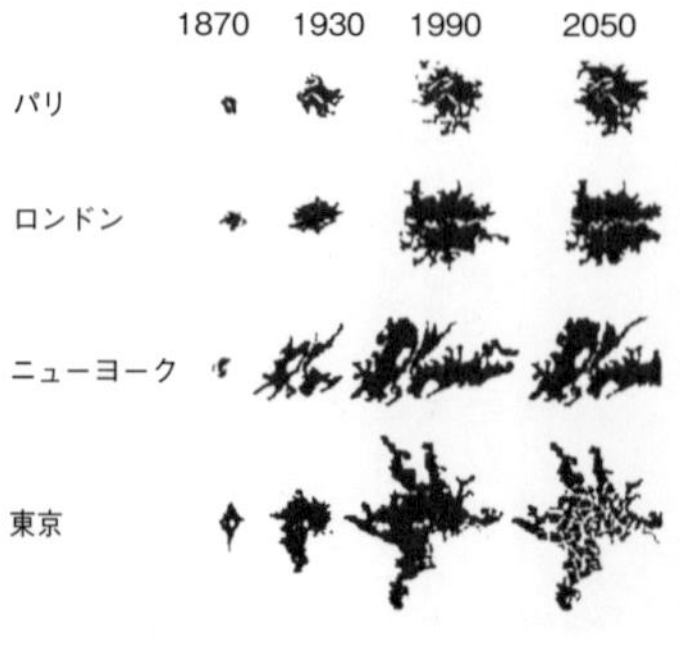

先進国の都市発展

プロジェクトⅡ　日本建築画像大系の教材活用（弘法）

建築に関する情報伝達の手段（サイン）は「イコン（ICON）」であり実像であって、「シンボル（SYMBOL）」でも「インデックス（INDEX）」でもない。したがって、建築情報の伝達にはこのイコンツールを使うことが最適と考えた。

日本の建築文化を世界文明の一つとして認めさせる手法として「日本建築や住居の様式化」が必要である。その伝達方法として、日本や中国各地での講演旅行の体験から、ビデオライブラリーをつくることの必要性を痛感した。映像が伝える価値は言葉ではとても表現することができないほど大きい。文化の交流には求法と弘法は同じように大切で、特に弘法の手法研究が大切である。

建築の教養課程の講義四単位分の資料として十五分間のビデオ教材が四本分あれば十分である。一単位一本として百本のビデオ教材で百単位分、今日の四年制の教養単位としてはパーフェクトである。早大全学でビデオライブラリーを計画した際、理工学部のキャンパスに一時映像ライブラリーを開設したが、建築分野以外での教材作成が進まず、四、五年で閉鎖されてしまった。

建築文化の記録と伝達手法としては、出版のほか、映像のインターネット活用が期待される。「日本建築画像大系」の出版目標百本のうち建築編（二十五巻）、住宅編（二十五巻）、都市編（七／二十五巻）、文化編（三／二十五巻）の六十巻が完成したが、その中から、日本学術振興会の補助を受けて十四巻の日・中・英・韓国語版CD-ROM化、（十四／百）、また株式会社パートナーの木附克至会長のご厚意で、五十巻のDVD化を終えている。

ビデオライブラリーの残り四十巻については次頁の表のようなビデオ作成を予定している。

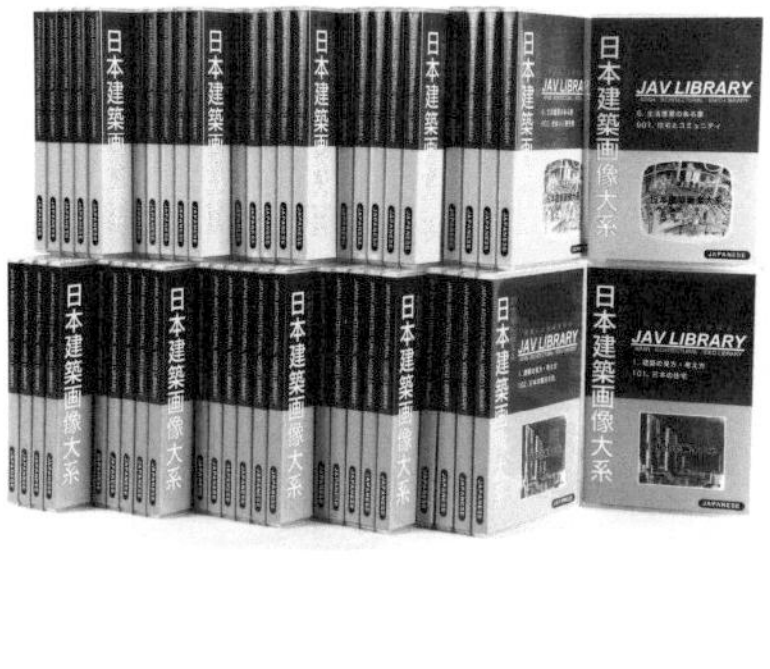

「日本建築画像大系」シリーズは現在六十巻が完成、そのうち五十巻がDVD化されている

	DVD	No.	タイトル	著者	DVD	No.	タイトル	著者
建築・都市			1.見方・考え方					
	●	101	日本の住宅	中川　武		106	市民のための災害情報	災害情報センター
	○	102	日本の集住文化	延藤安弘		107	東京の先端風景	原作／著者:尾島俊雄
	●	103	建築の再生	香山壽夫	○	108	ヒートアイランド	尾島俊雄／鍵屋浩司
	●	104	京町屋	上田　篤	○	109	風の道(解析)	尾島俊雄／鍵屋浩司
	●	105	地域文化財の考え方	西川幸治		110	都市景観	
			2.素材					
	●	201	木から教えられてつくる	大江　弘		206	古材バンク(リサイクル)	高口洋人
	○	202	コンクリートの可能性	鈴木　恂		207	石(ピラミッド)	
	○	203	鉄の自由さと優雅さ	池原義郎		208	土	
	○	204	アルミニウムの近代感覚	菊竹清訓		209	MOISS	塩地／吉國泰弘(予定)
	○	205	ガラスの持つロマン	穂積信夫		210	新建材	
			3.作り方					
	○	301	建築の儀式	後藤　久	○	306	日本のオフィスビル	林　昌二
	○	302	設計へのコンピュータ利用の方法	渡辺仁史		307	コミュニティ建築	
	○	303	市民ホールをつくる	山崎泰孝		308	バリアフリー	三浦昌生(予定)
	○	304	建築の施工	二階　盛		309		
	○	305	ホテルー都市生活者の情報センター	古田敏雄		310	ガーデニング	渡邉美保子(予定)
			4.技術					
	○	401	住宅の設備革命	北村龍蔵		406	メガストラクチャー	原作／著者:菊竹清訓／原田鎮郎
	○	402	ヒートポンプの利用	成田勝彦		407	地域冷暖房	原作／著者:尾島俊雄／DHC協会
	○	403	都市再開発	近藤正一・村山和彦		408	車と都市	尾島俊雄／高橋信之
	●	404	地震と建物の揺れ方	風間　了		409	デジタル設計　IFC	尾島俊雄／渋田　玲(予定)
	○	405	工事管理とコンピュータ	嘉納成男		410	デジタル設計　設備	尾島俊雄／許　雷(予定)
			5.つくる人々					
	●	501	宮大工　西岡常一の世界	原作:岩波映画製作所・高村武次他		506	町づくり(小布施)	宮本忠長(予定)
	○	502	建築の設計競技	近江　栄		507		
	○	503	本物をつくる職人	前野　堯		508		
	○	504	建築設計の本質	池田武邦		509		
	○	505	日本の建設業	佐藤嘉剛		510		
住宅・文化			6.ライフスタイル					
	○	601	住宅とコミュニティ	坪内ミキ子		606	ロボットと共生	菅野重樹(橋本周司)(予定)
	○	602	住まいと遊空間	大村璋子		607	コンパクトシティ	村上公哉(予定)
	●	603	高齢者とすまい	在塚礼子		608	(富山)	
	○	604	床の間のある家	木村治美・宮脇　檀		609		
	○	605	職住一体型住宅	川端麻記子		610	都心居住・別荘	
			7.住宅の選び方					
	○	701	雨水利用の家	加藤　辿・高橋　裕		706	木造と火災	長谷見雄二(予定)
	○	702	日本の2×4住宅	岡田徳太郎		707	コンバージョン	
	○	703	自然を基本とした住まい	川端英揮		708	BCP、BSR	増田幸宏(予定)
	●	704	現代家相学	清家　清		709	当たり前の家	
		705	住宅地の探求	山田　学		710		
			8.住宅の作り方					
	●	801	戸建て住宅の構法	内田祥哉		806	家具	阿部　勤(予定)
	●	802	積層集合住宅	藤本昌也		807	家具	柿谷／KAKI工房(予定)
	○	803	超高層住宅	浅野忠利		808	家具	三浦史朗(予定)
	●	804	インテリア	鈴木徳彦・松本哲夫		809	エコハウス	
	○	805	リフォーム	浦上隆男		810		
			9.住宅の設備					
	○	901	集合住宅の排水設備	安孫子義彦・坂上恭助		906	シックハウス	田辺新一(予定)
	○	902	住まいの給湯設備	御立年次・鎌田元康		907	クリーニング	
	○	903	浄化槽	岡屋武幸		908	バイオエネルギー	三浦秀一(予定)
	○	904	ソーラーハウス	木村建一・中島康孝		909		
	○	905	ホームオートメーション	富永英義		910		
			10.住宅の機能					
	○	001	水回り(トイレ、洗面所、浴室)	山崎雄治	●	006	PRH-W	尾島俊雄／池嵜助成／島崎英雄
	○	002	キッチン	フランソワーズ・モレシャン	●	007	PRH-S	尾島俊雄／中島裕輔
	○	003	和洋折衷の家具配置	高橋公子		008	PRH-C	尾島俊雄／吉國泰弘
	○	004	住宅と音	立岡　弘・山崎芳男		009		
	○	005	未来住宅とエレベータ	松倉欣孝		010		

日本建築画像大系ビデオ（DVD）全100巻のリスト。このうち、完成済み：60巻、予定：24巻、未定：16巻
●：日本語・中国語・韓国語・英語のDVD（14巻）

プロジェクトⅢ　この都市のまほろばを追求（求法）

新しい学問分野として、都市環境工学を早大建築学科で四十三年間、学び、教えた。しかし、早稲田の杜で八百人余の卒論生・二百八十余人の修論生・五十余人の博論生たちに教えてきたことは、都市の主体者は誰かを考えずに、音・熱・光・空気・色・水・エネルギー等々、物理科学の面からのみ見た環境工学であった。人間・社会という主体者あっての環境であることに気づかなかったのは、今から考えると、途上国時代にあっては日本のすべての方面で見られる姿であった。日本人の欲求レベルは、アブラハム・マズローの説である「生理的安全」という低次の欲求であって、社会や自我や自己実現という高次の欲求レベルではなかった。途上国時代が終わった今、高次の欲求を満たすためには、自己・自我・社会レベルでの欲求として、都市の主体者を考え、その都市の「まほろば」を求める時代になった。戦災復興を第一目標とした仮設都市の建設時代を終えたのである。

二十一世紀型の本格的都市を建設するには、主体を明確にしたうえで、「消えるもの」と「残すもの」を識別し、歴史・自然・文化・周辺事情を考えたうえで、「創ること」を明らかにする時代である。都市の主体者は江戸時代にあっては領主、明治・大正・昭和は国家、昭和二十年以後の戦後は法人であったが、二十一世紀に入ると市民の直接参加型に変わりつつある。

諸外国で二十都市、東京は二十都市相当として、日本国内百都市を研究対象に選び、全百二十都市を六巻にして、中央公論新社から『この都市のまほろば』をシリーズとして出版したいと考えている。しかし、都市の未来を書くことは非常に困難であり、一見、無意味なうえ、その都市

「高岡のまほろば」を求めて、高岡市金屋地区で。左より小沢一郎、私、後藤春彦、藤重嘉余子、伊東順二、橘慶一郎、竹内直文、前田一樹、竹平栄太郎（二〇〇六年六月三日、読売新聞）

の主体者にとっては失礼以上に非礼とも思える。しかし、都市環境学者であれば、人格を賭す価値をも感じている。

日本の都市はパリを真似て、絵になる都市づくりになるであろうか。ロンドンを真似て安心できる都市をつくれるか。ニューヨーク以上に活力のある都市をつくることができるか。否である。石と木の相違、自然景観の相違、長い間の宗教や文化の相違を考えれば、諸外国を真似た都市をつくろうと思わぬことが大切である。とすれば、どのような都市をつくればよいのか。

江戸時代に日本にやってきた多くの外国人は、日本のどの都市も絵のように美しく清潔であったと述べている。このことから考えても、欧米文化の直輸入で日本の都市景観は破壊されたとすらいえる。しかし、江戸時代に比べ、少なくとも生活の質（Quality of Life）は向上した。

これからの町づくりに当たって、残したいものと創りたいものを融合し、抽象化する使命感を感じている。そのためには日本の百名山を選んだ深田久弥のごとき、個性的で揺るぎない強烈な主張が必要である。司馬遼太郎の「この国のかたち」、深田久弥の「日本百名山」、五木寛之の「百寺巡礼」に並ぶ、私の「百都市」を描くことができればと考えている。私は、今和次郎教授の「考現学」の成果を見て、「考未来学」の必要性を実感した。「この都市のまほろば」シリーズは、天・地・人・創（起・承・転・結）構成で、「それぞれの都市が世界のオンリー・ワンとして誇れるもの」を発見することに努め、すべての都市が世界遺産に登録されることを願って、百都市行脚を行うことにした。幸い二〇〇七年度中に一度は百都市すべてを訪ねることができた。また研究会でもインターネット報告を可能にした。これらの成果の活用を第六巻の東京編で生かすことができればと考えている。

「高岡のまほろば」座談会風景。左より、小沢一郎、竹内直文、望月明彦、黒川洸さんと司会の私

徳島の取材で、明石大橋案内役の安富重文さんと私

Vol.1(既刊)		Vol.2(既刊)		Vol.3(既刊)		Vol.4(予定)		Vol.5(予定)	
1	室蘭	21	函館	41	弘前	61	旭川	81	青森
2	仙台	22	盛岡	42	秋田	62	札幌	82	山形(米沢)
3	鶴岡・酒田	23	会津	43	宇都宮	63	小樽	83	郡山(福島)
4	鎌倉	24	つくば	44	高崎	64	いわき	84	日光(足利)
5	川崎	25	川越	45	前橋	65	水戸	85	さいたま
6	富山	26	横浜	46	千葉	66	千葉西	86	所沢
7	金沢	27	新潟	47	横須賀	67	川口	87	長岡
8	岐阜	28	諏訪	48	福井	68	小田原	88	豊田
9	名古屋	29	熱海	49	甲府	69	高山	89	豊橋(岡崎)
10	伊勢	30	浜松	50	長野	70	彦根	90	四日市(松阪)
11	近江八幡	31	京都	51	松本	71	大津	91	東大阪
12	大阪(キタ)	32	神戸	52	静岡	72	奈良	92	西宮(尼崎)
13	岡山	33	和歌山	53	大阪(ミナミ)	73	橿原	93	鳥取
14	広島	34	松江	54	堺	74	山口	94	福山
15	松山	35	高松	55	姫路	75	萩	95	高知
16	北九州	36	福岡	56	徳島	76	宮崎	96	久留米(柳川)
17	熊本	37	長崎	57	佐賀	77	鹿児島	97	大分
18	別府	38	那覇	58	ハノイ	78	釜山	98	ロンドン
19	上海	39	西安	59	天津	79	台北	99	パリ
20	ソウル	40	北京	60	長春	80	シンガポール	100	ニューヨーク

「この都市のまほろば」百都市リスト（都市名や Vol. を変更することがあります）

『この都市のまほろば』
vol.2（二〇〇六、中央公論新社）
vol.3（二〇〇七、同）

プロジェクトⅣ

東京大深度地下ライフラインの建設（ライフ）

建築学科に入学して、最初にギーデオン著『時間・空間・建築』を読んで「間」について関心を持った。それから二十年後にスペース・モデュール研究として、十年間、「時間」「空間」「人間」の関係性を「環境計測」の授業で教え、学ぶことになった。過密な大都市空間で「間」の抜ける空間として、大深度地下と超々高層空間がある。「千メートルビル」や「大深度地下研究」に取り組むうちに、日本でまずは一本建設してみたいと考えた。幸いにも二十一世紀の東京はその可能性に満ちている。一九〇〇年代の百年間に地上の建物は十、三十、百、三百メートルと三十年ごとに上空に伸び、比例して地下空間は一、三、十、三十メートル以上利用されるようになった。その結果、二〇二〇年には地表千メートル（スカイフロント）、地下百メートル（ジオフロント）が開拓されるであろう。

一九六五年七月、最初のニューヨーク訪問は超高層建築の調査であった。日本は一九六三年に建築の高さ規制三十一メートルが撤廃され、早大五十一号館が七十五メートル、霞が関ビルは百メートルを超え、一九六八年には京王プラザが二百メートルを超えた。一九七八年、サンシャイン60の基本設計を手伝って、車・ゴミ・水・エネルギー・情報、すべての面で地下空間の活用なくして地表の大空間は維持できないことを実感した。

「JES101」（一九七二、『建築文化』）、「アングラ東京構想」（一九八二、『建築文化』）、「東京を開く　尾島俊雄の構想」（一九九二、『プロセスアーキテクチャー』）、『超高層ビルと未来都市』（一九九二）、『千メートルビルを建てる』（一九九七）の出版活動に支えられ、二〇一六年の

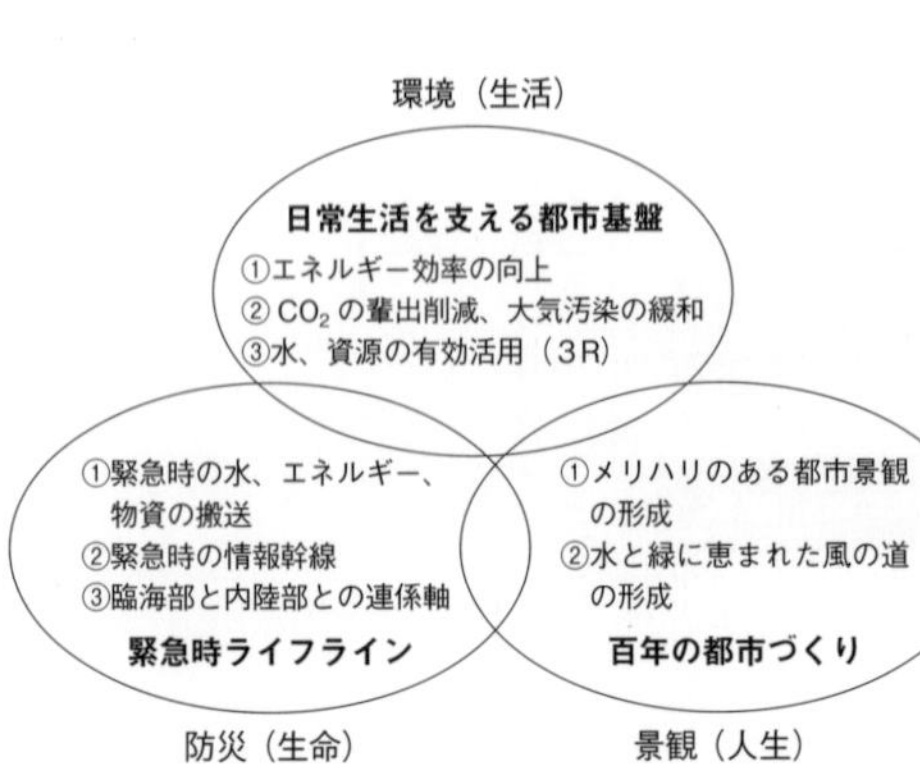

大深度地下ライフラインの必要性

東京オリンピック施設として豊洲ライフアンカービル建設をきっかけに東京大深度地下スペースネットワークをつくる。

二〇〇〇年には第四次大深度地下ライフライン構想について第一回都市再生推進懇親会（二月

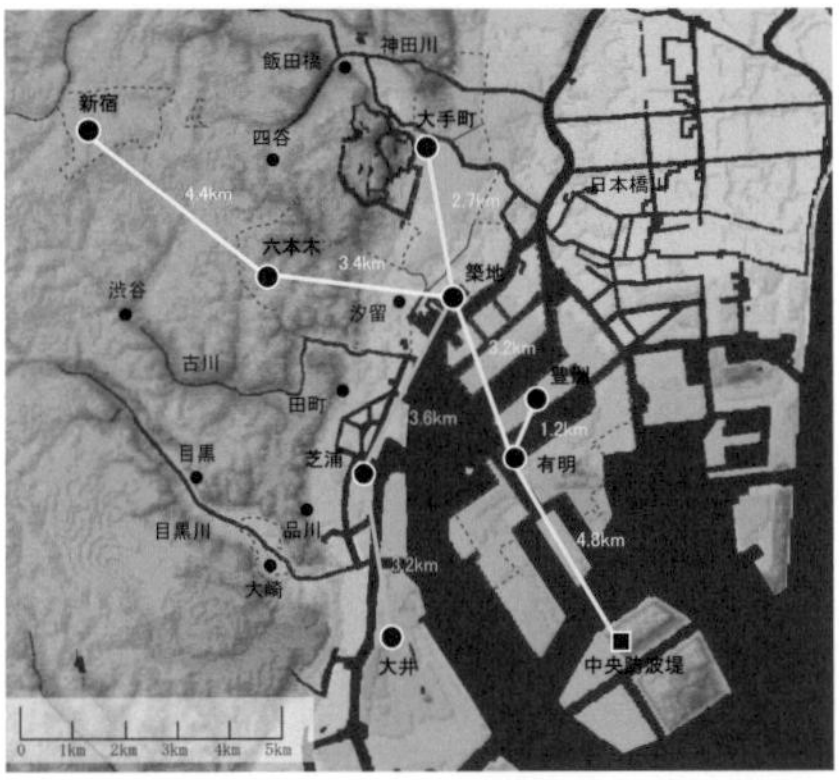

大深度地下ライフライン・ルート案

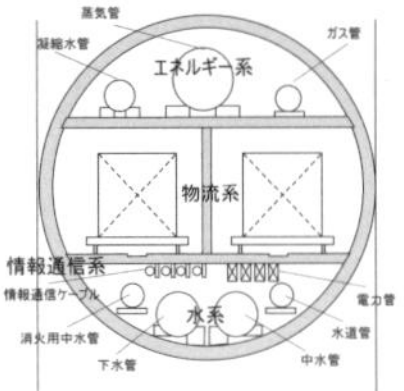

大深度地下ライフライン断面想定
（ルートA）

ライフスポット
ルートA
ルートB
ルートC
都市再生　緊急整備地域

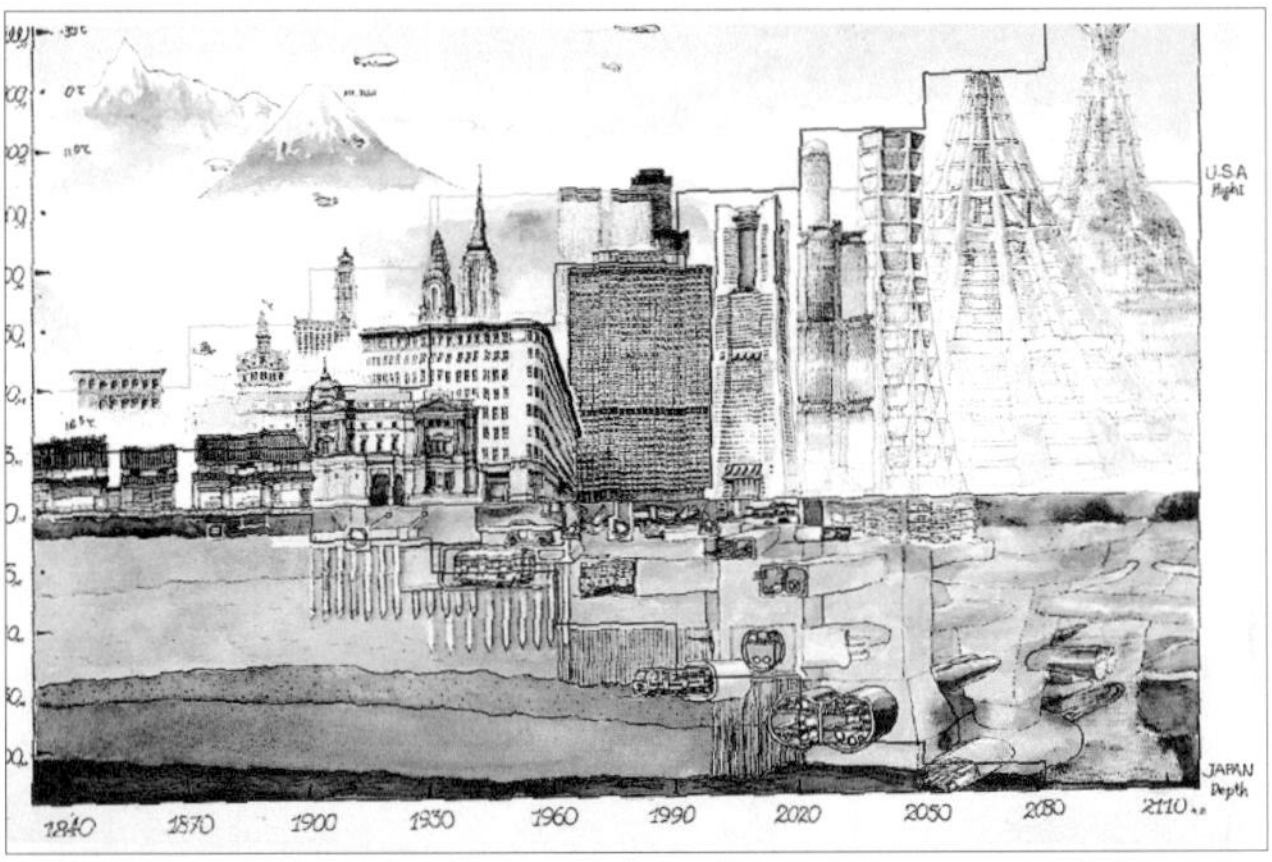

大深度地下ライフライン構想

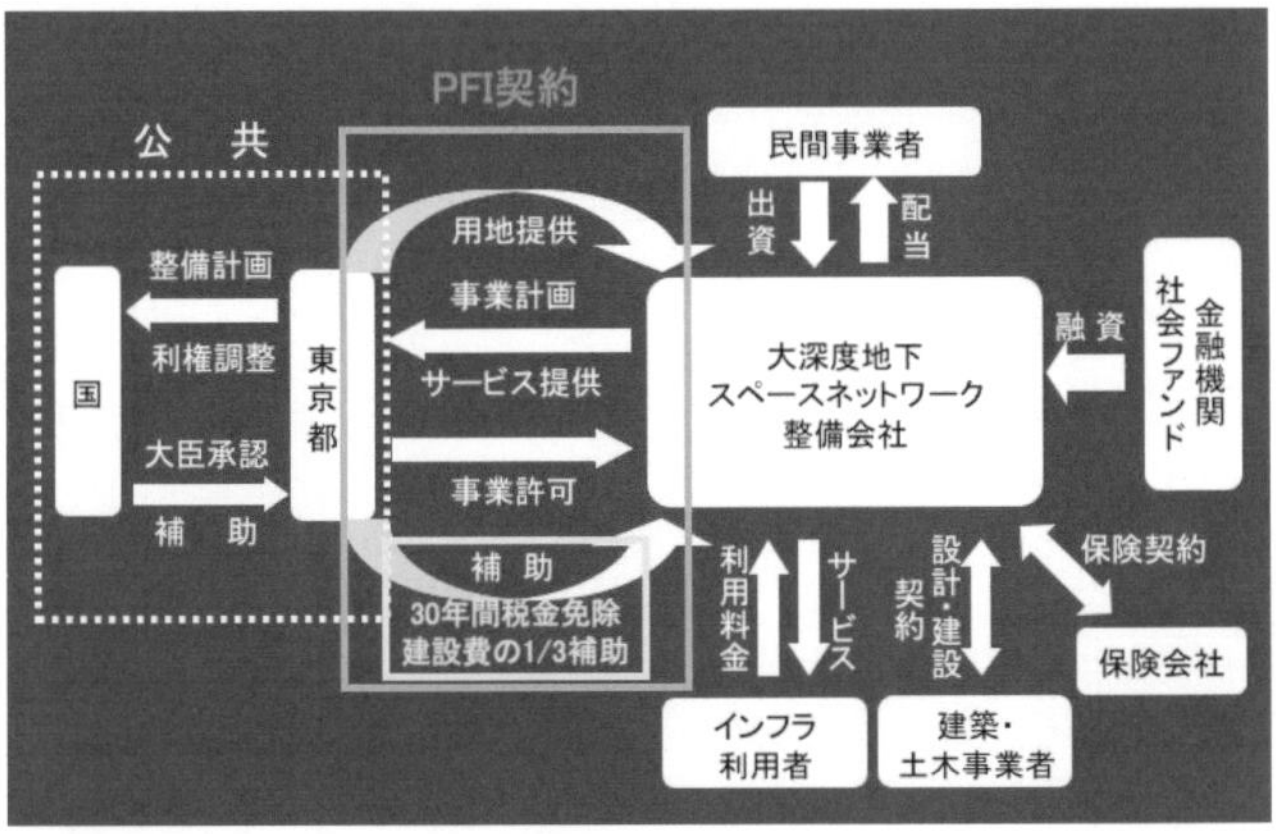

大深度地下ライフライン・事業スキーム

二日、総理官邸）で小渕総理・中山建設大臣・石原都知事を前に提言し、続いて第三回（八月三十一日）の懇談会でも、森総理・扇建設大臣・石原都知事等に緊急提言する。二〇〇五年にはＴＯＫＩＯ研究会で第五次構想を推進し、二〇〇五年四月には大深度地下ライフラインの必要性を日本学術会議から小泉総理大臣に勧告した。

物理や化学の法則性を学ぶ理工学の科学技術をもってすれば、限りなく安全な都市をつくることができる。しかし、人間の安心は、安全とはまったく違う次元でＤＮＡやゲノムに組み込まれたプログラムである生命科学によって支配されている。事前にすり込まれた情報によって安心かどうかの判断が行われるのである。また、安全や安心の確認や認知に当たっては、法律的に国家が保障することによって、安全や安心が担保されている現実をも考えなければならない。

本当に安心できる都市をつくるには、現在の工学の科学技術と同様に、人間の生命科学的知識、法律等の人文科学の知識なくして不可能である。

安心できる都市を設計するためには、これらの科学を統合した設計科学の力を使ってこそ、自然と共生した人工物システムを設計することができる。東京の幹線ライフラインを大深度地下トンネル（ＵＮＳ：Underground Space Network）にする必要性を三十年も前から提言し続けていても実現しないことを考え、まずは人づくりから始めねばならない。

幸い、二〇〇七年度ＤＨＣ協会の自主研究として、国土交通省の支援を得て、「東京都心環境防災ライフライン研究会」が発足する。二〇〇五年四月の日本学術会議の勧告や二〇〇五年七月の中央防災会議「首都直下地震専門調査会報告」を受けて、有明・豊洲・築地・霞が関・大丸有地区・六本木・新宿ルートの検討に入る。同時に事業主体についても産官民で検討予定である。

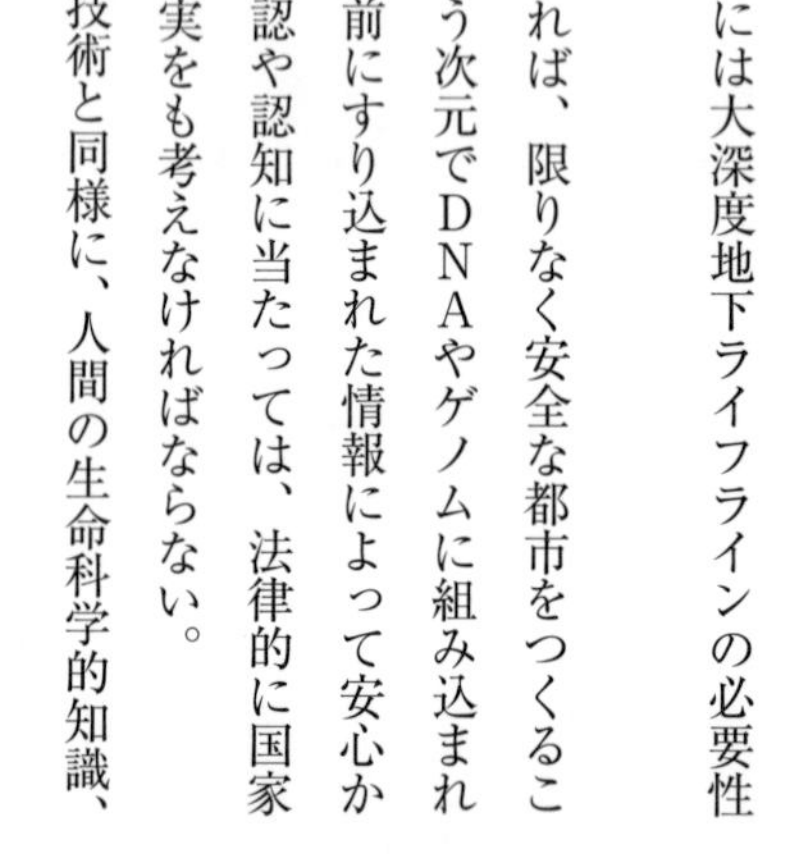

地上と地下のリサイクルのための人工・自然インフラストラクチャーとして、未利用空間の活用

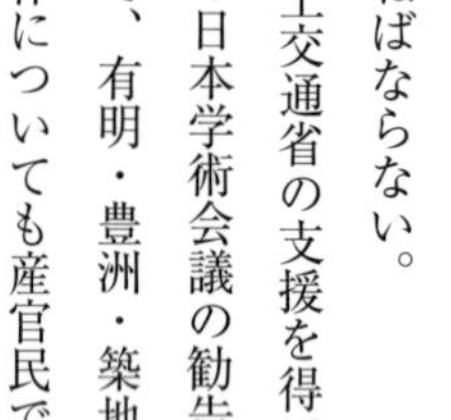
豊洲ライフアンカービル計画案
豊洲開発／セコムBCPビル等を中心に、エネルギー・水・情報・医療・食品等の備蓄とライフラインによる供給システムを計画中

プロジェクトV　未利用エネルギー活用のネットワーク化（エネルギー）

一九六〇年代、冷房完備の喫茶店が大人気を博し、冷房のメカニズムが話題になった頃、虎ノ門病院や大分県立大分図書館の設計に際して、冷房費用が支払えないという社会問題が起こった。第二次世界大戦は日本のエネルギーの補給線が敗因であり、成田空港は立地選定にガソリン供給ルートを考えなかったことで開港が遅れた。島国である日本は、運河やパイプラインの建設に鈍感であり続けている。近代建築は産業革命によるエネルギー利用によって初めて可能になったことを考えると、エネルギーを勉強せずして立派な近代建築や都市はつくれないと確信。学生時代から各種建物のエネルギー消費原単位を調査研究すると同時に、その利用方法として都市レベルでの地域冷暖房による省力化と省エネルギー研究を開始した。今また、アジアの巨大都市に必要とされる民生用エネルギーの急増とその省エネ対策が急務である。

ＥＸＰＯ'70のＤＨＣ設計時から、一九七二年の『建築文化』誌で「ＪＥＳ１０１」を特集。その普及啓発に当たって日本地域冷暖房協会を創立し、一九九三年に社団法人の認可を受けた。二〇〇六年に「社団法人都市環境エネルギー協会」と改称したが、アメリカの「ＮＤＨＡ」が一九九五年に「ＩＤＨＡ」と改名したのにならって、英文名は「ＪＤＨＣ」のままにしている。

熱供給事業法や公害防止条例の施行でＤＨＣが普及した反面、社団法人化による官主導に依存してしまったことで停滞した。推進を妨げる法や条例は二〇〇六年以後に廃止の方向で導くこととして、本格的なＤＨＣ普及促進のために、理事長として定年を超えて陣頭指揮することにした。協会活動と並行して、個人的にも『空気調和設備の経常費』（一九六七）、『日本の地域冷暖房』

（一九七一）、『日本のインフラストラクチャー』（一九八三）、『建築の光熱水費』（一九八四）、『地域冷暖房』（一九九四）、『建築の光熱水原単位（東京版）』（一九九五）等を出版し、また、インターネット上で建物や都市のエネルギー消費データを公開することにより、二〇一〇年対策やESCO事業に続く、CDM事業に寄与することにした。この事業化に当たっても、建築の光熱水原単位の完備が必要である。

DHCの普及は北欧の大都市で五〇～六〇%、ドイツやフランスの大都市で五～六%である。日本はこの三十年間に東京で一%（千ヘクタール）、二〇一五年には少なくとも三%にまで拡張するとともに、東南アジアの地域冷房や東北アジアの地域暖房を支援したいと考えている。

内藤多仲先生の「東京タワーは建設途中が最も危険で、四本の支柱が上空で緊結される前に台風や地震が来たらと心配した」という講義をこの分野でも教訓にしている。DHCも、未利用熱源とネットワークされるまでの個々のDHC時代が経済的にも省エネ的にも一番心配だからである。

一九七〇年代、東京都公害防止条例で、一〇kg／cm²の蒸気ネットワークを二十一世紀までに三千ヘクタールと予測し、二万平方メートル（今日では五万平方メートル）以上の建築主には蓄熱供給の義務を、二千平方メートル以上の建物には加入義務を課した。しかし、今日まだその三分の一の達成にすぎないのは、個々の事業者に一任していたためであろう。パリのようにゴミ焼却排熱百八十万トンの半分を熱供給に、半分を発電に使えば、六〇%以上の効率運転が可能である。東京では二百五十万トンの余力を持ち、都心部のみでも五十万トン分の熱利用はすぐにも可能である。二〇一六年までには少なくともCO_2を五十万トン削減させたい。

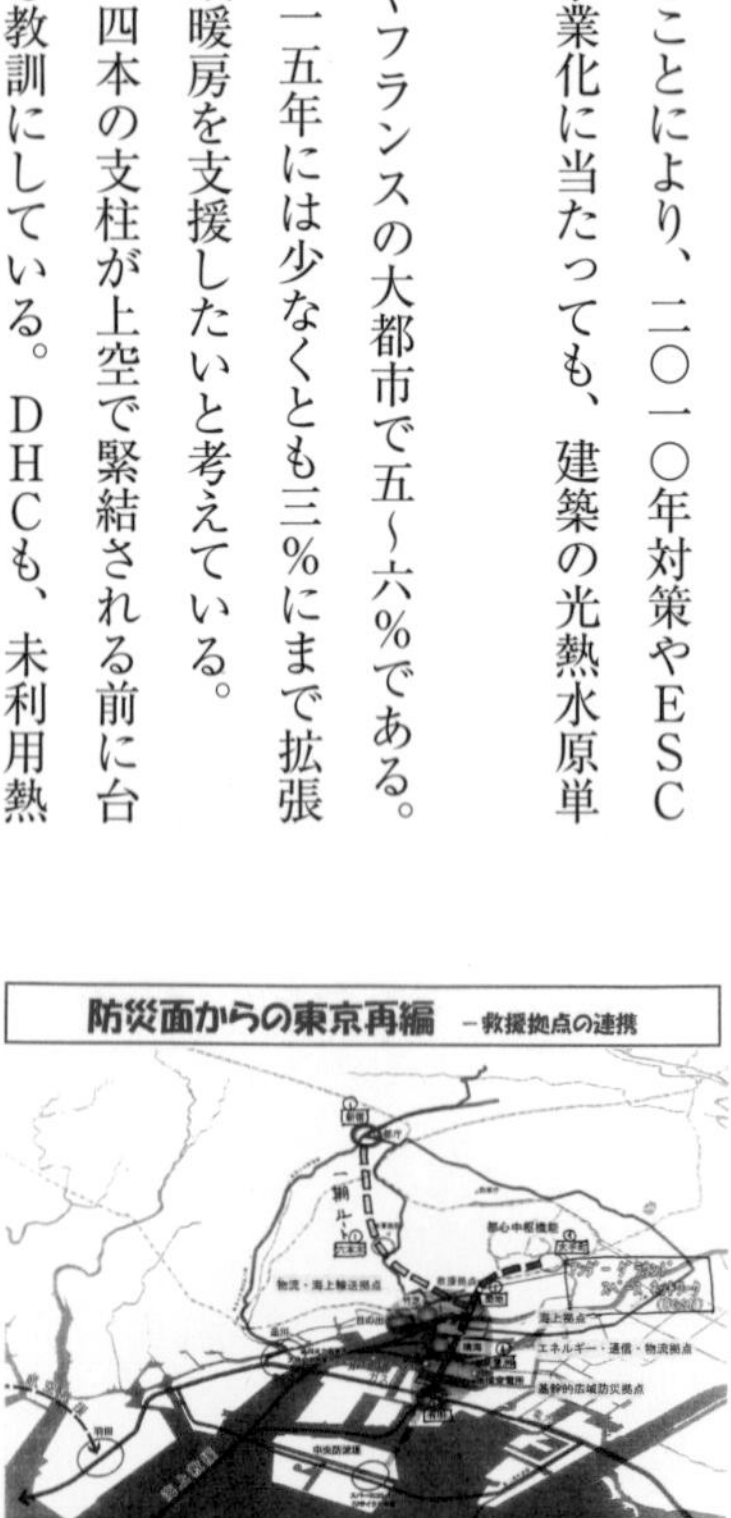

大深度ライフライン構想
第一期ルート案（有明―豊洲―築地―霞が関―［大丸有］―六本木―新宿）

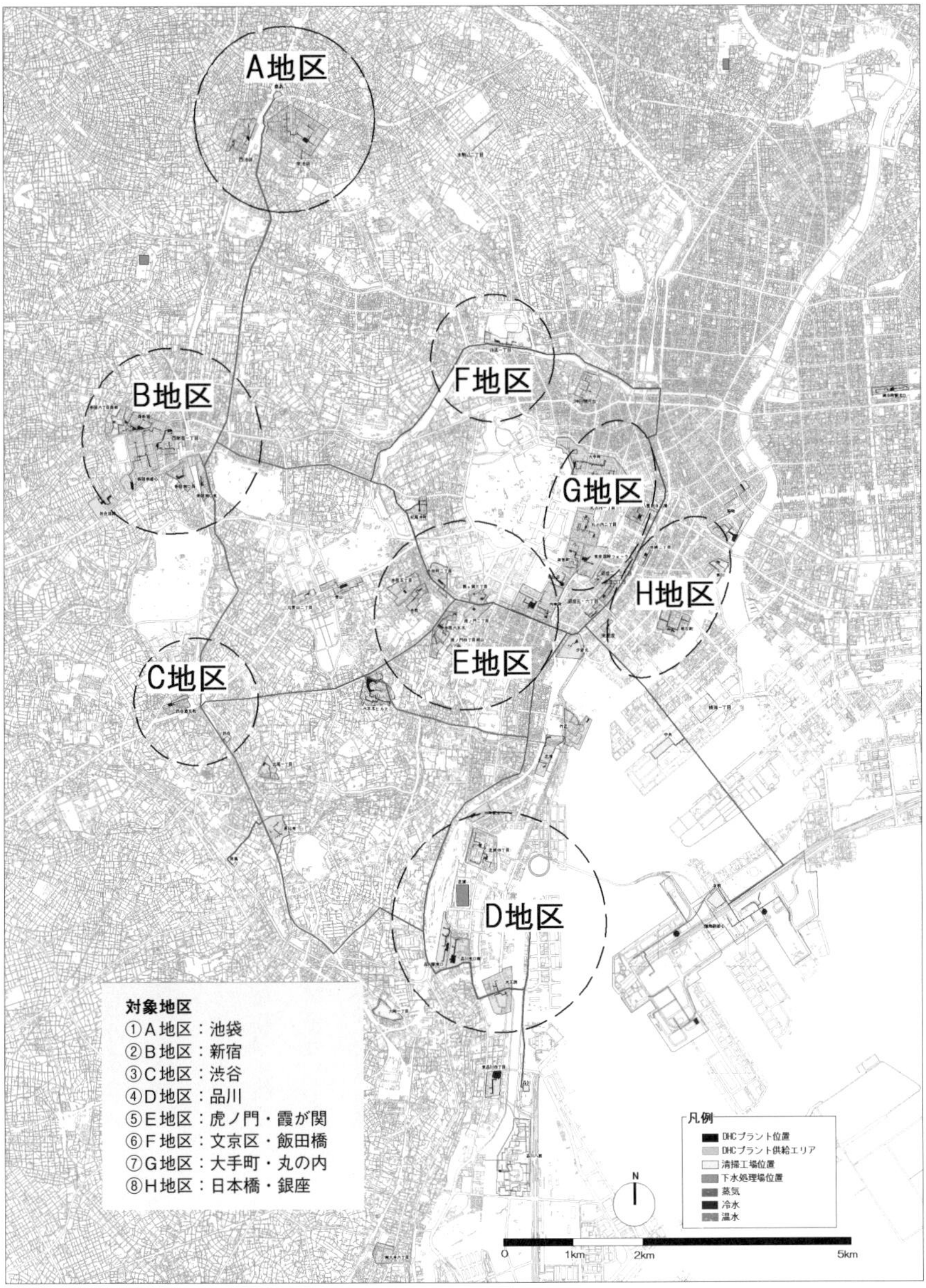

東京都 23 区地域冷暖房推進地域

法定容積率 400%以上の地域、および都市再開発法でいう再開発等促進区（2 号地区）

プロジェクトⅥ　ヒートアイランド現象の緩和策（風）

都市のヒートアイランド現象の最大の原因とも考えられる、家庭やオフィスにおけるコンピュータや冷房の普及、自動車で使われるエネルギー消費の増大は止められない。特に産業部門に比べて、業務、家庭、運輸部門の増加が著しい。

日本万国博覧会会場の基幹施設を設計したことから、周辺環境の破壊が問題になり、『熱くなる大都市』（一九七五）や『リモートセンシングシリーズ』（一九八〇）、『ヒートアイランド』（二〇〇二）を出版した。その後、ヒートアイランド政策大綱が内閣で策定される。対策として、「風の道」を提案し、東京再生や上海万博プロジェクトとして地図上に「風の道」を記入することの必要性を、シュツッツガルトやベルリン等の都市環境気候図を見て実感する。日本人の九〇％、世界人口の五〇％が都市に住む時代に、しかもその増加人口の大部分がアジアの大都市に集中する時、生け簀のごとき近代都市特有の大気のかたまりとしてのヒートアイランド現象は何としても緩和しなければならない。

二〇〇五年四月、日本学術会議から「声明」を出し、都市は人工環境インフラ以上に自然環境インフラが大切であることを主張する。都市再生ブームに乗った高層建築群が海風や川風を遮蔽することのないように、事前に周知させることが大切だからである。都市計画道路のように地図上に「風の道」を表示しておくことができればよい。そのためには都市気象を詳しく計測することが必要になる。「風の道」を河川や道路のように等級をつけて管理することができればよい。まったくの私案であるが、「一級」は国が管理し、「二～三級」は地方自治体、「四～五級」の山

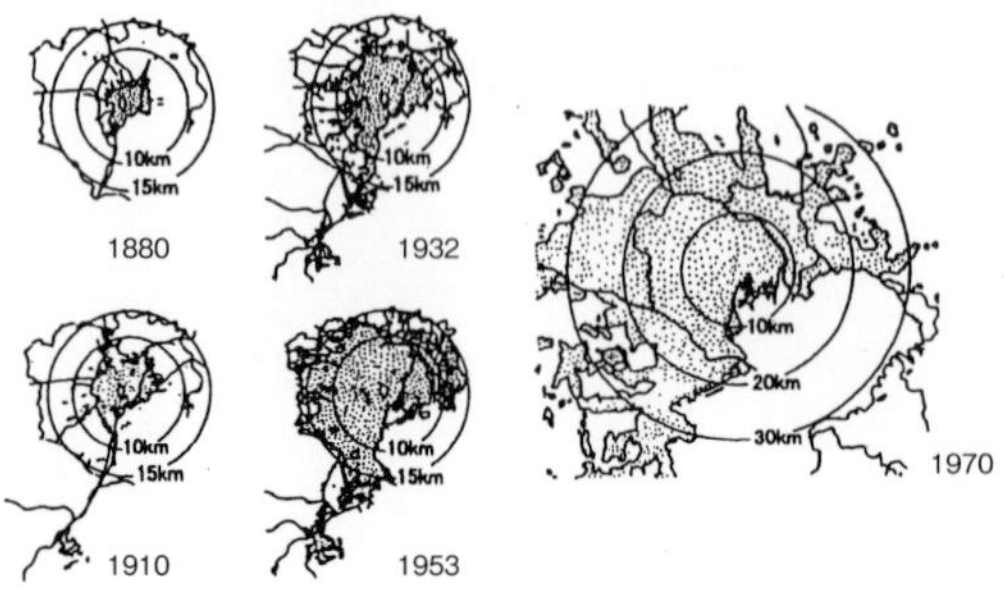

東京首都圏の明治以降の市街地拡大

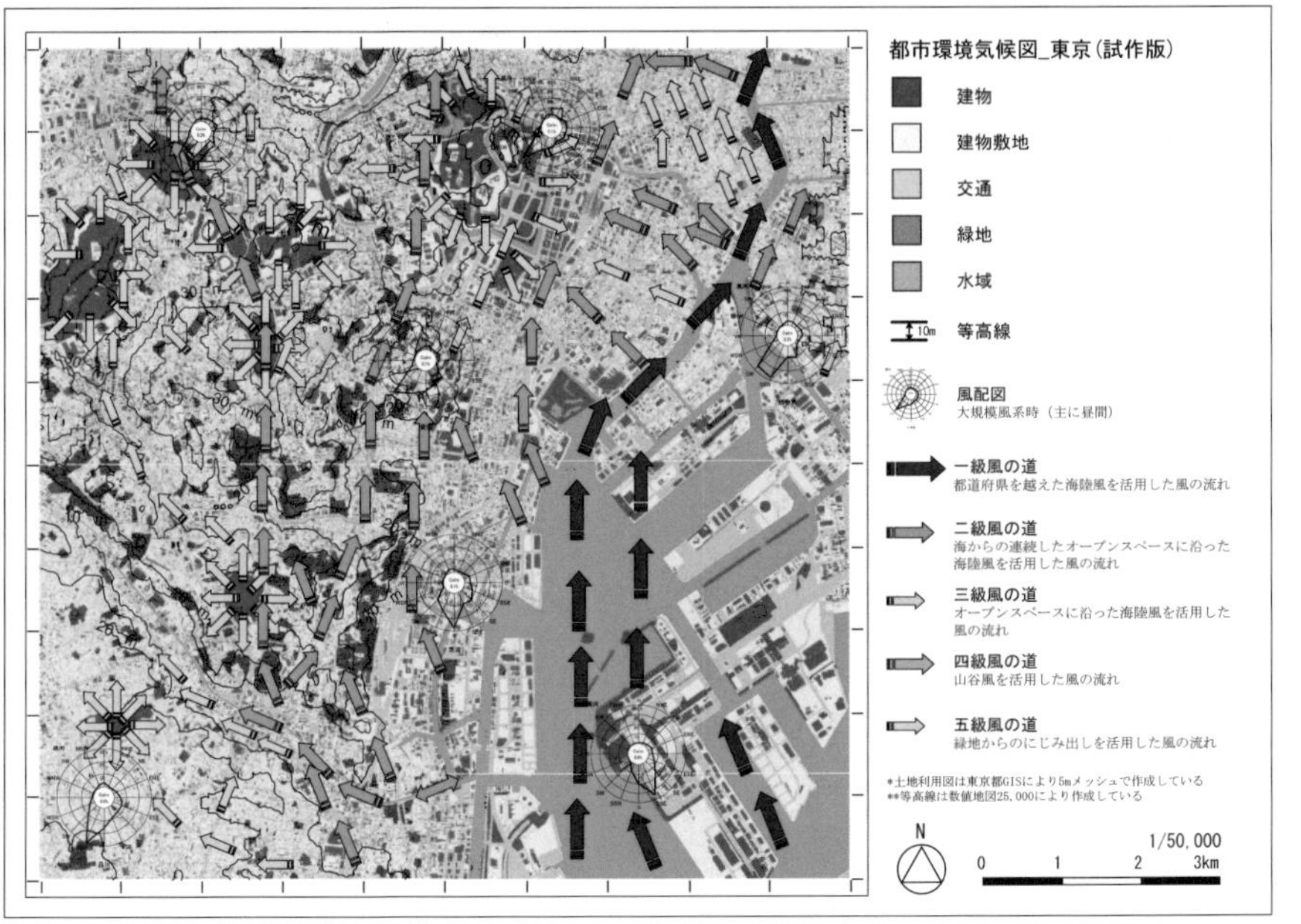

ヒートアイランド現象としてのオキシダント対策研究と都市環境気候図の試作

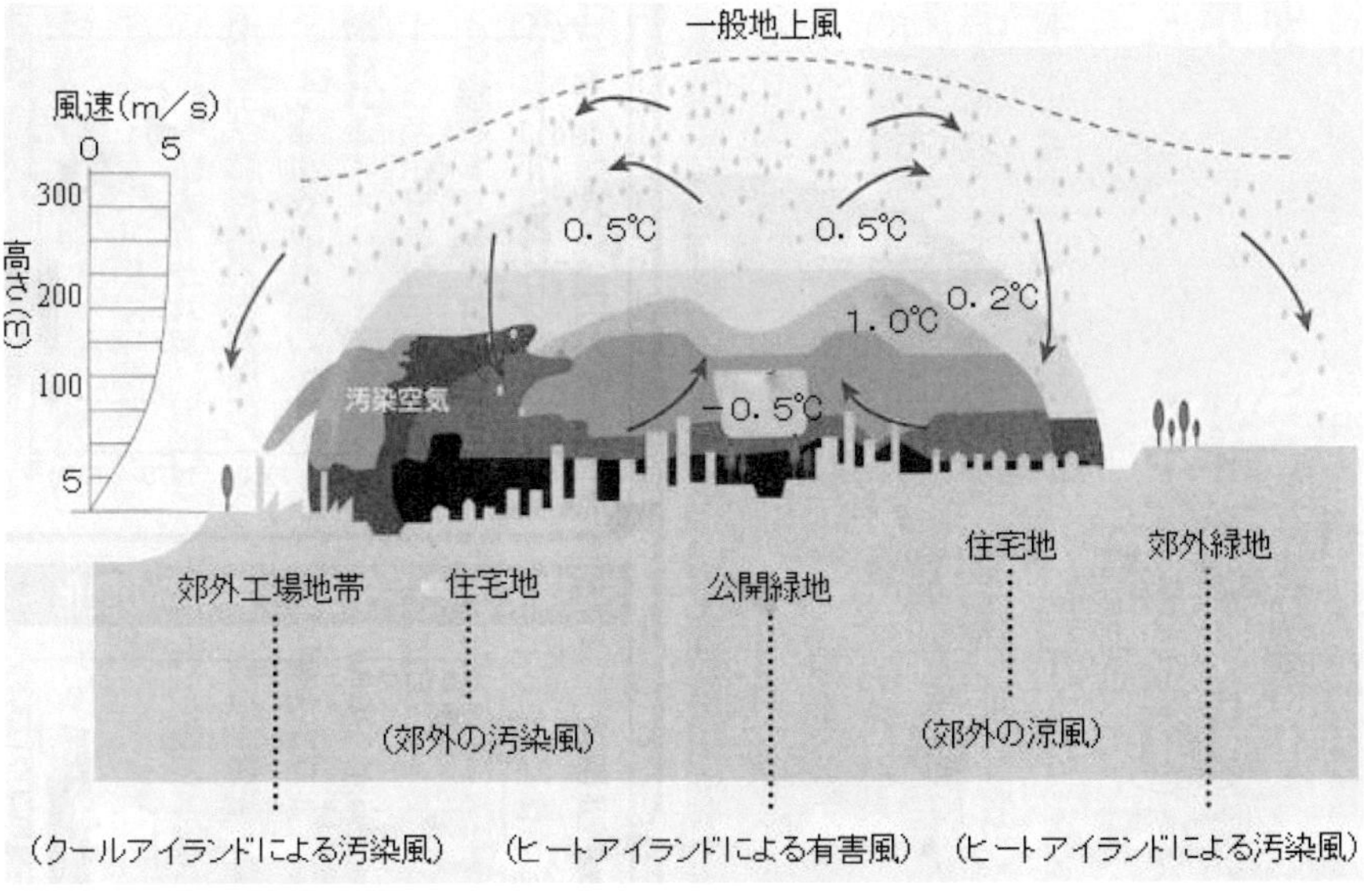

ヒートアイランド現象に伴う都市圏と汚染物質の伝播イメージ。上昇気流に乗った都心の汚染空気は東京上空で有害な光化学オキシダントに変わり、巨大なダストドームとなって東京全体をすっぽり包む

谷風や公園緑化による風は、町づくりＮＰＯ等で管理する。

一九七〇年の大阪万博の乱開発がリモートセンシングの必要性を生み、経済産業省の産業エコロジー研究会「サーマルシステムモデル」を十年以上続けた。一九八〇年代に入って、中国の都市計画を学び、サスティナビリティの研究、二〇〇五年からは三年間、国交省の総プロで大規模実測を東京で開始。同時期、環境省から地球温暖化対策とクールシティーの研究を委託された。二〇〇七年度から五年間、石油特別会計でクールシティー建設に毎年七億円の補助が認められている。本格的な国の支援で、この研究は軌道に乗り始めているが、「クールビズ」の普及以上に、抜本的対策は「渡り鳥や回遊魚・遊牧民の智恵」の活用である。夏季や冬季の長期バカンスや季節遷都のライフスタイルを定着させることにある。

未完の研究として三十年前に予測したことを、実測で、地域環境シミュレータで、また模型実験で確認した。その結果、熱帯夜が続くと、東京都心では、夜も海風が吹くこと、川風やストリートキャニオンの風の道が役立つこと、高木のある大公園では涼風がブースター（後押し）されて風の道が延伸することが海岸から五キロメートルまでわかった。ベルリンのごとき都市環境気候図をつくるには、海陸風の建物との関係や、オキシダントや集中豪雨、雷等を多発させる大きなヒートアイランドの循環風の研究が一段と望まれる。一九九七年に行われた東大生研での共同研究の継続がその第一歩であろうか。

一九九七年八月三日「産経新聞」より

埼玉、茨城　ニュータウンに汚染物質
都心60キロ圏で循環
大気の流れを解明
ヒートアイランド現象
早大研究グループ

季節遷都論。長期間バカンスのライフスタイルが大切

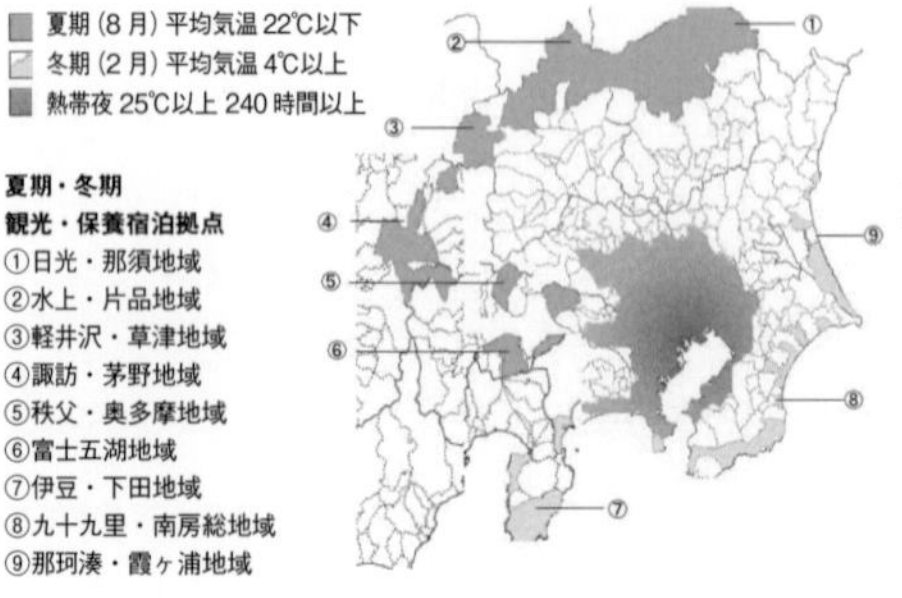

プロジェクトⅦ　ウォーターフロントの再生（水）

東京藝術大学美術学部の講師を山本学治教授に頼まれ、一九六〇年代から二十五年間も続けた。そのきっかけはローマの水道橋について日本建築学会で講演したのがきっかけであった。大阪万博でイサム・ノグチ設計の噴水を技術的に支援するため、世界中の噴水調査を実施した。また、低水位型都市づくりについて、藝大の天野太郎研究室に協力して東京のウォーターフロントの調査を行った。

江戸時代からのコミュニティーや人情が残されている東京・下町を活性化させるため、陸と同一レベルで水際線をよみがえらせ、そこに江戸情緒を再現させる。人々が安心できる低水位型の水系を取り戻すためには、錦糸町を囲む井の字形の水路の出入り部にそれぞれ二重水門を設け、その内側にはＴＰ（潮位）ゼロメートルよりも深い運河を設けて水位を安定させる。オランダやパリで実施されている手法である。東京や大阪の下町では、水と人をつなげることで下町の歴史的景観とコミュニティーを保全し、二十一世紀型の都市を建設することが可能である。

雑誌『プロセスアーキテクチュア』（一九九一年）の特集「東京を開く」での主要プロジェクトは「下町マンハッタン構想」であった。二十一世紀に入って、東京の下水道は合流式を分流に変更する計画もあり、この際に地表にある都市内河川を再生させ、親水面の復活を提案したものである。墨田区錦糸町を中心とした北十間川、大横川、横十間川、小名木川に包まれた地域はマンハッタンのセントラルパークに相当する。この水系を二重水門によって水位調整することで、本当の親水空間をつくることが可能である。しかし、すでに南の仙台堀川や大横川の半分以上が

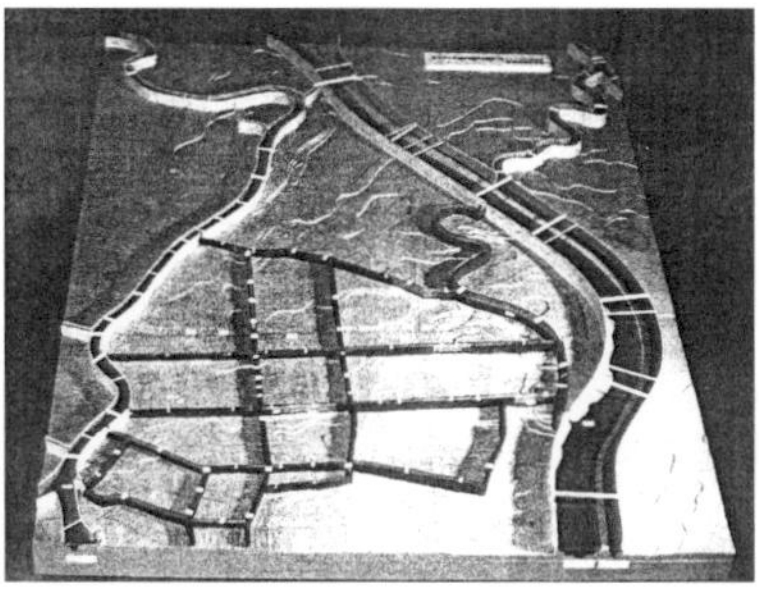

カミソリ堤防で仕切られた河川や運河

下町のウォーターフロント再生構想図

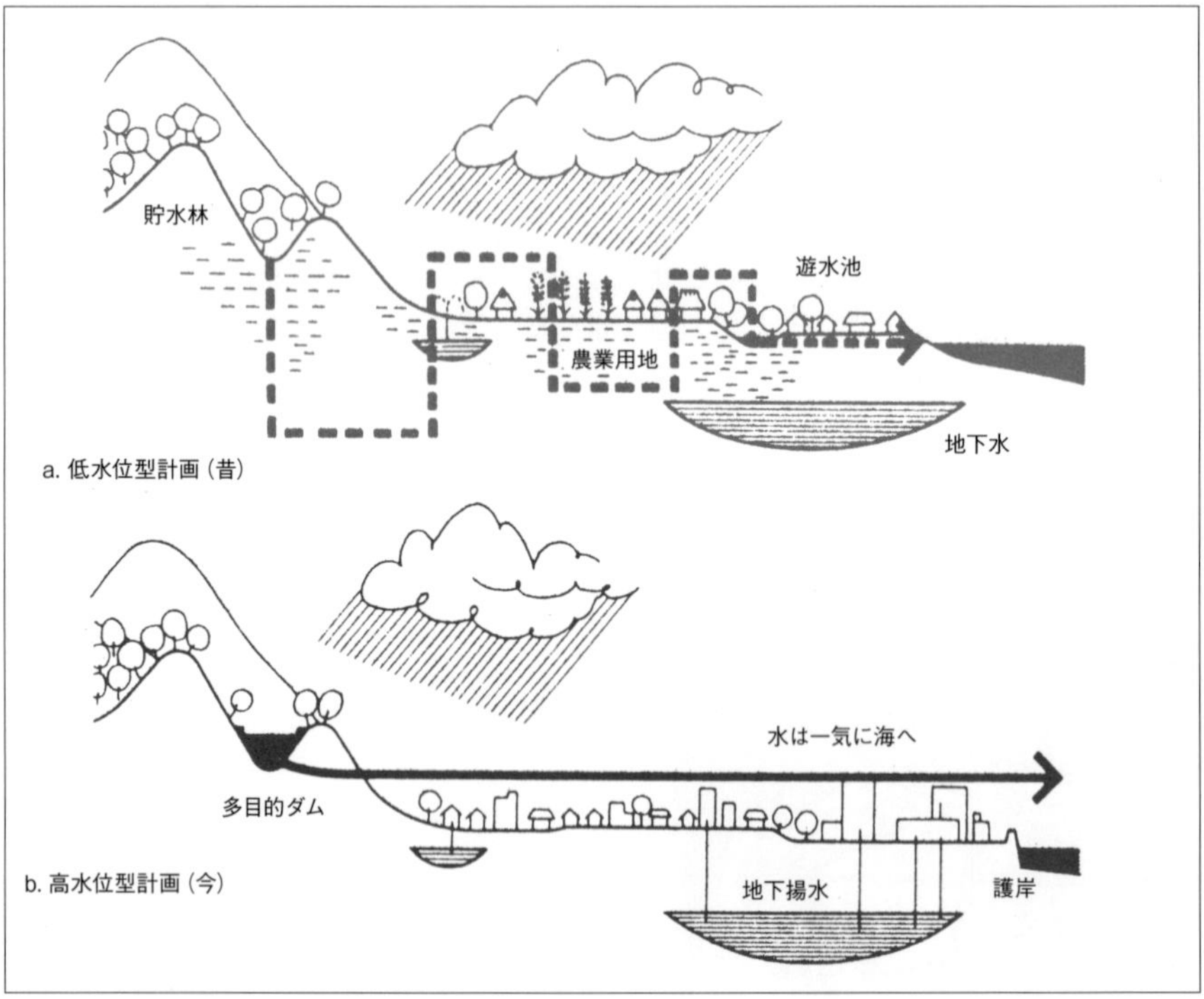

都市における水の利用（東京藝術大学天野研究室資料より）

埋め立てられ、その上にささやかな親水公園と称するコンクリートの小川が流れている。

江東デルタの研究から下町マンハッタン構想を提案したが、当時、月尾嘉男東大教授や柿沢弘治代議士がこれに同調された。また、早大の鮭川登教授や東京都、墨田区、土木学会なども関心を示されたが、実現にいたっていない。パリのサンマルタン運河では何段にも水位を調整しながら、セーヌ川からラ・ビレットにいたる水上観光を体験できる。江東デルタこそ、リバーフロント開発の良いテーマである。東京湾奥の新木場から有明、青海、辰巳、豊洲、晴海、月島までの地区は、中国・江南の水景やベニスにも相当する水の都で、陸海空の港もある。

一九九五年、世界都市博覧会を東京・臨海部で開催せんとした鈴木俊一都政（丹下構想）に、『異議あり！臨海副都心』（岩波ブックス）で反対したのは、自然環境との共生に欠けていたからである。しかし、二〇一六年、第二回東京オリンピック開催予定を機に、安藤忠雄さんとともに「海に森を」「都民に安心を」「都市に風を」を取り入れた自然と人工の両都市インフラを整備するための具体策を提案したい。

墨田・江東区の運河再生と臨海埋立地に森をつくる。ベニスを超える水の都をつくるプロジェクトを江東デルタとともに東京湾岸地で構想する。具体的に記せば、下記のとおりである。

①墨田・江東区の運河再生と親水計画。
②臨海副都心・夢の島・新木場・若洲・辰巳・東雲・有明・青海・台場・豊洲・中央防波堤の森と水の公園。
③中央区の晴海・月島・築地・港区の芝浦・大井・品川を囲む東京港の再生。
④横須賀・横浜・川崎・東京・千葉・木更津港の抜本的見直し。

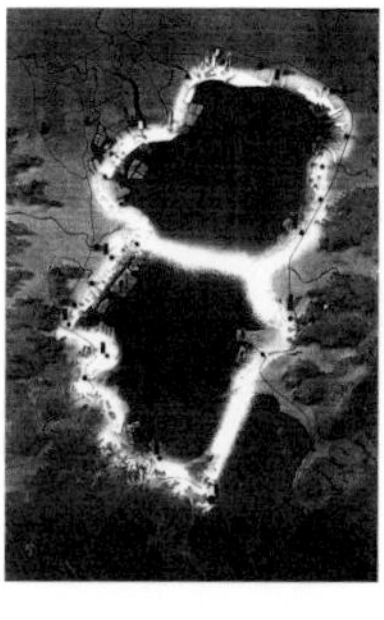
東京湾岸臨海工業地帯再生構想

プロジェクトⅧ　完全リサイクル住宅を日本の建築様式に（住）

東京湾に流入する海外からの物流のすべてが生ゴミとして捨てられると、二十年で東京湾は埋め立てられてしまう。日本の美しい山谷や峡谷に焼却されないままゴミが捨てられると、日本の原風景が完全に消えてしまう。

江戸時代三百年間、三千万人の人々が鎖国下にあって日本的生活様式を営むことでサスティナブルな文化を創り上げた。日本文化として、中国や西欧に負けない美しい都市（城下町・門前町・宿場町・湊町等）を築いた。その背景には、幕藩体制の政治と神道や仏教による檀家や氏子制度があった。明治維新とともに近代国家と世界市場下に国民の価値観やライフスタイルが一新され、第一次産業から第二次産業（工業）の物質文明が日本の姿を一変させた。二十一世紀には二十世紀的価値観やライフスタイルを見直し、サスティナブルなコンパクトシティーをめざす第三次産業（バーチャルでユニバーサル化）社会に入らんとしている。当たり前の家に当たり前の生活、人間本来の自由と自然を持つ、安心できる生活が求められる。しかし、時間軸で考える家族や家系がロボット社会やVR社会に入り、空間軸としての都市は車によってスプロールし、さらに世界文明の競争下にも置かれている。

こうした状況下、日本的生活様式や日本的建築様式をつくることで、地球環境に寄与し、国際社会に日本モデルを認めさせる努力が大切である。

一九九七年十二月の「COP3」（京都会議）で、日本建築学会は「日本の建築寿命を今日の三倍」にするという会長声明を出した。GNP至上の完全フロー産業は、組織事務所やゼネコンの活躍

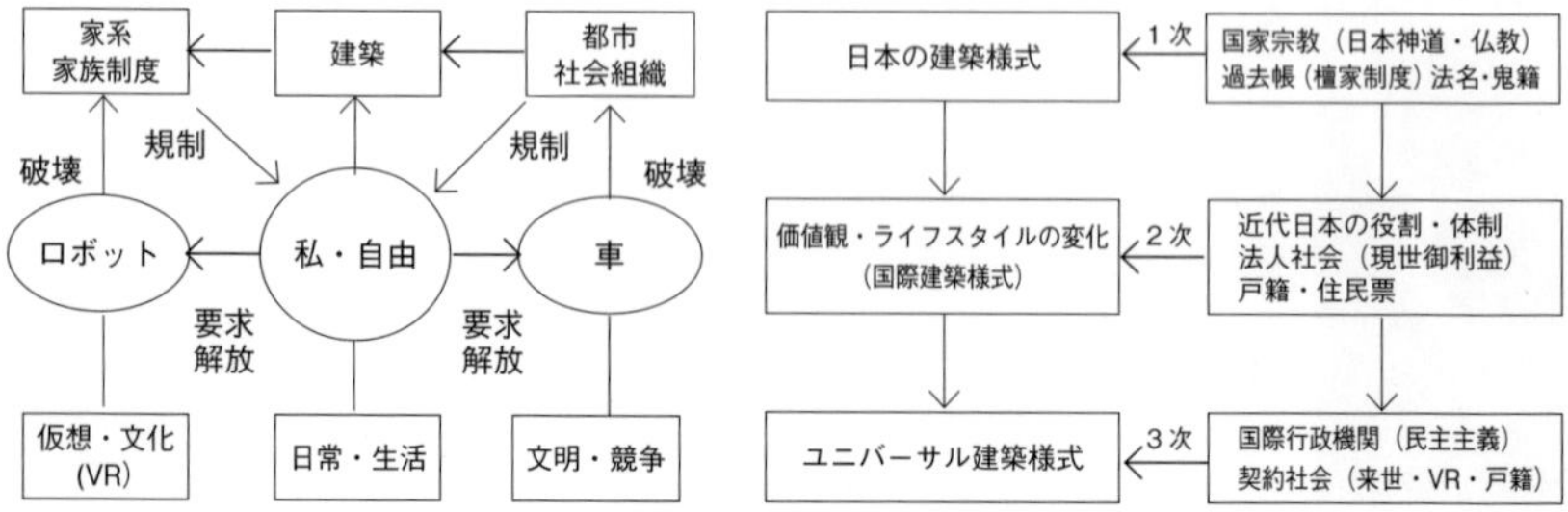

日本の建築様式（右）と生活様式（左）の再生

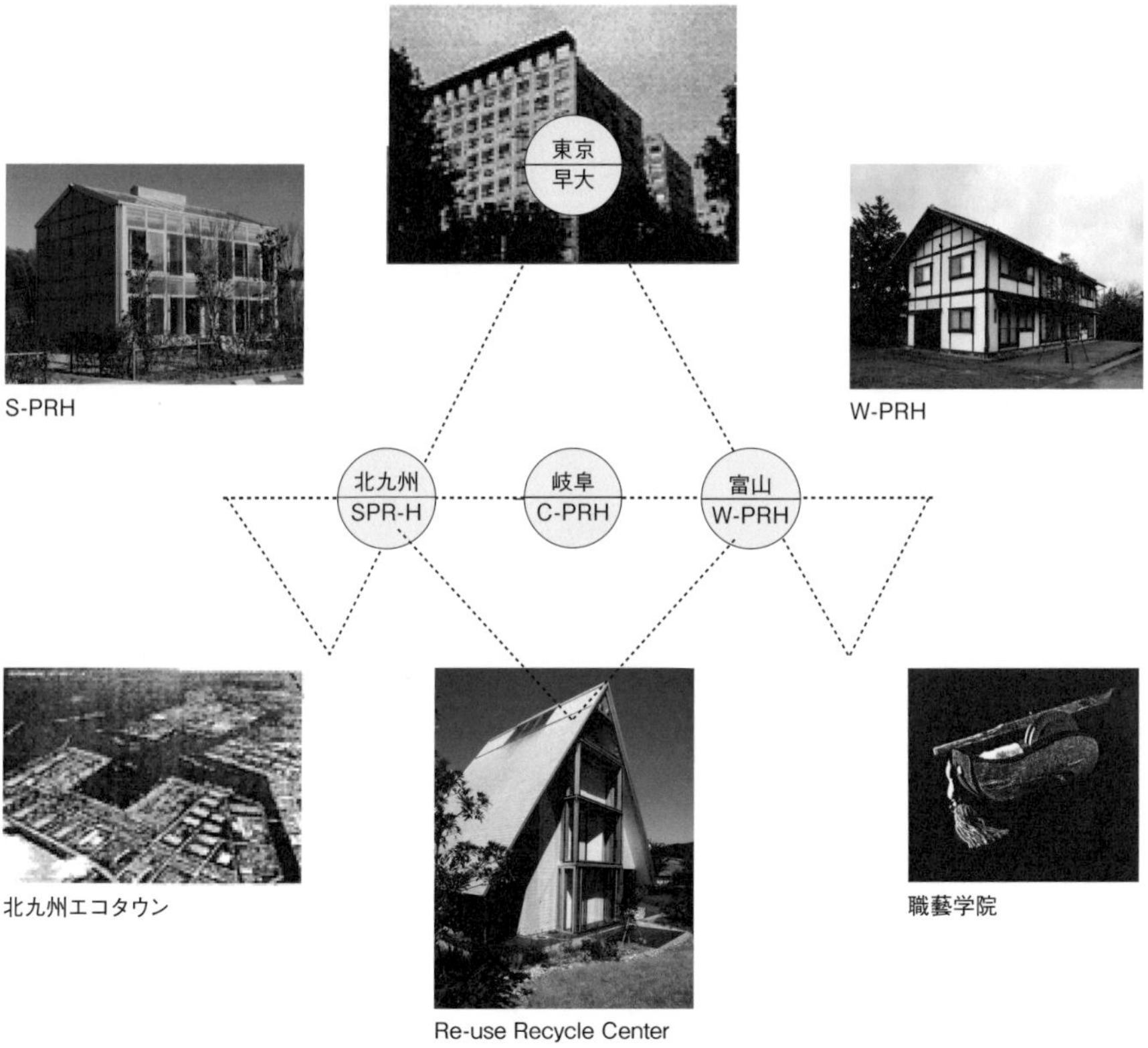

PRH（完全リサイクル住宅）と日本の建築様式。4 拠点によるリユース・リサイクルネットワーク図

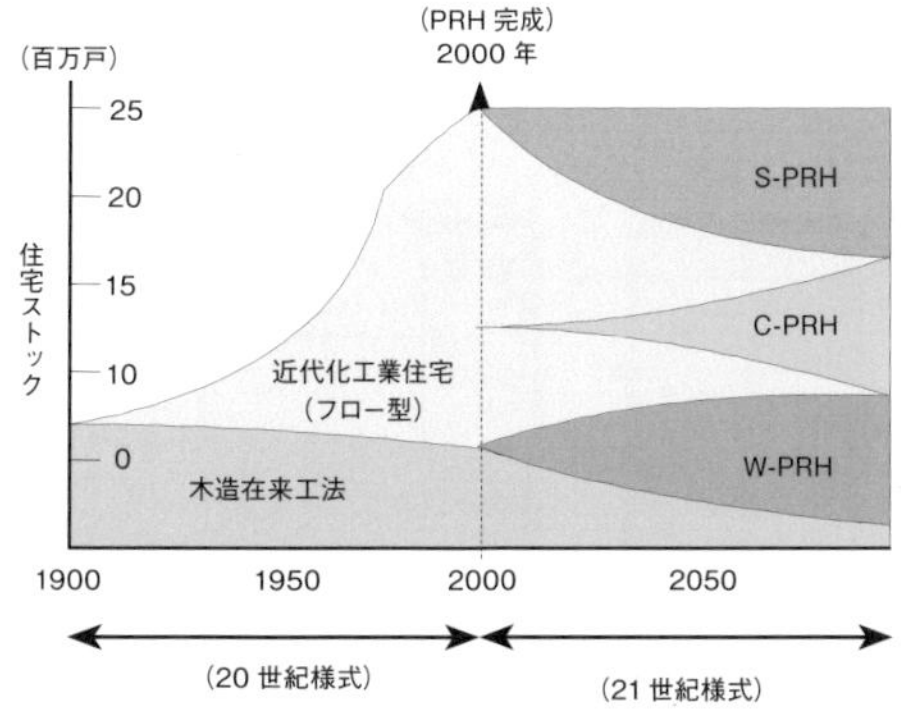

日本の戸建て住宅ストックの経年変化モデル図

する場であり、六百五十万人もの建設労働者をかかえ、建設業者は日本の就業人口の一〇%を占める。ゴミ不法投棄の九〇%は建設廃棄物であった。二十世紀の使い捨て文明から、新世紀はストック型のリサイクル文明を確立するために、省資源・省エネルギー型の建築から完全リサイクル型の建築様式や生活様式をつくり上げる。

『はうじんぐめもりい』(一九七八)、『完全リサイクル型住宅Ⅰ(木造編)』(一九九九)、『完全リサイクル型住宅Ⅱ(鉄骨造編)』(二〇〇一)、『完全リサイクル型住宅Ⅲ(生活体験と再築編)』(二〇〇二)、『完全リサイクル型住宅Ⅳ(ハイブリッド編)』(二〇〇七)を出版した。

住宅のミンチ解体と不法投棄が社会問題となって、その対策や法がつくられている。一九九七年の未来開拓研究で、このような現状打開のため、低環境負荷資源循環型研究としての「完全リサイクル型住宅」の試作研究を行った。また、三菱商事建材の塩地博文事業部長らと共に「当たり前の家」研究を開始し、職藝学院、北九州大学、岐阜県、ＮＰＯ法人アジア都市環境学会の支援を得て、電子データ保管システムを確立し、災害保険とリンクする社会工学的研究体制をつくる。

また、具体的プロジェクトとして「当たり前の家」をつくるための新社会システムとして、工務店と建築主との直結により常時メンテナンスしながら、ＤＩＹ的に参加型の家づくりをめざす。その拠点として、地方に情報教育の拠点を整備する。そのステップとして、富山・北九州・岐阜のＰＲＨを活用することも考えている。

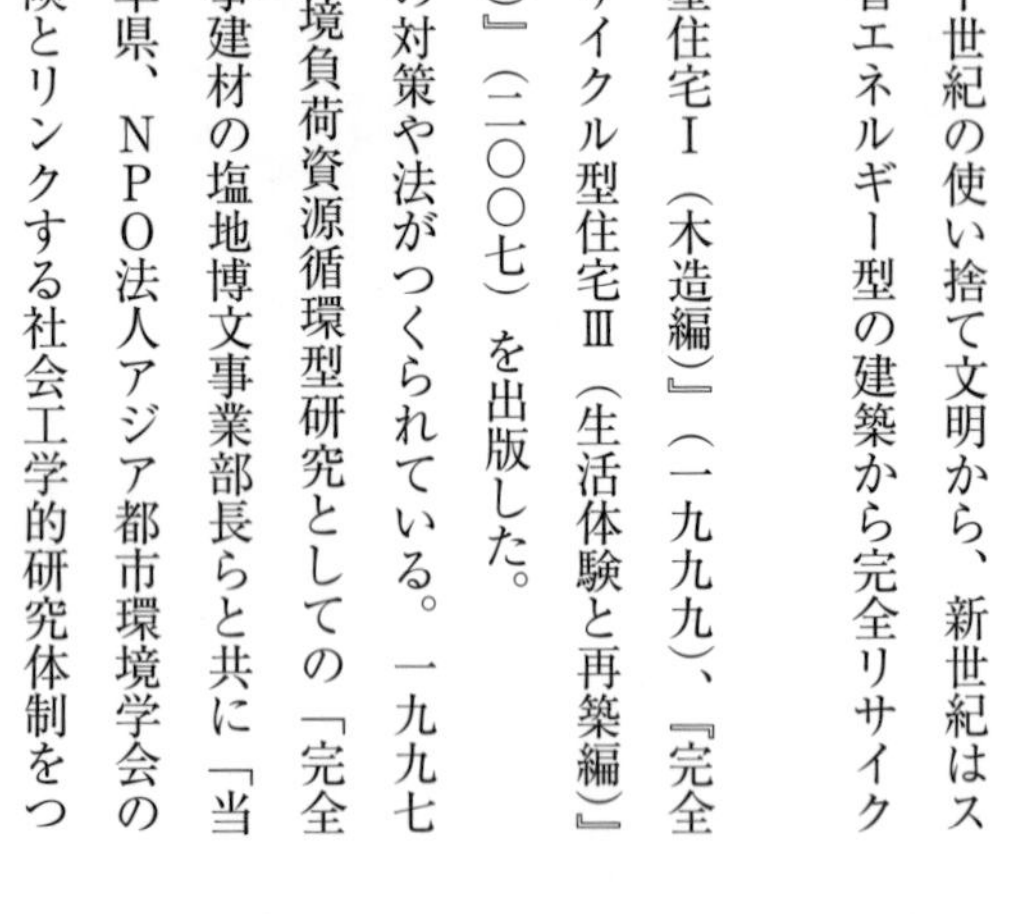

「当たり前の家」の原単位モデル

プロジェクトⅨ　安全・安心の建築や都市をつくる（建築）

日本のアカデミーとしての日本学術会議・日本学士院・日本工学アカデミーなどは、すべてデシプリンからメリットベースになり、会員は選挙からコオプテーションで選ばれることになった。研究者は競争的資金によって選別されるため、学者を育てず、研究戦士のみが育成される状況下、今こそ日本は、世界に恥ずかしくないアカデミックフォーラムを設立する必要がある。

フォード財団やロイズ本社がニューヨークのマンハッタンやロンドンのシティーにその拠点を置くことの価値を考えれば、また、ローマクラブやデロス会議、アスペン会議やダボス会議などを見ても、グローバルなネット社会こそ、フェイス・ツー・フェイスを必要とする。

学者は社会で実行為できないとすれば、その活動拠点を都心に置くことで啓発指導者の場ができる。

中央防災会議がミュンヘンリポートに注目し、防災対策として二次保険の必要性を指摘した。このことの持つ意味を考えれば、「ＳＳＳ」（Safety Smart Studio）の創立と活動が重要となる。

一九八〇年代からＣＢＣ（Computer Backup Center）の大切さを発表してきたが、今こそＢＣＰ（Business Continuity Plan）街区が大切である。

日本学術会議の勧告（二〇〇五年四月）では、建築の既存不適格問題から「建築基準法八条」の改正と、官から民へ、公から私への責任と権限の委譲を要望し、同時に、災害保険制度の大切さを指摘した。大都市の災害対策としては安心問題に関心が寄せられ、結局は人と人、人と社会、さらには人のＤＮＡを科学的に言及すべきことなど、参加型社会の時代にふさわしいフォーラム

ロンドンのロイズ本社入口

東京湾を巡るライフラインは、安定地盤である江戸川層に設置する

が要望される。

バベルの塔の例を持ち出すまでもなく、都市は巨大な分だけ、コミュニケーション不能となって安心できなくなり、過密に比例して巨大な殺戮装置になる。原爆でも大地震でも、感染症でも、都市は巨大さゆえにその被害を大きくする。特に二十世紀末から二十一世紀のアジアの巨大都市は、人口が一千万人を超えるメガシティが二十ヵ所以上になる。しかし、世界の都市間競争に勝ち残る唯一の方法は集積化であり、「よらば大樹の影」的巨大都市こそが人々の安心できる拠り所となっている。

今日の都市生活者にとって不可欠な、安全と安心を保証する仕掛けとしてのマクロコスモス（中世の都市にあっては、物理的安全のシンボルとして城壁や神殿などが築かれた）も、ミクロコスモス（古代都市の中心には精神的安心の拠り所としての神殿や塔堂があった）に対する備えや拠り所が見えない。

鎮守の森の歴史や自然を見直し、都市にあっても長老によるフォーラム（寄り合い）を再生させ、新しくつくる以上に、安全・安心の維持管理のための仕掛けと仕組みをつくること。

その第一歩として、建築をみんなの社会資本と考え、その科学的価値の証書としてデジタル設計図書を完備する。常に建物が適法な状態に維持され、それを示す建築電子データ保管により、CAFM（CADによるファシリティーマネージメント）可能な汎用ソフトの普及である。

セコム科学技術財団やJST（科学技術振興機構）などの研究支援として、BSR（Building Security Recorder）や安全街区、BCP（Business Continuity Plan）、BCM（Business Continuity Management）研究等が建築を安全で安心できるように導いてくれるであろう。

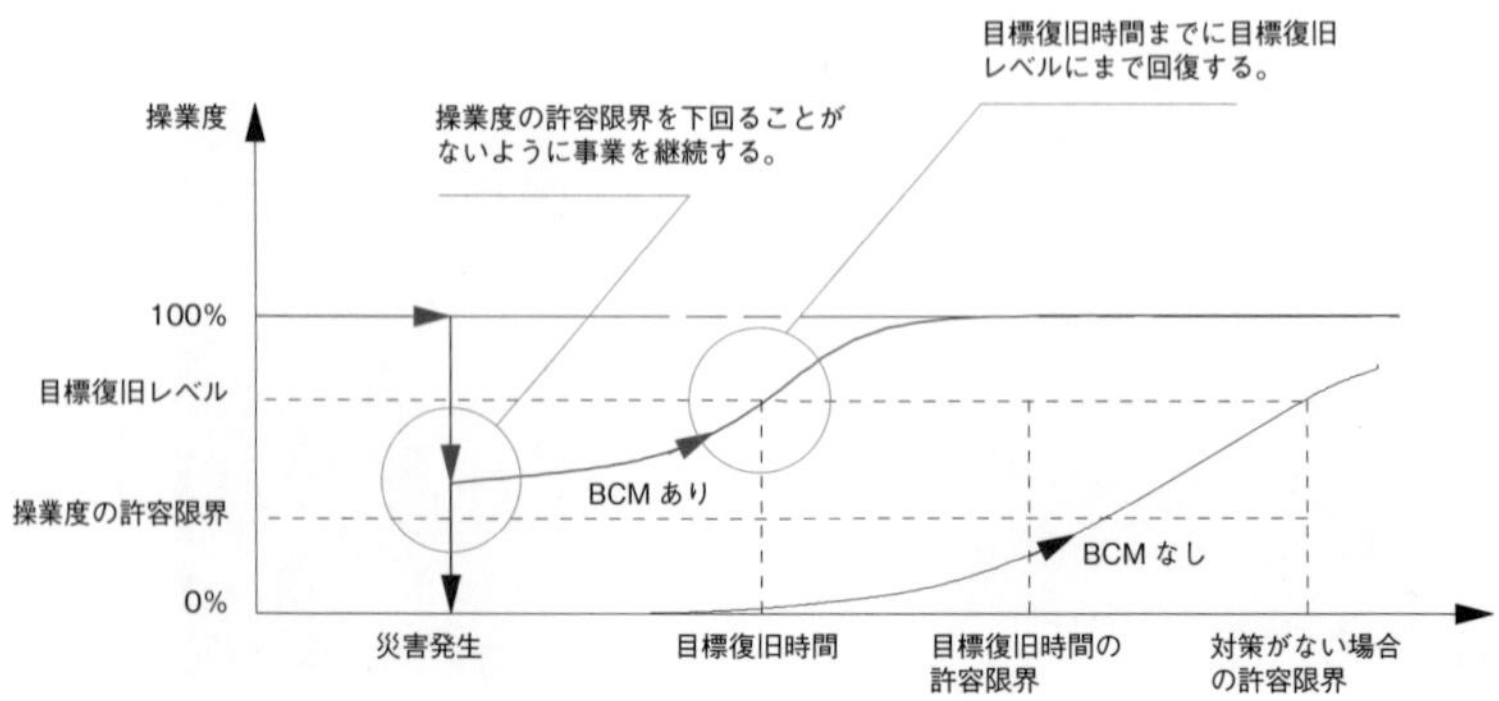

BCPの概念

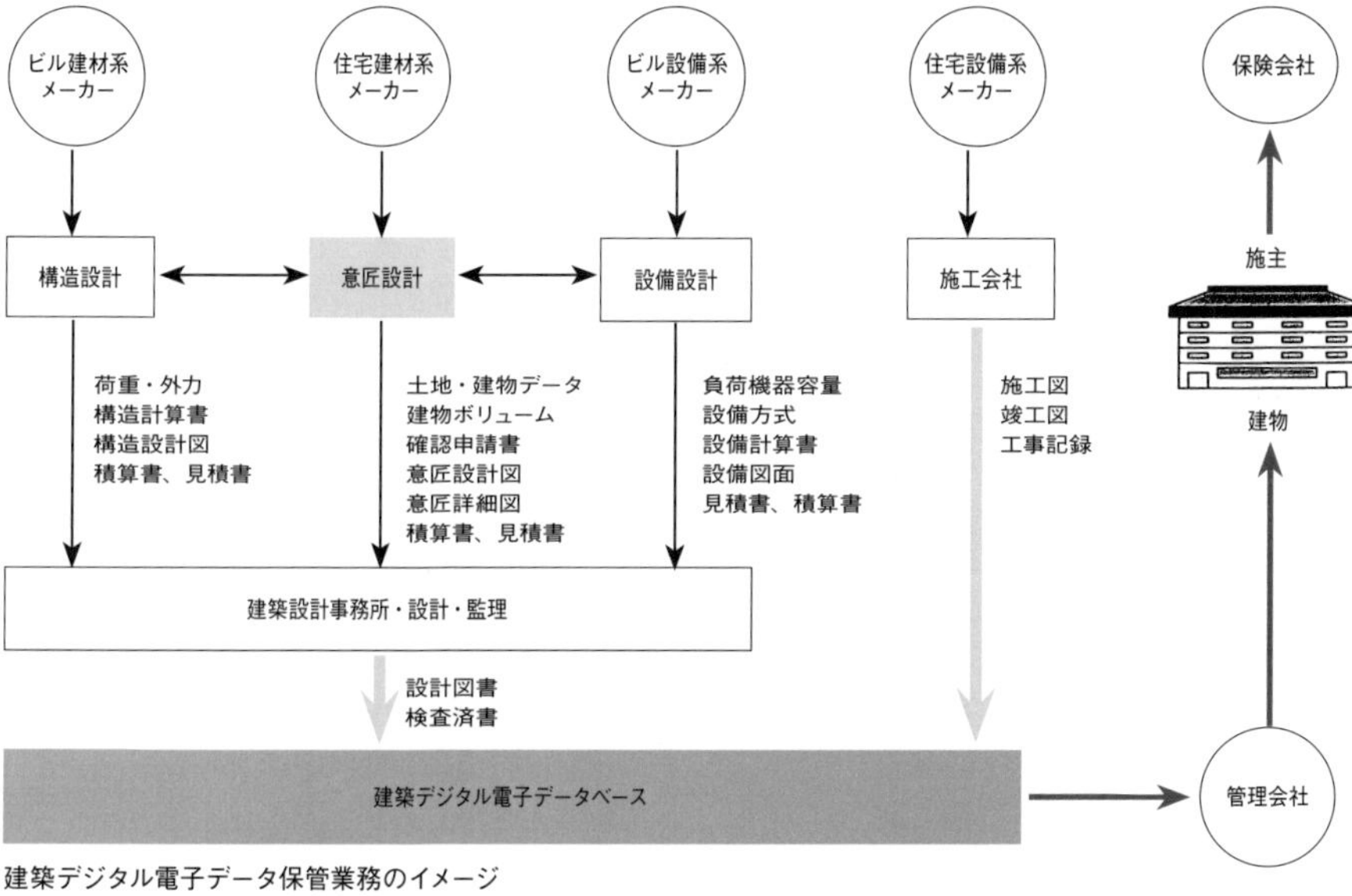

建築デジタル電子データ保管業務のイメージ

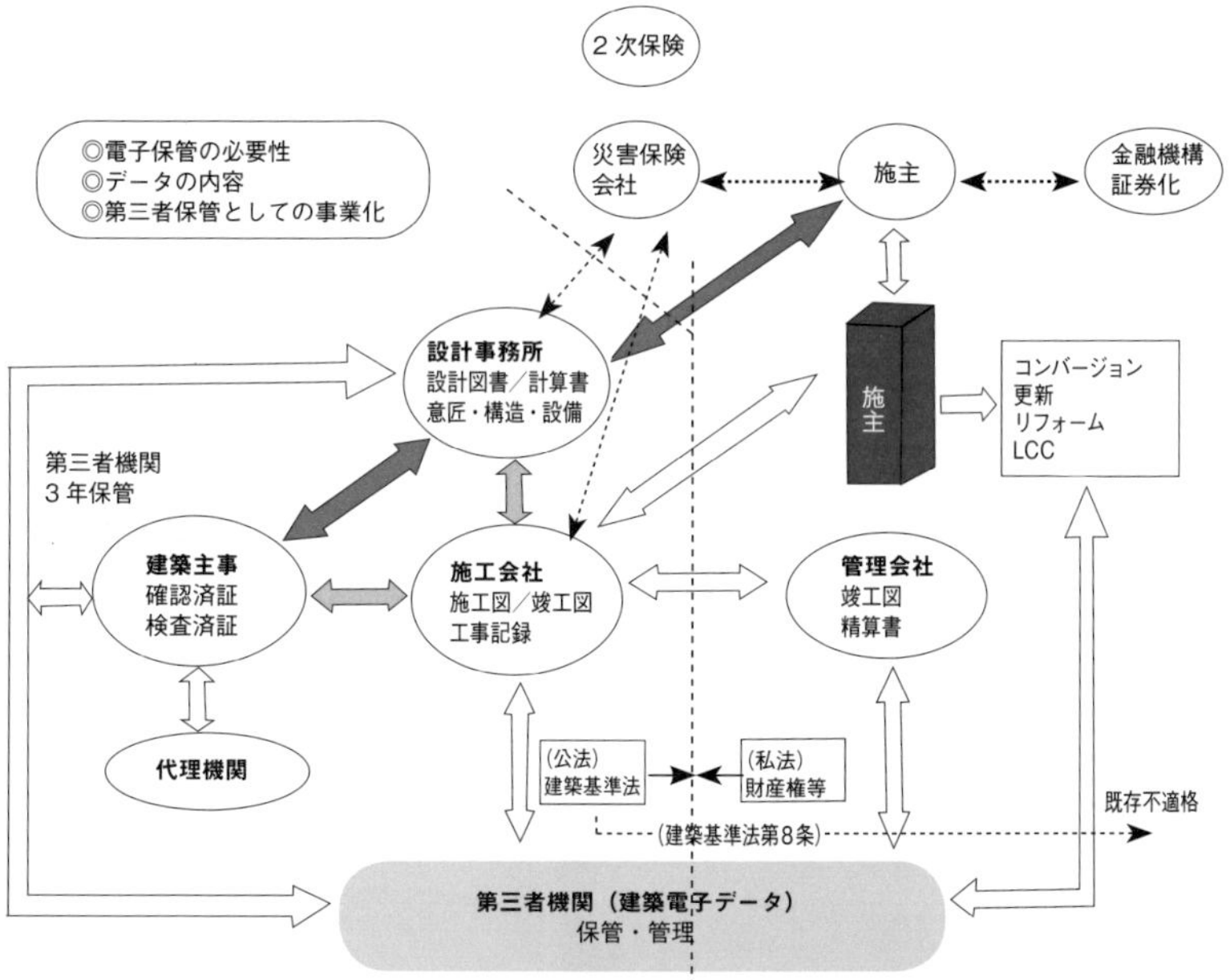

建築の鑑定書として誰もが見ることができるデジタル設計図書の完備

プロジェクトX

都心居住環境の再生は故郷から（設計）

一八八八年、七万千三百十四の市町村が一万五千八百五十九に統合。一九五三年の市町村大合併では、九千八百六十八の市町村が四千六百六十八になった。二〇〇五年には三千二百二十三の市町村が二千以下に、さらには千から三百にまで減少しそうである。二百九十余あった江戸時代の藩制時代の数まで行政区を少なくしようとしている。行政区の中心には役所や議会が必要で、その場所が都市と呼ばれるとすれば、日本の政策は都市数を少なくすることのようだ。

私の考えは、都市の将来像は二極に分かれ、一極は地球都市、もう一極は自然環境と共生する都市像である。前者は、一人当たり地球環境負荷を最小限にした高効率インフラを持った高層建築群によるコンパクト型で、世界的経済競争力を持つ都市。後者は、見捨てられつつある過疎地や小都市に自然環境共生型住居をつくり、それぞれの住居には高度なテクノロジーを使用した自立型建築による田園都市をつくる。

都市は都市らしく、田舎は田舎らしく、その両方に生活拠点を持つ新しいスタイルの日本的生活基盤をつくる。夜間人口を主体とする地方自治体制度から、昼間人口も含めたＢＩＤ（Business Improvement District）として、ＤＩＤ（Densely Inhabited District）以上に自己完結で自律型の政治と生活形態を求めることで、大都市も再生させるのである。

一九八六年、銀座通連合会の町づくり勉強会で、銀座に住むことができるような社会制度をつくらぬ限り、日本中の過疎や過密都市に安心して住めなくなると指摘した。『東京 21世紀の構図』（一九八六）では、私自身が二十一世紀初頭に大学を退職して、余生を銀座の高層ビル（十八階）

「とやま　ふるさと使節」の名刺

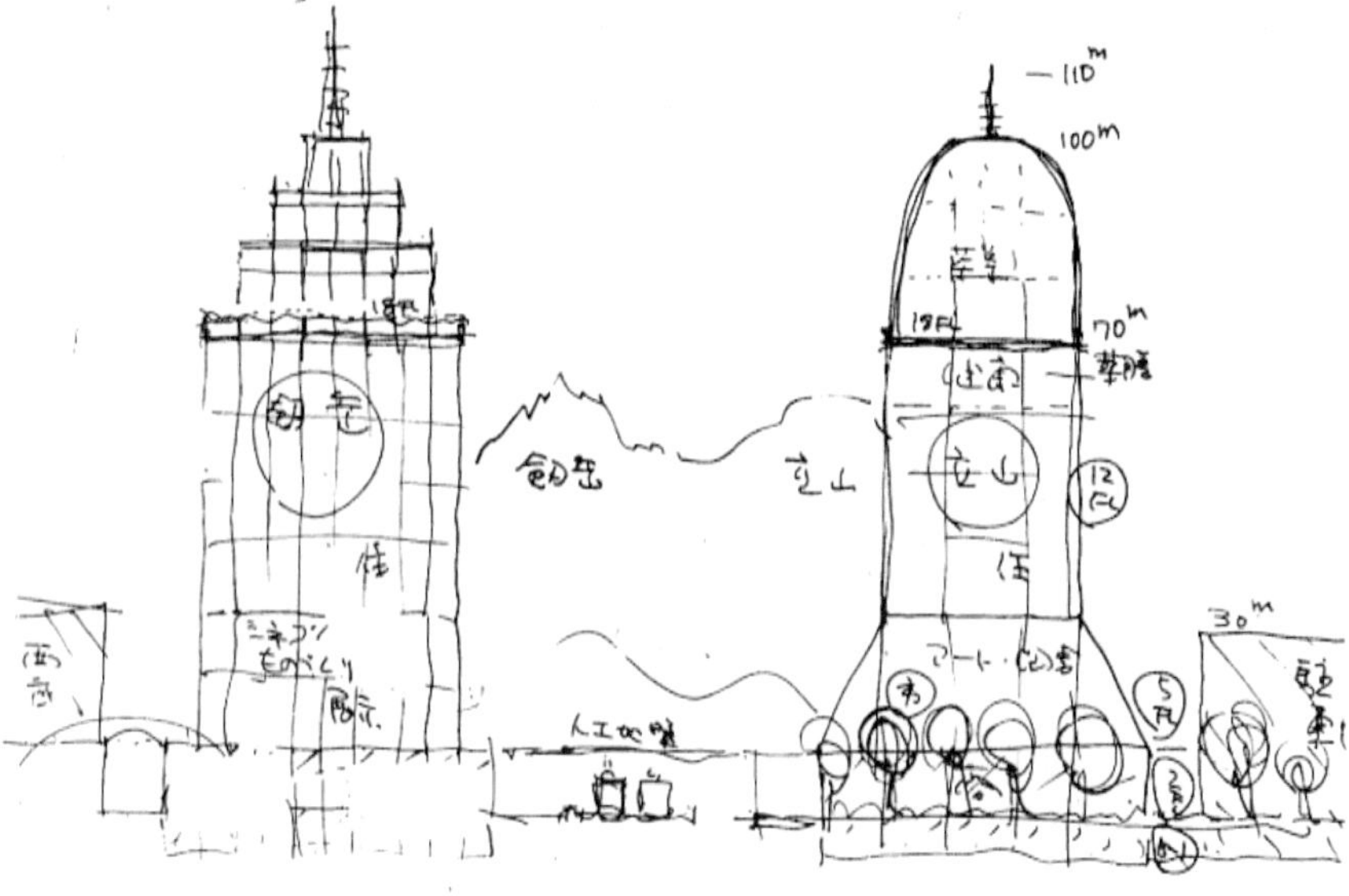

富山市・西町再生計画

大都市と地方都市（二極分化）の都市と生活様式

で生活しているというライフスタイルを記した。しかし、いまだに実現していない。

『太田口物語』（二〇〇二）や『銀座ペントハウス構想』（一九九二）を出版したが、今後、新宿の西富久町で超高層住宅とともにペントハウスの設計を推進、魚津のエコシティーや滑川の橋場に歴史拠点の再生をプロデュースし、私の故郷の富山市ではコンパクトシティーを推進する。

太田口通りの「住まいと賑わい」を取り戻すためには、日枝神社を中心とする祝祭空間として、の緑と水を再生し、西町にはＬＲＴ（市電）を復活させる。薬都と、ものづくり王国を象徴し、立山・劔岳・弥陀ヶ原を借景とする富山ツインタワーをつくることも、故郷再生の試みである。

富山市の中心商店街である総曲輪通りや西町の大和デパートは賑わいの中心であり、私の生まれた七十年以上前からガスや電話もあった。そんな中心市街地が、車社会に入って分散スプロールした結果、全国で持ち家率が一番高く、豊かな県となった反面、一人当たりエネルギー消費量が最大という地球環境時代に適さない都市になった。二〇〇六年、全国に先駆け、中心市街地構想（コンパクトシティー化）の第一号に指定され、再開発が進み始めた。歩いて暮らせる、地球にも人にもやさしい、安心して暮らせる富山市を創ることが私に与えられた最後の仕事と思い、その設計に全力を投入する。機は熟した。

少子高齢化社会にあって、今存在する公私の建物を見直し、平成の土地調査としてＧＰＳ（全地球測位システム）の活用でＧＩＳ（地理情報システム）時代にそったかたちで、科学的に都市の使われ方を考えたい。また、主体者による都市再生を首長のマニフェストをつくる提言もこの研究成果としたい。

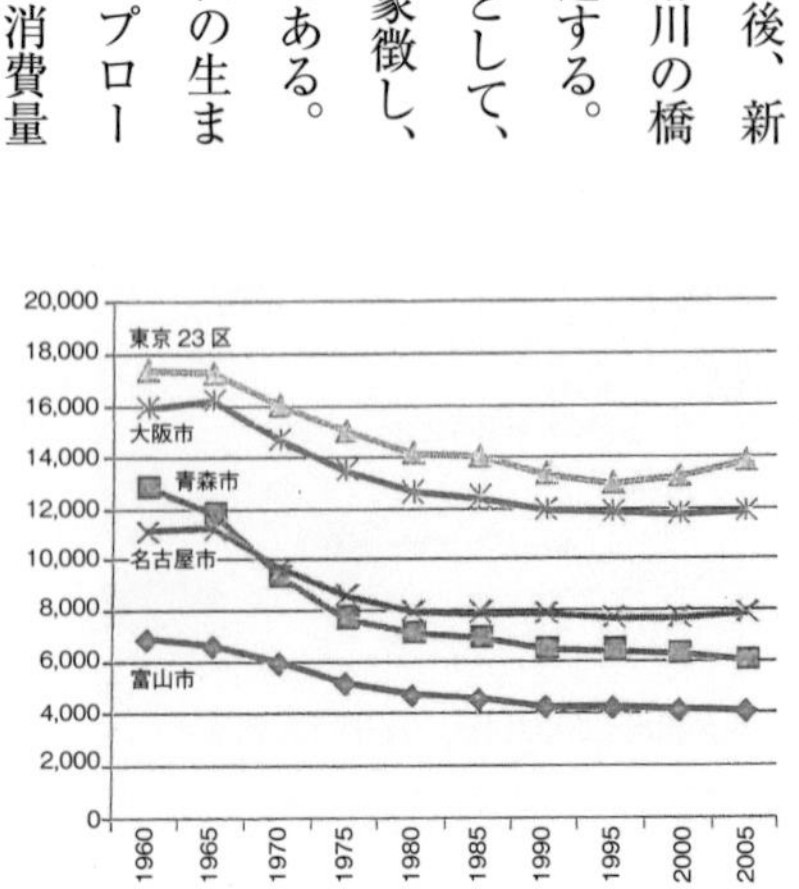

富山市のＤＩＤ（市街地）人口密度が青森市より小さいことに注目

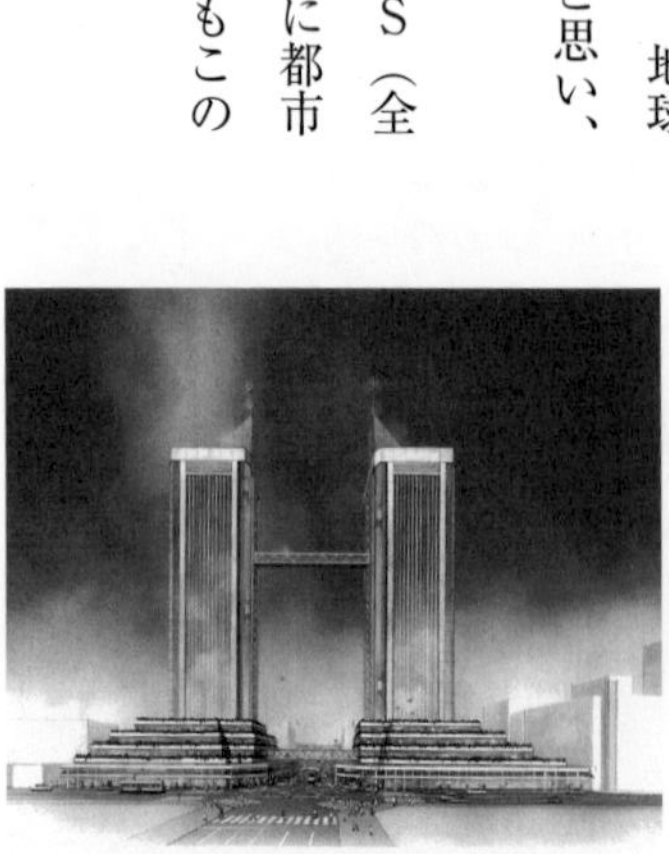

富山ツインタワーは人口四十二万人余の県都大富山市の顔となる

尾島研究室二号館は奥の院で、何度も場所を変えながらも二十年以上継承している。現在は練馬区中村南二ー九ー一六、NPOやベンチャーの本拠地として、また留学生やOBのお茶会の場としてのみならず、『この都市のまほろば』や『都市環境学大系』の資料保管庫として利用している。水戸光圀の西山荘、坪内逍遙の双柿舎に因んで。

二〇〇五年、都心居住の予定は果たせず、練馬で一家そろっての元旦

「都市環境学へ」年譜

尾島研グループ研究班：A：スペース・モデュール　B：環境計測　C：都市インフラ　D：エネルギー消費　E：水・環境　F：情報・景観　G：住・デザイン研究　H：都市・比較　I：文化・主体者

	時代	プロジェクト・作品	理論	立場	社会
か	*1* 1937～	◉卒計（黒四ダムの観光ホテル） ◎ヒートポンプと氷蓄熱槽実験	◎卒論（空気清浄機の諸実験） ◎修論（建築設備の経済性に関する研究）	・富山市太田口で誕生（'37）	・日中戦争（'37） ・太平洋戦争（'41）
	2 1960～	◉代々木オリンピックプールノズル設計 D	◉博論（空気調和設備における熱負荷特性とその経済性に関する研究）	・早稲田大学第一理工学部建築学科 ・早大大学院博士課程建設工学専攻	・全総計画（'62） ・東京オリンピック（'64）
かた	*3* 1965～	◎東京ケロリンビル設計 ◎大分県立図書館設備設計 C	◉「都市空間の戒律と人類の繁栄」：学会懸賞論文入選（'65） ◎「空気調和設備の経常費」（'67）	・早大理工学部専任講師（'65） ・早大理工学部助教授（'69）	・美濃部革新都知事（'67） ・新全総（列島改造、'69）
	4 1970～	◉EXPO'70会場DHC設計 ◎新東京国際空港のDHC設計 B	◉「都市の設備計画」（'73）	・産業エコロジー研究会 ・早大理工学部教授（'74）	・EXPO'70（日本万国博） ・日中国交回復（'72）
	5 1975～	◉沖縄海洋博会場インフラ設計 ◎サンシャイン60設計顧問 A	◉「熱くなる大都市」（'75）	・産業技術審議会 ・都市環境工学専修（大学院）	・EXPO'75（沖縄海洋博） ・三全総（'77）
	6 1980～	◎バルセロナオリンピック施設協力 ◉アングラ東京構想（'82） E	◎「リモートセンシング」（'80） ◉「絵になる都市づくり」（'84）	・中国科学院（浙江大顧問教授、'80）	・新耐震基準（'81） ・世田谷ケーブル火災（'84）

かたち				
7 1985〜	●「JAV日本建築画像大系」 ◎東京大改造計画（下町マンハッタン構想、'86） F	◎「21世紀 建築のシナリオ」（'85） ◎「21世紀 住宅のシナリオ」（'89）	・東大先端研客員教授（'88） ・銀座町づくり協議会会長（'88）	・EXPO'85（つくば博） ・四全総（'87）
8 1990〜	●東京を開く（プロセスアーキテクチュア、'91） G	◎「異議あり！臨海副都心」（'92）	・早大理工総研所長（'92） ・東大生研客員教授（'94）	・湾岸戦争（'91） ・富山職藝学院創設（'94）
9 1995〜	●PRH（完全リサイクル住宅）設計 H	●「安心できる都市づくり」（'96） ◎COP3「声明」（'97） ◎「都市環境革命」（'98）	・日本建築学会会長（'97）	・阪神・淡路大震災（'97） ・21世紀国土のグランドデザイン（'98）
10 2000〜	●ワボットハウス設計 I	◎「理工文化論」（'02） ◎ワボットのほん（'02〜）	・日本学術会議会員（'00） ・早大理工学部長（'00）	・NYテロ（'01） ・新潟中越地震（'04）
11 2005〜	◎日本学術会議で勧告と声明（'05） ●富山都心再開発	◎「この都市のまほろば1〜3」（'05〜） ◎「尾島研究室の軌跡」（'07） ●「都市環境学へ」（'08）	・大韓建築学会名誉会員（'06） ・各種財団の理事・役員	・EXPO'05（愛知博） ・北京オリンピック（'08）
12	◎プロジェクト1〜3：ソフト研究（広報） ◎プロジェクト4〜7：ハード研究（基礎） ◎プロジェクト8〜10：設計調査（応用）	●未完のプロジェクトX ◎「都市環境学大系」	・㈳都市環境エネルギー協会 ・NPO法人アジア都市環境学会 ・銀座尾島俊雄研究室＋JPR	・上海万博（'10） ・第2回東京オリンピック（'16）に向けて

略歴

一九三七年　九月二日　富山県に生まれる
一九五六年　三月十五日　富山県立富山高等学校卒業
　　四月一日　早稲田大学第一理工学部建築学科入学
一九六〇年　三月十五日　早稲田大学第一理工学部建築学科卒業
一九六五年　三月十五日　早稲田大学大学院理工学研究科建設工学専攻博士課程修了
　　四月一日　早稲田大学理工学部　専任講師
一九六六年　三月二十六日　早稲田大学より工学博士号授与
一九六九年　四月一日　早稲田大学理工学部助教授
一九七三年　四月一日　東京藝術大学大学院美術学部非常勤講師（二十五年間）
一九七四年　四月一日　早稲田大学理工学部教授（～現在）
一九七八年　四月一日　名古屋大学工学部建築学科非常勤講師（二年間）
一九七九年　九月一日　中国科学院招聘研究員（半年間）
一九八〇年　二月十五日　中国・浙江大学顧問教授（～現在）
一九八一年　四月一日　九州大学大学院非常勤講師（十七年間）
一九八八年　六月一日　東京大学先端科学技術研究センター客員教授（四年間）
一九九二年　九月一日　日本都市問題会議代表（三年間）
　　十月一日　早稲田大学理工学研究所所長（一年間）
一九九三年　一月一日　日本建築学会副会長（二年間）
　　四月一日　早稲田大学理工学総合研究センター所長（三年間）
　　工学院大学大学院客員教授（十年間）
一九九四年　八月一日　東京大学生産技術研究所客員教授（三年間）
一九九七年　一月一日　㈳日本建築学会会長（二年間）
　　四月一日　職藝学院学院長（～現在）
二〇〇〇年　五月三十日　㈳日本建築学会名誉会員

㈳日本地域冷暖房協会（現㈳都市環境エネルギー協会）理事長
七月二十六日　日本学術会議第十八期・第十九期第五部会員（五年間）
九月十六日　早稲田大学理工学部長（二年間）
十一月　中国・同済大学顧問教授（〜現在）
二〇〇三年　六月一日　稲門建築会会長（四年間）
二〇〇六年　四月　韓国・大韓建築学会名誉会員（〜現在）
八月　中国・天津商学院（大学）顧問教授（〜現在）
八月二十日　日本学術会議連携会員
九月八日　中国・吉林建築工程学院（大学）名誉教授（〜現在）

主な委員会活動

文科省……学術審議員専門委員
（一九八一〜八三、一九九二〜九四、一九九八〜二〇〇〇）
科学技術庁…資源調査会専門委員
（一九七〇〜七三、一九七七〜七八、一九八三〜八四）
科学技術会議専門委員
（一九八八〜八九、一九九一〜九三、一九九八〜二〇〇二）
建設省……建設技術開発会議委員
（一九九〇〜九四、一九九八〜二〇〇〇）
国土庁……国土利用審議会専門委員（一九九二〜九四）
通産省……産業技術審議会専門委員（一九七四〜七五）
産業構造審議会専門委員（一九七六〜七七、一九八二〜八三、一九八七〜八八、二〇〇〇〜〇二）
内閣官房……内閣情報調査室調査員（一九八八〜九〇）
都市再生推進懇談会委員（二〇〇〇〜〇一）
宮内庁……皇居新宮殿建替委員会委員（二〇〇一〜）
郵政省……NTT技術委員会委員（一九八七〜九二）
テレトピア構想研究委員会委員（一九八七〜九二）
郵便事業運営基盤整備調査研究会委員（一九八九〜九〇）
環境省……中央環境審議会専門委員（二〇〇五〜）

功績・受賞歴

一九七〇年　日本建築学会万博特別業績賞：「日本万国博会場基幹施設のレイアウト」
一九七〇年　空気調和・衛生工学会論文賞：「空調熱負荷の実測研究」
一九七一年　空気調和・衛生工学会業績賞：「EXPO'70の地域冷暖房設計」
一九七二年　日本建築学会論文賞：「空気調和設備の熱負荷特性とその経済性に関する研究」
二〇〇五年度環境省環境保全功労者表彰：「ヒートアイランド現象研究」
二〇〇七年　大隈記念学術賞：「都市環境の解析・制御に関する実証的研究とその設計・都市政策への応用」

主要掲載誌別論文数

1｜日本建築学会論文報告集（計画系・環境工学系）：八十六編
2｜日本建築学会技術報告集：六編
3｜日本建築学会／中国建築学会／韓国建築学会／JAABE：十九編
4｜ENERGY AND BUILDINGS：五編
5｜空気調和・衛生工学会誌：二十七編

主要作品

1「EXPO'70（日本万国博会場）」基幹施設基本設計（一九七〇）
2 東京国際空港基幹施設基本設計（一九七二）
3「EXPO'75（沖縄海洋博覧会会場）基幹施設設計」（一九七五）
4「バルセロナ・オリンピック施設環境設計」（スペイン、一九八六）
5「完全リサイクル住宅」（木造：富山県、一九九七／鉄骨造：北九州市、一九九八／ハイブリッド：岐阜県、二〇〇五）

主著書

1 空気調和設備の経常費：著、丸善、一九六七・一
2 日本の地域冷暖房：監修、日本工業新聞社、一九七一・七
3 都市の設備計画：編著、鹿島出版会、一九七三・六
4 熱くなる大都市：著、NHKブックス、日本放送出版協会、一九七五・六
5 らいふめもりい：著、雄山閣、一九七五
6 はうじんぐめもりい：著、ABC+JES出版、一九七八
7 中国の都市計画：訳、早稲田大学出版部、一九七九・八
8 日本的建築界：中文、中国建築工業出版社、一九八〇・一
9 印度：写真集、全三巻、編著、毎日コミュニケーションズ、一九八〇・一
10 建築を教えるものと学ぶもの：分担、鹿島出版会、一九八〇・六
11 リモートセンシングシリーズ都市：編著、朝倉書店、一九八〇・十一
12 省エネルギー建築の設計実務：訳、鹿島出版会、一九八一・十一
13 建築環境科学ハンドブック：訳、森北出版、一九八二・四
14 新建築学大系9「都市環境」：分担、彰国社、一九八二・五
15 西蔵：写真集、全三巻、訳著、毎日コミュニケーションズ、一九八二・五
16 承徳：写真集、全三巻、訳著、毎日コミュニケーションズ、一九八二・七
17 アングラ東京構想：著、『建築文化』特集、一九八二・十一
18 日本のインフラストラクチャー：監修、日刊工業新聞社、一九八三・一
19 中国建築・名所案内：監訳、彰国社、一九八三・十一
20 絵になる都市づくり：著、日本放送出版協会、一九八四・八
21 建築の光熱水費：著、丸善、一九八四・四・八
22 21世紀建築のシナリオ：編、日本放送出版協会、一九八五・二
23 東京 21世紀の構図：著、日本放送出版協会、一九八六・一
24 東京大改造：著、筑摩書房、一九八六・九
25 未来住宅：著、読売新聞社、一九八八・十一
26 21世紀住宅のシナリオ：編、早稲田大学出版部、一九八九・七
27 下町マンハッタンからアメリカンシティまで：監修、日経アーキテクチュア、一九九一・五
28 東京を開く—尾島俊雄の構想：監修、プロセスアーキテクチュア、一九九一・十一
29 異議あり！ 臨海副都心：著、岩波書店、一九九二・三
30 超高層ビルと未来都市：著、ポプラ社、一九九二・四
31 地域冷暖房：著、早稲田大学出版部、一九九四・九
32 東京の先端風景：著、早稲田大学出版部、一九九五・一
33 地球文明の条件：分担、岩波書店、一九九五・三

34 建築の光熱水原単位（東京版）：監修、早稲田大学出版部、一九九五・六
35 建築設備の技術革新：共著、早稲田大学出版部、一九九五・十一
36 安心できる都市：著、早稲田大学出版部、一九九六・一
37 Geo-Space Urban Design：共著、John Wiley & Sons,Inc.、一九九六・八
38 市民のための災害情報：連著、早稲田大学出版部、一九九七・六
39 千メートルビルを建てる：著、講談社、一九九七・十一
40 環境革命時代の建築～巨大都市東京の限界と蘇生～：監修、彰国社一九九八・一
41 東京の大深度地下（建築編）：共著、早稲田大学出版部、一九九八・五
42 市民が主役のまちづくり―富山県魚津市の挑戦：共著、早稲田大学出版部、一九九九・一
43 完全リサイクル型住宅（木造編）：監修、早稲田大学出版部、一九九九・三
44 都市居住環境の再生―首都東京のパラダイム・シフト：監修、彰国社、一九九九・三
45 DSMの時代―持続可能なエネルギー供給を目指して：共著、早稲田大学出版部、一九九九・五
46 大都市再生の戦略―政・産・官・学の共同声明：連著、早稲田大学出版部、二〇〇〇・五
47 環境に配慮したまちづくり：共著、早稲田大学出版部、二〇〇〇・七
48 完全リサイクル型住宅Ⅱ（鉄骨造編）：監修、早稲田大学出版部、二〇〇一・二
49 都市と車の共生：共著、早稲田大学出版部、二〇〇一・二
50 デジタル現場建築CALS構築法：連著、新建築社、二〇〇一・五・一
51 地方都市再生の戦略：連著、早稲田大学出版部、二〇〇一・十・五
52 理工文化のすすめ：監修、東洋経済新報社、二〇〇二・二・十四
53 ヒートアイランド：著、東洋経済新報社、二〇〇二・七
54 完全リサイクル型住宅Ⅲ（生活体験と再築編）：監修、早稲田大学出版部、二〇〇二・十二
55 都市環境学：連著、森北出版、二〇〇三・五・十
56 この都市のまほろば：著、中央公論新社、二〇〇五・五・十五
57 ワボットのほん（1～7）：監修、中央公論新社、二〇〇二・一～
58 この都市のまほろばvol.2：著、中央公論新社、二〇〇六・十・二十
59 完全リサイクル型住宅Ⅳ（ハイブリッド編）：監修、早稲田大学出版部、二〇〇七・三・三十
60 この都市のまほろばvol.3：著、中央公論新社、二〇〇七・十・一
61 都市環境学へ：著、鹿島出版会、二〇〇八・二・一

表紙カバー：富山湾雨晴海岸付近より眺めた立山連峰の朝焼け。一番高く見えるのが劔岳

撮影・資料提供

石黒守：表紙カバー

高橋信之：020-021 頁

小林浩志：024、026 右、046、235、245-247、271、272 左、273、279-280、282-283、286-287、309、311、313、315 頁

村井修：038-039 頁

島岡成治：051 頁

新建築写真部：068-069 頁

磯崎新アトリエ：048-049、050、168-169 頁

堤洋樹：230、288 頁

王興田：332-333 頁

尾島伶子：399 頁上

都市建築編集研究所
059、241、242 頁上

上記以外、尾島研究室

あとがき

二〇〇〇年九月、理工学部長を辞した時には、二〇〇三年の六十五歳で選択定年を考え、その準備をしていた。大学を終えるに当たっての記念事業として、『都市環境工学大系全四巻』（「基礎編」「応用編」「計測編」「プロジェクト編」）の出版をしたいと思った。しかし、当時の尾島研究室には七十人以上も在籍していて、その人たちの処遇を考えねばならず、博士や修士課程の学生たちを卒業させることにまだ全力を傾けねばならなかった。

二〇〇三年十一月、斎藤公男教授の出版会に出席して、構造デザインの大系とも考えられる『空間 構造 物語』（斎藤公男著、彰国社）を入手し熟読した。二〇〇四年、戸沼先生の最終講義に当たり『戸沼人間居住環境の軌跡』（戸沼研ＯＢの自費出版）と『二十一世紀の日本のかたち』（戸沼幸市編著、彰国社）を出版された。それからしばらくして、『建築家・林昌二毒本――五十年の全活動』（林昌二著、新建築社）が石堂威さんから送られてきた。今考えると、この三つの事件をして「都市環境工学大系」の編集を中断して、本書『都市環境学へ』（尾島俊雄著、鹿島出版会）と『尾島研究室の軌跡』（尾島研ＯＢの自費出版）をもって最終講義の記念にすることになったように思う。

二〇〇四年になって突然、『都市環境工学大系』の出版から「自伝」と「卒業生による軌跡」の出版に変更するに当たり、尾島研ＯＧの岡泰子さんと久保田昭子さんに一任することにした。急な思いつきのうえ、しかも残り時間が二〇〇八年一月までである。構想と目次に一年かけ、自分の研究歴を五年ごとに十一章にまとめてみた。しかしそんな出版では「尾島先生らしくない」という岡・久保田両君のアドバイスである。尾島研は常に二十年先の研究テーマに終始してきた以上、最終講義でも「思い出話でなく、これから成そうとしていることを書け」という。それではと気軽な「ノリ」で十二章に「未完のプロジェクト」を追加し、これをもって最終講義の内容に切り替えることにした。

都市環境学は、「意匠」「都市計画」「構造」のように成熟した学問分野ではないだけに、売り物になる本は無理と考えつつも、日記帳や手帳を頼りに下書きを始めた。人生七十年の歴史はさすがに重く、並行して取材し書き下ろしている「この都市のまほろば」の調査・執筆活動にも支障をきたし、つい両方とも乱雑な原稿になった。そんな乱筆乱文の原稿を小林千加子さんが忍耐強くまとめてくれたのを石堂さんに見せたら、頒布するつもりでもう一度手直しすると面白いのではとの返答。かくして、二〇〇六年から本格的に執筆を開始し、石堂さん、小田道子さんの手により何とかまとめることができた。

出版に当たって、鹿島科学振興財団の安富重文専務理事に相談すると、早速、鹿島光一鹿島出版会社長の了解が得られ、あとは石堂さんに一任して本書の出版にいたった次第である。

二〇〇七年晩秋　尾島俊雄

都市環境学へ

二〇〇八年二月一日第一刷発行 ©

著　者　尾島俊雄

発行者　鹿島光一
発行所　鹿島出版会
〒一〇七-〇〇五二　東京都港区赤坂六-二-八
電話　〇三（五五七四）八六〇〇
振替　〇〇一六〇-二-一八〇八八三
http://www.kajima-publishing.co.jp/

編集　都市建築編集研究所（石堂威）
デザイン　太田徹也
印刷・製本　三報社印刷

ISBN 978-4-306-08518-3　C3052　Printed in Japan

本書の内容に関するご意見・ご感想は左記までお寄せください。
info@kajima-publishing.co.jp